公共课系列教材

高等数学

主　编◎李慧平　丁万龙　赵建丽
副主编◎董　建　刘凤琴　李金香
参　编◎尚改荣　秦　轶　薛韶霞　丁丽娜

GAODENG SHUXUE

北京师范大学出版集团
BEIJING NORMAL UNIVERSITY PUBLISHING GROUP
北京师范大学出版社

图书在版编目(CIP)数据

高等数学/李慧平，丁万龙，赵建丽主编. —北京：北京师范大学出版社，2022.9

ISBN 978-7-303-27220-4

Ⅰ.①高… Ⅱ.①李… ②丁… ③赵… Ⅲ.①高等数学—高等职业教育—教材 Ⅳ.①O13

中国版本图书馆 CIP 数据核字(2021)第 174651 号

图书意见反馈：gaozhifk@bnupg.com 010-58805079

营销中心电话：010-58806880 58801876

出版发行：北京师范大学出版社 www.bnupg.com

北京市西城区新街口外大街 12-3 号

邮政编码：100088

印　　刷：天津中印联印务有限公司

经　　销：全国新华书店

开　　本：787 mm×1092 mm 1/16

印　　张：19

字　　数：400 千字

版 印 次：2022 年 9 月第 1 版第 2 次印刷

定　　价：48.90 元

策划编辑：周光明　　责任编辑：周光明

美术编辑：焦　丽　　装帧设计：焦　丽

责任校对：陈　民　　责任印制：赵　龙

前言

《高等数学》是高职院校理工科及经济类、管理类等专业学生必修的一门重要的公共基础课，具有基础性、工具性和发展性，在高级技能型人才综合素质和可持续发展能力的培养中具有不可替代的作用.

为贯彻落实习近平新时代中国特色社会主义思想进课堂进教材，深入学习贯彻全国高校思想政治工作会议精神，充分发挥课堂主渠道在高校思想政治工作中的作用，使各类课程与思想政治理论课同向同行，形成协同效应，本书是依据教育部制定的高职高专教育专业人才培养相关目标及规格和高职高专教育数学课程教学基本要求，在结合高职教育特点、发展趋势及我们前期教材已有成果的基础上，精心编撰而成的.教材力求发挥高职数学的文化育人、知识基础和技术应用这三大功能，在选择教学内容和要求时坚持“立德树人”“必需、够用”和适用的原则，突出用数学建模的方法，培养学生提出问题、分析问题和解决问题的能力.

在职业教育迅猛发展的今天，《国家职业教育改革实施方案》中规定，“职业教育与普通教育是两种不同的教育类型，具有同等重要地位”，职业教育真正成为了类型教育.按新一轮课改的要求，对我们高职数学的教学来说具有极大的挑战性，数学教育的文化性、人文性日益受到重视，高职数学教育究竟应向学生传达什么样的信息，难道仅仅是解题方法与技巧、运算能力与思维的训练吗？不完全是，数学应作为一种文化传承的工具，传承人类智慧与文明.尤其要明智地持有哲理性强的数学教育观，缺乏这一点就会疏远学习者或阻碍其能力的培养，在知识与能力、认知与情感、理性与非理性、实用与审美、内容与形式等方面来综合建构数学的价值体系，充分发挥数学的教育价值，为学生完美人格的形成和素质全面和谐发展服务.

高职数学课程如何进行教学改革，以适应高职教育发展的需要，是摆在广大数学教育工作者面前的一个重要课题.近几年，我们在数学教学改革方面进行了一些有益的探索，并取得了一定的经验和成效，为了进一步深化教学改革，根据《教育部关于职业院校专业人才培养方案制订与实施工作的指导意见》和《国家职业教育改革实施方案》的要求，就必须进行课程结构的调整和课程内容的优化.因此，编写一本目标定位准确、符合高职教育特点的高职数学教材就显得尤为重要.为此，我们在经过充分调研，并汲取多种教材编写经验和经过多轮教学实践的基础上，编写了这本高职数学.教材蕴含着前人积累的文明成果，并将负载今人的智慧和结晶，本书具有以下特点：

1. 本教材以习近平新时代中国特色社会主义思想为指导，深入贯彻党的十九大精神，按照全国教育大会和全国高校思想政治工作会议精神部署，落实立德树人根本任务，加快培养复合型技术技能人才. 编写教材过程中注重学用相长、知行合一，着力培养学生的创新精神和实践能力，增强学生的职业适应能力和可持续发展能力. 持续深化"三全育人"综合改革，本书最大的特点就是增加了课外阅读——数学中蕴含的思想政治教育元素的内容，加入了科学家精神、中国传统文化、数学史等拓展知识，真正地把立德树人的"课程思政元素"融入本教材之中. 体现了数学的德育作用，在教授学生数学知识的同时，应通过数学知识内容，教会学生如何体会数学美，挖掘其中的文化内涵，品味和提炼出能使人明辨是非曲直的哲理，指引人生.

2. 本书加入了预备知识一章，针对高职院校学生的文化基础薄弱、入学成绩普遍偏低的特点，特别地将初高中的重点内容列入其中，尽可能补齐短板，为学生在后续课的学习中打下坚实的基础.

3. 体现了"以应用为目的，以必须、够用为度"的原则. 在内容编排上，充分考虑到不同专业的需求，注意与专业课的衔接，在学生已有知识经验的基础上提供专业学习必需的数学基础知识、数学方法和计算工具；在课程结构上，既体现了数学概念的准确性和完整性，又不过分追求理论的严谨性，对概念、命题多作描述性说明，适当降低数学学习难度和严谨性要求. 例如，一般从几何意义、物理意义和生活背景等实际问题引入数学概念，对部分难以理解的概念不严格定义，只作定性描述；对部分较难的定理，只从实例中抽象概括出来，而不给严谨的证明，只对少数重要定理加以证明；立足于实践与应用，采用案例驱动的方式，用现实的实例引出概念，尽量用实例说明其实际背景和应用价值，注意培养学生的基本运算能力、分析问题和解决问题的能力.

4. 随着互联网十的到来，本书以服务学生个性化学习为基本诉求，以数字化、立体化、平台化为发展方向，扩大了适用面，在保证教学基本要求的前提下，视专业差异优选了与专业有关的不同经典案例，给教学内容选择留有一定的弹性.

5. 本书突出会用会算的技能，使学生通过各专题的学习形成数学观念，养成数学的应用意识，学会应用数学解决实际问题的一些基本方法. 全书逻辑清晰、叙述详细、通俗浅显，例题、习题较多，便于自学.

6. 体现数学在实际中的应用，重视学生数学应用能力的培养. 教材中建立了一些常见的实际问题的数学模型，并引入了数学建模思想，以培养学生将实际应用问题抽象为数学问题的能力，培养学生的数学思维品质，提高学生学习数学的兴趣，注重与实际应用联系较多的基础知识、基本方法和基本技能的训练，通过与专业结合的实际应用例题，强化应用数学知识解决实际问题的能力训练，培养学生举一反三、融会贯通的能力以及创新能力和职业能力.

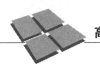

本教材由包头轻工职业技术学院李慧平、丁万龙、赵建丽任主编，董建、刘凤琴、

李金香任副主编，尚改荣、秦轶、薛韶霞、丁丽娜任参编．具体分工如下：李慧平负责组织、协调全书的统稿工作，丁万龙编写线性代数，赵建丽编写函数极限连续，董建编写概率论与统计初步，刘凤琴编写导数的应用，李金香编写预备知识第一节至第五节，其他章节由李慧平、尚改荣、秦轶、薛韶霞、丁丽娜共同完成。本教材充分吸收了很多前人编写的《高等数学》教材的优点，也参考了众多同人的优秀教材，在此一并表示感谢，限于编者水平及编写时间有限，书中难免存在疏漏和不当之处，敬请各位专家、学者和广大使用者批评指正，并将在使用教材过程中遇到的问题、改进意见及时反馈给我们，以利于我们再版此书时作改进．

编 者

目录

第 1 章　预备知识

初等数学是高等数学的基础，高等数学是建立在初等数学的基础之上的升华与提高. 此章内容是复习巩固初等数学知识，为今后学习高等数学知识打下必要基础.

第 1 节　实数的运算

1.1.1　加法运算

我们把"＋"和"－"号，用来区别日常生活、生产和学习实践中具有相反意义的量. 例如：一名学生站在教室里沿直线向左走 6 步用－6 表示，接着返回沿直线向右走 4 步用＋4 表示，请问这名同学最后的运动总效果是朝哪个方向走了多少步？用数学式子表示为：(－6)＋(＋4).

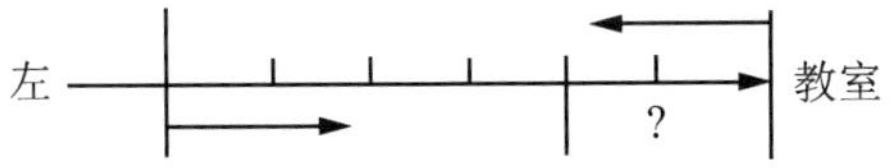

图 1-1

例 1　计算－6＋4 和－6－4 的值.

解： 如图 1-1 所示，可知－6＋4＝－2.

解析： 画出－6－4＝－10 的线段图，并作出解释.

例 2　小明从家出发去商场，向西走了 500 m，发现钥匙丢了，急忙掉头往回走，一边走一边找钥匙，返回 200 m 时看见了自己的钥匙. 小明看见钥匙时实际离家多远？(图 1-2)

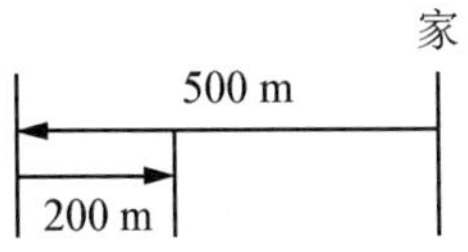

图 1-2

1.1.2　分数乘、除法运算

分数是数学中的一个概念，它一般包括真分数、假分数和带分数. 分数在日常中应用非常广泛. 例如，肯德基推出四个优惠套餐：A 套餐原价 15 元，现价 12 元；B 套餐原价 12 元，现价 8 元；C 套餐原价 20 元，现价 15 元；D 套餐原价 9 元，现价 7 元. 我们想买一套优惠幅度最大的，可以用分数计算出最优惠的一套. 我们利用分数的基本知识可以得出每个套餐现价与原价的比：A 套餐为$\frac{12}{15}=\frac{4}{5}=0.8$，B 套餐为$\frac{8}{12}=\frac{2}{3}\approx 0.67$，C 套餐为$\frac{15}{20}=\frac{3}{4}=0.75$，D 套餐为$\frac{7}{9}\approx 0.78$；而 $0.67<0.75<0.78<0.8$ 通过比较得出 B 套餐的比值最小，所以它最省钱.

例 1 $\dfrac{9}{22}\times 3=\dfrac{9}{22}\times\dfrac{3}{(\quad)}=\dfrac{(\quad)\times(\quad)}{22\times 1}=\dfrac{(\quad)}{22}$.

解析：3 可以写成$\dfrac{3}{(\quad)}$；分子乘分子的积作为结果数的分子；分母乘分母的积作为结果数的分母.

思考：在做分数乘法运算时，如果分子和分母有公因数，怎么办？

例 2 $\dfrac{9}{32}\times 4=\dfrac{(\quad)\times(\quad)}{32\times(\quad)}=\dfrac{(\quad)\times(\quad)}{(\quad)}=(\quad)$.

解析：4 可以写成$\dfrac{4}{(\quad)}$.

因为 32 和 4 的最大公因数是(　　)，所以 32 和 4 可以约分.

总结：在做分数乘法运算时，如果分子和分母有公因数，要先把最大公因数约分，再计算.

例 3 $\dfrac{9}{32}\times 0.8=\dfrac{9}{32}\times\dfrac{(\quad)}{(\quad)}=\dfrac{9\times(\quad)}{32\times(\quad)}=\dfrac{(\quad)}{(\quad)}=(\quad)$.

解析：本题与其他题目的区别在于 0.8 是小数，直接把 0.8 化成分数进行计算即可.

例 4 $\dfrac{9}{32}\div\dfrac{3}{8}=\dfrac{9}{32}\times\dfrac{(\quad)}{(\quad)}=\dfrac{(\quad)\times(\quad)}{32\times(\quad)}=(\quad)$.

解析：分子和分母颠倒位置再与被除数相乘.

总结：除以一个不为 0 的数，等于乘这个数的倒数.

例 5 配置 300 mL 1 mol/L 的 HCl 溶液，需要 12 mol/L 的 HCl 溶液的体积是多少？

分析：设 300mL 1mol/L HCl 溶液体积为 V_1，物质的量浓度为 c_1；

设 12 mol/L 的 HCl 溶液的物质的量浓度 c_2，体积为 V_2；

单位要统一为升. 需要求 V_2 的值.

解：300 mL=0.3 L

$\because c_1V_1=c_2V_2$，

$\therefore V_2=\dfrac{c_1V_1}{c_2}$，

$\therefore V_2=\dfrac{1\ \text{mol/L}\times 0.3\ \text{L}}{12\ \text{mol/L}}=0.025\ \text{L}=25\ \text{mL}$，

∴需要 12 mol/L HCl 溶液的体积是 25 mL.

1.1.3 绝对值的几何意义

绝对值用来解决具有相反意义的量，但又不需考虑数据正负性的实际生活中的问题. 它可以检验一个产品的长度、质量与标准值接近程度.

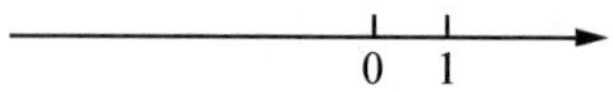

图 1-3

任意画一条直线，在直线上取一点 O，称为原点，用它表示数 0，把直线向右的方向称为正方向(标上箭头)，确定一个单位长度. 把规定了原点、单位长度、正方向的直线叫作数轴，如图 1-3 所示.

绝对值的几何意义

$|x|$：表示数轴上 x 的点到原点的距离.

$|a-b|$：表示数轴上 a 的点和 b 的点之间的距离.

注： $|a-b|$是两个数差的绝对值.

例如：$|3|$表示数轴上 3 的点和原点的距离，即$|3|=3$.

同理，$|-3|$表示数轴上-3的点和原点的距离，即$|-3|=3$.（图 1-4）

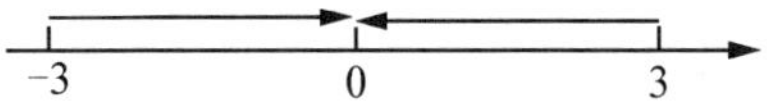

图 1-4

由绝对值的几何意义可知，一个数的绝对值越小，这个数离原点越近. 在实际问题中，一个数的绝对值越小，表示一个产品的长度、质量与标准值的偏差越小，比如排球的质量、零件的尺寸.

例 1 画数轴计算$|-5+2|$和$|-5-2|$的值.

解： 化成$|a-b|$的形式，

(1)$|-5+2|=|2-5|$表示数轴上 2 的点和 5 的点之间的距离(图 1-5).

(2)$|-5-2|$表示数轴上-5的点和 2 的点之间的距离(图 1-6).

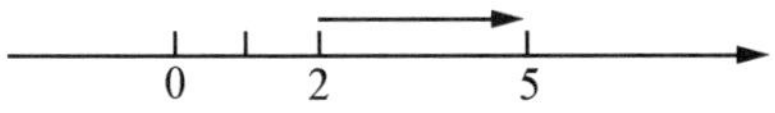

图 1-5

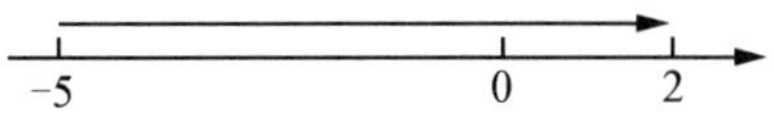

图 1-6

$\therefore |-5+2|=3$,

$\therefore |-5-2|=7$.

例 2 正式篮球比赛对所用篮球的质量有严格的规定，现选用 6 个篮球的质量检测结果如表 1-1 所示(正数表示超过规定的质量，负数表示达不到规定的质量，单位：g)，用绝对值知识，指出哪一个篮球的质量好.

表 1-1

篮球号数	第一个	第二个	第三个	第四个	第五个	第六个
与标准值比较	+8	+6	−5.5	−2	+3	−2.5

解： $\because |+8|=8$，$|+6|=6$，$|-5.5|=5.5$，

$|-2|=2$，$|+3|=3$，$|-2.5|=2.5$.

$\therefore |-2|$的绝对值最小，

$\therefore$ 第四个篮球质量最好.

1.1.4 指数运算

在实际问题与科学研究中，常常用到指数的运算，如在生物科学中常常要研究细

胞第几次分裂后共有多少个细胞.

常用公式如表 1-2 所示.

表 1-2

$a^1=a$	$a^0=1\quad(a\neq 0)$	$a^n=a\cdot a\cdot\cdots\cdot a$
$(a^m)^n=a^{m+n}$	$(a\cdot b)^n=a^n\cdot b^n$	$(a^m)^n=a^{mn}$
$a^{-n}=\dfrac{1}{a^n}$ $(a\neq 0,\ n\in\mathbf{Z}^+)$	$\sqrt{a}\times\sqrt{b}=\sqrt{ab}$ $(a\geqslant 0,\ b\geqslant 0)$	$\dfrac{\sqrt{a}}{\sqrt{b}}=\sqrt{\dfrac{a}{b}}$，$(a\geqslant 0,\ b>0)$
$(\sqrt{a})^2=a$，$(a\geqslant 0)$	$\sqrt{a^2}=\lvert a\rvert$	$\sqrt[n]{a^m}=a^{\frac{m}{n}}$

例 用适当的方法计算.

(1)$2^{-3}\times 2^4$，　(2)$(81)^{\frac{3}{2}}$，　(3)$\left(\dfrac{25}{16}\right)^{\frac{3}{2}}$，　(4)$(0.01)^{\frac{5}{2}}$，　(5)$\sqrt[6]{(-4)^6}$.

解：(1)$2^{-3}\times 2^4=2^{-3+4}=2$，

(2)$(81)^{\frac{3}{2}}=(9^2)^{\frac{3}{2}}=9^{2\times\frac{3}{2}}=9^3$，

(3)$\left(\dfrac{25}{16}\right)^{\frac{3}{2}}=\left[\left(\dfrac{5}{4}\right)^2\right]^{\frac{3}{2}}=\left(\dfrac{5}{4}\right)^{2\times\frac{3}{2}}=\left(\dfrac{5}{4}\right)^3=\dfrac{125}{64}$，

(4)$(0.01)^{\frac{5}{2}}=(10^{-2})^{\frac{5}{2}}=10^{-5}$，

(5)$\sqrt[6]{(-4)^6}=\sqrt[6]{4^6}=4^{\frac{6}{6}}=4$.

解析：计算时，先找到对应的公式，再想办法运用公式计算.

1.1.5 对数运算

已知幂的形式求指数的问题，常用对数计算. 指数运算的逆运算是对数运算.

1. 与 $x=\log_a N$ 相关的内容

(1)读作：数 x 为以 a 为底 N 的对数；

(2)a 叫作对数的底数，N 叫作真数；

(3)对数式与指数式的互化 $x=\log_a N\Leftrightarrow a^x=N$；

(4)常用对数：以 10 为底的对数，简记作 $\lg N$，$\log_{10}5$ 简记作 $\lg 5$；

(5)自然对数：以无理数 e=2.71828…为底的对数，简记作 $\ln N$，$\log_e 3$ 简记作 $\ln 3$.

2. 常用公式

(1)$\log_a 1=0$；$\log_a a=1$；$a^{\log_a N}=N$.

(2)如果 $a>0$，且 $a\neq 1$，$M>0$，$N>0$，那么：

①$\log_a M\cdot N=\log_a M+\log_a N$，

②$\log_a \dfrac{M}{N}=\log_a M-\log_a N$，

③$\log_a M^p = P\ \log_a M$.

(3)换底公式：$\log_a b = \dfrac{\log_c b}{\log_c a}$($a>0$，且 $a\neq 1$，$c>0$，且 $c\neq 1$，$b>0$).

例 1 计算：

(1)$\log_3 1$，　　(2)$\log_4 16$，　　(3)$\log_3 27$.

解：(1)$\log_3 1=0$，

(2)$\log_4 16=\log_4 4^2=2\ \log_4 4=2\times 1=2$，

(3)$\log_3 27=\log_3 3^3=3\ \log_3 3=3\times 1=3$.

例 2 计算 $\lg 70-\lg 7+\lg 100$.

解：$\lg 70-\lg 7+\lg 100=3$.

习题 1-1

1. 你打算怎么计算$-8+5$的值呢？

2. 你能用收入和支出解释 $7-16$ 的值吗？还有其他方法吗？

3. 直接写出得数.

(1)$-9+6=$　　(2)$-6-11=$　　(3)$-100+150=$

(4)$-6.6-5.4=$　　(5)$-99+69=$　　(6)$-67-13=$

(7)$-21.6+11.5=$　　(8)$-16.3-4.7=$　　(9)$30-45=$

4. 1975 年中华人民共和国登山队测定珠穆朗玛峰的海拔高度是 8848.13 m，2020 年 12 月 8 日，中国国家主席习近平同尼泊尔总统班达里互致信函，共同宣布珠穆朗玛峰的最新高度为 8848.86 m，此时珠穆朗玛峰的海拔高度增加了多少米？

5. 分数运算.

(1)分数乘整数运算.

$\dfrac{7}{12}\times 4=$　　$\dfrac{4}{21}\times 7=$　　$\dfrac{7}{9}\times 7=$　　$\dfrac{5}{18}\times 11=$

(2)分数乘分数运算.

$\dfrac{8}{11}\times\dfrac{11}{4}=$　　$\dfrac{7}{121}\times\dfrac{11}{63}=$　　$\dfrac{2}{5}\times\left(-\dfrac{3}{4}\right)\times\left(-\dfrac{5}{3}\right)=$　　$\dfrac{8}{169}\times\dfrac{13}{64}=$

(3)分数乘小数运算.

$\dfrac{0.7}{0.9}\times\dfrac{2}{63}=$　　$\dfrac{4}{21}\times 0.9=$　　$\dfrac{7}{12.1}\times\dfrac{1.1}{63}=$　　$\dfrac{0.7}{12}\times 4\times\dfrac{3}{14}=$

(4)分数除法运算.

$\dfrac{4}{21}\div\dfrac{2}{7}=$　　$\dfrac{7}{9}\div 14=$　　$\dfrac{7}{9}\div\dfrac{35}{63}=$　　$\dfrac{7}{125}\div\dfrac{11}{25}=$

6. 配置 500 mL 0.1 mol/L 的 NaOH 溶液，需要 NaOH 的质量是多少？

7. 画数轴计算.

$|-4|=$　　$|-3+1|=$　　$|-4-3|=$

8. 用你喜欢的方法计算.

$|-10.3|=$　　$|-20+6|=$　　$|-31.1|=$

$|-5.1+7.3|=$　　$|-7.2-2.8|=$　　$|-100|=$

9. 某车间生产一批零件，从中抽取 5 件进行检验，比规定直径长的毫米数记作正数，比规定直径短的毫米数记作负数，检查结果记录如表 1-3 所示.

表 1-3

零件号数	第一个	第二个	第三个	第四个	第五个
与规定直径比较	+0.09	+0.2	−0.1	−0.3	+0.4

用绝对值知识，指出哪一个零件好些. 根据零件的质量要求，零件的直径可以有 0.1 mm 的误差，这 5 个零件中符合要求的零件有几个？

10. 指数计算.

(1)$3^0=$　(2)$(-0.8)^0=$　(3)$\left(\frac{1}{2}\right)^0=$　(4)$(\sqrt{2})^0=$

(5)$(\sin 30°)^0=$　(6)$2^3\times2^4=$　(7)$(2^3)^4=$　(8)$\frac{2^3}{2^4}=$

(9)$(2a)^3=$　(10)$0.01^{-3}=$　(11)$8^{\frac{1}{3}}=$　(12)$(3a^2)^{-3}=$

(13)$8^{-2}=$　(14)$(\sqrt{5})^2=$　(15)$(\sqrt[5]{-5})^5=$　(16)$27^{\frac{4}{3}}=$

(17)$2^{-1}\times64^{\frac{2}{3}}=$　(18)$(\sqrt{3})^2+\left(2\frac{1}{2}\right)^0-0.1^{-1}=$　(19)$\sqrt{16}=$

(20)$\left(\frac{25}{9}\right)^{\frac{3}{2}}=$　(21)$(125)^{\frac{1}{3}}+(8^{-2}\times8^3)^{\frac{2}{3}}=$　(22)$2\sqrt{2}\cdot\sqrt[4]{2}\cdot\sqrt[8]{4}=$

11. 对数计算.

(1)$\lg 1=$　(2)$\lg 100=$　(3)$\lg 0.01=$　(4)$\ln e=$

(5)$\log_3 1=$　(6)$\log_2 16=$　(7)$\log_3 9=$　(8)$\log_3\frac{1}{3}=$

(9)$\ln e^3=$　(10)$e^{\ln e}=$　(11)$\log_2 4=$　(12)$\log_3(3\times27)=$

(13)$\log_2 6-\log_2 3=$　(14)$\lg 20-\lg 2=$　(15)$\log_2 8-\log_2 4=$

(16)$\log_3 2+\log_3\frac{1}{2}=$　(17)$\lg 3+\lg\frac{1}{3}=$　(18)$\lg 0.1+\lg 1+\lg 100=$

(19)$\log_2 6-\log_2 3+2^{-1}=$　(20)$\log_2 5+\log_2\frac{1}{5}=$　(21)$\log_2 16+(\sqrt{2})^0=$

(22)$\lg 5+\lg 2=$　(23)$2^{-1}-\ln e^4+10^{\lg 4}+(\sqrt{5}-\sqrt{3})^0=$

12. 混合计算.

(1)$-20+35-(-56)-60=$　(2)$100-50.5-(-40.5)+0.6=$

(3)$-6.6+|-5.6|-5.4+7.8=$　(4)$69+(-35.5)\div0.5+2\times0.8=$

(5)$1+(-2)+3+(-4)+5+(-6)+\cdots+99+(-100)=$

(6)$\sqrt[3]{27}+(2^3)^4-(\sqrt{5})^2=$　(7)$\sqrt{(-3)^2}+\log_2 8-\sqrt[4]{(-6)^4}=$

(8)$3^{-1}-\ln e^5+10^{\lg 6}+(\sqrt{8}-\sqrt{3})^0=$　(9)$\lg 80-\lg 8+\sqrt{(-8)^2}=$

(10) $\left(\frac{1}{2}-\frac{1}{3}+\frac{1}{4}\right)\times 12=$ (11) $\frac{4}{21}\div\frac{2}{7}\times\frac{3}{2}=$

第 2 节　二次函数与一元二次方程

二次函数是进行数学研究的一个重要工具，从直观的利用图像解方程、求最值，到利用数形结合的思想研究一元二次方程根的分布问题，进而用二次函数解决生活中实际问题．如桥梁、隧道的建设，花坛、喷水池的设计．

1.2.1　认识直角坐标系

想一想：在教室里我们怎样确定一位同学的位置？如小红同学在第 3 行第 4 排．

1. 平面直角坐标系及象限

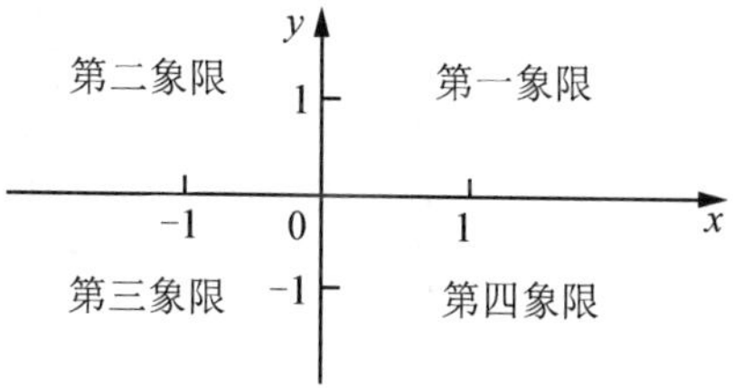

图 1-7

填一填：各象限点的横坐标、纵坐标的正负(＋、－)号，请填在表 1-4 中．

表 1-4

	第一象限	第二象限	第三象限	第四象限
横坐标(x)				
纵坐标(y)				

2. 描点的方法

过 x 轴上的点画垂线，再过 y 轴上的点画垂线，两条垂线的交点就是所描的点．

例 1　如图 1-8 所示，(1)描点 $A(1, 2)$，$B(0, 0)$，$C(-1, -1)$，$D(0, -2)$，$E(3, 0)$．

(2)指出(1)中各点所在的位置．

(3)在直角坐标系中标出小红的座位．

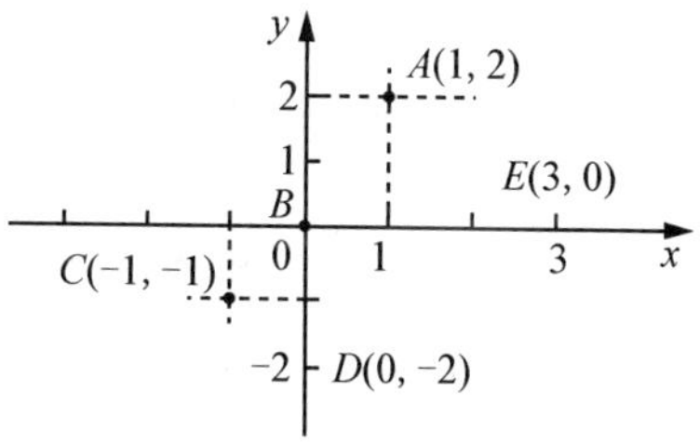

图 1-8

例 2　在坐标系中描出下列各点，并指出点所在的位置．

$A(1, 2)$，　$B(2, 1)$，　$C(0, -1)$，　$D(1, 0)$．

1.2.2 二次函数与一元二次方程

1. 解析式

(1)二次函数的形式有

一般式：$y=ax^2+bx+c(a\neq 0)$，

顶点式：$y=a(x-h)^2+k(a\neq 0)$，

交点式：$y=a(x-x_1)(x-x_2)(a\neq 0)$.

(2)一元二次方程的一般形式：$ax^2+bx+c=0(a\neq 0)$.

2. 二次函数的图像

二次函数的图像形状是一条抛物线.

一般式：$y=ax^2+bx+c(a>0)$，如图 1-9 所示.

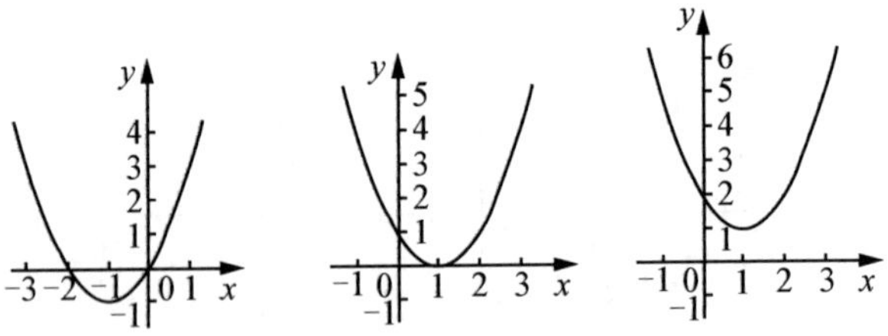

(a) $y=x^2+2x$　(b) $y=x^2-2x+1$　(c) $y=x^2-2x+2$

图 1-9

画一画：$y=ax^2+bx+c(a<0)$.

例如：(1)$y=-x^2+2$，　(2)$y=-x^2+2x+1$，　(3)$y=-x^2+2x+2$.

3. 二次函数的性质

一般式：$y=ax^2+bx+c$.

(1)定义域：**R**.

(2)对称轴是直线：$x=-\dfrac{b}{2a}$.

(3)奇偶性：当 $b=0$ 时，$y=ax^2+c$ 是偶函数.

(4)图像的开口方向：

当 $a>0$ 时，抛物线开口向上，当 $x=-\dfrac{b}{2a}$时二次函数有最小值 $y=\dfrac{4ac-b^2}{4a}$；

当 $a<0$ 时，抛物线开口向下，当 $x=-\dfrac{b}{2a}$时二次函数有最大值 $y=\dfrac{4ac-b^2}{4a}$.

(5)最值：$y=\dfrac{4ac-b^2}{4a}$.

(6)抛物线的顶点坐标$\left(-\dfrac{b}{2a},\ \dfrac{4ac-b^2}{4a}\right)$.

4. 二次函数与一元二次方程的关系

二次函数与一元二次方程的关系如图 1-10 所示.

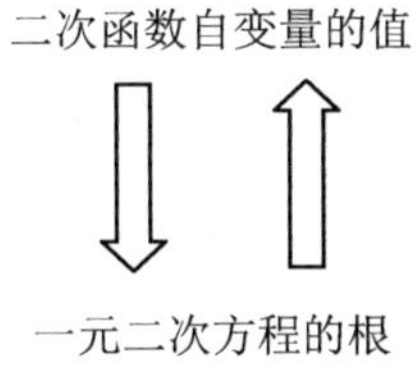

图 1-10

5. 抛物线 $y=ax^2+bx+c(a\neq 0)$ 与 x 轴的交点个数

抛物线 $y=ax^2+bx+c(a\neq 0)$ 与 x 轴的交点个数可由一元二次方程 $ax^2+bx+c=0(a\neq 0)$ 的根的情况说明，如表 1-5 所示.（结合图 1-9）

表 1-5

二次函数 $y=ax^2+bx+c$ 的图像与 x 轴的交点	一元二次方程 $ax^2+bx+c=0$ 的根	一元二次方程 $ax^2+bx+c=0$ 的根判别式 $\Delta=b^2-4ac$
有两个交点	有两个不相等的实数根	$\Delta>0$
有一个交点	有两个相等的实数根	$\Delta=0$
没有交点	没有实数根	$\Delta<0$

1.2.3 一元二次方程常用解法

1. 公式法

公式法适用于所有有实数解的一元二次方程 $ax^2+bx+c=0$ 时，解为 $x=\frac{-b\pm\sqrt{b^2-4ac}}{2a}$.

2. 十字相乘法

十字相乘法适用于 $x^2+(p+q)x+pq=0$ 时，可以分解成 $(x+p)(x+q)=0$ 进而求解.

例 1 $x^2+7x+10=0$.

解： 原式化成 $x^2+(2+5)x+2\times 5=0$,

可以分解成 $(x+2)(x+5)=0$,

解得 $x_1=-2$，$x_2=-5$.

例 2 $x^2-7x+10=0$.

解： 原式化成 $x^2+[-2+(-5)]x+(-2)\times(-5)=0$,

可以分解成 $(x-2)(x-5)=0$,

解得 $x_1=2$，$x_2=5$.

习题 1-2

1. 求下列函数的最值、对称轴、顶点坐标.

(1) $y=x^2-8x-3$，　　(2) $y=5x^2+4x+3$，

(3) $y=-x^2+x+2$，　　(4) $y=-3x^2+5x-3$.

2. 用适当的方法解下列方程.

(1) $x^2-9x+18=0$，　　(2) $2x^2+3x-5=0$，

(3) $x^2-2x-1=0$，　　(4) $x^2-5x+6=0$，

(5) $x^2-5x-14=0$，　　(6) $x^2+11x+18=0$.

3. 如图 1-11 所示，若一元二次方程 $ax^2+bx+c=0$ 的两个根分别是 x_1、x_2，则抛物线 $y=x^2+ax+b$ 与 x 轴的两个交点分别是(　　)和(　　).

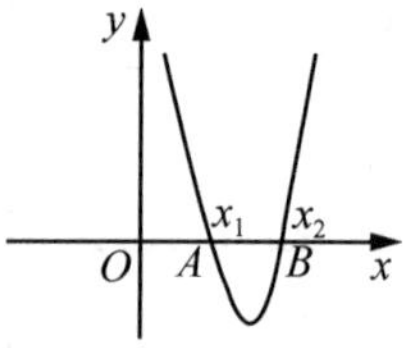

图 1-11

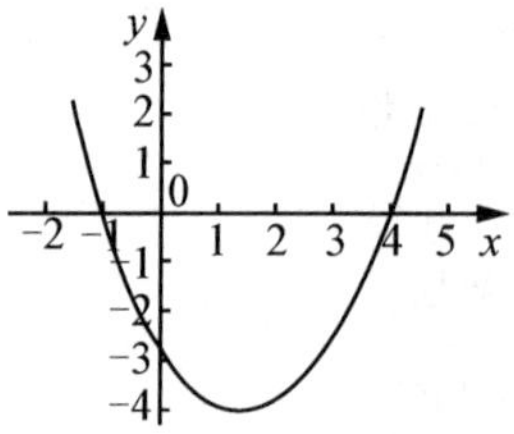

图 1-12

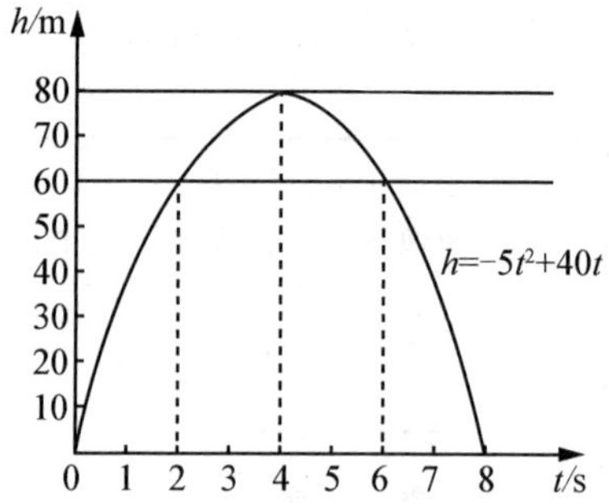

图 1-13

4. 小兰画了一个函数 $y=ax^2+bx+c$ 的图像，如图 1-12 所示，则关于 x 的方程 $ax^2+bx+c=0$ 的解是(　　).

A. 无解　　B. $x=1$　　C. $x=-4$　　D. $x=-1$ 或 $x=4$

5. 如图 1-13 所示，小球上抛问题中，

(1)当 $t=$________时，小球离地面的高度是 60 m；

(2)当 $t=$________时，小球离地面的高度是 80 m；

(3)小球离地面的高度能达到 100 m 吗？

6. 心理学家发现，学生对概念的接受能力 y 与提出概念所用的时间 x 分钟之间的函数关系式是：$y=-0.1x^2+2.6x+43(0\leqslant x\leqslant 30)$，$y$ 值越大表示接受能力越强.

问：(1)第 5 分钟，学生的接受能力是多少？第 10 分钟呢？

(2)第几分钟学生的接受能力最强？

(3) x 在哪个取值范围内，学生的接受能力逐渐增强？

第 3 节　幂函数应用

1. 幂函数的一般式

$y=x^a$，其中 x 是自变量，常数 a 是指数.

说明：(1)自变量以底数的形式呈现；

(2)指数是常数；

(3)$y=x^{a}$ 的系数为 1，后面没有其他项.

例 1 判断下列函数是不是幂函数.

(1)$y=2x^{\frac{3}{5}}$， (2)$y=x^{\frac{7}{8}}$， (3)$y=2x$， (4)$y=x^{2}+3$.

解：根据幂函数的一般形式和说明，可以得到 $y=x^{\frac{7}{8}}$ 是幂函数.

2. 幂函数的性质

例 2 画出下列幂函数的图像，并观察其图像特点.

(1)$y=x$， (2)$y=x^{2}$， (3)$y=x^{3}$， (4)$y=x^{\frac{1}{2}}$， (5)$y=x^{-1}$.

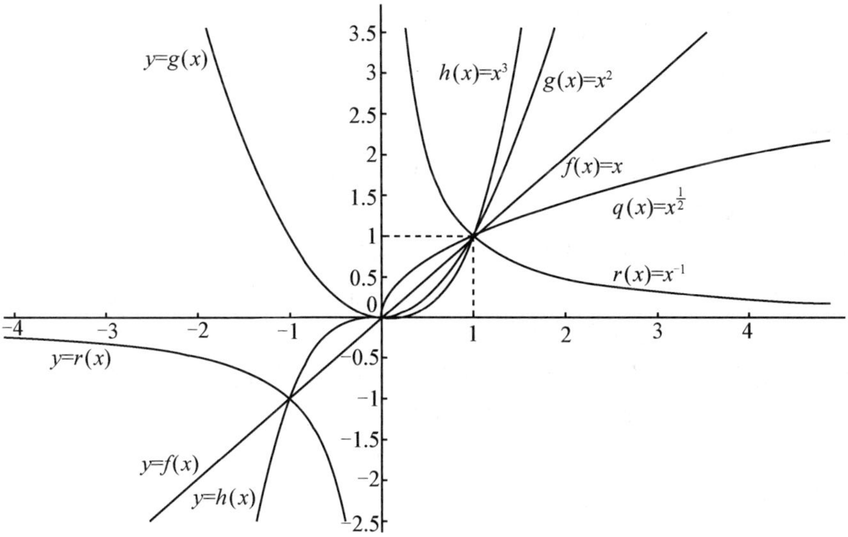

图 1-14

如图 1-14 所示，根据图像，完成表 1-6(常见幂函数的图像及其性质).

表 1-6

解析式	$y=x$	$y=x^{2}$	$y=x^{3}$	$y=x^{\frac{1}{2}}$	$y=x^{-1}$
图像	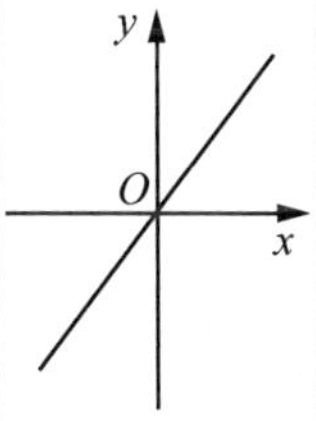	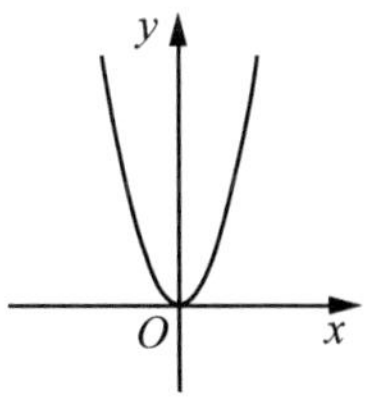	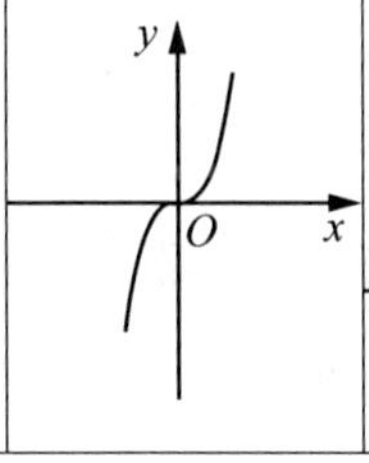	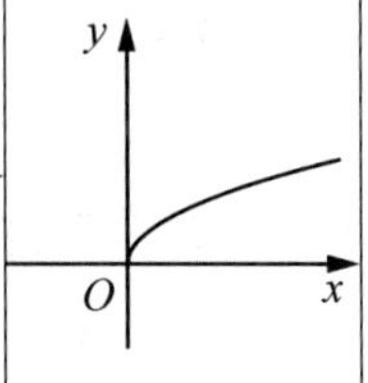	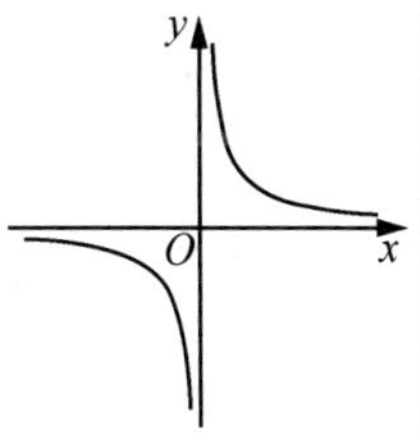
过定点	(1，1) 即当 $x=1$ 时，$y=1$				

续表

解析式	$y=x$	$y=x^2$	$y=x^3$	$y=x^{\frac{1}{2}}$	$y=x^{-1}$
定义域	**R**	**R**	**R**	$\{x\mid x\geqslant 0\}$	$(-\infty, 0)\cup(0, +\infty)$
值域	**R**	$[0, +\infty)$	**R**	$\{y\mid y\geqslant 0\}$	$(-\infty, 0)\cup(0, +\infty)$
奇偶性	奇函数	偶函数	奇函数	非奇非偶	奇函数
单调性	在区间$(-\infty, +\infty)$上是增函数	在区间$(-\infty, 0]$上是减函数 在区间$[0, +\infty)$上是增函数	在区间$(-\infty, +\infty)$上是增函数	在区间$[0, +\infty)$上是增函数	在区间$(-\infty, 0)$和$(0, +\infty)$上是减函数

幂函数的性质

共同点：(1)第一象限内必定有图像，第四象限内没有图像.

(2)都过点(1，1).

不同点：(1)当 $a>0$ 时，图像过点(0，0)且在$[0, +\infty)$上是单调增函数；

(2)当 $a<0$ 时，函数在$(0, +\infty)$上是单调减函数，且向上无限接近 y 轴，向右无限接近 x 轴.

例 3 写出正方体的体积 V 是它的边长 a 的函数解析式，定义域是多少？

解：∵正方体的体积是边长×边长×边长

$\therefore V=a^3$，

定义域为$(0, +\infty)$.

习题 1-3

1. 判断下列函数是不是幂函数.

(1)$y=3x^2$，(2)$y=\dfrac{2}{a}x$，(3)$y=x^3$，(4)$y=a^{\frac{1}{2}}$，(5)$y=x^{-1}+1$.

2. 已知幂函数 $y=f(x)$的图像经过点$(-3, -27)$，求 $f(2)$的值.

3. 已知函数 $y=x^a$ 的图像经过点 P，则点 P 的坐标可能是(　　).

A. (1，0)　　B. (0，1)　　C. (1，1)　　D. (1，-1)

第 4 节　指数函数和对数函数的应用

指数函数和对数函数在工程、生物、社会科学中有着重要的作用.

1.4.1 指数函数和对数函数

1. 解析式

(1)指数函数：$y=a^{x}(a>0$ 且 $a\neq1)$，其中 x 是自变量，定义域为 **R**.

(2)对数函数：$y=\log_{a}x(a>0$ 且 $a\neq1)$，其中 x 是自变量，定义域为 $x>0$.

2. 图像

指数函数的图像与性质如表 1-7 所示.

表 1-7

	$a>1$	$0<a<1$
图像	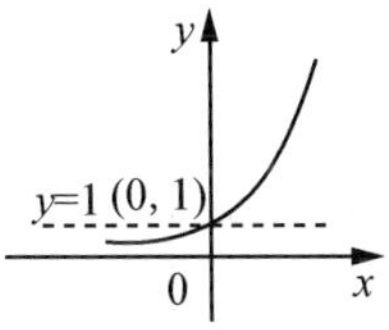	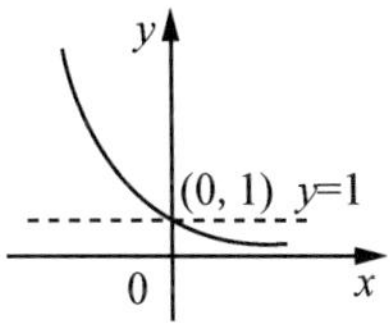
定义域	**R**$(-\infty, +\infty)$	
值域	$(0, +\infty)$	
定点	$(0, 1)$	
单调性	增函数	减函数
	$x\geqslant0$ 时，$y\geqslant1$ $x<0$ 时，$0<y<1$	$x\geqslant0$ 时，$0<y\leqslant1$； $x<0$ 时，$y>1$

对数函数的图像与性质如表 1-8 所示.

表 1-8

	$a>1$	$0<a<1$
图像	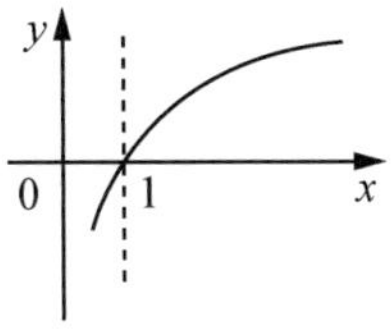	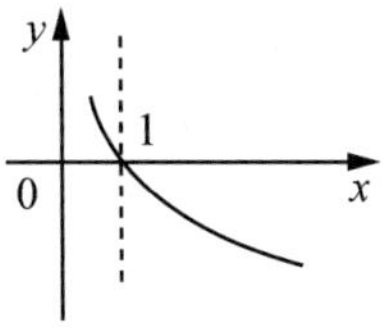
定义域	$(0, +\infty)$	
值域	**R**$(-\infty, +\infty)$	
定点	$(1, 0)$	
单调性	增函数	减函数
	$x>1$ 时，$y>0$； $0<x<1$ 时，$y<0$	$x>1$ 时，$y<0$； $0<x<1$ 时，$y>0$

3. 应用

解决实际问题的步骤如图 1-15 所示.

说明：(1)读懂问题是指读出新概念、新字母，读出相关制约，这是解决问题的基础.

(2)建立数学模型是指在抽象、简化、明确变量和参数的基础上建立一个明确的数学关系，这是解决问题的关键.

(3)数学模型的解即实际问题的解.

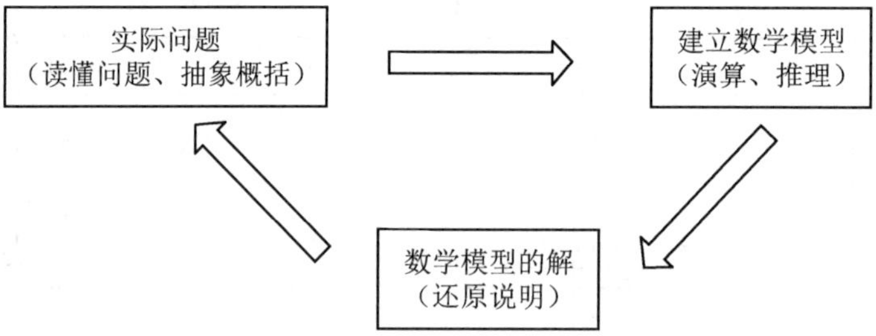

图 1-15

例 1 在生物科学中，常常要研究某种细胞的分裂问题. 某个细胞第 1 次分裂，1 个分裂为 2 个；第 2 次分裂，2 个分裂为 4 个……这样下去，问：(1)第 6 次分裂后共有多少个细胞？(2)经过多少次分裂，细胞总数为 8192 个？

分析：根据题中的条件，看看有怎样的规律.

分裂次数	细胞个数	发现	规律
第 1 次分裂	2 个	$2=1\times 2$ 或 2^1	2^1
第 2 次分裂	4 个	$4=2\times 2$ 或 2^2	2^2
第 3 次分裂	8 个	$8=2\times 4$ 或 2^3	2^3
……	……	……	……
第 n 次分裂			2^n

解：(1)第 6 次分裂后共有细胞个数：$2^6=64$.

(2)设经过 n 次分裂，细胞总数为 8192 个：

$2^n=8192$,

$n=13$.

解析：

(1)指数求法：用计算器求解：依次按键 2，x^y？＝(？的地方需要估算，比如 10，12，13，知道结果等于 8192).

(2)对数求法：$2^n=8192$ 化成 $n=\log_2 8192$，用计算器直接求解.

思考：

(1)第 9 次、第 10 次、第 22 次分裂后的细胞个数分别是多少？

(2)经过多少次分裂，细胞总数为 1048576 个？

例 2 储蓄方式中有一种是按复利计算，已知本金为 a 元，每期利率为 b，本利和为 y 元，存期为 x. 问：

(1)本利和 y 随存期 x 变化的函数式是什么？

(2)如果存入 20000 元，每期利率是 3%，那么 6 期后的本利和是多少元？

分析： 复利是一种计算利息的方法，即把前一期的本金和利息加在一起算作本金，再计算下一期的利息. 银行定期储蓄中自动转存业务类似复利计息的储蓄. 比如：存 3000 元，存期为 3 年，3 年后自动转存.

根据题中的条件，看看有怎样的规律：

∵本利和＝本金＋利息，

∴本利和 y 与存期 x 有如下关系(见表 1-9).

表 1-9

期数	本金	利息	n 期后的本利和
1 期	a	ab	$y_1=a+ab=a(1+b)$
2 期	$a(1+b)$	$a(1+b)b$	$y_2=a(1+b)^2$
3 期	$a(1+b)^2$	$a(1+b)^2b$	$y_3=a(1+b)^3$

发现规律：n 期后的本利和是 $y_n=a(1+b)^n$.

解： (1)本利和 y 随存期 x 变化的函数式：$y_x=a(1+b)^x$.

(2)本金 $a=20000$，$b=3\%$，$x=6$ 代入(1)式子中，

得：$y_6=20000(1+3\%)^6$

$=23881.05$，

注： 指数求法：$1+3\%=1.03$. 用计算器求解：依次按键 1.03，x^y，6，=，显示 1.194052296529.

答： (1)本利和 y 随存期 x 变化的函数式：$y_x=a(1+b)^x$.

(2)如果存入 20000 元，每期利率是 3%，那么 6 期后的本利和是 23881.05 元.

思考： 存入本金 15000 元，每期利率是 2.5%，那么 5 期后的本利和是多少元？

例 3 某溶液的氢离子浓度是 10^{-8}mol/dm^3，则其 pH 是：

$\text{pH}=-\lg[\text{H}^+]=-\lg10^{-8}=-(-8)\lg10=8$ （计算时用到了对数计算）

问：某溶液的 pH 是 8.5，则这种溶液的氢离子浓度是多少？

解： ∵$\text{pH}=-\lg[\text{H}^+]$，

∴$8.5=-\lg[\text{H}^+]$，

∴$\lg[\text{H}^+]=-8.5$，

∴$[\text{H}^+]=10^{-8.5}\text{mol/dm}^3$. （计算时用到了对数与指数互化）

1.4.2 解读几个经济数学模型

社会经济活动会涉及一些经济变量，而找出经济变量之间的函数关系，建立有关的经济数学模型，就是用数学方法解决经济领域中的问题的关键所在.

1. 需求函数

需求量：消费者在一定时期内，对应于一定的商品价格所愿意并且能够购买的该商品的数量. 常用字母 Q 表示需求量.

需求函数：表示一种商品的需求数量和影响该需求数量的各种因素之间相互关系的函数. 商品的价格是影响需求的主要因素，在忽略其他因素的情况下，研究需求与价格的函数关系. 设 p 表示商品价格，则需求量和商品价格的函数关系为 $Q=f(p)$，称为需求函数.

常用的需求函数有如下几种.

幂函数需求函数：$Q=kp^{-a}(a>0,\ k>0)$

指数需求函数：$Q=ae^{-bp}(a>0,\ b>0)$

b 是最大需求量. 即该商品在市场上可以接受的价格上限，超过这一价格，需求为零，没有人愿意购买；

a 是需求量对价格的敏感系数. 即需求的价格弹性，表示价格每增加(或减少)一元，需求量将减少(或增加)$|a|$单位.

线性需求函数：$Q=b-ap(a>0,\ b>0)$

例 1 某商品的需求函数为 $Q=b-ap(a>0,\ b>0)$，请问：$p=0$ 时的需求量是多少？$Q=0$ 时商品的价格是多少？

解： 当 $p=0$ 时，$Q=b-a\times 0=b$ 表示价格为 0 时最大需求量为 b.

当 $Q=0$ 时，$0=b-ap$，

$\therefore\ p=\dfrac{b}{a}$表示价格为$\dfrac{b}{a}$时需求量为 0，无人愿意购买此商品.

2. 成本函数

总成本是工厂生产一种产品所需费用的总和，通常分为固定成本和变动成本两部分.

固定成本指不受产量变化影响的成本，如厂房、机器设备的费用等，常用 C_1 表示.

变动成本指随产量变化而发生变化的成本，如原材料费、工人工资、包装费等，常用 $C_2(Q)$表示，其中 Q 是产量，则有

$$C_{总}=C_{固}+C_{变动},$$

用 $C(Q)$表示总成本函数，则有 $C(Q)=C_1+C_2(Q)$.

平均成本是生产一定量产品时，平均每单位产品的成本，即

$$平均成本=\frac{总成本}{产量}\quad 或\quad 平均成本=\frac{固定成本+变动成本}{产量}.$$

用 $\overline{C}$ 表示平均成本函数，则有 $\overline{C}=\dfrac{C(Q)}{Q}$或$\overline{C}=\dfrac{C_1+C_2(Q)}{Q}$.

例 2 生产某种商品的总成本(单位：元)是 $C(Q)=480+4Q$，求生产 60 件这种商品的总成本和平均成本.

解： (1)$\because Q=60$，

∴生产 60 件这种商品的总成本为

$$C(60)=480+4\times 60=720,$$

即总成本为 720 元.

(2)∵平均成本$=\dfrac{\text{总成本}}{\text{产量}}$,

$$\therefore \overline{C}=\frac{720}{60}=12.$$

即平均每件商品 12 元.

3. 利润函数

总利润指生产一定数量的产品的总收入与总成本之差，用 L 表示总利润.

用 R 表示总收入，则有

$$\text{总利润}=\text{总收入}-\text{总成本},$$

$$L(Q)=R(Q)-C(Q)$$

说明： $L(Q)=R(Q)-C(Q)>0$ 表示盈利，

$L(Q)=R(Q)-C(Q)<0$ 表示亏损，

$L(Q)=R(Q)-C(Q)=0$ 表示没有盈亏.

例 3 某种商品的总成本函数是 $C(Q)=10+Q+Q^2$，如果每售出一件该商品的收入是 1000 元，请问：生产 100 件商品的总利润是多少元?

解： ∵$Q=100$,

∴生产 100 件这种商品的总成本为 $C(100)=10+100+100^2=10110$.

∵每售出一件该商品的收入是 1000 元，

∴生产 100 件这种商品的总收入为 $R(100)=100\times 1000=100000$

∴总利润为 $L(100)=R(100)-C(100)=100000-10110=89890$,

即生产 100 件商品的总利润是 89890 元.

习题 1-4

1. 原有产值为 M，平均增长率为 b，则经过时间 x 后的总产值 y 可以表示为________________.

2. 2020 年 10 月 10 日小明存入银行 3000 元，整存整取一年期的年利率为 2.15%，他按照一年期存入. 请问：

(1)一年后到期日取出，那么连本带息共有多少元?

(2)一年后小明连本带息取出来又按照同样的方式存入，那么第二年后到期日连本带息能取出多少元?

3. 一种放射性物质不断变化为其他物质，每经过一年剩余的质量约是原来的 84%. 请问：

(1)这种物质的剩余量随时间变化的函数解析式是什么?

(2)大约经过多少年后，剩余量是原来的四分之三?

第 5 节　正弦型函数

现实世界中有许多现象是随着时间而发生周期性变化的，研究这类现象的主要工具是三角函数. 在生产实践中，常遇到偏心驱动机构、曲柄连杆机构以及振摆，交流电等问题，它们都是周期的往复运动. 对这些运动的变化规律，有时需要将解析式用图像法来表示，使问题更加清楚和形象化. 常用到正弦型函数的图像.

常用三角函数值如表 1-10 所示.

表 1-10

三角函数	$\beta=0$	$\beta=\frac{\pi}{6}$	$\beta=\frac{\pi}{4}$	$\beta=\frac{\pi}{3}$	$\beta=\frac{\pi}{2}$	$\beta=\pi$	$\beta=\frac{3\pi}{2}$	$\beta=2\pi$
$\sin\beta$	0				1	0	-1	0
$\cos\beta$	1				0	-1	0	1
$\tan\beta$	0		1		不存在	0	不存在	0
$\cot\beta$	不存在		1		0	不存在	0	不存在

1.5.1　正弦函数

1. 一般形式

$$f(x)=\sin x,\ x\in\mathbf{R}.$$

2. 图像

画法："五点"法.

取 $x=0$，$\frac{\pi}{2}$，π，$\frac{3\pi}{2}$，2π，画图像，再向左向右延伸.

得到正弦函数的图像(图 1-16)，也叫正弦曲线.

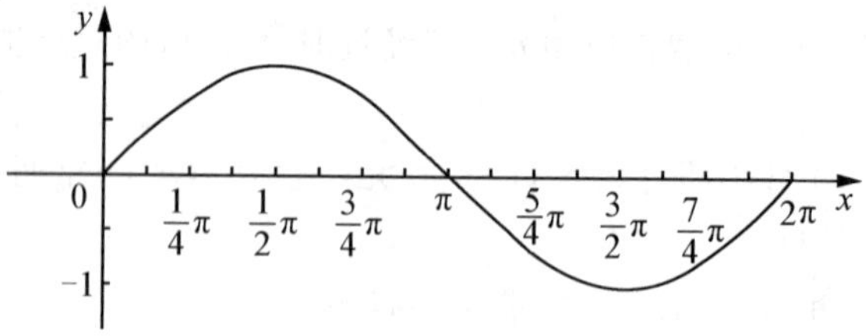

图 1-16

在定义域内画图像，如扩大范围 $x\in[-8\pi,\ 10\pi]$上 $y=\sin x$ 的图像.

3. 性质

图 1-17 所示为正弦函数 $f(x)=\sin x$ 的图像，其主要性质如表 1-11 所示.

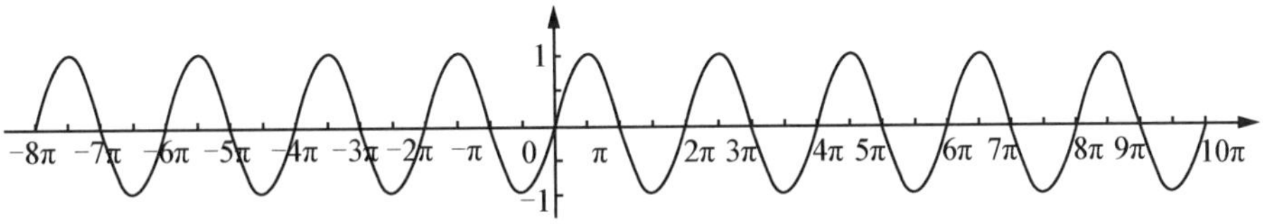

图 1-17

表 1-11

正弦函数 $f(x)=\sin x$	
定义域	**R**
值域	$[-1, 1]$
周期性	$T=2k\pi(k\in\mathbf{Z})$　最小正周期为 2π
奇偶性	奇函数，正弦函数 $f(x)=\sin x$ 图像关于原点对称
单调性	在区间 $\left[-\frac{\pi}{2}+2k\pi, \frac{\pi}{2}+2k\pi\right]$ 上是增函数，$(k\in\mathbf{Z})$； 在区间 $\left[\frac{\pi}{2}+2k\pi, \frac{3\pi}{2}+2k\pi\right]$ 上是减函数，$(k\in\mathbf{Z})$
最值性	当 $x=\frac{\pi}{2}+2k\pi$ 时达到最大值 1，$(k\in\mathbf{Z})$； 当 $x=-\frac{\pi}{2}+2k\pi$ 时达到最小值 -1，$(k\in\mathbf{Z})$

1.5.2　正弦型函数

1. 一般式

正弦型函数的一般式为 $y=A\sin(\omega x+\varphi)$.

2. 由 $y=\sin x$ 的图像到 $y=A\sin(\omega x+\varphi)$ 的图像变化过程

正弦函数 $y=\sin x$ 就是函数 $y=A\sin(\omega x+\varphi)$ 在 $A=1$、$\omega=1$、$\varphi=0$ 时的特殊情况.

函数 $y=A\sin(\omega x+\varphi)$，$x\in\mathbf{R}$ 的图像可看作用下面的方法得到.

(1)沿 x 轴平移：当 $\varphi>0$ 时，把 $y=\sin x$ 的图像向左平移 $|\varphi|$ 个单位长度；当 $\varphi<0$ 时，把 $y=\sin x$ 的图像向右平移 $|\varphi|$ 个单位长度，得到 $y=\sin(x+\varphi)$ 的图像.

(2)横坐标伸长或缩短：当 $\omega>1$ 时，再把 $y=\sin(x+\varphi)$ 图像上各点的横坐标缩短到原来的 $\frac{1}{\omega}$；当 $0<\omega<1$ 时，再把 $y=\sin(x+\varphi)$ 图像上各点的横坐标伸长到原来的 $\frac{1}{\omega}$ 倍，得到 $y=\sin(\omega x+\varphi)$ 的图像.（纵坐标不变）

(3)纵坐标伸长或缩短：当 $A>1$ 时，再把 $y=\sin(\omega x+\varphi)$ 的图像上所有的纵坐标伸长到原来的 A 倍；当 $0<A<1$ 时，再把 $y=\sin(\omega x+\varphi)$ 的图像上所有各点的纵坐标缩短到原来的 A 倍，得到 $y=A\sin(\omega x+\varphi)$ 的图像.（横坐标不变）

例如：图 1-18 所示图像.

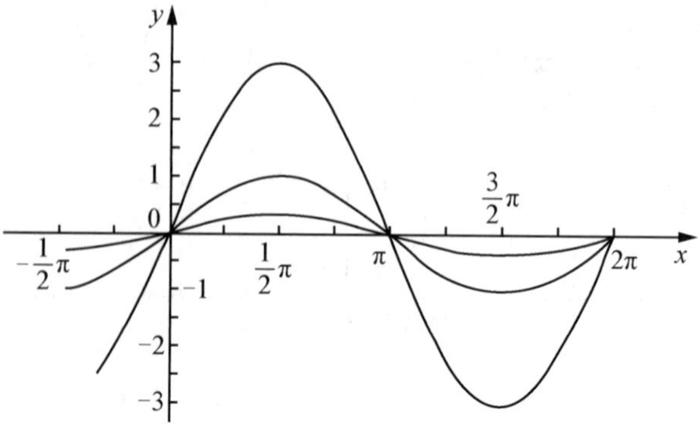

图 1-18

总结上述变换过程：相位换—周期变换—振幅变换.

3. 正弦型函数 $y=A\sin(\omega x+\varphi)$

正弦型函数 $y=A\sin(\omega x+\varphi)$ 的图像称为正弦型曲线，其中 $|A|$ 称为幅值，$\omega(\omega>0)$称为角频率，φ 称为初相位.

4. 性质

(1)定义域：**R**.

(2)值域：$[-|A|, |A|]$.

(3)最值：最大值是 $|A|$，最小值是 $-|A|$.

(4)最小正周期是 $\frac{2\pi}{|\omega|}$.

5. 应用

日常生产和生活中的用电大部分都是交流电，交流电的电压、电流都是按照正弦曲线的规律变化的.

(1)正弦交流电的电压与时间之间的关系：$u=U_m\sin(\omega t+\varphi)$

说明： U_m 是电压的最大值，又叫作振幅.

ω 是发电机转子转动的角速度，又叫作角频率.

φ 是与转子的起始位置有关的一个角，叫作初相角.

(2)交流电中电流强度随时间变化的规律是

$$I=I_m\sin(\omega t+\varphi_0).$$

说明： ①交流电中电压、电流的变化类似 $y=A\sin(\omega x+\varphi)$的正弦曲线，所以最大值是 U_m、I_m，周期是 $T=\frac{2\pi}{\omega}$，频率是 $f=\frac{1}{T}$，初相位是 φ_0，角频率是 $\omega=2\pi f$.

②用角频率 ω 表示电流变化的快慢，其单位是 rad/s；$\omega t+\varphi_0$ 是 t 时刻的相位.

例 1 求 $f=40$ Hz 的正弦交流电的周期和角频率.

解： $\because f=\frac{1}{T}$，$\therefore T=\frac{1}{f}=\frac{1}{40}=0.025(\text{s})$.

∵角频率 $\omega=2\pi f$，∴$\omega=2\pi\times 40=80\pi(\text{rad/s})$.

例 2 已知正弦交流电与时间的关系是 $I=20\sin\left(100\pi t-\dfrac{\pi}{4}\right)$，求电流的最大值、周期、频率和初相位.

解：电流的最大值 $I_m=20$，

∵$\omega=100\pi(\text{rad/s})$，∴$T=\dfrac{2\pi}{\omega}=\dfrac{2\pi}{100\pi}=\dfrac{1}{50}=0.02(\text{s})$.

∵$f=\dfrac{1}{T}$，∴$f=\dfrac{1}{0.02}=50(\text{Hz})$.

∵$I=20\sin\left(100\pi t-\dfrac{\pi}{4}\right)=20\sin\left[100\pi t+\left(-\dfrac{\pi}{4}\right)\right]$，

∴初相位是 $\varphi_0=-\dfrac{\pi}{4}$

例 3 看图 1-19 回答下列问题.

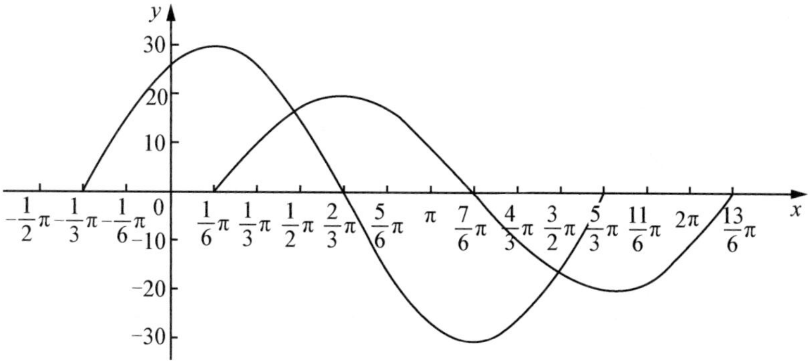

图 1-19

(1)电流 I_1 与 I_2 的最大值分别是________、________.

(2)I_1 与 I_2 的周期相等吗？

横轴代表 ωt，从图中看出 ωt 每增加或减少 2π，I_1 与 I_2 的函数值不变，所以 I_1 与 I_2 的周期________，等于 $T=\dfrac{2\pi}{\omega}$.

(3)当 $\omega t=\dfrac{\pi}{6}$时 I_1 达到最大值 30A，

当 $\omega t=\dfrac{2\pi}{3}$时 I_2 达到最大值 20A，

所以，________先达到最大值.

(4)从图中看出 I_1 与 I_2 的初相位分别是________、________，相位差是________.

想一想：$y=\sin x$ 的图像沿 x 轴怎样平移就可以得到函数 $y=\sin(x+\varphi)$的图像？

当 $\varphi>0$ 时，把 $y=\sin x$ 的图像向左平移 $|\varphi|$ 个单位长度，就可以得到 $y=\sin(x+\varphi)$的图像；

当 $\varphi<0$ 时，把 $y=\sin x$ 的图像向右平移 $|\varphi|$ 个单位长度，就可以得到 $y=\sin(x+\varphi)$ 的图像.

所以 I_1 与 I_2 的初相位分别是 $\frac{\pi}{3}$、$-\frac{\pi}{6}$，相位差是 $\frac{\pi}{3}-\left(-\frac{\pi}{6}\right)=\frac{\pi}{2}$.

(5)写出 I_1 与 I_2 的解析式.

1.5.3 锐角三角函数

在生产实践、日常生活中我们还会遇到已知直角三角形中一条边与一个锐角，要求其他边角的问题，解决此类问题离不开锐角三角函数的知识.

在 Rt△ABC 中，$\angle C$ 为直角，边角关系如表 1-12 所示.

表 1-12

三角函数	定　义	表达式	取值范围	关　系
正弦	$\sin A=\frac{\angle A\text{ 的对边}}{\text{斜边}}$	$\sin A=\frac{a}{c}$	$0<\sin A<1$ ($\angle A$ 为锐角)	$\sin A=\cos B$ $\cos A=\sin B$ $\sin^2 A+\cos^2 A=1$
余弦	$\cos A=\frac{\angle A\text{ 的邻边}}{\text{斜边}}$	$\cos A=\frac{b}{c}$	$0<\cos A<1$ ($\angle A$ 为锐角)	
正切	$\tan A=\frac{\angle A\text{ 的对边}}{\angle A\text{ 的邻边}}$	$\tan A=\frac{a}{b}$	$\tan A>0$ ($\angle A$ 为锐角)	$\tan A=\cot B$ $\cot A=\tan B$ $\tan A=\frac{1}{\cot A}$(倒数) $\tan A\cdot\cot A=1$
余切	$\cot A=\frac{\angle A\text{ 的邻边}}{\angle A\text{ 的对边}}$	$\cot A=\frac{b}{a}$	$\cot A>0$ ($\angle A$ 为锐角)	

习题 1-5

1. 已知 $\sin x=3-b$，求 b 得取值范围.
2. 求函数 $y=\sin 8x$ 取得最大值 x 的集合，并指出最大值是多少.
3. 求 $f=80$ Hz 的正弦交流电的周期和角频率?
4. 求函数 $y=\frac{1}{3}\sin\left(2x+\frac{\pi}{3}\right)$ 的周期，当 x 取何值时函数取得最大值和最小值?
5. 已知正弦交流电与时间的关系是 $I=24\sin\left(80\pi t+\frac{\pi}{6}\right)$，求电流的最大值、周期、频率和初相位.

第 6 节　平面向量

在实际的生产生活中，我们经常遇到一些和我们密切相关的量，比如长度和质量确定单位后只用一个实数就可以表示，再如大海上帆船所航行的位移、一个人拉小车所用的力，这些量如果不指出方向是没有办法表示的. 就是说，位移、力是既有大小又有方向的量，这种量就是本章我们要研究的向量.

向量是数学中的重要概念之一，用向量的有关知识能有效解决数学、物理等学科中的很多问题.

1.6.1 位移与向量

问题1：已知两点 A、B，点 A 到点 B 的距离与点 A 到点 B 的位移有何异同?

很明显，点 A 到点 B 的距离只考虑两点间的距离，而点 A 到点 B 的位移除了考虑点 A 到点 B 的距离，同时还考虑点 A 到点 B 的方向.

我们把只有大小、没有方向的量，叫作数量(或标量). 把既有大小又有方向的量，叫作向量(或矢量).

数量(标量)只有大小，可以用一个数值来描述，标量有正负，有大小；向量(矢量)有方向，无正负(正、负只表示方向). 常见的面积、距离、人数、质量、时间等是数量，位移、速度、力等是向量.

问题2：如何表示平面上的一个质点的位移?

一质点从点 A 运动到点 B，在平面内用线段 AB、并且在终点 B 处画箭头表示这一质点从点 A 到点 B 的方向，来描述这个位移(图1-20).

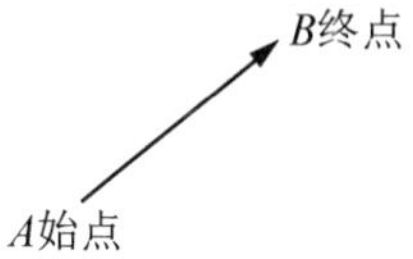

图 1-20

我们把类似图1-20中标有方向的线段，叫作有向线段.

质点从点 A 运动到点 B，可以用有向线段来表示. 点 A 为始点，点 B 为终点的有向线段，记作 $\overrightarrow{AB}$. 始点在前，终点在后. 位移只表示质点的位置变化，与质点的实际运动路线无关.

向量的例子很多，除了前面的位移、速度、力，还有风速、风力、磁力等.

表示向量可以用一个小写字母或两个大写字母表示. 印刷时，向量常用一个小写黑体的英文字母 $\boldsymbol{a}$，$\boldsymbol{b}$，$\boldsymbol{c}$…表示，或两个大写的英文字母 $\overrightarrow{AB}$，$\overrightarrow{CD}$…表示；手写时，向量常用一个带箭头小写英文字母 $\vec{a}$，$\vec{b}$，$\vec{c}$…表示，或两个大写的英文字母 $\overrightarrow{AB}$，$\overrightarrow{CD}$…表示.

物理学中的力是有大小、方向，且有作用点的向量. 有的向量如位移、速度只有大小和方向，而无特定位置，我们把只考虑大小与方向的向量叫作自由向量. 本书中如无特别说明，向量均指自由向量，即向量只有大小、方向两个要素.

已知向量 $\overrightarrow{AB}$，线段 AB 的长度叫作向量 $\overrightarrow{AB}$ 的长度(或模)，记作 $|\overrightarrow{AB}|$，长度为0的向量，叫作零向量，记作 $\mathbf{0}$. 零向量的方向不确定.

如果两个向量大小相等，方向相同，那么称这两个向量相等. 由于向量与它的位置无关，那么用有向线段表示向量时，方向相同、长度相等的有向线段表示同一个向量，或相等向量.

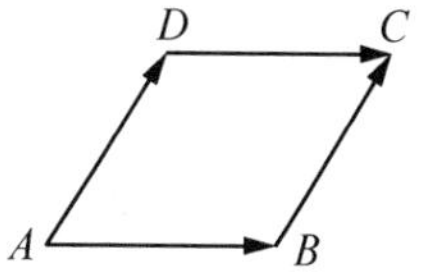

图 1-21

如果表示向量的有向线段所在的直线相互平行或重合，则称这些向量平行或共线，向量 $\boldsymbol{a}$ 与向量 $\boldsymbol{b}$ 平行或共线，记作 $\boldsymbol{a}/\!/\boldsymbol{b}$. 规定，零向量与任意向量平行.

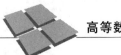

例 1 如图 1-21 所示，四边形 $ABCD$ 是平行四边形，分别写出 $\overrightarrow{AB}$，$\overrightarrow{AD}$ 相等的向量.

解： $\overrightarrow{AB}=\overrightarrow{DC}$，$\overrightarrow{AD}=\overrightarrow{BC}$.

问题 3：如何用向量确定平面内一点的位置呢？

平面内某一点 A 的位置向量就是以给定一点 O 为起始点，以点 A 为终点的向量，有了位置向量的概念，我们就可以利用位置向量来确定一点相对于另一点的位置.

1.6.2 向量的加法

如图 1-22 所示，一质点由点 A 运动到点 B，再由点 B 运动到点 C，质点运动的总效果是从点 A 到点 C. 这时，质点从点 A 到点 C 的位移，就是动点由 A 到 B、再由点 B 到 C 两次位移的和. 由位移求和，得向量加法的法则：

已知向量 $\boldsymbol{a}$、$\boldsymbol{b}$ 如图 1-23 所示，在平面上任取一点 A，作 $\overrightarrow{AB}=\boldsymbol{a}$、$\overrightarrow{BC}=\boldsymbol{b}$，作向量 $\overrightarrow{AC}$，则向量 $\overrightarrow{AC}$ 叫作向量 $\boldsymbol{a}$ 与 $\boldsymbol{b}$ 的和向量. 记作 $\boldsymbol{a}+\boldsymbol{b}$，即 $\boldsymbol{a}+\boldsymbol{b}=\overrightarrow{AB}+\overrightarrow{BC}$.

这种求两个向量和的作图法，称为向量加法的三角形法则.

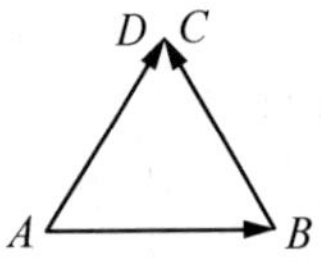

图 1-22

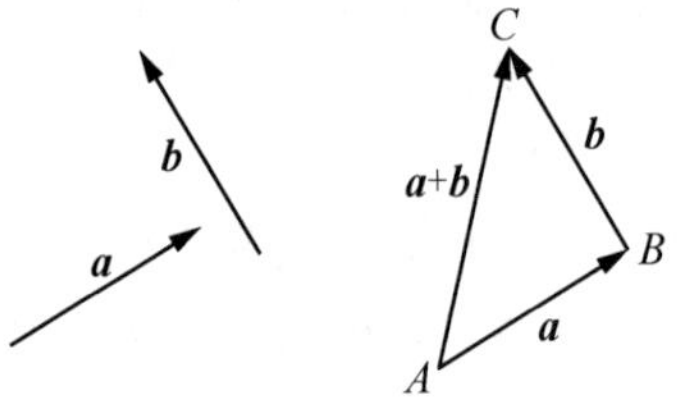

图 1-23

(1)当两个向量同向时，如图 1-24 所示.

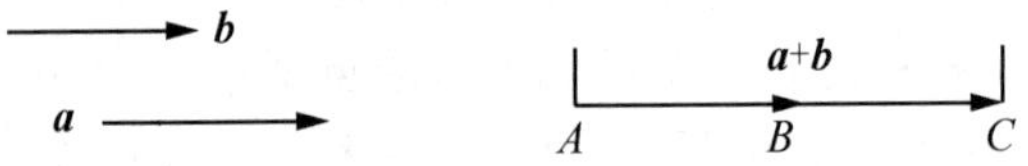

图 1-24

(2)当两个向量反向时，如图 1-25 所示.

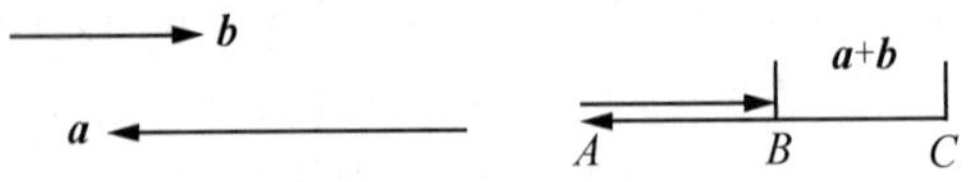

图 1-25

(3)对于零向量与任一向量 $\boldsymbol{a}$，都有

$$\boldsymbol{a}+\boldsymbol{0}=\boldsymbol{0}+\boldsymbol{a}=\boldsymbol{a}$$

由此可得，多个向量求和时的作图方法和法则. 几个向量首尾相连，和向量即由第一个加向量的始点指向最后一个加向量的终点.

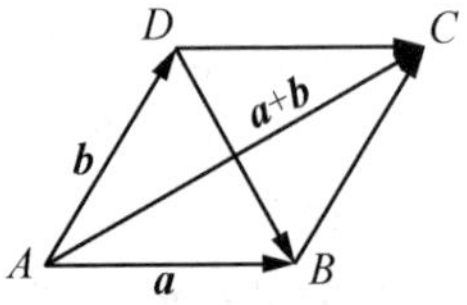

图 1-26

如图 1-26 所示，若向量 $\boldsymbol{a}$、$\boldsymbol{b}$ 不共线，作 $\overrightarrow{AB}=\boldsymbol{a}$、$\overrightarrow{AD}=\boldsymbol{b}$，如果 A、B、D 不共线，以 $\overrightarrow{AB}$、$\overrightarrow{AD}$ 为邻边作▱$ABCD$，则对角线上的向量 $\overrightarrow{AC}=\boldsymbol{a}+\boldsymbol{b}$，我们把这种求两个向量和的作图法则叫作向量加法的平行四边形法则.

平面向量的运算律

(1)交换律：$\boldsymbol{a}+\boldsymbol{b}=\boldsymbol{b}+\boldsymbol{a}$.

(2)结合律：$(\boldsymbol{a}+\boldsymbol{b})+\boldsymbol{c}=\boldsymbol{a}+(\boldsymbol{b}+\boldsymbol{c})$.

1.6.3 向量的减法

如图 1-27 所示，已知向量 $\boldsymbol{a}$、$\boldsymbol{b}$，在平面内作 $\overrightarrow{OA}=\boldsymbol{a}$、$\overrightarrow{OB}=\boldsymbol{b}$，由向量加法的三角形法则，得 $\boldsymbol{b}+\overrightarrow{BA}=\boldsymbol{a}$，我们把向量 $\overrightarrow{BA}$ 叫作向量 $\boldsymbol{a}$ 与 $\boldsymbol{b}$ 的差，记作 $\boldsymbol{a}-\boldsymbol{b}$，即 $\overrightarrow{BA}=\boldsymbol{a}-\boldsymbol{b}=\overrightarrow{OA}-\overrightarrow{OB}$.

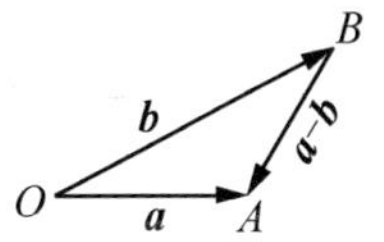

图 1-27

综上所述，如果把两个向量的始点重合在一起，这两个向量的差就是减向量的终点指向被减向量的终点的向量. 这种求两个向量差的作图法，称为向量减法的法则.

与向量 $\boldsymbol{a}$ 等长且方向相反的向量叫作 $\boldsymbol{a}$ 的相反向量，记作 $-\boldsymbol{a}$. 向量 $\overrightarrow{AB}$ 的相反向量是 $\overrightarrow{BA}$，且 $\overrightarrow{AB}+\overrightarrow{BA}=\boldsymbol{0}$.

例 2 如图 1-28 所示，已知▱$ABCD$，$\overrightarrow{AB}=\boldsymbol{a}$，$\overrightarrow{AD}=\boldsymbol{b}$，试用向量 $\boldsymbol{a}$ 和 $\boldsymbol{b}$ 分别表示向量 $\overrightarrow{AC}$ 和 $\overrightarrow{DB}$.

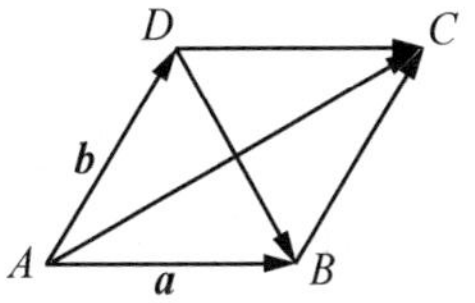

图 1-28

解：连接 AC、DB，由向量求和的平行四边形法则，有

$$\overrightarrow{AC}=\overrightarrow{AB}+\overrightarrow{AD}=\boldsymbol{a}+\boldsymbol{b},$$

由减法定义，得

$$\overrightarrow{DB}=\overrightarrow{AB}-\overrightarrow{AD}=\boldsymbol{a}-\boldsymbol{b}.$$

1.6.4 数乘向量

1. 数乘向量的定义

实数 λ 和向量 $\boldsymbol{a}$ 的乘积是一个向量，记作 $\lambda\boldsymbol{a}$.

向量 $\lambda\boldsymbol{a}(\boldsymbol{a}\neq\boldsymbol{0}, \lambda\neq 0)$的长度与方向规定如下.

(1)长度：$|\lambda\boldsymbol{a}|=|\lambda||\boldsymbol{a}|$.

(2)方向：当 $\lambda>0$ 时，$\lambda\boldsymbol{a}$ 与 $\boldsymbol{a}$ 的方向相同；当 $\lambda<0$ 时，$\lambda\boldsymbol{a}$ 与 $\boldsymbol{a}$ 的方向相反.

当 $\lambda=0$ 时，$0\boldsymbol{a}=\boldsymbol{0}$；当 $\boldsymbol{a}=0$ 时，$\lambda\boldsymbol{0}=\boldsymbol{0}$.

长度为 1 的向量叫作单位向量，非零向量 $\boldsymbol{a}$ 的单位向量为$\dfrac{a}{|a|}$.

2. 数乘向量的几何意义

把向量 $\boldsymbol{a}$ 沿着 $\boldsymbol{a}$ 的方向或 $\boldsymbol{a}$ 的反方向，长度放大或缩小.

例如：$2\boldsymbol{a}$ 的几何意义就是沿着向量 $\boldsymbol{a}$ 的方向，长度放大到原来的 2 倍.

3. 数乘向量满足的运算律

设 λ、μ 为实数，数乘向量运算满足下列运算律.

(1)$(\lambda+\mu)\boldsymbol{a}=\lambda\boldsymbol{a}+\mu\boldsymbol{a}$；

(2)$\lambda(\mu \boldsymbol{a})=(\lambda\boldsymbol{\mu})\boldsymbol{a}$；

(3)$\lambda(\boldsymbol{a}+\boldsymbol{b})=\lambda\boldsymbol{a}+\lambda\boldsymbol{b}$.

例 3 计算下列各式.

(1)$3(\boldsymbol{a}+\boldsymbol{x})$，　　(2)$5(\boldsymbol{a}+\boldsymbol{x})+3(\boldsymbol{x}-\boldsymbol{b})$，　　(3)$\boldsymbol{x}+2(\boldsymbol{a}+\boldsymbol{x})$.

解：(1)$3(\boldsymbol{a}+\boldsymbol{x})=3\boldsymbol{a}+3\boldsymbol{x}$.

(2)$5(\boldsymbol{a}+\boldsymbol{x})+3(\boldsymbol{x}-\boldsymbol{b})=8\boldsymbol{x}+5\boldsymbol{a}-3\boldsymbol{b}$.

(3)$\boldsymbol{x}+2(\boldsymbol{a}+\boldsymbol{x})=3\boldsymbol{x}+2\boldsymbol{a}$.

1.6.5 向量的分解

1. 平面向量基本定理

如果 $\boldsymbol{e}_1$、$\boldsymbol{e}_2$ 是平面上的两个不平行的向量，那么对该平面上的任一向量 $\boldsymbol{a}$，存在唯一的一对实数 $\boldsymbol{a}_1$、$\boldsymbol{a}_2$ 使 $\boldsymbol{a}=a_1\boldsymbol{e}_1+\boldsymbol{a}_2\boldsymbol{e}_2$.

2. 向量的直角坐标

如图 1-29 所示，在直角坐标系内，我们分别取与 x 轴和 y 轴的正方向相同的两个单位向量 $\boldsymbol{e}_1$、$\boldsymbol{e}_2$ 作为基向量.

任作一个向量 $\boldsymbol{a}$，由平面向量基本定理知，有且只有一对实数 $\boldsymbol{a}_1$、$\boldsymbol{a}_2$，使得 $\boldsymbol{a}=a_1\boldsymbol{e}_1+\boldsymbol{a}_2\boldsymbol{e}_2$，我们把$(\boldsymbol{a}_1, \boldsymbol{a}_2)$叫作向量 $\boldsymbol{a}$ 的坐标，向量 $\boldsymbol{a}$ 的坐标记作

$$\boldsymbol{a}=(\boldsymbol{a}_1, \boldsymbol{a}_2)$$

其中 $\boldsymbol{a}_1$ 叫作 $\boldsymbol{a}$ 在 x 轴上的坐标，$\boldsymbol{a}_2$ 叫作 $\boldsymbol{a}$ 在 y 轴上的坐标，$\boldsymbol{e}_1$、$\boldsymbol{e}_2$ 叫作直角坐标平面上的基向量.

$$\boldsymbol{e}_1=(1, 0), \boldsymbol{e}_2=(0, 1), \boldsymbol{0}=(0, 0)$$

向量的坐标与点的坐标之间有何关系？如图 1-30 所示，设点 A 的坐标为(x, y)，则 $\overrightarrow{OA}=xe_1+ye_2=(x, y)$.

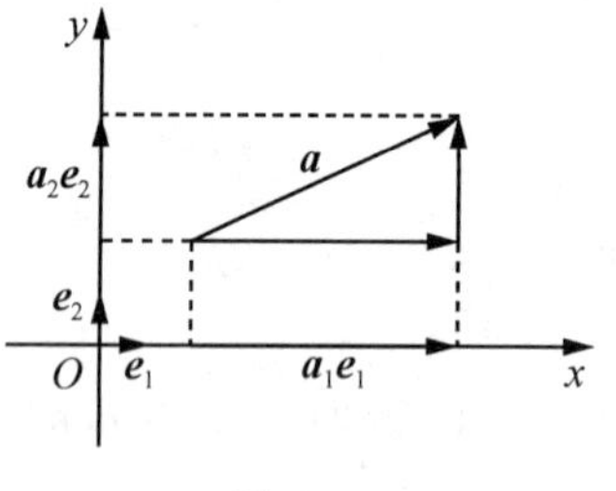

图 1-29

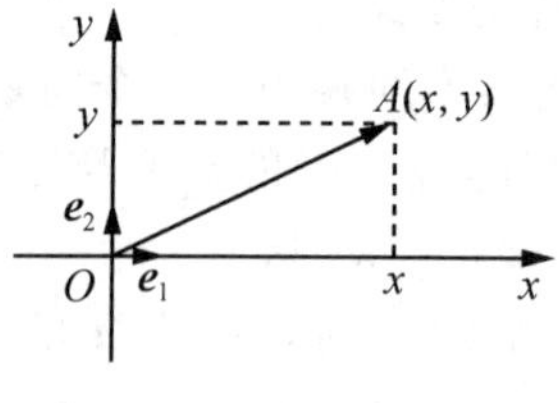

图 1-30

即点 A 的位置向量 $\overrightarrow{OA}$ 的坐标(x, y)，也就是点 A 的坐标；反之，点 A 的坐标也是点 A 相对于坐标原点的位置向量 $\overrightarrow{OA}$ 的坐标.

1.6.6 向量的直角坐标运算

平面上任一向量的坐标等于它的终点坐标减去始点坐标.

在直角坐标系中，设两个向量 $\boldsymbol{a}=(\boldsymbol{a}_1, \boldsymbol{a}_2)$，$\boldsymbol{b}=(\boldsymbol{b}_1, \boldsymbol{b}_2)$，则

$$\boldsymbol{a}+\boldsymbol{b}=(a_1, a_2)+(b_1, b_2)=(a_1+b_1, a_2+b_2),$$

$$\boldsymbol{a}-\boldsymbol{b}=(a_1,\ a_2)-(b_1,\ b_2)=(a_1-b_1,\ a_2-b_2),$$

$$\lambda\boldsymbol{a}=\lambda(a_1,\ a_2)=(\lambda a_1,\ \lambda a_2)\text{（其中 }\lambda\text{ 是实数）}.$$

例 4 已知 $\boldsymbol{a}=(2,\ 1)$，$\boldsymbol{b}=(-3,\ 4)$，求 $\boldsymbol{a}+\boldsymbol{b}$，$\boldsymbol{a}-\boldsymbol{b}$，$3\boldsymbol{a}+4\boldsymbol{b}$.

解： $\boldsymbol{a}+\boldsymbol{b}=(2,\ 1)+(-3,\ 4)=(-1,\ 5)$，

$\boldsymbol{a}-\boldsymbol{b}=(2,\ 1)-(-3,\ 4)=(5,\ -3)$，

$3\boldsymbol{a}+4\boldsymbol{b}=3(2,\ 1)+4(-3,\ 4)=(-6,\ 19)$.

例 5 已知点 $A(x_1,\ y_1)$，点 $B(x_2,\ y_2)$，求向量 $\overrightarrow{AB}$ 的坐标(图 1-31).

解： $\because \overrightarrow{AB}=\overrightarrow{OB}-\overrightarrow{OA}=(x_2,\ y_2)-(x_1,\ y_1)$，

$\therefore \overrightarrow{AB}=(x_2-x_1,\ y_2-y_1)$.

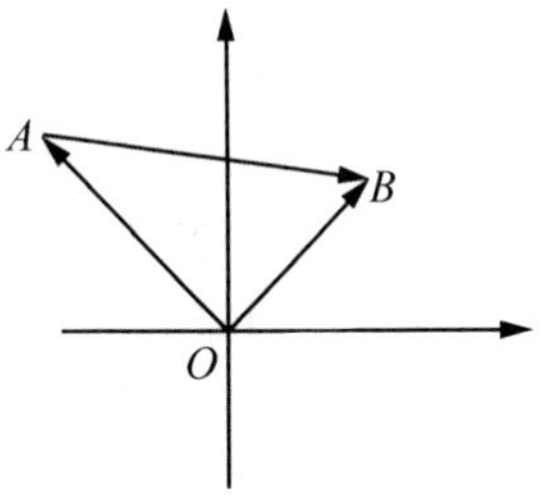

图 1-31

习题 1-6

1. 已知向量 $\boldsymbol{a}$ 和 $\boldsymbol{b}$，求作 $\boldsymbol{a}+\boldsymbol{b}$，$\boldsymbol{a}-\boldsymbol{b}$.

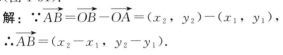

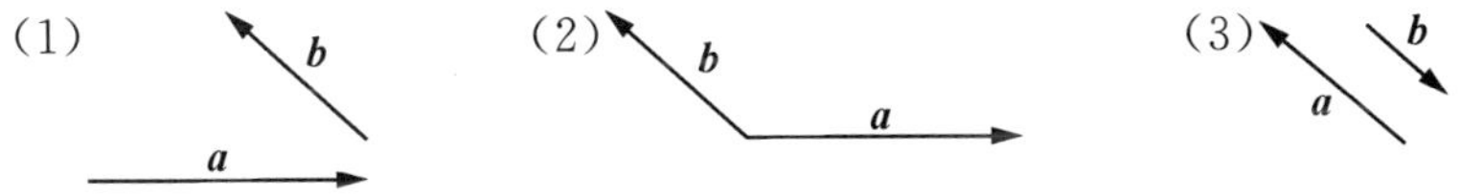

2. 化简：

(1) $\overrightarrow{AB}+\overrightarrow{BC}$，　(2) $\overrightarrow{BC}-\overrightarrow{BD}$，　(3) $\overrightarrow{AB}+\overrightarrow{MB}+\overrightarrow{BO}+\overrightarrow{OM}$，

(4) $\overrightarrow{AB}-\overrightarrow{AC}+\overrightarrow{BD}-\overrightarrow{CD}$，　(5) $3(\boldsymbol{a}+\boldsymbol{b})+2(\boldsymbol{a}-\boldsymbol{b})$，

(6) $\dfrac{1}{3}\left[\dfrac{1}{2}(2\boldsymbol{a}+8\boldsymbol{b})-(4\boldsymbol{a}-2\boldsymbol{b})\right]$，　(7) $(5\boldsymbol{a}-4\boldsymbol{b}+\boldsymbol{c})-2(3\boldsymbol{a}-2\boldsymbol{b}+\boldsymbol{c})$.

3. 已知▱$ABCD$，$\overrightarrow{AB}=\boldsymbol{a}$，$\overrightarrow{AD}=\boldsymbol{b}$，点 O 为 AC 与 BD 的交点，试用向量 $\boldsymbol{a}$ 和 $\boldsymbol{b}$ 分别表示向量 $\overrightarrow{CA}$，$\overrightarrow{BD}$，$\overrightarrow{CB}$，$\overrightarrow{OC}$，$\overrightarrow{OB}$.

4. 已知 $\boldsymbol{a}=(4,\ -1)$，$\boldsymbol{b}=(5,\ 2)$，求坐标(1) $2\boldsymbol{a}+2\boldsymbol{b}$；(2) $3\boldsymbol{a}-2\boldsymbol{b}$.

5. 已知坐标系中三点 $A(1,\ 2)$，$B(-3,\ 4)$，$C(5,\ -2)$，分别求向量 $\overrightarrow{AC}$，$\overrightarrow{BC}$，$\overrightarrow{AB}+\overrightarrow{CB}$，$\overrightarrow{AB}+\overrightarrow{BC}+\overrightarrow{CB}$ 的坐标.

复习题 1

1. 正式排球比赛对所用排球的质量有严格的规定，现选用了 6 个排球的质量检测结果，如表 1-13 所示(正数表示超过规定的质量，负数表示达不到规定的质量，单位：g)请问：哪一个篮球的质量好？

表 1-13

排球号数	第一个	第二个	第三个	第四个	第五个	第六个
与标准值比较	−8	+5	−4.5	+1.5	+3	−3.5

2. 用适当的方法计算.

(1)$0.1^{-3}=$ (2)$27^{\frac{1}{3}}=$ (3)$(2a^2)^{-3}=$ (4)$(\sqrt{25})^2=$

(5)$\log_2 32+(\sqrt{52})^0=$ (6)$\log_2 12-\log_2 3+3^{-1}=$ (7)$\ln e^4+10^{\lg 4}=$

3. 已知幂函数 $y=f(x)$ 的图像经过点$(-3, 81)$，求 $f(3)$的值.

4. 某商品进价为 30 元，以 35 元售出，平均每月能售出 500 件，调查表明：这种商品售价每上涨 1 元，其销售量将减少 10 件. 请问：

(1)月销售利润 y(元)与售价 x(元/件)之间的函数关系式是什么？

(2)当销售价定为 45 元时，月销售利润是多少？

(3)当销售价定为多少元时会获得最大利润？求出最大利润.

5. 2008 年我国人口总数是 13.28 亿，如果人口的自然年增长率控制在 5‰，问哪一年我国人口总数将超过 15 亿？

6. 某种产品的总成本函数是 $C(Q)=2000+\frac{Q}{8}$，求生产 160 件这种商品的总成本和平均成本.

7. 化简.

(1)$\overrightarrow{AB}+\overrightarrow{BC}+\overrightarrow{CD}$， (2)$\overrightarrow{OB}+\overrightarrow{BC}+\overrightarrow{CA}$， (3)$\overrightarrow{AB}-\overrightarrow{AC}$，

(4)$\overrightarrow{AB}+\overrightarrow{BA}+\overrightarrow{AD}+\overrightarrow{DC}$， (5)$\overrightarrow{AB}-\overrightarrow{AC}-\overrightarrow{CD}$， (6)$\overrightarrow{AB}-\overrightarrow{AC}-\overrightarrow{BC}$，

(7)$3(\boldsymbol{a}-2\boldsymbol{b}+3\boldsymbol{c})-5(-2\boldsymbol{a}+\boldsymbol{b}+2\boldsymbol{c})$， (8)$2(2\boldsymbol{b}+3\boldsymbol{c})+3(-2\boldsymbol{a}+2\boldsymbol{c})$.

8. 已知 $\boldsymbol{a}=(3, -1)$，$\boldsymbol{b}=(-1, 2)$，求(1)$\boldsymbol{a}+\boldsymbol{b}$，(2)$\boldsymbol{a}-2\boldsymbol{b}$，(3)$-5(\boldsymbol{a}+\boldsymbol{b})$，(4)$3\boldsymbol{a}-5\boldsymbol{b}$ 的坐标.

9. 求点$(-3, 4)$关于点$(-6, 5)$的对称点.

10. 一艘船以 12 km/h 的速度航行，方向垂直于河岸，已知水流速度是 5 km/h，求该船的实际航行速度.

知识拓展

不修边幅的陈景润

陈景润(图 1-34)是我国当代著名的数学家. 他出生在福建一个小职员的家庭，家里兄弟姐妹众多，他排行第三. 由于父亲收入微薄，家庭生活非常拮据，陈景润一出生就似乎成为父母的累赘. 上学以后，他由于瘦小体弱，经常受人欺负.

他从小就不爱玩耍，唯一的兴趣就是学习. 只要一学习起来，就什么都忘了，尤其对数学十分痴迷.

陈景润从来都不重视自己的外表，有一天他吃中饭的时候，突然发现头发已经太长了，需要去理，他放下饭碗就跑到理发店去了.

当时的理发店比较少，店里人很多，大家先领号牌然后依次理发. 陈景润当时领到一个三十八号的小牌子. 一向珍惜时间的陈景润坐不住了. 他想：轮到我还早着呢，时间是多么宝贵，可不能白白在这里浪费掉. 于是他走出理发店，从口袋里掏出个小

本子，找了个安静的地方，背起了外文单词．背了一会儿，他忽然想起上午读外文的时候，有个地方没看懂，“一定要把它弄懂”，陈景润暗暗地想．他看了看手表，刚到十二点半．先到图书馆去查一查，再回来理发还来得及，想到这里他站起来就走了．可是他走了不多久，就轮到他理发了．理发师喊了半天：“三十八号！谁是三十八号？快来理发！”可是当时陈景润正在图书馆里查资料，哪能听见理发师喊三十八号呢？

图 1-32

时间是个常数，花掉一天等于浪费 24 小时

——陈景润

等到陈景润在图书馆里把不懂的东西弄懂了，已经过去很长时间了，这时他才高高兴兴地往理发店走去．可是他路过外文阅览室，有各式各样的新书，非常好看，于是他又被深深地吸引住了．一直到太阳下山，他才想起理发的事儿来．当他赶到理发店时，那里早就关门了．

陈景润在逆境中潜心学习，忘我钻研，取得解析数论研究领域多项重大成果．1973 年在《中国科学》杂志发表了“1＋2”详细证明，引起世界巨大轰动，该证明被公认为是对哥德巴赫猜想研究的重大贡献，是筛法理论的光辉顶点，国际数学界称之为“陈氏定理”，至今仍在“哥德巴赫猜想”研究中保持世界领先水平．他曾荣获国家自然科学奖一等奖、华罗庚数学奖等．

一位英国数学家给陈景润写来祝贺信说：“你移动了群山！”

2018 年 12 月 18 日，党中央、国务院授予陈景润同志“改革先锋”称号，颁授改革先锋奖章，并获评激励青年勇攀科学高峰的典范．

第2章　函数、极限、连续

本章将介绍函数、极限和函数的连续性等基本概念，以及它们的一些性质.

第1节　函数的概念

2.1.1　函数的概念

读者在中学里已经学过有关函数的基本知识，但为了以后更好地学习高等数学，我们把有关的内容复习一下.

定义　设 D 为一个非空实数集合，若存在确定的对应法则 f，使得对于数集 D 中的任意一个数 x，按照 f 都有唯一确定的实数 y 与之对应，则称 f 是定义在集合 D 上的函数.

D 称为函数 f 的定义域，x 称为自变量，y 称为因变量. 如果对于自变量 x 的某个确定的值 x_0，应变量 y 能够得到一个确定的值，那么就称函数 f 在 x_0 处有定义，其因变量的值或函数 f 的函数值记为

$$y\Big|_{x=x_0},\ f(x)\Big|_{x=x_0} \text{ 或 } f(x_0).$$

例如：函数 $y=\sqrt{x-2}$，当 $x_1=6$ 时，$y_1=2$；当 $x_2=11$ 时，$y_2=3$.

实数集合 $B=\{y\,|\,y=f(x),\ x\in D\}$ 称为函数 f 的值域. 上例函数 $y=\sqrt{x-2}$ 的值域 $B=\{y\,|\,y\geqslant 0\}$.

不难看出，函数是由定义域与对应规则所确定的，因此，对于两个函数来说，当且仅当它们的定义域和对应规则都分别相同时，才表示同一函数，而与自变量及因变量用什么字母表示无关. 如函数 $y=x^2$ 也可以用 $s=r^2$ 表示.

因此，我们在给出一个函数时，一般都应标明其定义域，它就是自变量取值的允许范围. 这可由所讨论的问题的实际意义确定；凡未标明实际意义的函数，其定义域是使该式有意义的自变量的取值范围. 如函数 $y=x+1$ 的定义域为 $(-\infty,\ +\infty)$. 人们通常用不等式、区间或集合形式表示定义域. 其中有一种不等式，以后会常遇到，即满足不等式

$$|x-x_0|<\delta$$

(其中 δ 为大于0的常数)的一切 x，称为点 x_0 的 δ 邻域，记作 $U(x,\ \delta)$，它的几何意义为：以 x_0 为中心，δ 为半径的开区间 $(x_0-\delta,\ x_0+\delta)$，即 $x_0-\delta<x<x_0+\delta$.

对于不等式 $0<|x-x_0|<\delta$ 称为点 x_0 的 δ 的空心邻域，记作 $U(\hat{x}_0,\ \delta)$.

例1　确定函数

$$f(x)=\frac{1}{\sqrt{x^2-9}}$$

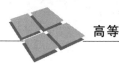

的定义域.

解：显然，其定义域是满足不等式

$$x^2-9>0$$

的 x 值的集合，解此不等式，则得其定义域为

$$x>3 \text{ 或 } x<-3\text{，即}(-\infty, -3)\cup(3, +\infty)\text{；}$$

也可以用集合形式表示为 $D=\{x\,|\,x\in(-\infty, -3)\cup(3, +\infty)\}$.

例 2 确定函数

$$f(x)=\sqrt{x-3}+\lg(x+2)$$

的定义域.

解：该函数的定义域应为满足不等式组

$$\begin{cases}x-3\geqslant 0\\ x+2>0\end{cases}$$

的 x 值的全体，解此不等式组，得其定义域为

$$x\geqslant 3\text{，即}[3, +\infty).$$

也可以用集合形式表示为 $D=\{x\,|\,x\in[3, +\infty)\}$.

例 3 设函数 $f(x)=x^3-2x+1$，求 $f(1)$，$f(3)$，$f(a)$，$[f(b)]^2$，$\dfrac{1}{f(c)}$（其中 $f(c)\neq 0$).

解：$f(1)=1^3-2+1=0$；

$f(3)=3^3-6+1=22$；

$f(a)=a^3-2a+1$；

$[f(b)]^2=(b^3-2b+1)^2$；

$\dfrac{1}{f(c)}=\dfrac{1}{c^3-2c+1}$.

注：由上面例 3，我们可以体会到：函数定义中的对应规则 f，就像一台机器，定义域中的任何一个 x 值进入这台机器后，即以同样的程序加工为值域内的一个函数 $f(x)$（图 2-1).

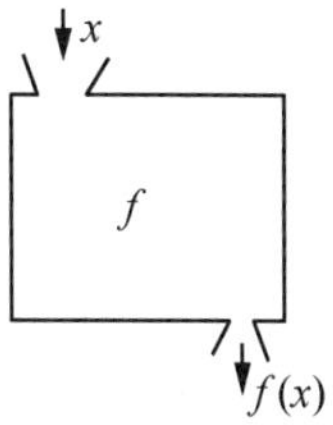

图 2-1

2.1.2 函数的表示法

函数的表示方法通常有三种：公式法、表格法和图示法.

(1)公式法：以数学式子表示函数的方法. 上述例子中的函数都是以公式表示的，公式法的优点是便于理论推导和计算，如函数 $y=|x|$.

(2)表格法：以表格形式表示函数的方法. 它是将自变量的值与对应的函数值列为表格，如三角函数表、对数表、企业历年产值表等，都是以这种方法表示的函数. 表格法的优点是所求的函数值容易查得到(表 2-1).

表 2-1

x	…	−3	−2	−1	0	1	2	3	…
$y=\|x\|$	…	3	2	1	0	1	2	3	…

(3)图示法：以图形表示函数的方法．这种方法在工程技术上应用较普遍，图示法的优点是直观形象，且可看到函数的变化趋势(图 2-2)．

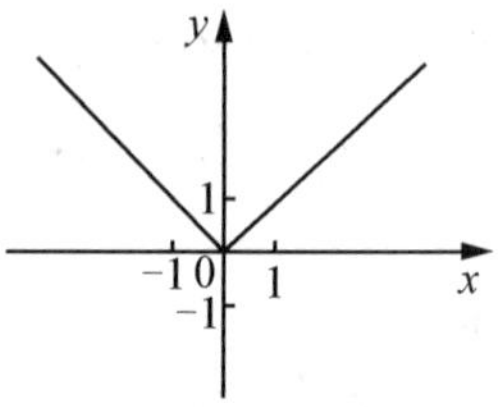

图 2-2

2.1.3 分段函数

有些函数虽然也是以数学式子表示，但是它们在定义域的不同范围具有不同的表达式．这样的函数叫作分段函数，分段函数在数学上和工程技术中以及日常生活中都会经常遇到．

例 4 2020 年 EMS 快递公司针对不同地区收费不同，详细收费如表 2-2 所示．现有一包裹从内蒙古寄往北京，求运费与包裹重量的函数关系．

表 2-2

2020 年 EMS 收费标准		
地　区	首重 1 kg	续重 1 kg
浙江、上海、江苏、安徽	7	2
江西	15	4
北京、天津、河北、山西、福建、山东、河南、湖北、湖南、广东、重庆、陕西	15	5
辽宁、广西、海南、四川、贵州、甘肃、青海、宁夏、内蒙古	15	7

解：设包裹重量为 x(kg)，应交费用为 y 元．由题意可知这时应考虑两种情况．

第一种情况是重量不超过 1 kg，这时

$$y=15,\ x\in(0,\ 1].$$

第二种情况是重量大于 1 kg，这时

$$y=15+7[x-1],\ x\in(1,\ +\infty).$$

因此，所求的函数是一个分段函数

$$y=\begin{cases}15, & x\in(0,\ 1],\\ 15+7\lceil x-1\rceil, & x\in(1,\ +\infty).\end{cases}$$

例 5 设 $f(x)=\begin{cases}1, & x>0,\\ 0, & x=0,\\ -1, & x<0.\end{cases}$ 求 $f(3)$，$f(0)$，$f(-3)$．

解：因为 $3\in(0,\ +\infty)$，所以 $f(3)=1$，同样可得 $f(0)=0$，$f(-3)=-1$．

在求分段函数的函数值时，应先确定自变量取值的所在范围，再按相应的式子进行计算.

例 5 中的函数称为符号函数，记为 sgn x. 其定义域为 $(-\infty, +\infty)$，值域为 $\{-1, 0, 1\}$，它的图像如图 2-3 所示.

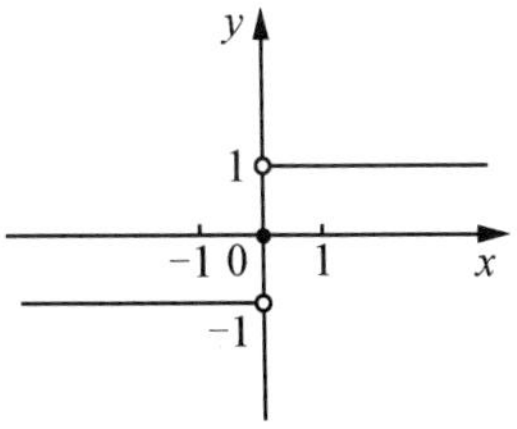

图 2-3

2.1.4 反函数

设 $y=f(x)$ 为定义在 D 上的函数，其值域为 A. 若对于数集 A 中的每个数 y，数集 D 中都有唯一的一个数 x 使 $f(x)=y$，这就是说变量 x 是变量 y 的函数. 这个函数称为函数 $y=f(x)$ 的反函数，记为 $x=f^{-1}(y)$，其定义域为 A，值域为 D. 函数 $y=f(x)$ 与 $x=f^{-1}(y)$ 二者的图形是相同的.

例如，函数 $y=2x+1$ 与 $x=\frac{1}{2}(y-1)$ 二者的图形是相同的.

由于人们习惯用 x 表示自变量，用 y 表示因变量，鉴于此，我们将函数 $y=f(x)$ 的反函数 $x=f^{-1}(y)$ 用 $y=f^{-1}(x)$ 表示. 注意，这时二者的图形关于直线 $y=x$ 对称. 例如，函数 $y=2x+1$ 与 $y=\frac{1}{2}(x-1)$ 二者的图形关于直线 $y=x$ 对称.

由函数 $y=f(x)$ 求它的反函数的步骤是：由方程 $y=f(x)$ 解出 x，得到 $x=f^{-1}(y)$；将函数 $x=f^{-1}(y)$ 中的 x 和 y 分别换为 y 和 x，这样，得到反函数 $y=f^{-1}(x)$.

例 6 求函数 $y=3^x+1$ 的反函数.

解： 由 $y=3^x+1$ 可解得 $x=\log_3(y-1)$，交换 x，y 的位置，即得所求的反函数

$$y=\log_3(x-1),$$

其定义域为 $(1, +\infty)$.

应当指出，函数 $y=f(x)$ 与其反函数 $y=f^{-1}(x)$ 之间存在着这样的关系

$$f^{-1}[f(x)]=x \text{ 和 } f[f^{-1}(x)]=x.$$

例如，$y=\log_a x$ 的反函数是 $y=a^x$，则

$$\log_a(a^x)=x,$$

$$a^{\log_a x}=x.$$

2.1.5 基本初等函数与初等函数

1. 基本初等函数及其图形

读者在中学学习过的幂函数 $y=x^\alpha$（α 为任意实数）；指数函数 $y=a^x$（$a>0$，且 $a\neq 1$）；对数函数 $y=\log_a x$（$a>0$，且 $a\neq 1$）；三角函数 $y=\sin x$、$y=\cos x$、$y=\tan x$、$y=\cot x$、$y=\sec x$、$y=\csc x$ 以及后面将要介绍的反三角函数 $y=\arcsin x$、$y=\arccos x$、$y=\arctan x$、$y=\text{arccot}\, x$ 等五类函数统称为基本初等函数. 它们的一些性质和图形，分别介绍如下：

(1) 幂函数 $y=x^\alpha$（α 为任意实数）.

对于不同的 α，幂函数的定义域是不同的，但它们均在区间 $(0, +\infty)$ 上有定义.

我们就在$(0, +\infty)$上讨论它们的性质和图形. 容易判断：当$\alpha>0$时，这些幂函数是递增的；当$\alpha<0$时，这些幂函数是递减的；且不管α为何数，这些曲线均过点$(1, 1)$，如图 2-4 所示. 下面通过具体例子介绍作图过程.

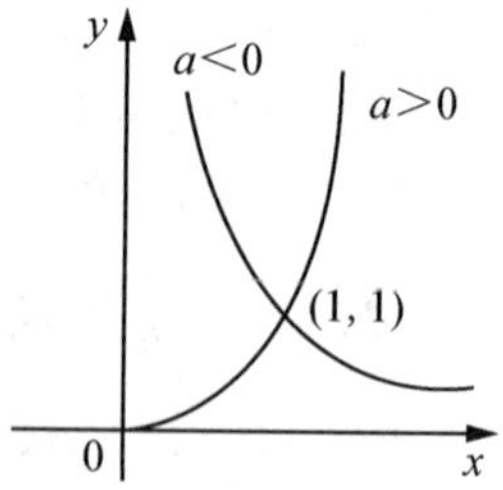

图 2-4

例 7 作函数$y=x^{\frac{1}{2}}$的图形.

解：函数$y=x^{\frac{1}{2}}$的定义域为$[0, +\infty)$，$\alpha=\frac{1}{2}>0$，函数图形是递增的，列表(表 2-3).

表 2-3

x	0	0.5	1	1.5	2
$y=x^{\frac{1}{2}}$	0	0.71	1	1.22	1.41

在平面xOy上作出对应点，并把它连成光滑曲线(图 2-5).

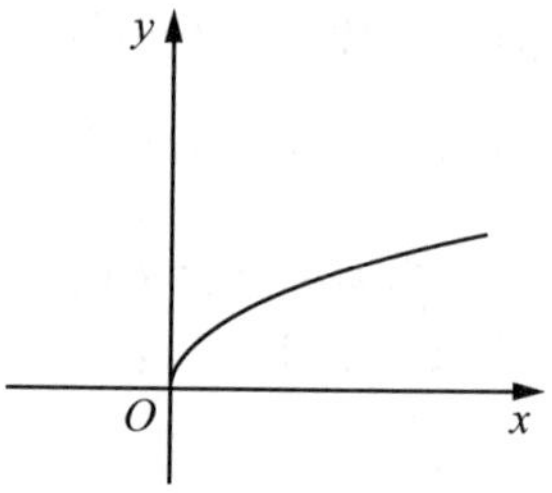

图 2-5

(2)指数函数$y=a^x(a>0$，且$a\neq1)$.

不论a是什么数，曲线$y=a^x(a>0$，且$a\neq1)$均过点$(0, 1)$，且当$a>1$时，函数$y=a^x$是递增的. 容易看到，当$x<0$，且$|x|$无限增大时，曲线靠近x轴；当$a<1$时，函数$y=a^x$是递减的，容易看到当x无限增大时曲线$y=a^x$接近x轴(图 2-6).

(3)对数函数$y=\log_a x(a>0$，且$a\neq1)$.

对数函数$y=\log_a x(a>0$，且$a\neq1)$的定义域均为$(0, +\infty)$，当$a>1$时对数函数是单调增函数，当$0<a<1$时对数函数是减函数. 如图 2-7 所示，$y=\log_a x$与$y=a^x$的图形关于直线$y=x$对称.

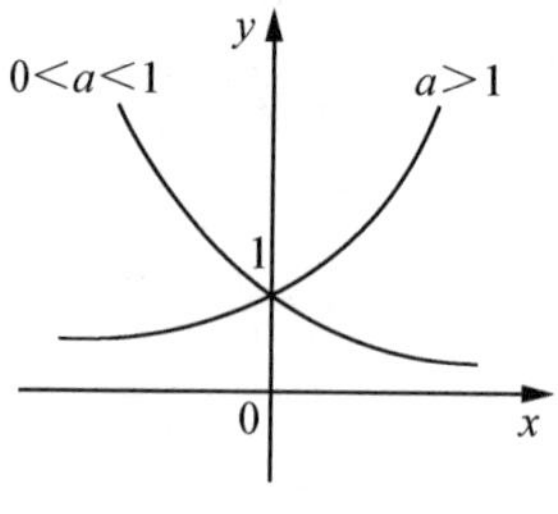

图 2-6

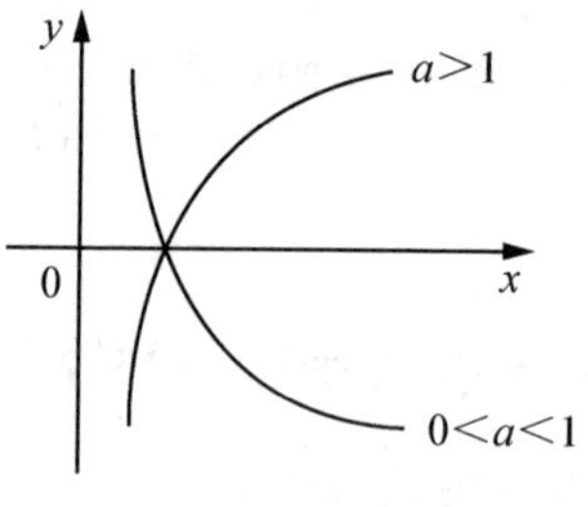

图 2-7

(4)三角函数.

对于三角函数中的$y=\sin x$、$y=\cos x$、$y=\tan x$、$y=\cot x$四种函数在中学已经作了较详尽的介绍，在此不再介绍. 我们仅对$y=\sec x$与$y=\csc x$作简要说明，它们是余弦与正弦的倒数，即

$$y=\sec x=\frac{1}{\cos x}，y=\csc x=\frac{1}{\sin x}.$$

前者称为正割函数，后者称为余割函数，显然 $y=\sec x$ 是以 2π 为周期的周期函数，$y=\csc x$ 也是以 2π 为周期的周期函数. 且前者是偶函数，其图形对称于 y 轴，后者是奇函数，其图形对称于原点. 在区间$\left(0,\ \frac{\pi}{2}\right)$上 $y=\sec x$ 是增函数，在$\left(\frac{\pi}{2},\ \pi\right)$上也是增函数；而 $y=\csc x$ 在$\left(0,\ \frac{\pi}{2}\right)$上是减函数，在$\left(\frac{\pi}{2},\ \pi\right)$上是增函数，如图 2-8 所示.

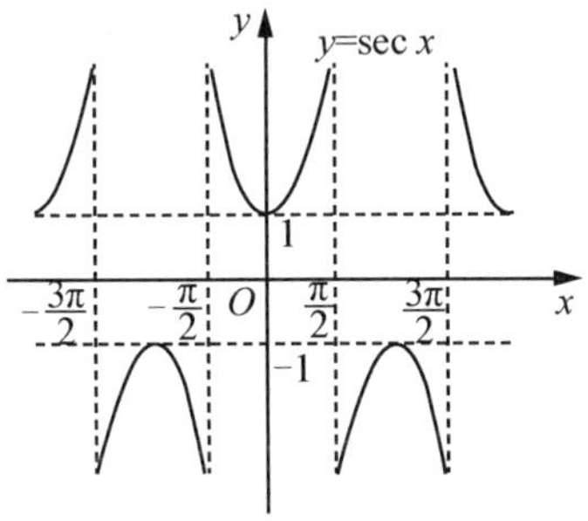

(a)

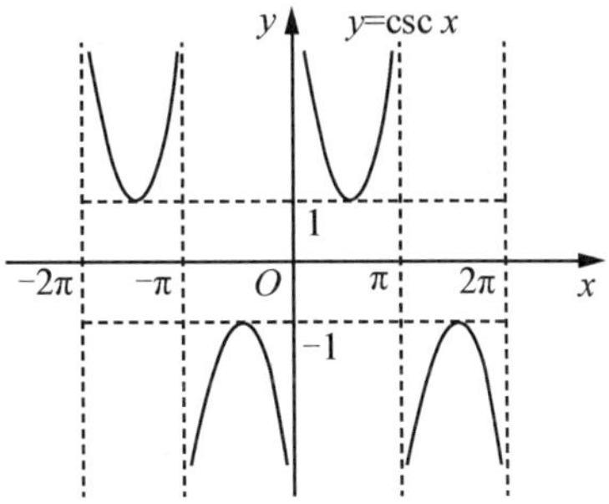

(b)

图 2-8

(5)反三角函数.

三角函数的反函数叫作反三角函数. 下面介绍几个反三角函数.

在区间[−1, 1]上任给一个 y 值，由方程 $y=\sin x$ 确定 x 值. 根据函数的定义，就建立了一个函数，这个函数叫作反正弦函数，记作 $x=\arcsin y$. 自变量记为 x，因变量记为 y，这样反正弦函数就记作 $y=\arcsin x$. 它的图形与 $y=\sin x$ 关于直线 $y=x$ 对称，显然这是一个多值函数. 为了使用方便，我们约定 y 在区间$\left[-\frac{\pi}{2},\ \frac{\pi}{2}\right]$上取值. 该区间称为主值区间，取定主值在$\left[-\frac{\pi}{2},\ \frac{\pi}{2}\right]$上的反正弦函数记作

$$y=\arcsin x.$$

此时反正弦函数为单值函数，它的定义域为[−1, 1]，如图 2-9 所示.

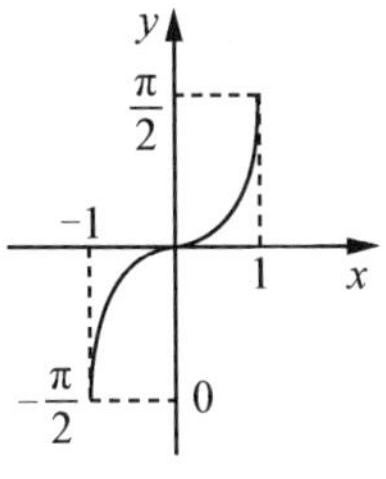

图 2-9

例 8　求 $\arcsin\frac{\sqrt{2}}{2}$.

解： 令 $y=\arcsin\frac{\sqrt{2}}{2}$，即 $\sin y=\frac{\sqrt{2}}{2}$. 取主值得

$$\arcsin\frac{\sqrt{2}}{2}=\frac{\pi}{4}.$$

类似的讨论可用于反余弦函数，它的主值区间为[0, π]，记作 $y=\arccos x$，它的定义域为[−1, 1](图 2-10).

同样的讨论可用于反正切函数，它的主值区间为$\left(-\frac{\pi}{2},\ \frac{\pi}{2}\right)$，记作 $y=\arctan x$，

它的定义域为$(-\infty,\ +\infty)$(图 2-11)．反余切函数的主值区间为$(0,\ \pi)$，记作 $y=\operatorname{arccot} x$，它的定义域为$(-\infty,\ +\infty)$(图 2-12)．

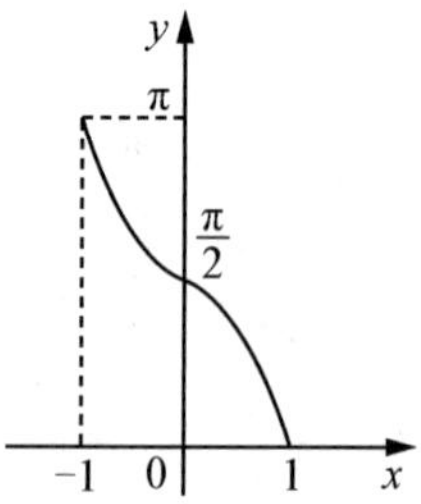

图 2-10

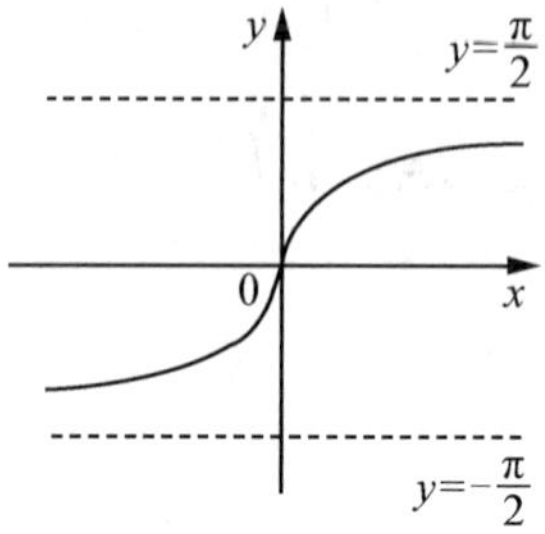

图 2-11

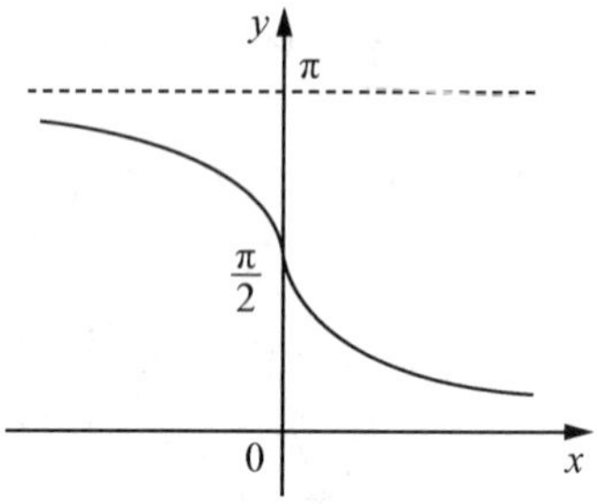

图 2-12

例 9　求 $\arccos 0$，$\arctan 1$．

解： 令 $y=\arccos 0$，即 $\cos y=0$．取主值得 $\arccos 0=\frac{\pi}{2}$．

令 $y=\arctan 1$，即 $\tan y=1$．取主值得 $\arctan 1=\frac{\pi}{4}$．

如果遇到的角不是特殊角，可查反三角函数表．

下面几个题可作为练习用：

求 $\arcsin\frac{1}{2}$，$\arccos\frac{1}{2}$，$\arctan\sqrt{3}$．

基本初等函数的图像和性质如表 2-4 所示．

表 2-4

函数	图像	性质
常数函数 $y=c$	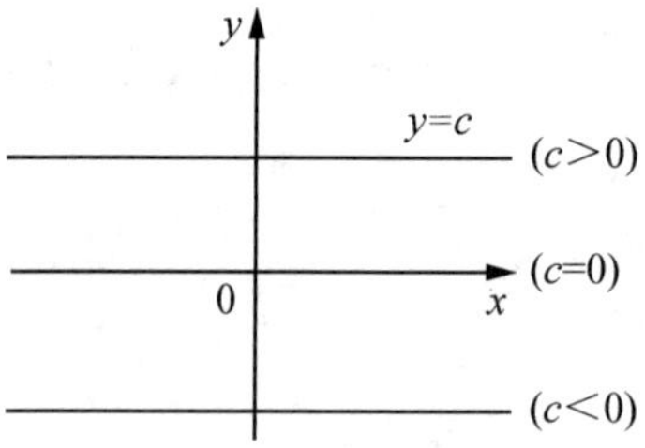	一条平行于 x 轴且截距为 c 的直线，偶函数
幂函数 $y=x^a$	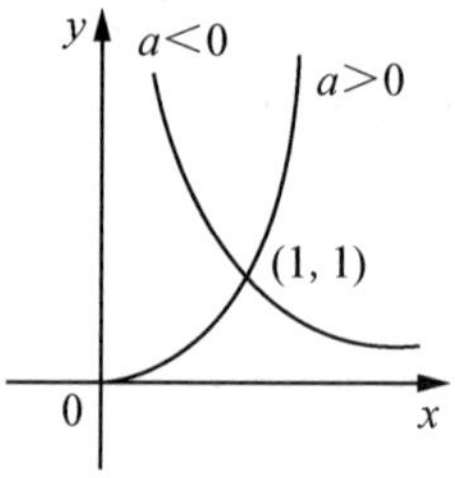	在$(0,\ +\infty)$内总有意义． 当 $a>0$ 时函数图像过点$(0,\ 0)$和$(1,\ 1)$，在$(0,\ +\infty)$内单调增加且无界； 当 $a<0$ 时函数图像过点$(1,\ 1)$，在$(0,\ +\infty)$内单调减少且无界

续表

函数		图像	性质
指数函数 $y=a^x$ $(a>0$ 且 $a\neq1)$		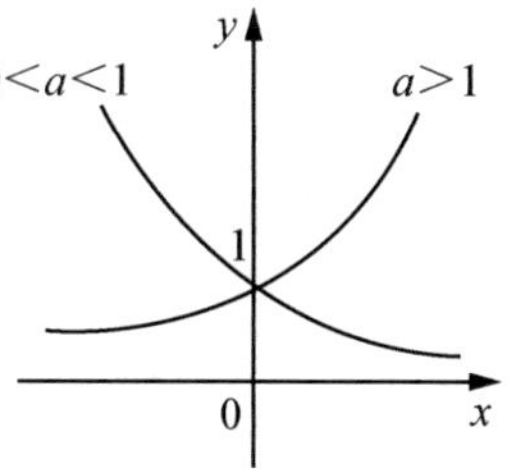	单调性： 当 $0<a<1$ 时，在 $(-\infty,\ +\infty)$ 为单调减少； 当 $a>1$ 时，在 $(-\infty,\ +\infty)$ 内单调增加. 奇偶性：非奇非偶函数. 周期性：非周期函数. 有界性：无界函数
对数函数 $y=\log_a x$ $(a>0$ 且 $a\neq1)$		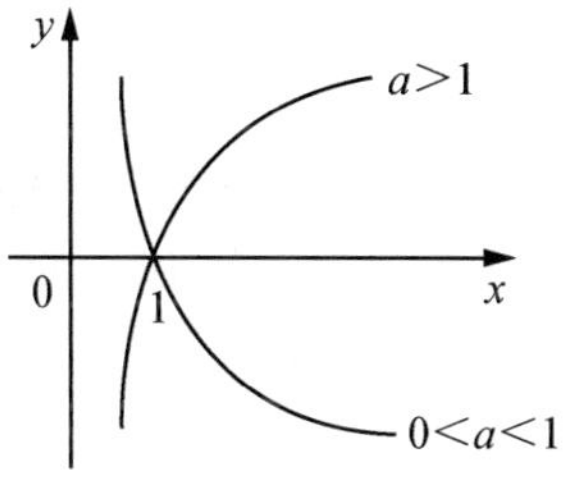	单调性： 当 $0<a<1$ 时，在 $(0,\ +\infty)$ 内单调减少， 当 $a>1$ 时，在 $(0,\ +\infty)$ 内单调增加. 奇偶性：非奇非偶函数. 周期性：非周期函数. 有界性：无界函数.
三角函数	正弦函数 $y=\sin x$	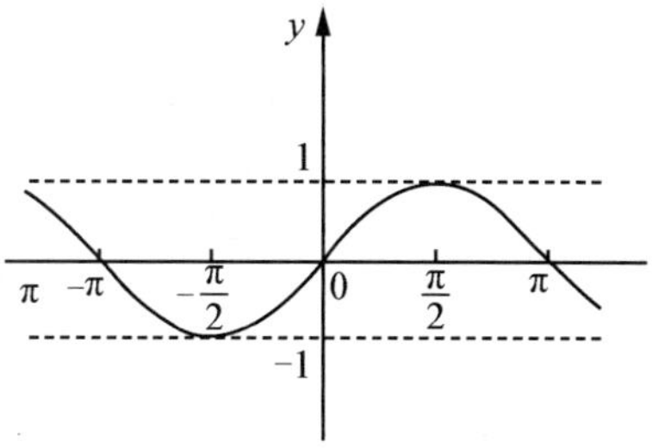	单调性： 在 $\left[-\frac{\pi}{2}+2k\pi,\ \frac{\pi}{2}+2k\pi\right]$ 上单调增加； 在 $\left[\frac{\pi}{2}+2k\pi,\ \frac{3\pi}{2}+2k\pi\right]$ 上单调减少. 奇偶性：奇函数. 周期性：周期函数 $T=2\pi$. 有界性：有界函数
	余弦函数 $y=\cos x$	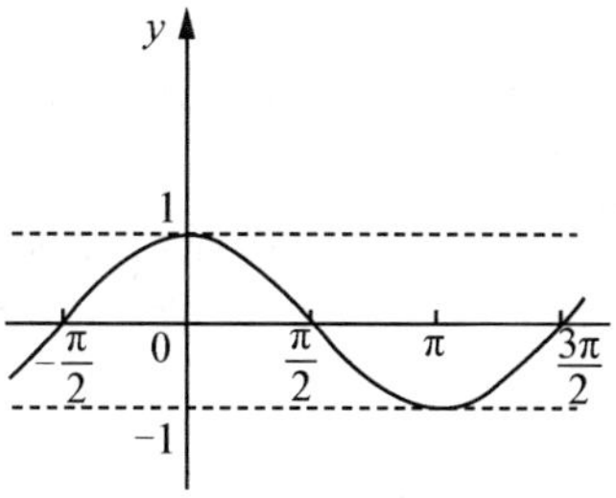	单调性： 在 $[(2k-1)\pi,\ 2k\pi]$ 上单调增加； 在 $[2k\pi,\ (2k+1)\pi]$ 上单调减少. 奇偶性：偶函数. 周期性：周期函数 $T=2\pi$. 有界性：有界函数
	正切函数 $y=\tan x$	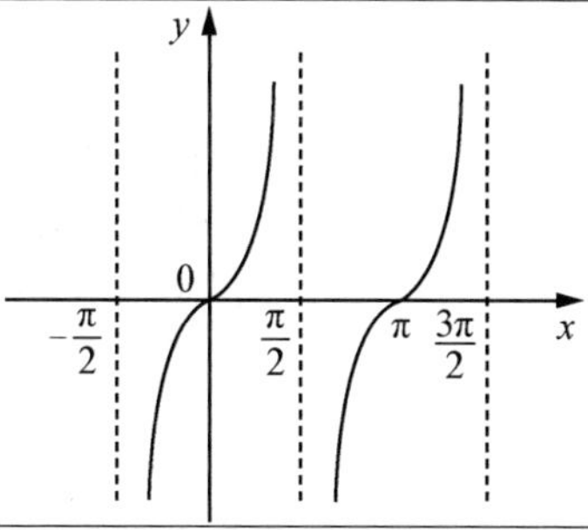	单调性： 在 $\left(-\frac{\pi}{2}+k\pi,\ \frac{\pi}{2}+k\pi\right)$ 内单调增加. 奇偶性：奇函数. 周期性：周期函数 $T=\pi$. 有界性：无界函数

续表

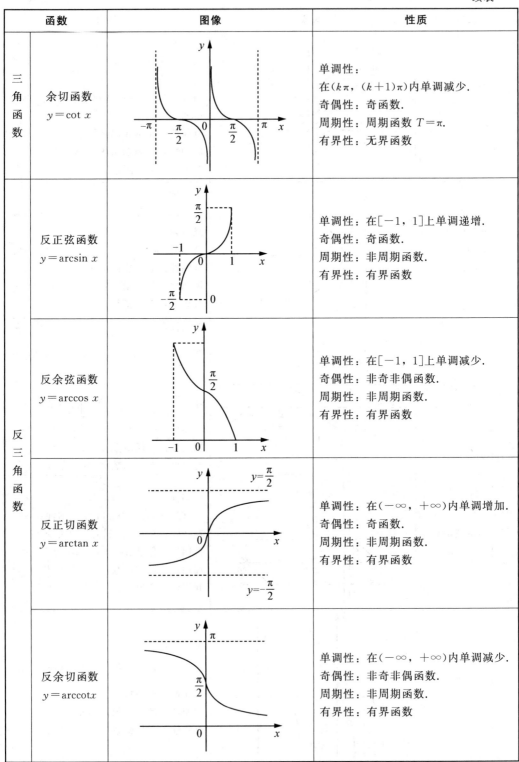

函数		图像	性质
三角函数	余切函数 $y=\cot x$	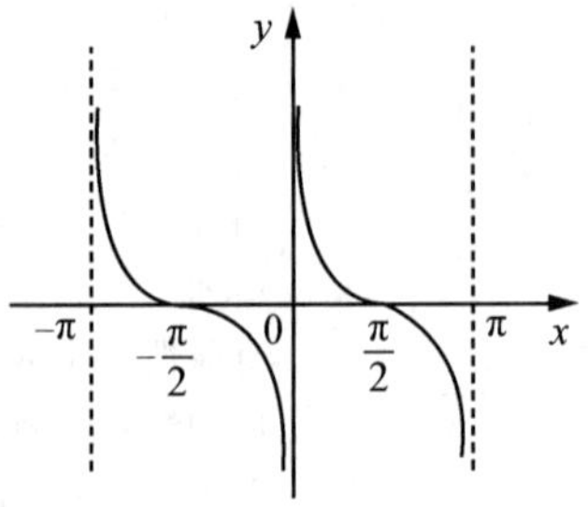	单调性： 在$(k\pi,\ (k+1)\pi)$内单调减少. 奇偶性：奇函数. 周期性：周期函数 $T=\pi$. 有界性：无界函数
反三角函数	反正弦函数 $y=\arcsin x$	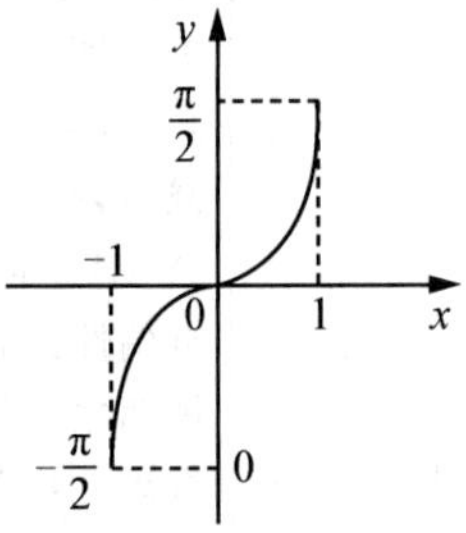	单调性：在$[-1,\ 1]$上单调递增. 奇偶性：奇函数. 周期性：非周期函数. 有界性：有界函数
	反余弦函数 $y=\arccos x$	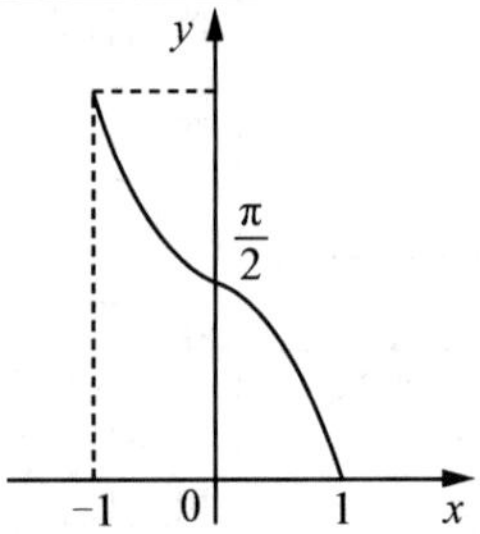	单调性：在$[-1,\ 1]$上单调减少. 奇偶性：非奇非偶函数. 周期性：非周期函数. 有界性：有界函数
	反正切函数 $y=\arctan x$	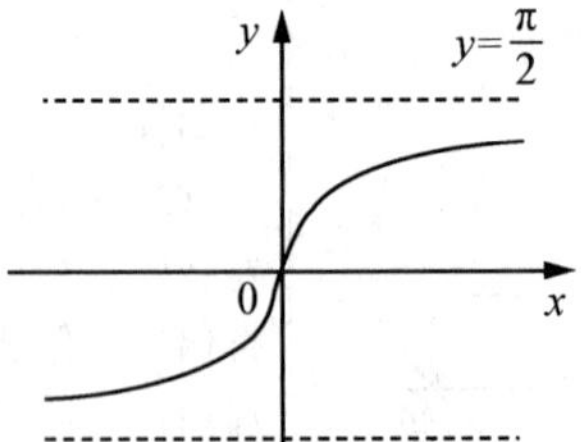	单调性：在$(-\infty,\ +\infty)$内单调增加. 奇偶性：奇函数. 周期性：非周期函数. 有界性：有界函数
	反余切函数 $y=\operatorname{arccot}x$	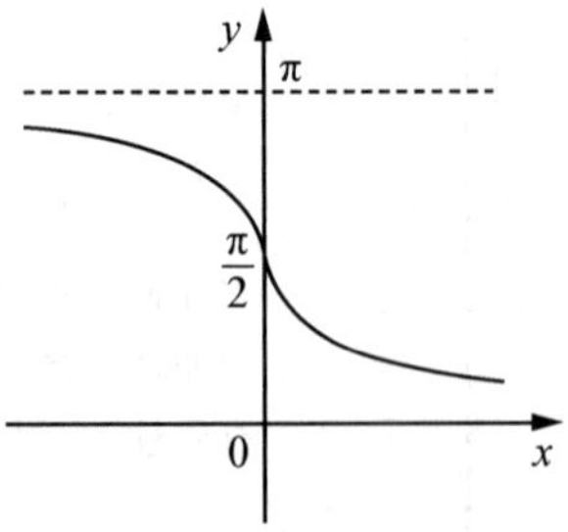	单调性：在$(-\infty,\ +\infty)$内单调减少. 奇偶性：非奇非偶函数. 周期性：非周期函数. 有界性：有界函数

2. 复合函数

若函数 $y=F(u)$，定义域为 U_1，函数 $u=\varphi(x)$ 的值域为 U_2，其中 $U_2 \subseteq U_1$，则 y 通过变量 u 成为 x 的函数，这个函数称为由函数 $y=F(u)$ 和函数 $u=\varphi(x)$ 构成的复合函数，记为

$$y=F[\varphi(x)],$$

其中，变量 u 称为中间变量(图 2-13).

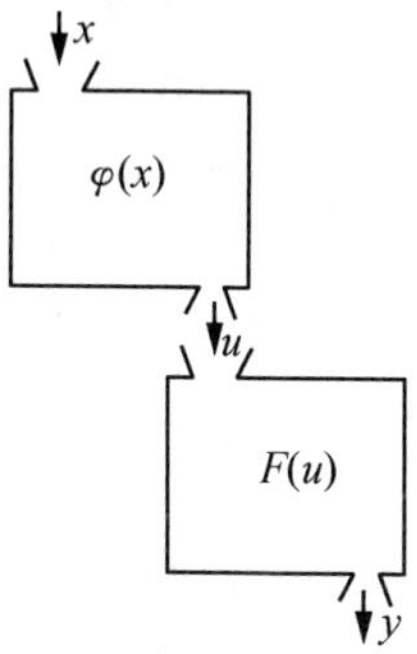

图 2-13

例 10 试求函数 $y=u^2$ 与 $u=\sin x$ 构成的复合函数.

解： 将 $u=\sin x$ 代入 $y=u^2$ 中，即为所求的复合函数

$$y=\sin^2 x,$$

其定义域为 $(-\infty, +\infty)$.

例 11 试求函数 $y=\sqrt{u}$ 与 $u=2+x$ 构成的复合函数.

解： 仿例 10 的解法，容易得到该复合函数

$$y=\sqrt{2+x},$$

其定义域为 $[-2, +\infty)$.

例 12 设 $f(x)=1+3x$，$\varphi(x)=\sqrt{2^x}$，求函数 $f[\varphi(x)]$，$\varphi[f(x)]$.

解： 求 $f[\varphi(x)]$ 时，应将 $f(x)$ 中的 x 视为 $\varphi(x)$，因此

$$f[\varphi(x)]=1+3\sqrt{2^x}.$$

求 $\varphi[f(x)]$ 时，应将 $\varphi(x)$ 中的 x 视为 $f(x)$，因此

$$\varphi[f(x)]=\sqrt{2^{1+3x}}.$$

例 13 设 $f(x+1)=x$，求函数 $f(2x+1)$.

解：方法一 令 $u=x+1$，得 $f(u)=u-1$，再将 $u=2x+1$ 代入，即得复合函数

$$f(2x+1)=2x.$$

方法二 因为 $f(x+1)=x=[(x+1)-1]$，于是问题转化为求 $y=f(x)=x-1$ 与 $\varphi(x)=2x+1$ 的复合函数 $f[\varphi(x)]$，因此

$$f(2x+1)=[(2x+1)-1]=2x.$$

有时，一个复合函数可能由三个或更多的函数构成. 比如，由函数 $y=\ln u$，$u=\cos v$ 和 $v=x^2+3$ 可以构成复合函数 $y=\ln\cos(x^2+3)$，其中 u 和 v 都是中间变量.

与此同时，我们还应掌握复合函数的复合过程，即“分解”复合函数，这对于后面的学习有帮助，读者对此应予重视.

例 14 指出 $y=(3x-2)^5$ 和 $y=e^{\cos 3x}$ 各是由哪些函数复合而成的.

解： $y=(3x-2)^5$ 是由 $y=u^5$ 和 $u=3x-2$ 复合而成的.

$y=e^{\cos 3x}$ 是由 $y=e^u$，$u=\cos v$，$v=3x$ 复合而成的.

3. 初等函数

由基本初等函数及常数经过有限次四则运算和有限次复合构成，并且可以用一个数学式子表示的函数，叫作初等函数. 例如，

$$y=\sqrt{\ln 2x-3^x+\cos x}, \quad y=\frac{\sqrt{3x}+\sin x}{x-\tan x}$$

等，都是初等函数，不能用一个式子表示或不能用有限个式子表示的函数都不是初等函数.

2.1.6 函数的基本性态

1. 奇偶性

设函数 $y=f(x)$的定义域关于原点对称，如果对于定义域中的任何 x，都有 $f(-x)=f(x)$，则称 $y=f(x)$为偶函数；如果都有 $f(-x)=-f(x)$，则称 $y=f(x)$为奇函数. 不是偶函数也不是奇函数的函数，称为非奇非偶函数.

例 15 证明 $f(x)=x^2\sin x$ 为奇函数.

证： 因为 $f(x)=x^2\sin x$ 的定义域为$(-\infty, +\infty)$，且有

$$f(-x)=(-x)^2\sin(-x)=-x^2\sin x=-f(x),$$

所以该函数为奇函数.

例 16 证明 $f(x)=x^4+\cos x$ 为偶函数.

证： 因为 $f(x)=x^4+\cos x$ 的定义域为$(-\infty, +\infty)$，且有

$$f(-x)=(-x)^4+\cos(-x)=x^4+\cos x=f(x),$$

所以该函数是偶函数.

2. 周期性

设函数 $f(x)$的定义域为 D，若存在正数 T，当 x 和 $x+T$ 同属于 D 时，就有

$$f(x+T)=f(x),$$

则称 $f(x)$为周期函数，称 T 为 $f(x)$的一个周期.

对于每个周期函数来说，定义中的 T 可以有多个乃至无穷多个，因为如果 $f(x+T)=f(x)$，那么就有

$$f(x+2T)=f[(x+T)+T]=f(x+T)=f(x),$$
$$f(x+3T)=f[(x+2T)+T]=f(x+2T)=f(x),$$
$$\cdots\cdots$$

通常规定：若其中存在一个最小正数 a，则规定 a 为周期函数 $f(x)$的最小正周期，简称周期. 例如，$y=\sin x$、$y=\cos x$、$y=\tan x$ 的周期分别为 2π、2π、π.

例 17 求 $y=\sin 2x$ 的周期.

解： 因 $\sin x$ 以 2π 为周期，有

$$\sin(2x)=\sin(2x+2\pi)=\sin(2(x+\pi)).$$

上式告诉我们 $y=\sin 2x$ 是以 π 为周期的周期函数.

3. 单调性

设 x_1 和 x_2 为区间(a, b)内的任意两个数. 若当 $x_1<x_2$ 时，函数 $y=f(x)$满足

$$f(x_1)<f(x_2),$$

则称该函数在区间(a, b)内单调增加，或递增；若当 $x_1<x_2$ 时有

$$f(x_1)>f(x_2),$$

则称该函数在区间(a, b)内单调减少，或递减.

例如，$y=2^x$ 在$(-\infty, +\infty)$内递增，$y=\left(\frac{1}{2}\right)^x$ 在$(-\infty, +\infty)$内递减.

函数递增、递减统称函数单调. 从几何直观来看，递增就是当 x 自左向右变化时，函数的图形上升；递减就是当 x 自左向右变化时，函数的图形下降，如图 2-14 所示.

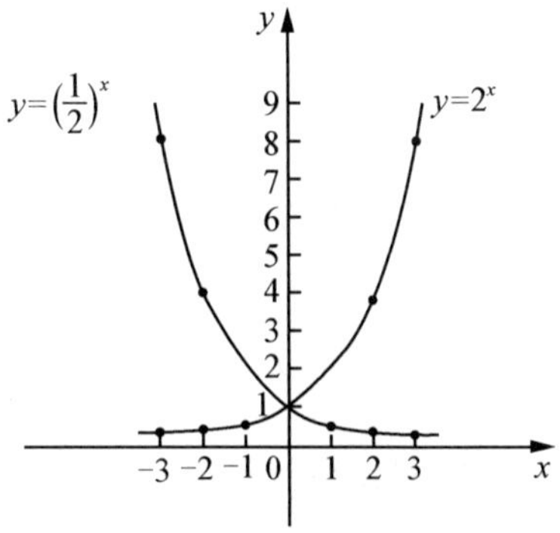

图 2-14

4. 有界性

设函数 $f(x)$在区间 I 上有定义，若存在一个正数 M，当 $x\in I$ 时，恒有

$$|f(x)|\leqslant M$$

成立，则称函数 $f(x)$为在 I 上的有界函数，或称函数有界；如果不存在这样的正数 M，则称函数 $f(x)$为在 I 上的无界函数，或称函数无界.

例如，因为当 $x\in(-\infty, +\infty)$时，恒有$|\sin x|\leqslant 1$，所以函数 $f(x)=\sin x$ 在$(-\infty, +\infty)$内是有界函数. 又如 $f(x)=\cos x$、$f(x)=\arctan x$ 在其各自的定义域内是有界的，而 $f(x)=\frac{1}{x}$在$(-\infty, 0)\cup(0, +\infty)$内是无界函数.

有的函数可能在定义域的某一部分有界，而在另一部分无界. 例如，$f(x)=\frac{1}{x}$在$[1, 10]$上是有界的，而在$(-\infty, 0)\cup(0, +\infty)$内是无界的. 因此当我们说一个函数是有界的或者无界的时，应同时指出其自变量的相应范围.

习题 2-1

1. 指出下列函数哪些是同一函数.

(1) $f(x)=|x|$ 与 $g(x)=\sqrt{x^2}$，
(2) $f(x)=\frac{x^2-1}{x+1}$与 $g(x)=x-1$，

(3) $y=x+1$ 与 $s=t+1$.
(4) $y=x$ 与 $y=\frac{x^2}{x}$，

(5) $y=x$ 与 $y=\sqrt{x^2}$.
(6) $y=x$ 与 $y=\sqrt[3]{x^3}$，

(7) $y=\lg x^2$ 与 $y=2\lg x$.
(8) $y=\lg x^3$ 与 $y=3\lg x$.

2. 求函数的定义域.

(1) $y=\frac{x^2}{x+1}$，
(2) $y=\sqrt{2x-x^2}$，
(3) $y=\sqrt{x-3}+\frac{1}{x-5}$，

(4) $y=\frac{x}{\sqrt{x^2-5x+6}}$，
(5) $y=\begin{cases} x, & -1\leqslant x\leqslant 1 \\ \lg x, & 1<x\leqslant 10 \end{cases}$.

3. 确定下列函数的奇偶性.

(1) $f(x)=\sqrt[3]{2+x}+\sqrt[3]{2-x}$，
(2) $f(x)=3^x-3^{-x}$，

(3) $f(x)=\sqrt[3]{x}+\sin x$，
(4) $f(x)=x^3+2$，

(5) $f(x)=x+\cos x$.

4. 求下列函数的反函数.

(1) $f(x)=x^2(0\leqslant x<+\infty)$,　　(2) $f(x)=2^x+5$,

(3) $y=2\sin(3x+5)$.

5. 设函数 $f(x)=2x^2-3x+1$，求 $f(1)$，$f(x^2)$，$f(a)+f(b)$.

6. 设函数 $f(x)=\dfrac{1}{1+x}$，求 $f(2)$，$f\left(\dfrac{1}{2}\right)$，$\dfrac{1}{f(2)}$，$f\left(\dfrac{1}{x}\right)$，$\dfrac{1}{f(x)}$.

7. 设函数 $f(x)=\begin{cases}3+x, & x\leqslant 0,\\ 3^x, & x>0,\end{cases}$ 求 $f(2)-f(0)$.

8. 设函数 $f(x-1)=x^2$，求 $f(2x)$.

9. 已知 $f(x)$是二次多项式，且 $f(x+1)-f(x)=2x$，$f(0)=0$，求 $f(x)$的表达式.

10. 指出下列复合函数的复合过程.

(1) $y=\sin 6x$；　(2) $y=\cos^5 x$；　(3) $y=(1-2x)^{\frac{1}{2}}$；

(4) $y=A\sin^2(\omega x+\varphi)$，其中 A，ω，φ 为常数；

(5) $y=\mathrm{e}^{\sin 2x}$；　(6) $y=3^{1-x}$；　(7) $y=\ln(\arcsin\sqrt{1+x})$.

第 2 节　极限的概念

极限思想是由于求某些实际问题的精确解答而产生的. 例如，在中学里大家就知道半径为 R 的圆面积为 πR^2，但是得到圆面积这个计算公式却不容易，因为人们最初只知道直线长度和多边形面积的计算方法. 要在直线长度和多边形面积的基础上求圆的面积有很多困难，但三国时代我国数学家刘徽(约 225—295)创造了“割圆术”，成功地推算出圆周率和圆的面积.

对于一个圆，先作圆内接正六边形，记其面积为 A_1，作圆内接正十二边形，记其面积为 A_2，循环下去，每次边数成倍增加，得到一系列圆内接正多边形的面积

$$A_1,\ A_2,\ A_3,\ \cdots,\ A_n,\ \cdots$$

构成一列有次序的数，其中内接正 $6\times 2^{n-1}$ 边形的面积记为 $A_n(n\in\mathbf{N}^*)$.

在几何直观上，当 n 越大，对应的内接正多边形就越贴近于圆，即圆与正多边形的面积之差就越小，因此以 A_n 作为圆面积的近似值就越精确，但是无论内接正多边形的边数有多大，所计算的 A_n 始终不是圆的面积. 于是，设想如果 n 无限增大(记为 $n\to\infty$，读作 n 趋于无穷大)时，A_n 无限接近某个确定的数，在数学上称这个确定数是上面给出的一系列有次序的数(即数列)A_1，A_2，A_3，…，A_n，…，当 $n\to\infty$时的极限. 在圆面积问题的讨论中，大家看到，正是有了这个数列的极限，我们才精确地表达了圆的面积.

又如，春秋战国时期的哲学家庄子(约 4 世纪)在《庄子 · 天下篇》一书中对“截丈问题”有一段名言：“一尺之棰，日截其半，万世不截”，其中也隐含了深刻的极限思想.

由此可见数列的极限在理论和应用两方面的重要性.

2.2.1 数列的极限

定义 1 设函数 $u_n=f(n)$，其中 n 为正整数，那么按自变量 n 增大的顺序排列的一串数 $f(1)$，$f(2)$，$f(3)$，…，$f(n)$，…称为数列，记为 $\{u_n\}$ 或数列 u_n. 其中 u_1，u_2，u_3，…称为数列的项，u_n 称为数列的通项或一般项.

若数列只有有限项，叫作有穷数列；若数列有无数项，叫作无穷数列. 这里讨论的数列都是无穷数列.

例如，下面有四个数列，我们来观察当 n 无限增大时，这几个数列的变化趋势.

(1)$\frac{1}{2}$，$\frac{2}{3}$，$\frac{3}{4}$，$\frac{4}{5}$，…，$\frac{n}{n+1}$，…

(2)2，4，8，16，…，2^n，…

(3)$\frac{1}{2}$，$\frac{1}{4}$，$\frac{1}{8}$，$\frac{1}{16}$，…，$\frac{1}{2^n}$，…

(4)0，$\frac{3}{2}$，$\frac{2}{3}$，$\frac{5}{4}$，…，$\frac{n+(-1)^n}{n}$，…

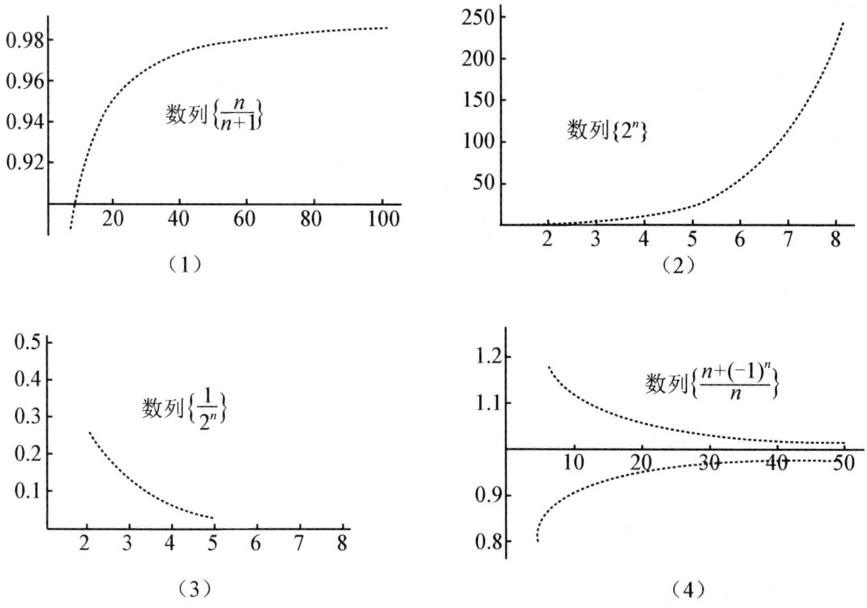

图 2-15

根据图 2-15 我们可以看出，当 n 无限增大时，它们的变化过程是不同的. 当 n 无限增大时，数列(1)(4)无限地趋近于 1，数列(3)无限地趋近于 0. 而数列(2)并不趋于任何常数.

通过观察可以看到，数列 $\{u_n\}$ 的一般项 u_n 的变化趋势有两种情形：无限趋近于某个确定的常数和不趋近于任何确定的常数，这样可得到数列极限的初步定义.

定义 2 设有数列$\{u_n\}$，如果$n\to\infty$时，u_n无限地趋近于某个确定的常数A，那么，就称A是数列$\{u_n\}$当n趋于无穷大时的极限. 记为

$$\lim_{n\to\infty}u_n=A\ 或\ u_n\to A(n\to\infty).$$

读作“当n趋向于无穷大时，数列$\{u_n\}$的极限等于A”或“当n趋于无穷大时，u_n趋于A”.

这时也称数列$\{u_n\}$为收敛数列或数列$\{u_n\}$收敛于A.

于是，对于上例我们可以表示为

$$\lim_{n\to\infty}\frac{n}{n+1}=1,\ \lim_{n\to\infty}2^n=\infty,\ \lim_{n\to\infty}\frac{1}{2^n}=0,\ \lim_{n\to\infty}\frac{n+(-1)^n}{n}=1.$$

可以看出，并不是任何数列都有极限，如数列1，-2，3，-4，…，$(-1)^{n-1}n$，…正负交错，当n无限增大时其绝对值$|(-1)^{n-1}n|$无限增大，不趋近于任何确定的常数；数列-1，1，-1，1，…，$(-1)^n$，…当n是偶数无限增大时，数列$\{(-1)^n\}$的通项$(-1)^n$趋于1；当n是奇数无限增大时，数列$\{(-1)^n\}$的通项$(-1)^n$趋于-1，数列不趋于唯一确定常数.

当n无限增大时，数列的一般项不趋近于任何确定的常数，我们给出下面定义.

定义 3 设数列$\{u_n\}$，当$n\to\infty$时，u_n不趋近任何确定的唯一常数，就称数列$\{u_n\}$没有极限，或称数列$\{u_n\}$为发散数列.

当n无限增大时，如果$|u_n|$无限增大，那么数列没有极限，这时，习惯上也称数列$\{u_n\}$的极限是无穷大，记作$\lim\limits_{n\to\infty}u_n=\infty$.

如$\lim\limits_{n\to\infty}(-1)^n$和$\lim\limits_{n\to\infty}(-1)^{n-1}n$都没有极限，但后者可以记作$\lim\limits_{n\to\infty}(-1)^{n-1}n=\infty$.

例 1 观察下列数列有无极限，如有极限请指出极限.

(1)1，$\frac{1}{2}$，$\frac{1}{3}$…，$\frac{1}{n}$，… (2)0，$\frac{1}{2}$，$\frac{2}{3}$，$\frac{3}{4}$，…，$1-\frac{1}{n}$，…

(3)2，4，6，8，…，$2n$，… (4)1，$\frac{1}{4}$，$\frac{1}{9}$，$\frac{1}{16}$，…，$\frac{1}{n^2}$，…

解：(1)当n无限增大时，数列$\left\{\frac{1}{n}\right\}$的通项$\frac{1}{n}$无限趋于0，数列有极限，即$\lim\limits_{n\to\infty}\frac{1}{n}=0$.

(2)当n无限增大时，数列$\left\{1-\frac{1}{n}\right\}$的通项$1-\frac{1}{n}$无限趋于1，数列有极限，即$\lim\limits_{n\to\infty}\left(1-\frac{1}{n}\right)=1$.

(3)当n无限增大时，数列$\{2n\}$的通项$2n$趋于无穷大，数列没有极限，即$\lim\limits_{n\to\infty}2n=\infty$.

(4)当n无限增大时，数列$\left\{\frac{1}{n^2}\right\}$的通项$\frac{1}{n^2}$无限趋于0，数列有极限，即$\lim\limits_{n\to\infty}\frac{1}{n^2}=0$.

2.2.2 函数的极限

数列$\{u_n\}$的通项 u_n 可以看作是关于 n 的函数，即 $u_n=f(n)$. 于是函数极限与数列极限本质上是一样的，只是自变量的变化趋势不同. 数列中，n 是离散的、跳跃的，而在函数中，x 是连续的. 于是有以下两种情况.

1. 当 $x\to\infty$ 时，函数 $f(x)$ 的极限

定义 4 设函数 $f(x)$在$|x|$无限增大($x\to\infty$)时有定义. 当 x 无限变大时，函数 $f(x)$无限趋近于某一个确定的常数 A，那么，就称 A 是函数 $f(x)$当 $x\to\infty$时的极限. 记为

$$\lim_{x\to\infty}f(x)=A \text{ 或 } f(x)\to A(x\to\infty).$$

例如，函数 $f(x)=\dfrac{1}{x}$(图 2-16)，当 $x\to\infty$时，函数 $f(x)$无限趋近于 0，即$\lim\limits_{x\to\infty}\dfrac{1}{x}=0$

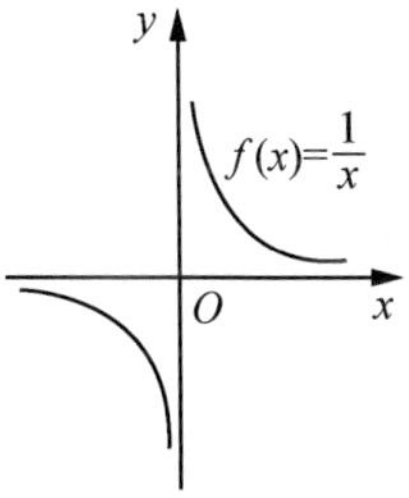

图 2-16

可以看出：$|x|$无限增大是两个方向的分别无限增大，如图 2-17 所示，即

当 $x>0$ 且$|x|$无限增大时，我们称 x 趋于正无穷大，记为 $x\to+\infty$；当 $x<0$ 且$|x|$无限增大时，我们称 x 趋于负无穷大，记为 $x\to-\infty$. 于是有 $\lim\limits_{x\to+\infty}f(x)$和 $\lim\limits_{x\to-\infty}f(x)$.

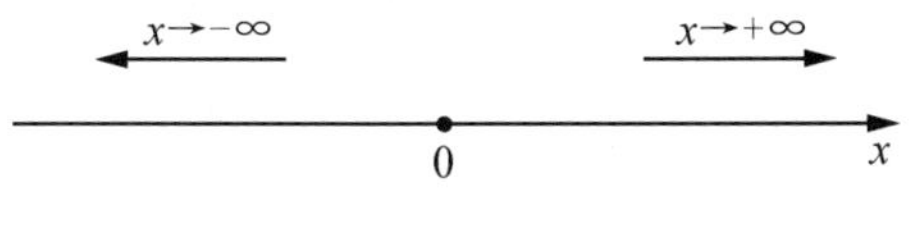

图 2-17

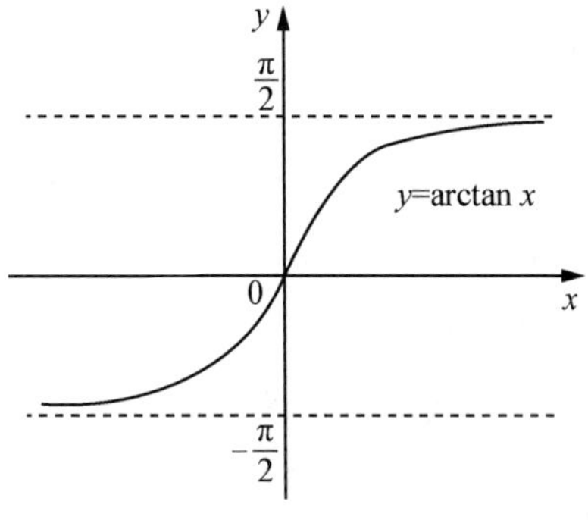

图 2-18

函数 $f(x)=\arctan x$(图 2-18)，当 $x\to+\infty$时，函数 $f(x)$无限趋于$\dfrac{\pi}{2}$；当 $x\to-\infty$时，函数 $f(x)$无限地趋近于$-\dfrac{\pi}{2}$，于是相应的可以得出

$$\lim_{x\to+\infty}\arctan x=\frac{\pi}{2},$$

$$\lim_{x\to-\infty}\arctan x=-\frac{\pi}{2},$$

有如下定理.

定理 1 当 $x\to\infty$ 时，函数 $f(x)$ 的极限存在的充要条件是 $\lim\limits_{x\to+\infty}f(x)$ 和 $\lim\limits_{x\to-\infty}f(x)$ 都存在且相等. 即

$$\lim_{x\to\infty}f(x)=A \Leftrightarrow \lim_{x\to+\infty}f(x)=A \text{ 且 } \lim_{x\to-\infty}f(x)=A.$$

因此 $\lim\limits_{x\to\infty}\arctan x$ 不存在.

例 2 求 $\lim\limits_{x\to\infty}\left(1+\dfrac{1}{x^2}\right)$.

解：函数 $y=\left(1+\dfrac{1}{x^2}\right)$ 的图像(图 2-19)，当 $x\to+\infty$ 时，$\dfrac{1}{x^2}$ 无限变小，函数值无限趋近 1；当 $x\to-\infty$ 时，函数值也无限趋近 1，于是有

$$\lim_{x\to\infty}\left(1+\frac{1}{x^2}\right)=1.$$

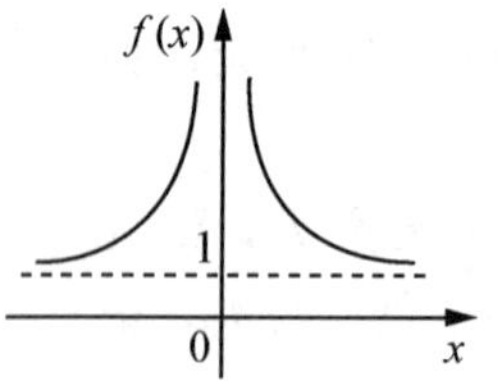

图 2-19

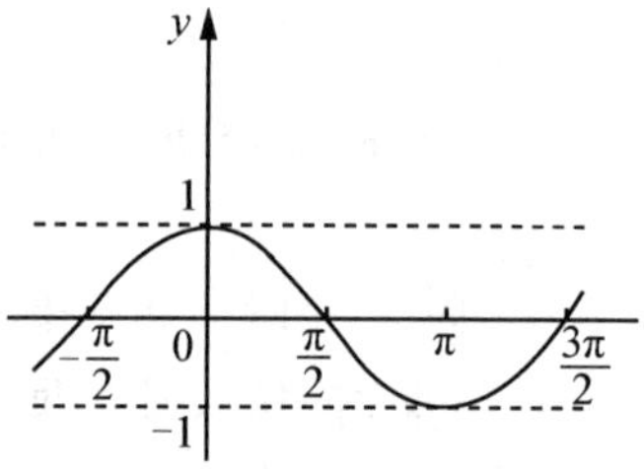

图 2-20

例 3 求 $\lim\limits_{x\to\infty}\cos x$.

解：函数 $y=\cos x$ 的图像如图 2-20 所示.

当 $x\to\infty$ 时，$\cos x$ 的值总是在 1 和 -1 之间变化，但不趋近于一个确定的数值.

故 $\lim\limits_{x\to\infty}\cos x$ 不存在.

例 4 $\lim\limits_{x\to\infty}2^x$.

解：函数 $y=2^x$ 的图像如图 2-21 所示，当 $x\to+\infty$ 时，2^x 趋近于无穷大；当 $x\to-\infty$ 时，2^x 趋近于 0，于是有

$$\lim_{x\to\infty}2^x \text{ 不存在}.$$

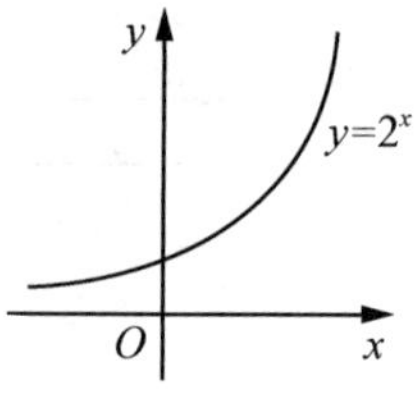

图 2-21

2. 当 $x\to x_0$ 时，函数 $f(x)$ 的极限

在函数中，x 除了可以连续地增大，还有可能无限地趋于一个常数 x_0，这时候函数值有怎样的变化趋势呢？

下面我们来验证函数 $f(x)=\dfrac{x^2-4}{x-2}$，当 x 无限趋于 2 时，函数值的变化情况如表 2-5 所示.

表 2-5

x	1.5	1.8	1.9	1.95	1.99	…	2.001	2.01	2.05	2.1	2.2
$f(x)=\dfrac{x^2-4}{x-2}$	3.5	3.8	3.9	3.95	3.99	…	4.001	4.01	4.05	4.1	4.2

由表 2-5 可以看出，当 $x\to 2$ 时，函数 $f(x)$ 无限趋近于常数 4，因此有定义 5.

定义 5 设函数 $f(x)$ 在 x_0 附近有定义，x 无限接近于 x_0（x 可以不等于 x_0）时，函数 $f(x)$ 无限趋近于某一确定常数 A，就称 A 是函数 $f(x)$ 当 x 无限趋近于 x_0 时的极限. 记为

$$\lim_{x\to x_0} f(x)=A \text{ 或 } f(x)\to A(x\to x_0),$$

否则，称极限不存在.

由上面的定义很容易得出如下结论：

(1) $\lim\limits_{x\to x_0} x=x_0$，

(2) $\lim\limits_{x\to x_0} c=c$（$c$ 为任意常数）.

于是，$\lim\limits_{x\to 2}\dfrac{x^2-4}{x-2}=4$.

注：(1) 函数 $f(x)$ 在 x_0 处可以无定义；

(2) 定义中 $x\to x_0$ 是从 x_0 的两侧同时趋近 x_0. 当 x 在 x_0 的右侧（$x>x_0$）而趋于 x_0 记作 $x\to x_0^+$；当 x 在 x_0 的左侧（$x<x_0$）而趋于 x_0 记作 $x\to x_0^-$.

有些函数只在 x_0 左侧（右侧）有定义，或者我们只需要考虑函数在 x_0 左侧（右侧）的极限，此时就需要引入左（右）极限的概念.

定义 6 当 x 在 x_0 的右侧（$x>x_0$）而趋向于 x_0（记作 $x\to x_0^+$），函数 $f(x)$ 以 A 为极限，此时，A 称为 $f(x)$ 的右极限，记作：$\lim\limits_{x\to x_0^+} f(x)=A$.

当 x 在 x_0 的左侧（$x<x_0$）而趋向于 x_0（记作 $x\to x_0^-$），函数 $f(x)$ 以 A 为极限，此时，A 称为 $f(x)$ 的左极限，记作：$\lim\limits_{x\to x_0^-} f(x)=A$.

左极限、右极限统称为函数 $f(x)$ 的单侧极限.

例如，函数 $f(x)=\sqrt{x}$ 只在 $x_0=0$ 右侧有定义，从而只考虑 $x\to 0^+$ 的情况，且有 $\lim\limits_{x\to 0^+}\sqrt{x}=0$，于是，0 是函数 $f(x)=\sqrt{x}$ 的右极限.

定理 2 当 $x\to x_0$ 时，函数 $f(x)$ 的极限存在的充要条件是 $\lim\limits_{x\to x_0^-} f(x)$ 和 $\lim\limits_{x\to x_0^+} f(x)$ 都存在且相等. 即

$$\lim_{x\to x_0} f(x)=A \Leftrightarrow \lim_{x\to x_0^+} f(x)=A \text{ 且 } \lim_{x\to x_0^-} f(x)=A$$

注：左右极限的概念通常用于讨论分段函数分界点处的极限.

例 5 分析下面两个函数在 $x\to 0$ 时的极限情况.

(1) $f(x)=\begin{cases} x+2, & x>0 \\ x-2, & x<0 \end{cases}$，　　(2) $y=\dfrac{2}{x}$.

解：(1)因为当 $x\to0$ 时，$\lim\limits_{x\to0^-}f(x)=-2$，$\lim\limits_{x\to0^+}f(x)=2$，

所以，$\lim\limits_{x\to0^-}f(x)\neq\lim\limits_{x\to0^+}f(x)$，

故$\lim\limits_{x\to0}f(x)$不存在.

(2)因为当 $x\to0$ 时，$|f(x)|$无穷增大，

故$\lim\limits_{x\to0}f(x)$不存在.

例 6　试求函数 $f(x)=\begin{cases}x-1, & -\infty<x<0,\\ x^2, & 0\leqslant x\leqslant1,\\ 1, & x>1,\end{cases}$ 在 $x=0$ 和 $x=1$ 处的极限.

解：因为 $\lim\limits_{x\to0^-}f(x)=\lim\limits_{x\to0^-}(x-1)=-1$，$\lim\limits_{x\to0^+}f(x)=\lim\limits_{x\to0^+}x^2=0$

即 $\lim\limits_{x\to0^-}f(x)\neq\lim\limits_{x\to0^+}f(x)$，所以，$\lim\limits_{x\to0}f(x)$不存在.

因为 $\lim\limits_{x\to1^-}f(x)=\lim\limits_{x\to1^-}x^2=1$，$\lim\limits_{x\to1^+}f(x)=1$

即 $\lim\limits_{x\to1^-}f(x)=\lim\limits_{x\to1^+}f(x)=1$，所以，$\lim\limits_{x\to1}f(x)=1$.

于是，求分段函数分界点处的极限时，应分别考虑其左极限和右极限，当左极限和右极限相等时，极限存在；否则极限不存在.

习题 2-2

1. 下列各题中，哪些数列收敛，哪些数列发散？对于收敛数列，通过观察写出它们的极限.

(1) $\left\{\dfrac{1}{n^2}\right\}$，　　(2) $\{3^{\frac{1}{n}}\}$，

(3) $\left\{\dfrac{3n+1}{n}\right\}$，　　(4) $\left\{(-1)^{n+1}\dfrac{1}{n}\right\}$，

(5) $\left\{\dfrac{1}{3^n}\right\}$，　　(6) $\left\{\dfrac{n}{n+1}\right\}$，

(7) $\{(-1)^{2n}\}$，　　(8) $\{(-1)^{3n}\}$，

(9) $\left\{n+\dfrac{1}{n}\right\}$，　　(10) $\{(-1)^n n\}$.

2. 观察并写出下列各极限.

(1) $\lim\limits_{x\to-\infty}2^x$，　　(2) $\lim\limits_{x\to+\infty}\left(\dfrac{2}{5}\right)^x$，

(3) $\lim\limits_{x\to\infty}\left(2-\dfrac{1}{x}\right)$，　　(4) $\lim\limits_{x\to+\infty}3^x$.

3. 观察当 $x\to2$ 时，函数 $f(x)=x^2+x+1$ 的极限是多少.

4. 已知符号函数 $f(x)=\begin{cases}1, & x>0,\\ 0, & x=0,\\ -1, & x<0.\end{cases}$ 判断极限$\lim\limits_{x\to0}f(x)$的存在情况. 它的图像如

图 2-22 所示.

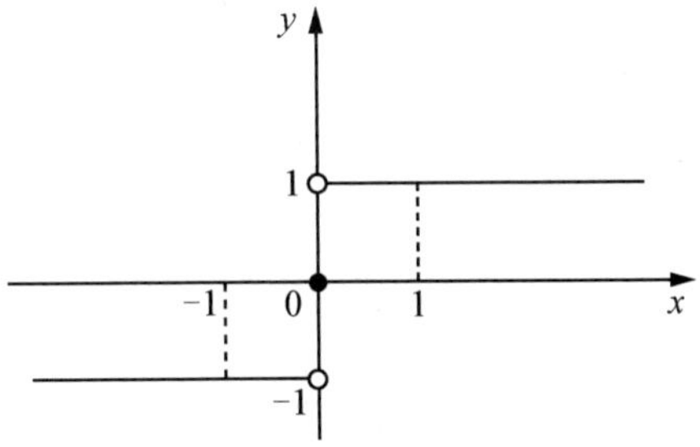

图 2-22

5. 设 $f(x)=\begin{cases}1-x, & -1\leqslant x\leqslant 0,\\ 1, & x=0,\\ 1+x, & 0<x<10.\end{cases}$ 求极限 $\lim\limits_{x\to 0^-}f(x)$、$\lim\limits_{x\to 0^+}f(x)$，并判断极限 $\lim\limits_{x\to 0}f(x)$的存在情况.

6. 设 $f(x)=\begin{cases}x-1, & -\infty<x<0,\\ x^2, & 0\leqslant x<+\infty\end{cases}$ 求极限 $\lim\limits_{x\to 0^-}f(x)$、$\lim\limits_{x\to 0^+}f(x)$、$\lim\limits_{x\to 1}f(x)$、$\lim\limits_{x\to 2}f(x)$、$\lim\limits_{x\to 3}f(x)$.

第 3 节　无穷小量与无穷大量

2.3.1　无穷小量与无穷大量

在计算中我们经常会遇到两类变量：一类是在变化过程中绝对值越来越小，最后趋于零；另一类是在变化过程中，函数的绝对值可以任意大. 这两类变量在自然现象、生产实际和日常生活中，比较重要，这里我们给出这两类变量的定义.

函数 $f(x)=x-1$，当 $x\to 1$ 时，有 $x-1\to 0$.

函数 $f(x)=\dfrac{1}{x}$，当 $x\to\infty$时，有$\dfrac{1}{x}\to 0$.

像上例这样的变量，我们称之为无穷小量. 无穷小量是指以零为极限的函数或变量.

定义 1　若函数 $\alpha=\alpha(x)$在 x 的某种趋向下以零为极限，则称函数 $\alpha=\alpha(x)$是 x 的这种趋向下的无穷小量，简称为无穷小.

注：(1)要想指明一个函数是无穷小量，必须指出其自变量的变化趋向，否则没有意义，如 $f(x)=\dfrac{1}{x}$只有在 $x\to\infty$时，才是无穷小量.

(2)无穷小量是指(在 x 的某种变化趋势下)以 0 为极限的函数或变量，而不是一个很小的常数. 因此很小的非零常数不能与无穷小量混淆.

(3)零作为函数是无穷小量，因为它的极限为零.

(4)此概念对数列极限也适用，若$\lim\limits_{n\to\infty}u_n=0$，称数列 u_n 为 $n\to\infty$时的无穷小量.

(5)负无穷大量不是无穷小量.

例 1 指出下面变量在什么情况下是无穷小量.

(1)$f(x)=\log_2 x$， (2)$f(x)=x+2$， (3)$f(x)=2^x$， (4)$f(x)=\left(\frac{1}{2}\right)^x$.

解：(1)函数的图像如图 2-23 所示.

因为
$$\lim_{x\to 1}\log_2 x=0,$$
所以当 $x\to 1$ 时，$f(x)=\log_2 x$ 为无穷小量.

(2)函数的图像如图 2-24 所示.

因为
$$\lim_{x\to -2}(x+2)=0,$$
所以，当 $x\to -2$ 时，$f(x)=x+2$ 为无穷小量.

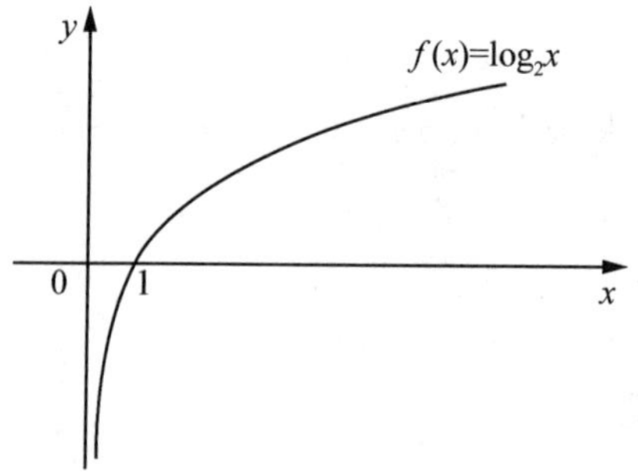

图 2-23

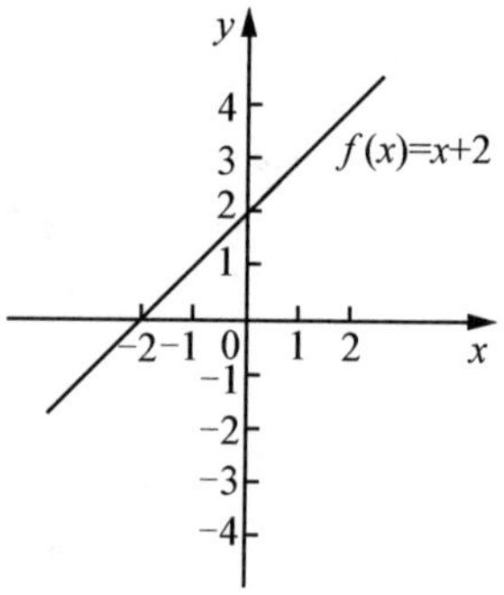

图 2-24

(3)函数的图像如图 2-25 所示.

因为
$$\lim_{x\to -\infty}2^x=0,$$
所以，当 $x\to -\infty$时，$f(x)=2^x$ 为无穷小量.

(4)函数的图像如图 2-25 所示.

因为
$$\lim_{x\to +\infty}\left(\frac{1}{2}\right)^x=0,$$
所以，当 $x\to +\infty$时，$f(x)=\left(\frac{1}{2}\right)^x$ 为无穷小量.

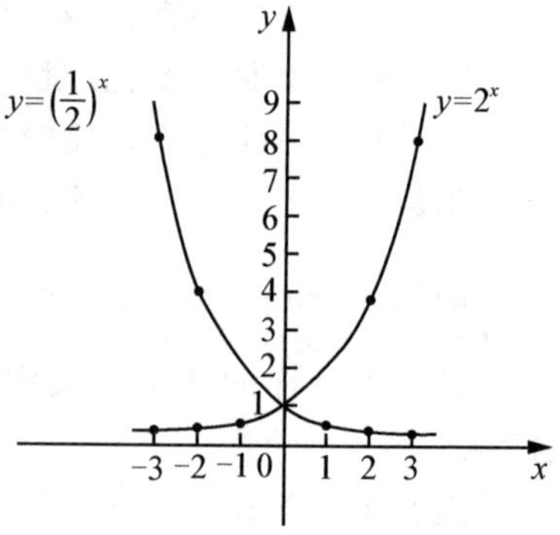

图 2-25

无穷小量有下面的性质：

(1)有限个无穷小量的代数和仍然是无穷小量.

如 $x\to 0$ 时，x^2，x^3 和 $\sin x$ 是无穷小量，所以 $x^2\pm x^3\pm\sin x$ 也是无穷小量．即$\lim\limits_{x\to 0}(x^2\pm x^3\pm\sin x)=0$

(2)有界函数与无穷小量的乘积是无穷小量.

如 $x\to\infty$时，$\frac{1}{x}$是无穷小量，$\cos x$ 是有界函数．则$\frac{1}{x}\cos x$ 也是无穷小量．即

$\lim\limits_{x\to 0}\frac{1}{x}\cos x=0$.

(3)常数与无穷小量的乘积是无穷小量.

如 $x\to\infty$时，$\frac{1}{x}$是无穷小量，C 是常数，则 $C\cdot\frac{1}{x}$也是无穷小量. 即$\lim\limits_{x\to 0}C\,\frac{1}{x}=0$.

(4)有限个无穷小量的乘积是无穷小量.

如 $x\to 0$ 时，$5x^2$，x^3 和 $\sin x$ 是无穷小量，所以 $5x^2\cdot x^3\cdot\sin x$ 也是无穷小量. 即$\lim\limits_{x\to 0}(5x^2\cdot x^3\cdot\sin x)=0$.

我们认识了无穷小量，与之对应的还有另外一种变量，如

$$x\to\infty\text{时}，x^2\to\infty，$$

$$x\to 0\text{ 时}，\frac{1}{x}\to\infty，$$

像这样的变量，我们称之为无穷大量. 在 x 的某种变化趋势下，趋于无穷大的量即无穷大量.

定义 2　若函数 $y=f(x)$的绝对值$|f(x)|$在 x 的某种趋向下无限变大，则称 $y=f(x)$为在 x 的这种趋向下的无穷大量，简称为无穷大. 具体地讲，当 $x\to x_0$ 时，$f(x)$为无穷大量，记为 $\lim\limits_{x\to x_0}f(x)=\infty$；当 $x\to\infty$时，$f(x)$为无穷大量，记为 $\lim\limits_{x\to\infty}f(x)=\infty$. 如

$$\lim_{x\to 2}\frac{1}{x-2}=\infty,\lim_{x\to\infty}x^3=\infty.$$

注：(1)无穷大量是一个变量，不是一个很大的常数.

(2)无穷大量虽然用极限记号来定义，但它不表示极限存在，而恰恰相反，表示极限不存在.

定理 1　在 x 的某种变化趋势下，

(1)若$\lim\limits_{x\to x_0}f(x)=\infty$，则$\lim\limits_{x\to x_0}\frac{1}{f(x)}=0$；

(2)若$\lim\limits_{x\to x_0}f(x)=0(f(x)\neq 0)$，则$\lim\limits_{x\to x_0}\frac{1}{f(x)}=\infty$.

即在 x 的同种变化趋势下，无穷大量和无穷小量互为倒数.

注：以上定理内容当 $x\to\infty$时也成立.

根据定理 1 可知：$x\to 0$ 时，$\frac{1}{x}\to\infty$；而 $x\to\infty$时，$x^2\to\infty$，$\frac{1}{x^2}\to 0$.

例 2　指出下列各题中哪些是无穷大量，哪些是无穷小量.

(1)$f(x)=\sin x$，当 $x\to 0$ 时；　　(2)$f(x)=\frac{1}{x-2}$，当 $x\to 2$ 时；

(3)$f(x)=3^x$，当 $x\to-\infty$时；　　(4)$f(x)=3^x$，当 $x\to+\infty$时.

解：(1)$\lim\limits_{x\to 0}\sin x=0$，是无穷小量.

(2) $\lim\limits_{x\to 2}\dfrac{1}{x-2}=\infty$，是无穷大量.

(3) $\lim\limits_{x\to -\infty}3^x=0$，是无穷小量.

(4) $\lim\limits_{x\to +\infty}3^x=+\infty$，是无穷大量.

2.3.2 无穷小量的比较

根据前面的学习我们已经知道两个无穷小的和、差、积仍是无穷小，但是两个无穷小的商的情况比较复杂.

对此我们给出如下定义.

定义 3 设 $\alpha(x)$ 和 $\beta(x)$ 为($x\to x_0$ 或 $x\to\infty$)两个无穷小量.

(1)若它们的比的极限为零，即

$$\lim\frac{\alpha(x)}{\beta(x)}=0,$$

则称当 $x\to x_0$(或 $x\to\infty$)时，$\alpha(x)$ 是 $\beta(x)$ 的高阶无穷小量，或称 $\beta(x)$ 是 $\alpha(x)$ 的低阶无穷小量，记作：$\alpha(x)=o[\beta(x)]$.

(2)若它们的比有非零极限，即

$$\lim\frac{\alpha(x)}{\beta(x)}=c\quad(c\text{ 为常数，且 }c\neq 0),$$

则称 $\alpha(x)$ 和 $\beta(x)$ 为同阶无穷小. 若 $c=1$，则称 $\alpha(x)$ 和 $\beta(x)$ 为等价无穷小量，并记为 $\alpha(x)\sim\beta(x)$($x\to x_0$ 或 $x\to\infty$).

例如，

$\because \lim\limits_{x\to 0}\dfrac{x^2}{5x}=0$，即 $x^2=o(5x)(x\to 0)$，

$\therefore$ 当 $x\to 0$ 时，x^2 是 $5x$ 的高阶无穷小量，

$\because \lim\limits_{x\to 0}\dfrac{\sin x}{x}=1$，即 $\sin x\sim x(x\to 0)$，

$\therefore$ 当 $x\to 0$ 时，$\sin x$ 与 x 是等价无穷小量，

$\because \lim\limits_{x\to 4}\dfrac{x^2-16}{x-4}=8$，

$\therefore$ 当 $x\to 4$ 时，x^2-16 与 $x-4$ 是同阶无穷小.

注：两个无穷小量的阶的高低描述了两个无穷小量趋于零的速度的快慢，高阶的趋于零的速度快，低阶的趋于零的速度慢.

定理 2：(等价无穷小代换定理)若 $\alpha(x)\sim\alpha_1(x)$，$\beta(x)\sim\beta_1(x)$，且 $\lim\dfrac{\alpha_1(x)}{\beta_1(x)}$ 存在(或无穷大)，则 $\lim\dfrac{\alpha(x)}{\beta(x)}$ 也存在(或无穷大)，并且

$$\lim\frac{\alpha(x)}{\beta(x)}=\lim\frac{\alpha_1(x)}{\beta_1(x)}\quad\left(\text{或 }\lim\frac{\alpha(x)}{\beta(x)}=\infty\right).$$

在求两个无穷小量之比的极限时，分子、分母的乘积因子可用等价无穷小量代换，这种代换常使极限计算简化.

例 3 求$\lim\limits_{x\to 0}\dfrac{\sin 2x}{\tan 3x}$.

解： 当 $x\to 0$ 时，$\sin 2x\sim 2x$，$\tan 3x\sim 3x$. 于是

$$\lim_{x\to 0}\frac{\sin 2x}{\tan 3x}=\lim_{x\to 0}\frac{2x}{3x}=\frac{2}{3}.$$

例 4 求$\lim\limits_{x\to 0}\dfrac{1-\cos x}{2x\sin x}$.

解： $\because x\to 0$，$1-\cos x\sim\dfrac{1}{2}x^2$，$\sin x\sim x$.

根据定理 2，有

$$\lim_{x\to 0}\frac{1-\cos x}{2x\sin x}=\lim_{x\to 0}\frac{\frac{1}{2}x^2}{2x^2}=\frac{1}{4}.$$

常用的等价无穷小量有

$$\sin x\sim x(x\to 0),$$
$$\tan x\sim x(x\to 0),$$
$$1-\cos x\sim\frac{1}{2}x^2(x\to 0),$$
$$\ln(1+x)\sim x(x\to 0),$$
$$e^x-1\sim x(x\to 0).$$

习题 2-3

1. 下列各题中哪些是无穷小量？哪些是无穷大量？

(1)$x\to\infty$，$\dfrac{3}{x}\cdot\sin x$； (2)$x\to 2$，$\dfrac{x+2}{x-2}$；

(3)$x\to+\infty$，5^{-x}； (4)$x\to 0^+$，$\lg x$.

2. 指出下列函数，在 x 怎样变化时是无穷小量，x 怎样变化时是无穷大量.

(1)$f(x)=5^x$， (2)$f(x)=x^3$，

(3)$f(x)=\ln(x-3)$， (4)$f(x)=\dfrac{1}{x+1}$.

3. 利用等价无穷小代换计算下列极限.

(1)$\lim\limits_{x\to 0}\dfrac{1-\cos x}{x^2}$， (2)$\lim\limits_{x\to 0}\dfrac{x\sin ax}{1-\cos x}(a\neq 0)$，

(3)$\lim\limits_{x\to 0}\dfrac{e^x-1}{2x}$， (4)$\lim\limits_{x\to 0}\dfrac{\ln(1+x)}{\sin 5x}$，

(5)$\lim\limits_{x\to 0}\dfrac{\sin(x^3)}{(\sin x)^3}$， (6)$\lim\limits_{x\to 0}\dfrac{\tan 2x}{x}$，

(7) $\lim\limits_{x\to 0}\dfrac{\tan 2x}{\sin 3x}$，

(8) $\lim\limits_{x\to 0}\dfrac{e^{3x}-1}{\tan 2x}$，

(9) $\lim\limits_{x\to 0}\dfrac{(e^x-1)\sin\dfrac{x}{2}}{1-\cos x}$，

(10) $\lim\limits_{x\to 0}\dfrac{\sin x^2\tan x^2}{1-\cos x^2}$.

第 4 节　极限运算法则

前面我们学习了极限的概念，以及利用观察函数变化过程来求一些简单函数的极限. 但是对于复杂的函数用这种方法不能得到准确的极限值. 下面我们介绍一些求极限的基本运算法则和基本方法.

2.4.1　极限的四则运算法则

设 $\lim\limits_{x\to x_0}f(x)=A$，$\lim\limits_{x\to x_0}g(x)=B$，则

(1) $\lim\limits_{x\to x_0}[f(x)\pm g(x)]=\lim\limits_{x\to x_0}f(x)\pm\lim\limits_{x\to x_0}g(x)=A\pm B$.

(2) $\lim\limits_{x\to x_0}[f(x)\cdot g(x)]=\lim\limits_{x\to x_0}f(x)\cdot\lim\limits_{x\to x_0}g(x)=A\cdot B$.

(3) $\lim\limits_{x\to x_0}C\cdot f(x)=C\cdot\lim\limits_{x\to x_0}f(x)=C\cdot A$.

(4) 若 $\lim\limits_{x\to x_0}f(x)=A$，而 n 是正整数，则 $\lim\limits_{x\to x_0}[f(x)]^n=[\lim\limits_{x\to x_0}f(x)]^n=A^n$.

(5) $\lim\limits_{x\to x_0}\left(\dfrac{f(x)}{g(x)}\right)=\dfrac{\lim\limits_{x\to x_0}f(x)}{\lim\limits_{x\to x_0}g(x)}=\dfrac{A}{B}(\lim\limits_{x\to x_0}g(x)\neq 0)$.

注：(1)上面的法则对于 $x\to\infty$ 时仍成立.

(2)上述法则(1)和法则(2)可以推广到有限个函数的情况.

例 1　求 $\lim\limits_{x\to 1}(x^2+5x-3)$.

解：由法则(1)(3)和(4)，得

$$\begin{aligned}\lim_{x\to 1}(x^2+5x-3)&=\lim_{x\to 1}x^2+\lim_{x\to 1}5x-\lim_{x\to 1}3\\&=(\lim_{x\to 1}x)^2+5\lim_{x\to 1}x-\lim_{x\to 1}3\\&=1^2+5\cdot 1-3=3.\end{aligned}$$

一般地，有

$$\begin{aligned}&\lim_{x\to x_0}(a_nx^n+a_{n-1}x^{n-1}+\cdots+a_0)\\&=a_nx_0{}^n+a_{n-1}x_0{}^{n-1}+\cdots+a_1x+a_0,\end{aligned}$$

即多项式函数在 x_0 处的极限等于该函数在 x_0 处的函数值.

若 $f(x)=a_nx^n+a_{n-1}x^{n-1}+\cdots+a_0$，有 $\lim\limits_{x\to x_0}f(x)=f(x_0)$.

例 2　求 $\lim\limits_{x\to -1}\dfrac{4x^2-3x+1}{2x^2-5x+3}$.

解：当 $x\to -1$ 时所给函数的分子和分母的极限都存在，且分母极限

$$\lim_{x\to-1}(2x^2-5x+3)=2\cdot(-1)^2-5(-1)+3=10\neq0,$$

所以，由商的极限运算法则(5)，可得

$$\lim_{x\to-1}\frac{4x^2-3x+1}{2x^2-5x+3}=\frac{\lim\limits_{x\to-1}(4x^2-3x+1)}{\lim\limits_{x\to-1}(2x^2-5x+3)}$$

$$=\frac{4(-1)^2-3(-1)+1}{10}=\frac{4}{5}.$$

由此可得：

若 $f(x)$ 为有理分式(分子、分母都为多项式)时，且分母在 x_0 处的函数值不为 0，则

$$\lim_{x\to x_0}\left(\frac{f(x)}{g(x)}\right)=\frac{f(x_0)}{g(x_0)}.$$

以上例题在求极限的运算中，都是极限存在，且分母极限不为 0 的情况. 这样的极限比较简单，直接应用法则求得即可，这种求极限的方法称为“代入法”. 但并不是所有的极限都能用代入法来求，如求函数 $\lim\limits_{x\to2}\dfrac{x^2-4}{x-2}$、$\lim\limits_{x\to\infty}\dfrac{2x^3+x^2+3}{x^3+1}$ 的极限，很显然就不能使用法则来求. 这时候需要我们学习几种特殊极限的求法.

2.4.2 未定式的极限

在同一变化过程中，如果分子、分母的极限都为零，这样的极限形式称为未定式. 记作“$\dfrac{0}{0}$”型极限，类似的未定式还有“$\dfrac{\infty}{\infty}$”型极限和“$\infty-\infty$”型极限等几种. 对于未定式的极限，每一种都有各自的求解方法，下面我们看几个例题.

例 3 求 $\lim\limits_{x\to2}\dfrac{x^2-4}{x-2}$.

解：因为 $x\to2$ 时，$x^2-4\to0$，$x-2\to0$，

所以这个极限是“$\dfrac{0}{0}$”型的极限. 分子、分母都可以分解因式，且分子、分母有公共的零因子 $(x-2)$，故可同时消去公共的零因子 $(x-2)$. 即

$$\lim_{x\to2}\frac{x^2-4}{x-2}=\lim_{x\to2}(x+2)=4,$$

这种求极限的方法叫作“去零因子”法，常用于“$\dfrac{0}{0}$”型的极限.

例 4 求 $\lim\limits_{x\to3}\dfrac{x^2-9}{x^2-2x-3}$.

解：这是“$\dfrac{0}{0}$”型的极限，用“去零因子”法，则有

$$\lim_{x\to3}\frac{x^2-9}{x^2-2x-3}=\lim_{x\to3}\frac{(x-3)(x+3)}{(x-3)(x+1)}=\lim_{x\to3}\frac{x+3}{x+1}=\frac{3}{2}.$$

例 5　求$\lim\limits_{x\to 0}\dfrac{\sqrt{1-x}-1}{x}$.

解：这是“$\dfrac{0}{0}$”型的极限，且分子是无理式，故先将分子有理化，再用“去零因子”法，则有

$$\lim_{x\to 0}\frac{\sqrt{1-x}-1}{x}=\lim_{x\to 0}\frac{(\sqrt{1-x}-1)(\sqrt{1-x}+1)}{x(\sqrt{1-x}+1)}=\lim_{x\to 0}\frac{-x}{x(\sqrt{1-x}+1)}=\lim_{x\to 0}\frac{-1}{(\sqrt{1-x}+1)}=-\frac{1}{2}.$$

由以上例题可知，当 $f(x)$ 为分式，且分子、分母在 x_0 处的函数值(极限)为 0 时(称为“$\dfrac{0}{0}$”型极限)，不能直接用极限运算法则，可用下面的方法求其极限.

(1)若 $f(x)$ 为有理分式，可对其分子、分母分解因式，约去公共的零因子后，再求极限.

(2)若 $f(x)$ 中含无理式，可先对其有理化，约去公共的零因子后，再求其极限.

例 6　求$\lim\limits_{x\to\infty}\dfrac{2x^3+x^2+3}{x^3+1}$.

解：因为 $x\to\infty$，分子、分母都是无穷大，记作“$\dfrac{\infty}{\infty}$”型极限. 这类极限不能直接利用极限运算法则，可分子、分母同时除以 x^3，即

$$\lim_{x\to\infty}\frac{2x^3+x^2+3}{x^3+1}=\lim_{x\to\infty}\frac{\dfrac{2x^3+x^2+3}{x^3}}{\dfrac{x^3+1}{x^3}}=\lim_{x\to\infty}\frac{2+\dfrac{1}{x}+\dfrac{3}{x^3}}{1+\dfrac{1}{x^3}}=2.$$

例 7　求$\lim\limits_{x\to\infty}\dfrac{5x^2-2x-1}{3x^3-x^2+4}$.

解：“$\dfrac{\infty}{\infty}$”型极限，分子、分母同时除以 x^3，则

$$\lim_{x\to\infty}\frac{5x^2-2x-1}{3x^3-x^2+4}=\lim_{x\to\infty}\frac{\dfrac{5x^2-2x-1}{x^3}}{\dfrac{3x^3-x^2+4}{x^3}}=\lim_{x\to\infty}\frac{\dfrac{5}{x}-\dfrac{2}{x^2}-\dfrac{1}{x^3}}{3-\dfrac{1}{x}+\dfrac{4}{x^3}}=0.$$

例 8　求$\lim\limits_{x\to\infty}\dfrac{3x^3-x^2+4}{5x^2-2x-1}$.

解：可由例 7 及第 3 节无穷小与无穷大的关系知，$\lim\limits_{x\to\infty}\dfrac{3x^3-x^2+4}{5x^2-2x-1}=\infty$.

由上面的例子可知：**对于“$\dfrac{\infty}{\infty}$”型极限，如果分子、分母都是 x 的多项式，则可用它们中 x 的最高次幂同除分子与分母.**

以上三例的方法可推广到一般情形，结论可直接应用.

$$\lim_{x\to\infty}\frac{a_0x^m+a_1x^{m-1}+\cdots+a_m}{b_0x^n+b_1x^{n-1}+\cdots+b_n}=\begin{cases}\dfrac{a_0}{b_0}, & m=n,\ b_0\neq 0\\ 0, & m<n\\ \infty, & m>n\end{cases}.$$

例 9 求$\lim\limits_{x\to 2}\left(\dfrac{2}{x-2}-\dfrac{8}{x^2-4}\right)$.

解： 这是"$\infty-\infty$"型，不能直接利用极限运算法则，一般处理方法是通分.

$$\lim_{x\to 2}\left(\frac{2}{x-2}-\frac{8}{x^2-4}\right)=\lim_{x\to 2}\frac{2(x+2)-8}{x^2-4}=\lim_{x\to 2}\frac{2(x-2)}{x^2-4}=\lim_{x\to 2}\frac{2}{x+2}=\frac{1}{2}.$$

例 10 求 $\lim\limits_{x\to+\infty}(\sqrt{x^2+x}-x)$.

解： 这是"$\infty-\infty$"型，不能直接利用极限运算法则，一般处理方法是分子有理化.

$$\begin{aligned}\lim_{x\to+\infty}(\sqrt{x^2+x}-x)&=\lim_{x\to+\infty}\frac{(\sqrt{x^2+x}-x)(\sqrt{x^2+x}+x)}{\sqrt{x^2+x}+x}\\&=\lim_{x\to+\infty}\frac{x}{\sqrt{x^2+x}+x}\\&=\lim_{x\to+\infty}\frac{1}{\sqrt{1+\dfrac{1}{x}}+1}\\&=\frac{1}{2}.\end{aligned}$$

由以上例题可得：

(1)当极限属于"$\infty-\infty$"型，并且为"分式－分式"的形式，则可先经过通分，化简，再求其极限.

(2)当极限属于"$\infty-\infty$"型，并且为"根号－根号"(或根号－有理式)的形式，则可先经过有理化，化简，再求其极限.

因此，对于未定式("$\frac{0}{0}$""$\frac{\infty}{\infty}$""$\infty-\infty$")极限不能直接用极限运算法则，必须先对极限函数进行恒等变形(约分、通分、有理化等)，然后再求极限.

习题 2-4

求下列极限.

(1)$\lim\limits_{x\to 2}(3x^2-2x+5)$，

(2)$\lim\limits_{x\to 1}\dfrac{2x^2-3x+4}{x^2+1}$，

(3)$\lim\limits_{x\to\infty}\left(3+\dfrac{2}{x}-\dfrac{1}{x^2}\right)$，

(4)$\lim\limits_{x\to 1}\left(\dfrac{2}{x+1}-\dfrac{1}{x^3+3}\right)$，

(5)$\lim\limits_{x\to 3}\dfrac{x^2-6x+9}{x^2-9}$，

(6)$\lim\limits_{x\to 0}\dfrac{\sqrt{x+1}-1}{x}$，

(7) $\lim\limits_{x\to 1}\dfrac{x^2-1}{x-1}$，

(8) $\lim\limits_{x\to\infty}\dfrac{3x^2+2x-1}{4x^3+5x^2+6}$，

(9) $\lim\limits_{x\to\infty}\dfrac{6x^3+2x^2+3}{2x^3-5x^2-4x}$，

(10) $\lim\limits_{x\to\infty}\dfrac{x^3-5x^2-4x}{6x^2+2x+3}$，

(11) $\lim\limits_{x\to\infty}\dfrac{5x^3+3x-2}{4x^2-x}$，

(12) $\lim\limits_{x\to\infty}\dfrac{2x^3-1}{6x^3+7x^2+2x}$，

(13) $\lim\limits_{x\to\infty}\dfrac{(x^3+1)(5x-2)}{(x^2+1)^2}$，

(14) $\lim\limits_{x\to\infty}\dfrac{(x-3)^{10}(x+5)^{20}}{(x-1)^{30}}$，

(15) $\lim\limits_{x\to 1}\dfrac{\sqrt{3x+1}-2}{x-1}$，

(16) $\lim\limits_{x\to+\infty}\dfrac{(3x^2+2x)\arctan x}{x^2-1}$，

(17) $\lim\limits_{x\to 1}\left(\dfrac{x}{x-1}-\dfrac{1}{x^2-x}\right)$，

(18) $\lim\limits_{x\to+\infty}(\sqrt{x^2+x}-\sqrt{x^2-x})$.

第 5 节　两个重要极限

2.5.1　极限 $\lim\limits_{x\to 0}\dfrac{\sin x}{x}=1$

这个极限是一种特殊的“$\dfrac{0}{0}$”型极限，特殊之处便是这个函数含有三角函数，且分子、分母没有共同的零因子．下面我们通过列表的方式来验证这个极限的正确性(见表 2-6)．

表 2-6

x	…	-0.1	-0.05	-0.01	…	$\to 0\leftarrow$	…	0.01	0.05	0.1	…
$\sin x$	…	-0.09983	-0.04998	-0.00999	…	$\to 0\leftarrow$	…	0.00999	0.04998	0.09983	…
$\dfrac{\sin x}{x}$	…	0.99833	0.99958	0.99998	…	$\to 1\leftarrow$	…	0.99998	0.99958	0.99833	…

从表 2-6 可以看出

$$当\ x\to 0\ 时，\frac{\sin x}{x}\to 1,$$

即有

$$\lim_{x\to 0}\frac{\sin x}{x}=1.$$

这是一个非常重要的极限，称为“第一重要极限”，这个极限有以下两个主要特征．

(1)趋势特征：在 $\lim\limits_{x\to 0}\dfrac{\sin x}{x}$ 中，分子、分母趋于零，即 $\sin x\to 0$，$x\to 0$；

(2)结构特征：在 $\lim\limits_{\square\to 0}\dfrac{\sin\square}{\square}=1$ 中，□代表同一变量且无限趋近于零．即有

$$\lim_{f(x)\to 0}\frac{\sin f(x)}{f(x)}=1.$$

读者一定要掌握这两个重要特征，当遇到带有三角函数的“$\frac{0}{0}$”型极限时，首先考虑用这一结论去求解.

例 1 求$\lim\limits_{x\to 0}\frac{\sin 3x}{x}$.

解：$\lim\limits_{x\to 0}\frac{\sin 3x}{x}=\lim\limits_{x\to 0}\frac{3\sin 3x}{3x}\xlongequal{令\,3x=u}\lim\limits_{u\to 0}\frac{3\sin u}{u}=3$

这一例题告诉我们$\lim\limits_{x\to 0}\frac{\sin x}{x}=1$的实质就是$\lim\limits_{\square\to 0}\frac{\sin\square}{\square}=1$，使用时要注意□内的内容必须一致，且□→0.

例 2 求$\lim\limits_{x\to 0}\frac{\sin 2x}{\sin 5x}$.

解：
$$\lim_{x\to 0}\frac{\sin 2x}{\sin 5x}=\lim_{x\to 0}\left[\frac{\sin 2x}{\sin 5x}\cdot\frac{2x}{5x}\cdot\frac{5x}{2x}\right]=\lim_{x\to 0}\left[\frac{\sin 2x}{2x}\cdot\frac{1}{\frac{\sin 5x}{5x}}\cdot\frac{2x}{5x}\right]=\frac{2}{5}.$$

例 3 求$\lim\limits_{x\to 0}\frac{\tan x}{x}$.

解：$\lim\limits_{x\to 0}\frac{\tan x}{x}=\lim\limits_{x\to 0}\frac{1}{\cos x}\cdot\frac{\sin x}{x}=\lim\limits_{x\to 0}\frac{1}{\cos x}\cdot\lim\limits_{x\to 0}\frac{\sin x}{x}=1.$

注：$\lim\limits_{x\to 0}\frac{\tan x}{x}=1$也可当作公式使用.

例 4 求$\lim\limits_{x\to 0}\frac{1-\cos x}{x^2}$.

解：$\lim\limits_{x\to 0}\frac{1-\cos x}{x^2}=\lim\limits_{x\to 0}\frac{2\sin^2\frac{x}{2}}{x^2}=\lim\limits_{x\to 0}\left[\frac{1}{2}\cdot\left(\frac{\sin\frac{x}{2}}{\frac{x}{2}}\right)^2\right]=\frac{1}{2}\lim\limits_{\frac{x}{2}\to 0}\left(\frac{\sin\frac{x}{2}}{\frac{x}{2}}\right)^2=\frac{1}{2}\cdot 1=\frac{1}{2}$

注：$\lim\limits_{x\to 0}\frac{1-\cos x}{x^2}=\frac{1}{2}$也可当作公式使用.

例 5 求$\lim\limits_{x\to 2}\frac{\sin(x-2)}{x-2}$.

解：这里 x 不趋于 0，故应考虑换元，使得换元所得的变量趋于 0，故可令 $t=x-2$. 则当 $x\to 2$ 时，$t\to 0$，所以

$$\lim_{x\to 2}\frac{\sin(x-2)}{x-2}=\lim_{t\to 0}\frac{\sin t}{t}=1$$

2.5.2 极限$\lim\limits_{x\to\infty}\left(1+\frac{1}{x}\right)^x=\mathrm{e}$

对于这一重要极限我们依然采取列表的方式来验证其结果的正确性，如表 2-7 所示($x\neq0$).

表 2-7

x	…	10	100	1000	10000	100000	…	$\to+\infty$
$\left(1+\frac{1}{x}\right)^x$	…	2.59	2.705	2.717	2.718	2.71827	…	e
x	…	−10	−100	−1000	−10000	−100000	…	$\to-\infty$
$\left(1+\frac{1}{x}\right)^x$	…	2.88	2.732	2.720	2.7183	2.71828	…	e

从表 2-7 可以看出：当 $x\to+\infty$ 和 $x\to-\infty$ 时，$\left(1+\frac{1}{x}\right)^x$ 都是无限趋近于一个无限的不循环小数 2.718281828459…，我们把这个无理数记作 e，因此根据极限的定义有

$$\lim_{x\to+\infty}\left(1+\frac{1}{x}\right)^x=\mathrm{e},$$

$$\lim_{x\to-\infty}\left(1+\frac{1}{x}\right)^x=\mathrm{e},$$

从而有

$$\lim_{x\to\infty}\left(1+\frac{1}{x}\right)^x=\mathrm{e}.$$

这一重要极限是括号内的底数趋于 1，而指数趋向于∞，故这一类极限可看作“1^{∞}”型极限，这个极限称为“第二重要极限”.

与第一重要极限相类似，第二重要极限也具有典型特征，即趋势特征和结构特征.

(1)趋势特征：在$\lim\limits_{x\to\infty}\left(1+\frac{1}{x}\right)^x$ 中，若令$\frac{1}{x}=t$，则当 $x\to\infty$时，$t\to0$. 于是得到此极限公式的等价形式$\lim\limits_{t\to0}(1+t)^{\frac{1}{t}}=\mathrm{e}$；

(2)结构特征：在$\lim\limits_{x\to\infty}\left(1+\frac{1}{x}\right)^x$ 中，$\frac{1}{x}$与 x 互为倒数关系，即有

$$\lim_{\square\to\infty}\left(1+\frac{1}{\square}\right)^{\square}=\mathrm{e}(\square\text{代表同一变量且趋近于}\infty).$$

掌握这个重要极限的两个特征，以后碰到“1^{∞}”型极限且满足条件的可优先考虑使用这个重要极限.

例 6 求$\lim\limits_{x\to\infty}\left(1+\frac{5}{x}\right)^x$.

解：方法一 令$\frac{1}{u}=\frac{5}{x}$，则 $x=5u$，当 $x\to\infty$时，$u\to\infty$，所以

$$\lim_{x\to\infty}\left(1+\frac{5}{x}\right)^{x}=\lim_{u\to\infty}\left(1+\frac{1}{u}\right)^{5u}=\lim_{u\to\infty}\left[\left(1+\frac{1}{u}\right)^{u}\right]^{5}=e^{5}.$$

方法二 熟练后可不设新变量，直接变换如下.

$$\lim_{x\to\infty}\left(1+\frac{5}{x}\right)^{x}=\lim_{x\to\infty}\left[\left(1+\frac{5}{x}\right)^{\frac{x}{5}}\right]^{5}=\left[\lim_{x\to\infty}\left(1+\frac{5}{x}\right)^{\frac{x}{5}}\right]^{5}=e^{5}.$$

例 7 求 $\lim\limits_{x\to\infty}\left(1-\frac{2}{x}\right)^{x}$.

解： $\lim\limits_{x\to\infty}\left(1-\frac{2}{x}\right)^{x}=\lim\limits_{x\to\infty}\left(1+\frac{1}{-\frac{x}{2}}\right)^{x}=\lim\limits_{x\to\infty}\left[\left(1+\frac{1}{-\frac{x}{2}}\right)^{-\frac{x}{2}}\right]^{-2}=e^{-2}$

例 8 求 $\lim\limits_{x\to 0}(1+x)^{\frac{2}{x}}$.

解： 令 $x=\frac{1}{u}$，则 $u=\frac{1}{x}$，当 $x\to 0$ 时，$u\to\infty$，所以

$$\lim_{x\to 0}(1+x)^{\frac{2}{x}}=\lim_{u\to\infty}\left(1+\frac{1}{u}\right)^{2u}=\left[\lim_{u\to\infty}\left(1+\frac{1}{u}\right)^{u}\right]^{2}=e^{2}$$

从上面的例题我们可以注意到这一重要极限可扩展为

“当□里的内容一致，且□趋于无穷大时，有 $\lim\limits_{\square\to\infty}\left(1+\frac{1}{\square}\right)^{\square}=e$ 成立.”

另外，当□趋于 0 时，也有 $\lim\limits_{\square\to 0}(1+\square)^{\frac{1}{\square}}=e$ 成立.

例 9 求 $\lim\limits_{x\to\infty}\left(\frac{x+2}{x+1}\right)^{x}$.

解：

方法一 $\lim\limits_{x\to\infty}\left(\frac{x+2}{x+1}\right)^{x}=\lim\limits_{x\to\infty}\left(\frac{1+\frac{2}{x}}{1+\frac{1}{x}}\right)^{x}=\lim\limits_{x\to\infty}\frac{\left(1+\frac{2}{x}\right)^{\frac{x}{2}\cdot 2}}{\left(1+\frac{1}{x}\right)^{x}}=\frac{e^{2}}{e}=e.$

方法二 $\lim\limits_{x\to\infty}\left(\frac{x+2}{x+1}\right)^{x}=\lim\limits_{x\to\infty}\left(\frac{x+1+1}{x+1}\right)^{x}=\lim\limits_{x\to\infty}\left(1+\frac{1}{x+1}\right)^{x}$

$$=\lim_{x\to\infty}\left(1+\frac{1}{x+1}\right)^{x+1-1}=\lim_{x\to\infty}\frac{\left(1+\frac{1}{x+1}\right)^{x+1}}{1+\frac{1}{x+1}}=e.$$

习题 2-5

1. 求下列各极限值.

(1) $\lim\limits_{x\to 0}\frac{\sin 3x}{2x}$，

(2) $\lim\limits_{x\to 0}\frac{\sin 3x}{\sin 5x}$，

(3) $\lim\limits_{x\to 0}\frac{\tan 3x}{x}$，

(4) $\lim\limits_{x\to 0}\frac{(\sin x)^{3}}{\sin x^{3}}$，

(5) $\lim\limits_{x\to 3}\dfrac{\sin(x-3)}{x-3}$，　　(6) $\lim\limits_{x\to 0}\dfrac{1-\cos x}{x\sin x}$，

(7) $\lim\limits_{x\to +\infty} 2x\sin\dfrac{1}{x}$，　　(8) $\lim\limits_{x\to +\infty} kx\tan\dfrac{1}{x}$，

(9) $\lim\limits_{x\to 0}\dfrac{2x}{\tan 4x}$，　　(10) $\lim\limits_{x\to 0}\dfrac{\sin\alpha x}{\sin\beta x}(\beta\neq 0)$，

(11) $\lim\limits_{x\to 0}\dfrac{\sin 3x}{\tan 6x}$，　　(12) $\lim\limits_{x\to 0} x\cot 3x$.

2. 求下列各极限值.

(1) $\lim\limits_{x\to 0}(1+3x)^{\frac{1}{x}}$，　　(2) $\lim\limits_{x\to\infty}\left(1+\dfrac{2}{x}\right)^{x+2}$，

(3) $\lim\limits_{x\to\infty}\left(1-\dfrac{1}{x}\right)^{x}$，　　(4) $\lim\limits_{x\to\infty}\left(\dfrac{1+x}{x}\right)^{x}$，

(5) $\lim\limits_{x\to 0}(1+3x)^{\frac{2}{x}}$，　　(6) $\lim\limits_{t\to\infty}\left(1+\dfrac{1}{t}\right)^{t+2}$，

(7) $\lim\limits_{x\to\infty}\left(\dfrac{x}{x-1}\right)^{3x-1}$，　　(8) $\lim\limits_{x\to 0}\left(\dfrac{2-x}{2}\right)^{\frac{2}{x}}$，

(9) $\lim\limits_{x\to 0}\sqrt[x]{1+5x}$，　　(10) $\lim\limits_{x\to 0}(1-2x)^{\frac{1}{x}}$.

第 6 节　函数的连续性

在自然界中，有许多现象都是连续变化的：时间和空间是连续变化的；气温的变化、动植物的生长、空气的流动等都是连续变化的. 这些现象抽象到函数关系上，就是函数的连续性，本节将利用极限来定义函数的连续性.

2.6.1　连续性的概念

定义 1　对函数 $y=f(x)$，如果自变量从初值 x_0 变到终值 x，则称 $x-x_0$ 为自变量的改变量(增量)，记作 Δx，即 $\Delta x=x-x_0$.

对应的函数值由 $f(x_0)$变到 $f(x)$，把 $f(x)-f(x_0)$称为函数的改变量(增量)，记作 Δy，即 $\Delta y=f(x)-f(x_0)$.

又因为 $x=x_0+\Delta x$，所以 $\Delta y=f(x_0+\Delta x)-f(x_0)$.

注：由于 x 不一定大于 x_0，故 Δx 可为正可为负，但不能为零；Δy 可为正，可为负，也可能为零.

观察图 2-26 和图 2-27，从直观上看函数 $y=f(x)$和 $y=g(x)$分别表示的曲线在横坐标为 x_0 的点处的变化情况. 从图中可以看出，函数 $y=f(x)$的图像在 x_0 点处没有间断，当 x 在该点 x_0 处的改变量 Δx 很小时，函数值在该点处相应的改变量 Δy 也很小，而函数 $y=g(x)$的图像在点 x_0 处是断开的，这时，当 $\Delta x\to 0$ 时，Δy 却不趋于 0.

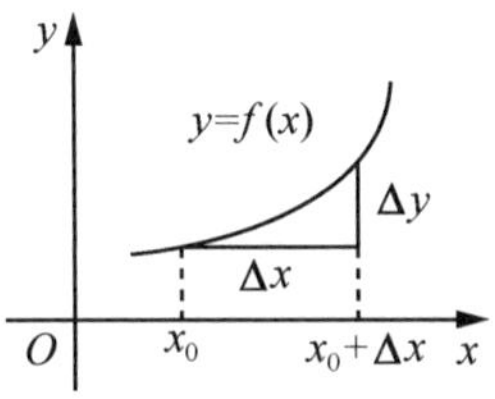

图 2-26

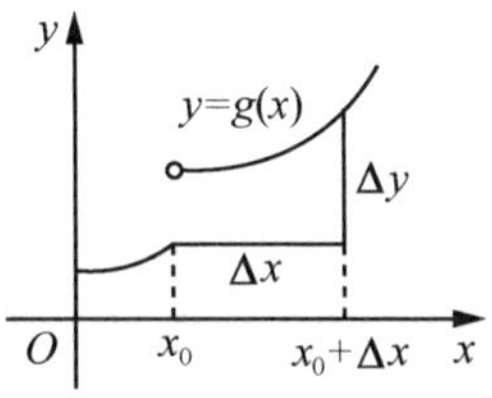

图 2-27

定义 2 设函数 $y=f(x)$ 在 x_0 的一个邻域有定义，如果

$$\lim_{x\to x_0}[f(x)-f(x_0)]=0 \text{ 或} \lim_{\Delta x\to 0}[f(x_0+\Delta x)-f(x_0)]=0,$$

即

$$\lim_{\Delta x\to 0}\Delta y=0,$$

则称函数 $y=f(x)$ 在点 x_0 处连续.

例 1 证明函数 $f(x)=\begin{cases} x\sin\dfrac{1}{x}, & x\neq 0 \\ 0, & x=0 \end{cases}$ 在 $x=0$ 处连续.

证：方法一 $\because \Delta y=f(0+\Delta x)-f(0)=\Delta x\sin\dfrac{1}{\Delta x}-0=\Delta x\sin\dfrac{1}{\Delta x}$，

$$\lim_{\Delta x\to 0}\Delta y=\lim_{\Delta x\to 0}\Delta x\sin\frac{1}{\Delta x}=0,$$

∴函数 $f(x)$ 在 $x=0$ 处连续.

利用定义 2 验证函数的连续性时，求函数的改变量 Δy，比较烦琐，因此我们可以对定义 2 进行如下解析.

记 $x=x_0+\Delta x$，则当 $\Delta x\to 0$ 时，$x\to x_0$，此时

$$\Delta y=f(x_0+\Delta x)-f(x_0)=f(x)-f(x_0),$$

于是

$$\lim_{\Delta x\to 0}\Delta y=\lim_{x\to x_0}[f(x)-f(x_0)]=\lim_{x\to x_0}f(x)-f(x_0)=0,$$

即

$$\lim_{x\to x_0}f(x)=f(x_0),$$

于是得到函数连续的另一个定义.

定义 3 设函数 $y=f(x)$ 在 x_0 的一个邻域内有定义，且

$$\lim_{x\to x_0}f(x)=f(x_0),$$

则称函数 $y=f(x)$ 在 x_0 处连续，或称 x_0 为函数 $y=f(x)$ 的连续点.

此定义指出，函数 $y=f(x)$ 在点 x_0 处连续必须同时满足三个条件：

(1)函数 $y=f(x)$ 在点 x_0 及其某一邻域内有定义；

(2) $\lim\limits_{x\to x_0}f(x)$ 存在；

(3) $\lim\limits_{x\to x_0}f(x)=f(x_0)$.

则称函数 $y=f(x)$ 在点 x_0 处连续. 上述三个条件中有一条不满足，则函数 $y=f(x)$ 在 x_0 处不连续(间断).

例 1 的另一个证明方法如下.

证：方法二 $\because \lim\limits_{x\to 0}f(x)=\lim\limits_{x\to 0}x\sin\dfrac{1}{x}=0=f(0)$.

$\therefore$ 函数 $f(x)$ 在 $x=0$ 处连续.

例 2 判断下列函数在 $x=0$ 处是否连续.

(1) $y=\dfrac{3}{x}$， (2) $f(x)=\begin{cases}1, & x>0\\ 0, & x=0,\\ -1, & x<0\end{cases}$

(3) $g(x)=\begin{cases}x+2, & x\neq 0\\ 0, & x=0\end{cases}$， (4) $h(x)=\begin{cases}\dfrac{2\sin x}{x}, & x\neq 0\\ 2, & x=0\end{cases}$.

解：(1) $y=\dfrac{3}{x}$ 在 $x=0$ 处没有定义，则 $y=\dfrac{3}{x}$ 在 $x=0$ 处不连续.

(2) 因为 $\lim\limits_{x\to 0^+}f(x)=\lim\limits_{x\to 0^+}1=1$，$\lim\limits_{x\to 0^-}f(x)=\lim\limits_{x\to 0^-}(-1)=-1$，$\lim\limits_{x\to 0}f(x)$ 不存在，故函数 $f(x)$ 在 $x=0$ 处不连续.

(3) 因为 $\lim\limits_{x\to 0}g(x)=\lim\limits_{x\to 0}(x+2)=2$，$g(0)=0$，$\lim\limits_{x\to 0}g(x)\neq g(0)$，故函数 $g(x)$ 在 $x=0$ 处不连续.

(4) 因为 $\lim\limits_{x\to 0}h(x)=\lim\limits_{x\to 0}\dfrac{2\sin x}{x}=2$，$h(0)=2$，$\lim\limits_{x\to 0}h(x)=h(0)$，故函数 $h(x)$ 在 $x=0$ 处连续.

定义 4 若函数 $y=f(x)$ 在开区间 (a, b) 内的各点处均连续，则称该函数在开区间 (a, b) 内连续，该区间也称为函数的连续区间.

函数的连续性可以通过函数的图像——曲线的连续性表示出来，即若函数 $y=f(x)$ 在 x_0 上连续，则 $f(x)$ 的图像在 $[x_0, f(x_0)]$ 处不断开；若函数 $f(x)$ 在 $[a, b]$ 上连续，则 $f(x)$ 在 $[a, b]$ 上的图像就是一条连续不断的曲线.

因此我们可以从图像上看出来：

$f(x)=\sin x$、$f(x)=2^x$ 在其定义域内都是连续不断的曲线，故 $f(x)=\sin x$、$f(x)=2^x$ 在其定义域内都是连续函数. 同理可知，其他一些基本初等函数在其定义域内都是连续函数，故有如下结论：

基本初等函数在其定义域内是连续的.

下面我们学习关于连续函数的运算法则.

2.6.2 连续函数的运算

定理 1 若函数 $f(x)$ 和 $g(x)$ 均在 x_0 处连续，则 $f(x)+g(x)$、$f(x)-g(x)$、$f(x)\cdot g(x)$ 在该点亦均连续，又若 $g(x_0)\neq 0$，则 $\dfrac{f(x)}{g(x)}$ 在点 x_0 处也连续，即

$$\lim_{x\to x_0}(f(x)\pm g(x))=f(x_0)\pm g(x_0),$$

$$\lim_{x\to x_0} f(x)\cdot g(x)=f(x_0)g(x_0),$$

$$\lim_{x\to x_0}\frac{f(x)}{g(x)}=\frac{f(x_0)}{g(x_0)}(g(x_0)\neq 0).$$

定理 2 设函数 $y=f(u)$在点 u_0 处连续，函数 $u=\varphi(x)$在点 x_0 处连续，且 $u_0=\varphi(x_0)$，则复合函数 $y=f[\varphi(x)]$在点 x_0 处连续，即

$$\lim_{x\to x_0} f[\varphi(x)]=f[\varphi(x_0)].$$

于是根据上面的内容可以得到如下结论.

定理 3 初等函数在其定义区间内是连续的.

这个结论为求极限带来方便，若 $f(x)$在点 x_0 连续，则有

$$\lim_{x\to x_0} f(x)=f(x_0)=f(\lim_{x\to x_0} x).$$

上式表明求连续函数的极限，极限符号与函数符号可以互换. 即求连续函数的极限，可归结为计算函数值.

例 3 求下列极限.

(1)$\lim\limits_{x\to 0}\ln(\cos x)$，　　(2)$\lim\limits_{x\to 0}\dfrac{\ln(1+2x)}{x}$，

(3)$\lim\limits_{x\to 1}\sin\left(\pi x-\dfrac{3\pi}{4}\right)$，　　(4)$\lim\limits_{x\to 1}\arcsin\dfrac{x+\lg x}{2}$.

解：(1)由于函数 $f(x)=\ln(\cos x)$在 $x=0$ 处连续，故

$$\lim_{x\to 0}\ln(\cos x)=\ln(\cos 0)=\ln 1=0.$$

(2)函数 $f(x)=\dfrac{\ln(1+2x)}{x}$在 $x=0$ 处不连续，所以不能用代入法，由第二重要极限得

$$\lim_{x\to 0}\frac{\ln(1+2x)}{x}=\lim_{x\to 0}\ln(1+2x)^{\frac{1}{x}}=\ln\lim_{x\to 0}\left[(1+2x)^{\frac{1}{2x}}\right]^2=\ln e^2=2.$$

(3)由于函数 $f(x)=\sin\left(\pi x-\dfrac{3\pi}{4}\right)$在 $x=1$ 处连续，故

$$\lim_{x\to 1}\sin\left(\pi x-\frac{3\pi}{4}\right)=\sin\left(\pi\times 1-\frac{3\pi}{4}\right)=\sin\frac{\pi}{4}=\frac{\sqrt{2}}{2}.$$

(4)由于函数 $f(x)=\arcsin\dfrac{x+\lg x}{2}$在 $x=1$ 处连续，故

$$\lim_{x\to 1}\arcsin\frac{x+\lg x}{2}=\arcsin\frac{1+\lg 1}{2}=\arcsin\frac{1}{2}=\frac{\pi}{6}.$$

上面我们介绍的都是函数连续的情况，有时函数在一些点也有可能是不连续的，如图 2-27 所示的函数 $y=g(x)$的图像在点 x_0 处是断开的，这时就需要引入间断点的概念.

2.6.3 函数的间断点

定义 5 设函数 $y=f(x)$在点 x_0 处的一个邻域有定义(在点 x_0 处可以没有定义)，

如果函数 $f(x)$在点 x_0 处不连续，则称 x_0 是函数 $y=f(x)$的间断点，也称函数在该点间断.

例 4 讨论函数 $f(x)=\dfrac{1}{x-2}$在点 $x=2$ 处的连续性.

解： 因为 $f(x)=\dfrac{1}{x-2}$在 $x=2$ 处没有定义，所以 $x=2$ 是 $f(x)=\dfrac{1}{x-2}$的一个间断点. 且$\lim\limits_{x\to 2}f(x)=\lim\limits_{x\to 2}\dfrac{1}{x-2}=\infty$，所以 $x=2$ 是函数 $f(x)=\dfrac{1}{x-2}$的无穷间断点.

例 5 设函数 $f(x)=\begin{cases}x-2, & x\leqslant 0,\\ x, & x>0.\end{cases}$ 讨论 $f(x)$在点 $x=0$ 处的连续性.

解： 由于 $f(x)$是一个分段函数，且

$$\lim_{x\to 0^-}f(x)=\lim_{x\to 0^-}(x-2)=-2,\lim_{x\to 0^+}f(x)=\lim_{x\to 0^+}x=0$$

$$\lim_{x\to 0^-}f(x)\neq\lim_{x\to 0^+}f(x)$$

显然，$f(x)$在点 $x=0$ 处左右极限不相等，故$\lim\limits_{x\to 0}f(x)$不存在，所以 $x=0$ 是函数的一个跳跃间断点.

例 6 考察函数 $f(x)=\begin{cases}\dfrac{x^2-1}{x-1}, & x\neq 1\\ 1, & x=1\end{cases}$在点 $x=1$ 处的连续性.

解： 函数 $f(x)$在点 $x=1$ 处有定义，$f(1)=1$，且 $f(x)$在点 $x=1$ 处函数的极限存在，即

$$\lim_{x\to 1}f(x)=\lim_{x\to 1}\frac{x^2-1}{x-1}=\lim_{x\to 1}(x+1)=2.$$

则
$$\lim_{x\to 1}f(x)\neq f(1).$$

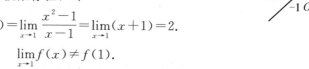

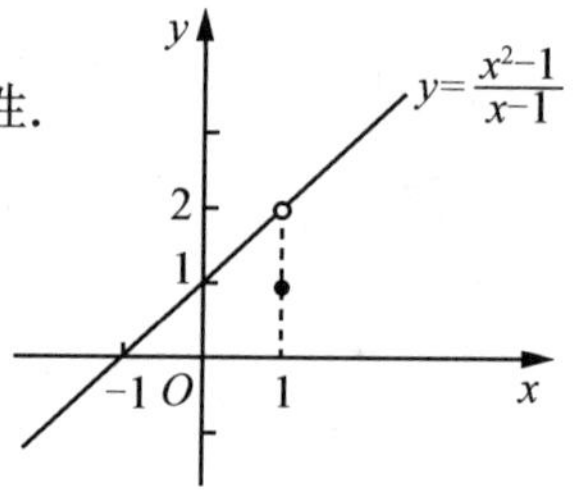

图 2-28

所以 $x=1$ 是函数 $f(x)$的一个间断点，从图 2-28 中可以看出，只要在 $x=1$ 处改变定义或者补充定义，就可以使函数 $f(x)$在该点连续. 因此我们称这种当 $x\to x_0$ 时极限存在的间断点为可去间断点.

综上所述，根据不满足连续的三个条件可以将间断点按以下方式分类.

设 x_0 为 $f(x)$的一个间断点，如果当 $x\to x_0$ 时，$f(x)$的左极限、右极限都存在，则称点 x_0 为 $f(x)$的第一类间断点(如例 5、例 6)；否则若左极限、右极限至少有一个不存在，称点 x_0 为 $f(x)$的第二类间断点(也叫无穷间断点)(如例 4). 由例 5、例 6 知，跳跃间断点和可去间断点都属于第一类间断点.

例 7 已知函数 $f(x)=\begin{cases}x^2+1, & x<0,\\ x+a, & x\geqslant 0.\end{cases}$在点 $x=0$ 处连续，求 a 的值.

解： $\lim\limits_{x\to 0^-}f(x)=\lim\limits_{x\to 0^-}(x^2+1)=1$，$\lim\limits_{x\to 0^+}f(x)=\lim\limits_{x\to 0^+}(x+a)=a$.

因为 $f(x)$在点 $x=0$ 处连续，则$\lim\limits_{x\to 0}f(x)$存在，即 $\lim\limits_{x\to 0^-}f(x)=\lim\limits_{x\to 0^+}f(x)$，

所以
$$a=1.$$

习题 2-6

1. 求下列函数的极限.

(1) $\lim\limits_{x\to 0}\sqrt{x^2-3x+2}$，

(2) $\lim\limits_{x\to \frac{\pi}{6}}\ln(2\cos 2x)$，

(3) $\lim\limits_{x\to \frac{\pi}{2}}\sin^3 3x$，

(4) $\lim\limits_{x\to \frac{\pi}{2}}\mathrm{e}^{\sin x}$.

2. 设 $f(x)=\begin{cases}\mathrm{e}^x, & x<0\\ 2x+a, & x\geqslant 0\end{cases}$ 在点 $x=0$ 处连续，则 a 应为何值?

3. 讨论函数 $f(x)=\begin{cases}x-1, & x<0\\ x+1, & x\geqslant 0\end{cases}$ 在点 $x=0$ 处的连续性.

4. 考察函数 $f(x)=\begin{cases}x^2-1, & x\neq 0\\ 1, & x=0\end{cases}$ 在点 $x=0$ 处的连续性.

5. 指出下列函数的间断点，并指明这些间断点的类型.

(1) $f(x)=\dfrac{1}{(x-5)^2}$，

(2) $f(x)=\begin{cases}x-2, & x<0\\ 0, & x=0.\\ x+2, & x>0\end{cases}$

复习题 2

1. 填空题.

(1) $\lim\limits_{x\to 0}\dfrac{x}{x+1}=$________.

(2) $\lim\limits_{x\to 0}\dfrac{\sin x}{x}=$________.

(3) $\lim\limits_{x\to \infty}\dfrac{3x^2-2}{5x^2+4x-1}=$________.

(4) 若 $\lim\limits_{x\to \infty}\dfrac{3x^k-4x+6}{7x^6+3x^5-2x}=\dfrac{3}{7}$，$k=$________.

(5) $\lim\limits_{x\to \infty}\dfrac{(a-1)x+3}{x+2}=0$，则 $a=$________.

(6) 已知 a，b 为常数，$\lim\limits_{x\to +\infty}\dfrac{ax^2-bx+3}{2x+1}=3$，则 $a=$________，$b=$________.

(7) $\lim\limits_{x\to \infty}\left(\dfrac{x+2}{x+1}\right)^{x+1}=$________.

(8) $\lim\limits_{x\to \infty}\left(1+\dfrac{a}{x}\right)^{x}=\mathrm{e}^2$，则 $a=$________.

(9) $\lim\limits_{n\to \infty}\left(\dfrac{2n+3}{2n+1}\right)^{n+1}=$________.

(10)设函数 $f(x)=\begin{cases} ax^2+2x+1, & x<1 \\ 2ax+b, & x>1 \end{cases}$，若 $\lim\limits_{x\to1^-}f(x)=0$ 且 $\lim\limits_{x\to1^+}f(x)=5$，则常数 $a=$________，$b=$________.

(11) $\lim\limits_{x\to0}\dfrac{2\tan^2x+3\sin^2x}{x^2}=$________.

(12) $\lim\limits_{x\to0}\left(2x^2\sin\dfrac{1}{x^2}+\dfrac{\sin 3x}{x}\right)=$________.

(13)当 $x\to\infty$ 时，无穷小量 $\dfrac{1}{x^k}$ 与 $\dfrac{1}{x}+\dfrac{1}{x^2}$ 等价，则 $k=$________.

(14) $\lim\limits_{x\to+\infty}2x\cdot(\sqrt{x^2+1}-x)=$________.

(15) $f(x)=\begin{cases} ax, & x<2 \\ x^2+2, & x\geqslant2 \end{cases}$ 在点 $x=2$ 处连续，则 $a=$________.

(16)当常数 $a=$________时，函数 $f(x)=\begin{cases} x\cdot\sin\dfrac{1}{x}, & x>0 \\ x^2+a-1, & x\leqslant0 \end{cases}$ 在 $(-\infty,+\infty)$ 内连续.

(17)设 $f(x)=\begin{cases} \dfrac{e^{3x}-1}{ax}, & x\neq0 \\ 3, & x=0 \end{cases}$ 在点 $x=0$ 处连续，则 $a=$________.

2. 选择题

(1)设 $f(x)=\dfrac{x^2-1}{x^2(x+1)}$，下列结论中不正确的是(　　).

A. 当 $x\to\infty$ 时，$f(x)$ 是无穷小　　B. 当 $x\to-1$ 时，$f(x)$ 是无穷小

C. 当 $x\to1$ 时，$f(x)$ 是无穷小　　D. 当 $x\to0$ 时，$f(x)$ 是无穷大

(2)当 $x\to-\infty$ 时，下列变量为无穷小量的是(　　).

A. 2^{-x}　　B. $\ln(1-x)$　　C. e^x　　D. $\dfrac{x^2}{1+x}$

(3) $\lim\limits_{x\to\infty}\dfrac{5x^2+4x+3}{6x^2-2x+1}$ 等于(　　).

A. 0　　B. $\dfrac{5}{6}$　　C. ∞　　D. 不存在

(4) $\lim\limits_{x\to\infty}x\sin\dfrac{2}{x}$ 的值是(　　).

A. 0　　B. 2　　C. ∞　　D. 不存在

(5) $\lim\limits_{x\to\infty}\left(1+\dfrac{1}{x}\right)^{-x}$ 的值是(　　).

A. ∞　　B. 0　　C. e　　D. $\dfrac{1}{e}$

(6) $\lim\limits_{x\to 0}2x\sin\dfrac{1}{x}$ 的值是(　　).

A. 1　　B. 0　　C. 2　　D. 不确定

(7)当 $x\to\infty$ 时，函数 $f(x)=x+2\sin x$ 是(　　).

A. 无穷大量　　B. 无穷小量

C. 有极限且极限不为 0　　D. 有界函数

(8)极限 $\lim\limits_{x\to x_0}f(x)=A$ 成立的条件为当且仅当(　　)成立.

A. $\lim\limits_{x\to x_0}f(x)=\lim\limits_{x\to x_0^+}f(x)=A$　　B. $\lim\limits_{x\to x_0^+}f(x)=A$

C. $\lim\limits_{x\to x_0^-}f(x)=A$　　D. $\lim\limits_{x\to x_0^-}f(x)=\lim\limits_{x\to x_0^+}f(x)=A$

(9) $\lim\limits_{n\to\infty}\dfrac{\sqrt{4n^2+3n}+n}{n+5}=$(　　).

A. ∞　　B. 0　　C. 2　　D. 3

(10) $\lim\limits_{x\to 0}\dfrac{7x^5+2x^3-1}{2x^5+x^3+3}=$(　　).

A. $\dfrac{7}{2}$　　B. 0　　C. $-\dfrac{1}{3}$　　D. $\dfrac{1}{3}$

(11)若 $\lim\limits_{x\to\infty}x^k\tan\dfrac{3}{x^2}=3$，则 $k=$(　　).

A. 2　　B. 0　　C. 3　　D. 1

(12) $f(x)=\begin{cases}x+2, & x\leqslant 0\\ e^x+1, & 0<x\leqslant 1\\ x^2-1, & 1<x\end{cases}$，则 $\lim\limits_{x\to 0}f(x)=$(　　).

A. 0　　B. 不存在　　C. 2　　D. 1

(13)设 $f(x)=\begin{cases}\dfrac{x^2-4}{x-2}, & x\neq 2\\ a, & x=2\end{cases}$ 在点 $x=2$ 处连续，则 $a=$(　　).

A. 4　　B. 3　　C. 2　　D. 1

(14)函数 $f(x)=\begin{cases}x+1, & 0<x\leqslant 1\\ -x+1, & 1<x\leqslant 3\end{cases}$ 在点 $x=1$ 处不连续是因为(　　).

A. $f(x)$ 在 $x=1$ 处无定义　　B. $\lim\limits_{x\to 1^-}f(x)$ 不存在

C. $\lim\limits_{x\to 1^+}f(x)$ 不存在　　D. $\lim\limits_{x\to 1}f(x)$ 不存在

(15)设函数 $f(x)=\begin{cases}ax+2b, & x\geqslant 0\\ (a+b)x^2+3x, & x<0\end{cases}$ $(a+b\neq 0)$. 则 $f(x)$ 处处连续的充要条件是 $b=$(　　).

A. a　　B. 0　　C. 1　　D. -1

3. 计算题

(1) $\lim\limits_{x\to1}\dfrac{2x^2+3x+4}{x^2+2x+3}$，

(2) $\lim\limits_{x\to1}\dfrac{x^2+2x-3}{x^2+x-2}$，

(3) $\lim\limits_{x\to\infty}\dfrac{\sqrt{x+1}}{2x+5}$，

(4) $\lim\limits_{x\to1}\left(\dfrac{2}{x-1}-\dfrac{x+3}{x^2-1}\right)$，

(5) $\lim\limits_{x\to\infty}\dfrac{(2x-1)\cdot(3x+2)}{x^2+6x+1}$，

(6) $\lim\limits_{x\to0}\dfrac{\sqrt{x+1}-1}{2x}$，

(7) $\lim\limits_{x\to0}\dfrac{\sin 2x}{6x}$，

(8) $\lim\limits_{x\to0}\dfrac{\sin 3x}{\sin x}$，

(9) $\lim\limits_{x\to0}\dfrac{\tan 3x}{\sin x}$，

(10) $\lim\limits_{x\to0}\dfrac{1-\cos x}{x^2}$，

(11) $\lim\limits_{x\to0}\dfrac{e^{2x}-1}{x}$，

(12) $\lim\limits_{x\to0}(1+2x)^{\frac{1}{x}}$，

(13) $\lim\limits_{x\to\infty}\left(1-\dfrac{2}{x}\right)^{x}$，

(14) $\lim\limits_{x\to+\infty}2x[\ln(x+1)-\ln x]$，

(15) $\lim\limits_{x\to0}(1-x)^{\frac{2}{x}}$，

(16) $\lim\limits_{x\to\infty}\left(1+\dfrac{1}{x}\right)^{1-3x}$.

4. 设 $f(x)=\begin{cases}a+2x, & x<e\\ \ln x-1, & x>e\end{cases}$，若 $\lim\limits_{x\to e}f(x)$ 存在，求常数 a.

5. 设函数 $f(x)=\dfrac{e+1}{e^{\frac{1}{x}}-1}$，求 $\lim\limits_{x\to0^+}f(x)$ 与 $\lim\limits_{x\to0^-}f(x)$，并判断 $\lim\limits_{x\to0}f(x)$ 是否存在.

6. 讨论函数 $f(x)=\begin{cases}2x^2, & 0\leqslant x\leqslant1\\ 3-x, & 1<x\leqslant2\end{cases}$，在点 $x=1$ 处的连续性.

7. 设函数 $f(x)=\begin{cases}ax+b, & x<1\\ 3, & x=1\\ a-bx^2, & x>1\end{cases}$，试确定 a，b 的值，使 $f(x)$ 在点 $x=1$ 处连续.

知识拓展

古代极限思想

早在公元前5世纪，古希腊学者安蒂丰为了研究化圆为方问题就设计了一种方法：先作一个圆内接正四边形，以此为基础作一个圆内接正八边形，再逐次加倍其边数，得到正十六边形、正三十二边形等，直至正多边形的边长小到恰与它们各自所在的圆周部分重合，他认为就可以解决化圆为方问题.

到公元前3世纪，古希腊科学家阿基米德在《论球和圆柱》一书中利用穷竭法建立这样的命题：只要边数足够多，圆外切正多边形的面积与内接正多边形的面积之差可以任意小. 阿基米德又在《圆的度量》一书中利用正多边形割圆的方法得到圆周率的值，还说圆面积与外切正方形面积之比为11∶14，即所取圆周率等于$\frac{22}{7}$.

我国战国时期的《庄子·天下》篇中的“一尺之棰，日取其半，万世不竭”表达的意思是：一根一尺长的棍子，第一天截去一半，第二天截去剩下的一半，以后每天都截取剩下的一半，这样永远也不能取尽. 此说法认为物质是可以无限分割的，明确道出了极限的思想.

刘徽(图2-29)是我国数学史上一个非常伟大的数学家，在世界数学史上，也占有杰出的地位. 他的杰作《九章算术注》和《海岛算经》，是我国宝贵的数学遗产.

图 2-29

263年，刘徽在《九章算术注》中提出“割圆”之说，他从圆内接正六边形开始，每次把边数加倍，直至圆内接正九十六边形，为算得圆周率提出了“割圆术”，作为计算圆的周长、面积以及圆周率的基础. 割圆术的要旨是用圆内接正多边形和圆外切正多边形逐步逼近圆. 刘徽从圆内接六边形出发，将边数逐次加倍，并计算逐次得到的正多边形的周长和面积. 他利用割圆术科学地求出了圆周率，后人称之为徽率. 书中还记载了圆周率更精确的值$\frac{3927}{1250}$(等于3.1416).

关于刘徽的生平，我们了解得非常少.《隋书》“律历志”中提到“魏陈留王景元四年刘徽注九章”，由此可知刘徽是3世纪魏晋时人，并于263年(即景元四年)撰《九章算术注》，《九章算术注》包含了刘徽本人的许多创造，完全可以看成是独立的著作，奠定了这位数学家在我国数学史上的不朽地位.

1610年德国数学家柯伦用2^{62}边形将圆周率计算到小数点后35位. 1630年格林贝尔格利用改进的方法计算到小数点后39位，成为割圆术计算圆周率当时的最好结果. 分析方法发明后逐渐取代了割圆术，但割圆术作为计算圆周率最早的科学方法一直为人们所称道. 割圆术直观地体现了极限法.

极限法有丰富的数学内涵，它是把事物运动与静止、有限与无限、过程与结果、量变与质变、近似与准确辩证统一起来了. 极限法既是从有限认识无限，又是由无限来逼近有限的过程，反映了数学发展的辩证规律.

极限思想方法是全部高等数学必不可少的一种重要方法，也是数学分析与初等数学的本质区别. 由于数学分析采用了极限的思想方法，因此，它解决了许多初等数学无法解决的求瞬时速度、曲线弧长、曲边形面积、曲面体体积等问题.

第 3 章　导数与微分

本章将讨论微分学的基本概念——函数的导数与微分．社会实践的许多领域如工程建设、经济管理等，涉及与变化率有关的量，如物体运动的速度、加速度以及经济增长率、人口出生率等都可以用导数来表示．导数能反映函数相对于自变量的变化快慢．微分能刻画自变量有一微小改变量时，相应函数的改变量．希望大家通过本章的学习，能掌握导数与微分的概念及应用．

第 1 节　导数的概念与几何意义

历史上，导数的概念主要起源于两个著名的问题：一个是求变速运动物体的瞬时速度问题；一个是求曲线的切线问题．

3.1.1　引例

引例 1　变速直线运动的瞬时速度问题．

设一物体做变速直线运动，位移 s 是时间 t 的函数，记作 $s=s(t)$，求该物体在 $t=t_0$ 时刻的瞬时速度 $v(t_0)$．

物体做直线运动时，$\overline{v}=\dfrac{s}{t}$ 刻画的是某一时间间隔内的平均速度．那么物体做变速直线运动时任一时刻的瞬时速度又如何？

设一质点做变速直线运动，已知运动方程为 $s=s(t)$．记 $t=t_0$ 时质点的路程为 $s_0=s(t_0)$．当 t 从 t_0 增加到 $t_0+\Delta t$ 时，s 相应地从 s_0 增加到 $s_0+\Delta s=s(t_0+\Delta t)$．因此质点在 Δt 这段时间内的路程是 $\Delta s=s(t_0+\Delta t)-s(t_0)$，而在 Δt 时间内质点的平均速度是

$$\overline{v}=\frac{\Delta s}{\Delta t}=\frac{s(t_0+\Delta t)-s(t_0)}{\Delta t}.$$

显然，Δt 越小，平均速度 $\overline{v}$ 就越接近质点在 t_0 时刻的瞬时速度(简称速度)．但无论 Δt 怎样小，平均速度 $\overline{v}$ 总不能精确地刻画出质点运动在 $t=t_0$ 时变化的快慢．因此我们想到采取“极限”的手段，如果平均速度 $\overline{v}=\dfrac{\Delta s}{\Delta t}$ 当 $\Delta t\to 0$ 时的极限存在，则自然地把此极限值(记作 v)定义为质点在 $t=t_0$ 时的瞬时速度：

$$v=\lim_{\Delta t\to 0}\frac{\Delta s}{\Delta t}=\lim_{\Delta t\to 0}\frac{s(t_0+\Delta t)-s(t_0)}{\Delta t}$$

引例 2　曲线的切线问题．

设曲线 C 的方程为 $y=f(x)$，求其在点 $M(x_0, y_0)$处切线的斜率．

圆的切线可定义为“与曲线只有一个交点的直线”，但是对于其他曲线，用“与曲线

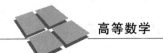

只有一个交点的直线"作为切线的定义就不一定合适. 例如，对于抛物线 $y=x^2$，在原点 O 处两个坐标轴都符合上述定义，但实际上只有 x 轴是该抛物线在点 O 处的切线. 下面给出切线的定义.

设 M 是曲线 $y=f(x)$ 上一点(图 3-1)，在曲线上另取一点 N，作割线 MN. 当点 N 沿曲线趋于点 M 时，则割线 MN 绕点 M 旋转，如果存在极限位置 MT，直线 MT 就称为曲线 $y=f(x)$ 在点 M 处的切线. 这里极限位置的含义是：只要弦长 $|MN|$ 趋于零，$\angle NMT$ 也趋于零.

现在就曲线 $y=f(x)$ 图形的情形来讨论切线问题. 设 $M(x_0, y_0)$ 是曲线上一点，在点 M 外另取曲线上的一点 $N(x, y)$(图 3-2)，于是割线 MN 的斜率为

$$\tan\varphi=\frac{\Delta y}{\Delta x}=\frac{f(x)-f(x_0)}{x-x_0}$$

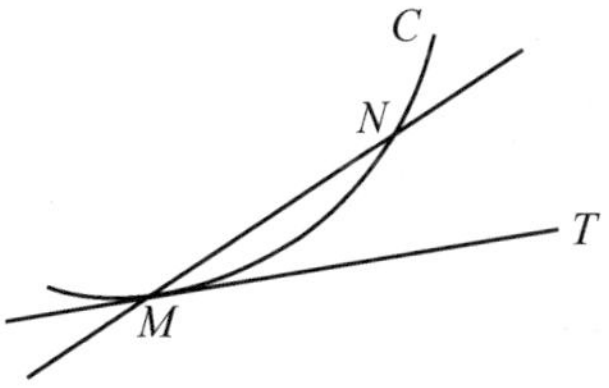

图 3-1

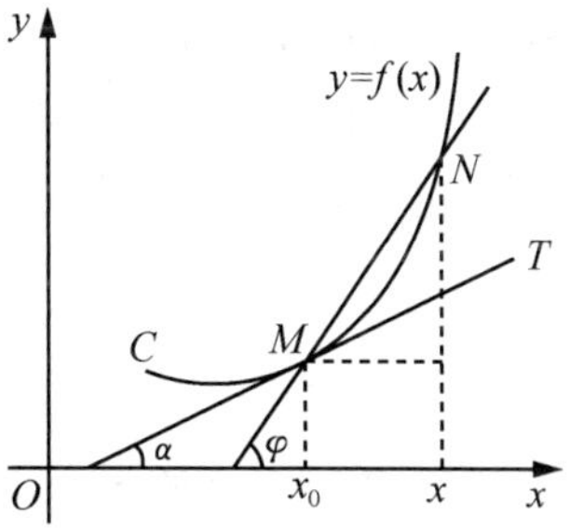

图 3-2

其中，φ 为割线 MN 的倾斜角. 当点 N 沿曲线趋于点 M 时，$x\to x_0$. 如果当 $x\to x_0$ 时，上式的极限存在，设为 k，即

$$k=\lim_{x\to x_0}\frac{\Delta y}{\Delta x}=\lim_{x\to x_0}\frac{f(x)-f(x_0)}{x-x_0}.$$

则此极限 k 是割线斜率的极限，也就是切线的斜率. 即 $k=\tan\alpha$，其中 α 是切线 MT 的倾斜角. 于是，通过点 $M(x_0, y_0)$ 且以 k 为斜率的直线 MT 便是曲线在点 M 处的切线.

这里 $\frac{\Delta s}{\Delta t}$、$\frac{\Delta y}{\Delta x}$ 是函数增量与自变量增量之比，它们都表示函数的平均变化率.

上面所讲的瞬时速度和切线斜率虽然是不同的问题，但在计算上都归结为同一个极限形式，即函数的平均变化率的极限，称为瞬时变化率.

3.1.2 导数定义

以上两个引例，一个是物理学的问题，一个是数学的几何问题，但解决问题的思想方法是一致的. 因此，可归纳出求函数 $y=f(x)$ 瞬时变化率的方法：

(1)由 Δx，求 Δy；

(2)求 $\frac{\Delta y}{\Delta x}$；

(3)求极限$\lim\limits_{\Delta x\to 0}\dfrac{\Delta y}{\Delta x}$.

为了方便研究瞬时变化率，我们把它定义为函数的导数如下.

定义 设函数$y=f(x)$在点x_0处的某个邻域内有定义，当自变量x在x_0处取得增量Δx(点$x_0+\Delta x$仍在该邻域内)时，相应地函数y取得增量$\Delta y=f(x_0+\Delta x)-f(x_0)$. 如果$\lim\limits_{\Delta x\to 0}\dfrac{\Delta y}{\Delta x}$存在，则称函数$y=f(x)$在点$x_0$处可导，并称这个极限为函数$y=f(x)$在点$x_0$处的导数，记为

$$y'\Big|_{x=x_0},\ f'(x_0),\ \frac{\mathrm{d}y}{\mathrm{d}x}\Big|x=x_0 \quad 或\frac{\mathrm{d}f(x)}{\mathrm{d}x}\Big|_{x=x_0},$$

即
$$y'\Big|_{x=x_0}=\lim_{\Delta x\to 0}\frac{\Delta y}{\Delta x}=\lim_{\Delta x\to 0}\frac{f(x_0+\Delta x)-f(x_0)}{\Delta x}.$$

如果上式的极限不存在，则称函数$y=f(x)$在点x_0处不可导.

如果函数$y=f(x)$在区间(a,b)内每一点都可导，则称函数$y=f(x)$在区间(a,b)内可导，叫作函数$y=f(x)$对x的导函数，记为

$$f'(x),\ y'(x),\ \frac{\mathrm{d}f(x)}{\mathrm{d}x}或\frac{\mathrm{d}y}{\mathrm{d}x},$$

导函数简称为导数.

函数$y=f(x)$在点x_0处的导数$f'(x_0)$就是导函数$f'(x)$在点$x=x_0$的函数值，即

$$f'(x)\Big|_{x=x_0}=f'(x_0).$$

例 1 求函数$f(x)=x^2$在$x_0=1$处的导数，即$f'(1)$.

解：第一步求Δy：

$$\Delta y=f(1+\Delta x)-f(1)=(1+\Delta x)^2-1^2=2\Delta x+(\Delta x)^2.$$

第二步求$\dfrac{\Delta y}{\Delta x}$：

$$\frac{\Delta y}{\Delta x}=\frac{2\Delta x+(\Delta x)^2}{\Delta x}=2+\Delta x \qquad (\Delta x\neq 0).$$

第三步求极限：

$$\lim_{\Delta x\to 0}\frac{\Delta y}{\Delta x}=\lim_{\Delta x\to 0}(2+\Delta x)=2.$$

所以，$f'(1)=2$.

刚开始学时可按例 1 中的三步求导法，熟练后可省略一些步骤，三步并成一步.

例 2 求函数$f(x)=\dfrac{1}{x}$在$x_0(x_0\neq 0)$处的导数.

解：$$f'(x_0)=\lim_{\Delta x\to 0}\frac{\dfrac{1}{x_0+\Delta x}-\dfrac{1}{x_0}}{\Delta x}=\lim_{\Delta x\to 0}\frac{-1}{x_0(x_0+\Delta x)}=-\frac{1}{{x_0}^2}.$$

例 3 求 $f(x)=\sqrt{x}$ 的导数.

解： $f'(x)=\lim\limits_{\Delta x\to 0}\dfrac{f(x+\Delta x)-f(x)}{\Delta x}=\lim\limits_{\Delta x\to 0}\dfrac{\sqrt{x+\Delta x}-\sqrt{x}}{\Delta x}$

$$=\lim_{\Delta x\to 0}\frac{\Delta x}{\Delta x(\sqrt{x+\Delta x}+\sqrt{x})}=\lim_{\Delta x\to 0}\frac{1}{\sqrt{x+\Delta x}+\sqrt{x}}=\frac{1}{2\sqrt{x}}.$$

一般地，对于幂函数 $y=x^{\alpha}$(α 为常数)，有$(x^{\alpha})'=\alpha x^{\alpha-1}$. 这就是幂函数的导数公式. 此公式应记住，而且要会用，例如：

$$(x^3)'=3x^2,\ \left(\frac{1}{\sqrt{x}}\right)'=(x^{-\frac{1}{2}})'=-\frac{1}{2}x^{-\frac{1}{2}-1}=-\frac{1}{2}x^{-\frac{3}{2}}.$$

例 4 求函数 $f(x)=\sin x$ 的导函数.

解： $f'(x)=\lim\limits_{\Delta x\to 0}\dfrac{f(x+\Delta x)-f(x)}{\Delta x}=\lim\limits_{\Delta x\to 0}\dfrac{\sin(x+\Delta x)-\sin x}{\Delta x}$

$$=\lim_{\Delta x\to 0}\frac{1}{\Delta x}\cdot 2\cos\left(x+\frac{\Delta x}{2}\right)\sin\frac{\Delta x}{2}$$

$$=\lim_{\Delta x\to 0}\cos\left(x+\frac{\Delta x}{2}\right)\cdot\frac{\sin\frac{\Delta x}{2}}{\frac{\Delta x}{2}}=\cos x.$$

本题中第三步用到了中学所学的三角函数和差化积的公式

$$\sin\alpha-\sin\beta=2\cos\frac{\alpha+\beta}{2}\sin\frac{\alpha-\beta}{2},$$

由此可得 $\sin(x+\Delta x)-\sin x=2\cos\dfrac{2x+\Delta x}{2}\sin\dfrac{\Delta x}{2}$,

即
$$(\sin x)'=\cos x,$$

类似可得
$$(\cos x)'=-\sin x.$$

例 5 求函数 $f(x)=\ln x$，$x\in(0,+\infty)$的导数.

解： $f'(x)=\lim\limits_{\Delta x\to 0}\dfrac{\Delta y}{\Delta x}=\lim\limits_{\Delta x\to 0}\dfrac{f(x+\Delta x)-f(x)}{\Delta x}=\lim\limits_{\Delta x\to 0}\dfrac{\ln(x+\Delta x)-\ln x}{\Delta x}$

$$=\lim_{\Delta x\to 0}\frac{\ln\left(1+\frac{\Delta x}{x}\right)}{\Delta x}=\lim_{\Delta x\to 0}\frac{\frac{\Delta x}{x}}{\Delta x}=\frac{1}{x},$$

即 $\ln x=\dfrac{1}{x}$.

类似可得$(\log_a x)'=\dfrac{1}{x\ln a}$.

例 6 求函数 $f(x)=e^x$，$x\in(-\infty,+\infty)$的导数.

解： $f'(x)=\lim\limits_{\Delta x\to 0}\dfrac{\Delta y}{\Delta x}=\lim\limits_{\Delta x\to 0}\dfrac{f(x+\Delta x)-f(x)}{\Delta x}=\lim\limits_{\Delta x\to 0}\dfrac{e^{x+\Delta x}-e^x}{\Delta x}$

$$=\lim_{\Delta x\to 0}e^x\cdot\frac{e^{\Delta x}-1}{\Delta x}=e^x.$$

即$(e^x)'=e^x$.

类似可得$(a^x)'=a^x\ln a$.

3.1.3 导数的几何意义

$f'(x_0)$是曲线$y=f(x)$在点$(x_0, f(x_0))$处切线的斜率，这就是导数的几何意义.

函数$y=f(x)$在点x_0处的导数$f'(x_0)$在几何上表示曲线$y=f(x)$在点$p(x_0, f(x_0))$处的切线斜率，即$f'(x_0)=k_{切}$.

因此函数$y=f(x)$在点$(x_0, f(x_0))$处的切线方程和法线方程为

$$\textbf{切线方程}\quad y-y_0=f'(x_0)(x-x_0),$$

$$\textbf{法线方程}\quad y-y_0=-\frac{1}{f'(x_0)}(x-x_0).$$

例 7 求曲线$y=x^2$在点(1, 1)处的切线和法线方程.

解：从例1知$(x^2)'\big|_{x=1}=2$，即点(1, 1)处的切线斜率为2，所以

切线方程为 $y-1=2(x-1)$，即$y=2x-1$；

法线方程为 $y-1=-\frac{1}{2}(x-1)$，即$y=-\frac{1}{2}x+\frac{3}{2}$.

例 8 求等边双曲线$y=\frac{1}{x}$在点$\left(\frac{1}{2}, 2\right)$处的切线和法线方程.

解：由导数的几何意义，得切线的斜率为

$$k=y'\big|_{x=\frac{1}{2}}=\left(\frac{1}{x}\right)'\bigg|_{x=\frac{1}{2}}=-\frac{1}{x^2}\bigg|_{x=\frac{1}{2}}=-4,$$

所求切线方程为 $y-2=-4\left(x-\frac{1}{2}\right)$，即$4x+y-4=0$.

法线方程为 $y-2=\frac{1}{4}\left(x-\frac{1}{2}\right)$，即$2x-8y+15=0$.

3.1.4 可导与连续的关系

定义 如果$\lim\limits_{\Delta x\to 0^-}\frac{f(x_0+\Delta x)-f(x_0)}{\Delta x}$存在，则称此极限值为$f(x)$在点$x_0$处的左导数，记作$f'_-(x_0)$，同样，如果$\lim\limits_{\Delta x\to 0^+}\frac{f(x_0+\Delta x)-f(x_0)}{\Delta x}$存在，则称此极限值为$f(x)$在点$x_0$处的右导数，记作$f'_+(x_0)$.

显然，$f(x)$在x_0处可导的充要条件是$f'_-(x_0)$及$f'_+(x_0)$存在且相等.

定理 如果函数$y=f(x)$在点x_0处可导，则$f(x)$在点x_0处连续，其逆不真.

例 9 讨论$f(x)=\begin{cases}x, & x\leqslant 1\\ 2-x, & x>1\end{cases}$在点$x=1$处的连续性与可导性.

解：因为$\lim\limits_{x\to 1^-}f(x)=\lim\limits_{x\to 1^-}x=1$，$\lim\limits_{x\to 1^+}f(x)=\lim\limits_{x\to 1^+}(2-x)=1$，所以$f(x)$在$x=1$处连续.

因为$f'_-(1)=\lim\limits_{x\to1^-}\dfrac{f(x)-f(1)}{x-1}=\lim\limits_{x\to1^-}\dfrac{x-1}{x-1}=1$，

$$f'_+(1)=\lim_{x\to1^+}\frac{f(x)-f(1)}{x-1}=\lim_{x\to1^+}\frac{2-x-1}{x-1}=-1,$$

所以 $f(x)$在 $x=1$ 处不可导.

上述例子说明，函数在某点处连续是函数在该点处可导的必要条件，但不是充分条件，于是可知，若函数在某点处不连续，则它在该点处一定不可导.

习题 3-1

1. 利用导数定义求下列函数的导数.

(1)$y=\dfrac{1}{1+x}$，　　　　(2)$y=x^3$.

2. 求曲线 $y=\sqrt{x}$ 在点(4，2)处的切线方程和法线方程.

3. 求曲线 $y=\cos x$ 上点$\left(\dfrac{\pi}{3},\ \dfrac{1}{2}\right)$处的切线方程和法线方程.

4. 求曲线 $y=e^x$ 上点(0，1)处的切线方程和法线方程.

5. 设函数 $f(x)=\begin{cases}2\sin x, & x\leqslant0\\ a+bx, & x>0\end{cases}$在点 $x=0$ 处可导，试确定 a 和 b 的值.

第 2 节　函数的求导法则

上节中，我们给出了函数导数的定义，即 $f'(x)=\lim\limits_{\Delta x\to0}\dfrac{f(x+\Delta x)-f(x)}{\Delta x}$. 但直接计算上述极限不是一件容易的事，特别是当 $f(x)$为较复杂的函数时，计算上述极限比较困难. 目前我们已经通过导数定义得出常数函数、幂函数、指数函数、对数函数以及正弦函数、余弦函数的求导公式. 为了方便计算，本节将整理出所有基本初等函数的求导公式和导数的四则运算法则以及复合函数的求导法则.

3.2.1　导数公式与四则运算法则

1. 基本初等函数的求导公式

(1)$(c)'=0$，　　　　(2)$(x^\alpha)'=\alpha x^{\alpha-1}$($\alpha$ 为任意实数)，

(3)$(a^x)'=a^x\ln a$，　　　　(4)$(e^x)'=e^x$，

(5)$(\log_a x)'=\dfrac{1}{x\ln a}$，　　　　(6)$(\ln x)'=\dfrac{1}{x}$，

(7)$(\sin x)'=\cos x$，　　　　(8)$(\cos x)'=-\sin x$，

(9)$(\tan x)'=\sec^2 x$，　　　　(10)$(\cot x)'=-\csc^2 x$，

(11)$(\sec x)'=\sec x\tan x$，　　　　(12)$(\csc x)'=-\csc x\cot x$，

(13)$(\arcsin x)'=\dfrac{1}{\sqrt{1-x^2}}$，　　　　(14)$(\arccos x)'=-\dfrac{1}{\sqrt{1-x^2}}$，

(15) $(\arctan x)'=\dfrac{1}{1+x^2}$，　　　　(16) $(\text{arccot}\, x)'=-\dfrac{1}{1+x^2}$.

2. 函数的四则运算求导法则

定理 1　设 $u(x)$、$v(x)$ 均在点 x 处可导，则 $u(x)\pm v(x)$、$u(x)v(x)$、$\dfrac{u(x)}{v(x)}$ $[v(x)\neq 0]$ 在点 x 处也可导，且有如下法则：

(1) $[u(x)\pm v(x)]'=u'(x)\pm v'(x)$　　简记为：$(u\pm v)'=u'\pm v'$，

(2) $[u(x)v(x)]'=u'(x)v(x)+u(x)v'(x)$　简记为：$(uv)'=u'v+v'u$，

(3) $\left[\dfrac{u(x)}{v(x)}\right]'=\dfrac{u'(x)v(x)-u(x)v'(x)}{v^2(x)}$　　简记为：$\left(\dfrac{u}{v}\right)'=\dfrac{u'v-v'u}{v^2}$　$(v\neq 0)$.

推论 1　若 $u(x)$ 在点 x 处可导，c 是常数，则 $cu(x)$ 在点 x 处也可导，且 $[cu(x)]'=cu'(x)$.

简记为：$(cu)'=cu'$.

推论 2　乘积求导公式可以推广到有限个可导函数的乘积. 例如，若 u，v，w 都是区间 I 内的可导函数，则

$$(uvw)'=u'vw+uv'w+uvw'.$$

例 1　设 $f(x)=3x^4-e^x+5\cos x-1$，求 $f'(x)$ 及 $f'(0)$.

解：
$$\begin{aligned}f'(x)&=(3x^4-e^x+5\cos x-1)'\\&=(3x^4)'-(e^x)'+(5\cos x)'-(1)'\\&=12x^3-e^x-5\sin x,\end{aligned}$$
$$f'(0)=(12x^3-e^x-5\sin x)\Big|_{x=0}=-1.$$

例 2　设 $y=x\ln x$，求 y'.

解：
$$\begin{aligned}y'&=(x\ln x)'=(x)'\ln x+x(\ln x)'\\&=1\cdot\ln x+x\cdot\frac{1}{x}=\ln x+1.\end{aligned}$$

例 3　设 $y=\dfrac{\ln x}{x}$，求 y'.

解：$y'=\left(\dfrac{\ln x}{x}\right)'=\dfrac{(\ln x)'x-x'\ln x}{x^2}=\dfrac{1-\ln x}{x^2}$.

例 4　求下列函数的导数.

(1) $y=\tan x$；　　　　(2) $y=\csc x$.

解：(1)
$$\begin{aligned}(\tan x)'&=\left(\frac{\sin x}{\cos x}\right)'=\frac{\cos x\cos x-\sin x(-\sin x)}{\cos^2 x}\\&=\frac{\cos^2 x+\sin^2 x}{\cos^2 x}=\frac{1}{\cos^2 x}=\sec^2 x.\end{aligned}$$

类似可得 $(\cot x)'=-\csc^2 x$.

(2) $(\csc x)'=\left(\dfrac{1}{\sin x}\right)'=-\dfrac{\cos x}{\sin^2 x}=-\csc x\cot x$.

类似可得 $(\sec x)'=\sec x\cdot\tan x$.

3.2.2 复合函数的导数

定理 2 设 $y=f(u)$ 与 $u=\varphi(x)$ 可以复合成函数 $y=f[\varphi(x)]$，如果 $u=\varphi(x)$ 在点 x 处可导，且 $y=f(u)$ 在对应的 u 处可导，则函数 $y=f[\varphi(x)]$ 在点 x 处可导，且

$$[f(\varphi(x))]'=f'(u)\cdot\varphi'(x),$$

或记作

$$\frac{dy}{dx}=\frac{dy}{du}\cdot\frac{du}{dx}\quad 或\ y'_x=y'_u\cdot u'_x.$$

即复合函数对自变量的导数等于函数对中间变量的导数乘以中间变量对自变量的导数，此法则又称为复合函数的链式求导法则.

例 5 设 $y=\sin(2x-3)$，求 y'.

解： 设 $y=\sin u$，$u=2x-3$，则

$$y'=(\sin u)'(2x-3)'=2\cos u=2\cos(2x-3),$$

所以 $y'=2\cos(2x-3)$.

例 6 设 $y=(2x+1)^5$，求 y'.

解： 设 $y=u^5$，$u=2x+1$，则

$$y'=(u^5)'(2x+1)'=5u^4\cdot 2=10(2x+1)^4,$$

所以 $y'=10(2x+1)^4$.

例 7 设 $y=\ln\cos x$，求 y'.

解： 设 $y=\ln u$，$u=\cos x$，则

$$y'=(\ln u)'(\cos x)'=\frac{1}{u}\cdot(-\sin x)=-\frac{\sin x}{\cos x}=-\tan x$$

所以 $y'=-\tan x$.

例 8 设 $y=\sin^2 x$，求 y'.

解： 设 $y=u^2$，$u=\sin x$，则

$$y'=(u^2)'(\sin x)'=2u\cdot\cos x=2\sin x\cos x$$

所以 $y'=2\sin x\cos x$.

例 9 设 $y=e^{-3x}$，求 y'.

解： 设 $y=e^u$，$u=-3x$，则

$$y'=(e^u)'(-3x)'=e^u\cdot(-3)=-3e^{-3x}$$

所以 $y'=-3e^{-3x}$.

例 10 设 $y=\sqrt{1-x^2}$，求 y'.

解： 设 $y=\sqrt{u}$，$u=1-x^2$，则

$$\begin{aligned}y'&=(\sqrt{u})'(1-x^2)'\\&=(u^{\frac{1}{2}})'(1-x^2)'=\frac{1}{2}u^{-\frac{1}{2}}\cdot(-2x)=-x(1-x^2)^{-\frac{1}{2}}=\frac{-x}{\sqrt{1-x^2}}.\end{aligned}$$

另外需要注意，此法则可以推广到求有限个可导函数的复合函数的导数.

例如，设 $y=f(u)$，$u=\varphi(v)$，$v=\psi(x)$均为相应区间内的可导函数，且可以复合成函数 $y=f\{\varphi[\psi(x)]\}$，则

$$\frac{dy}{dx}=\frac{dy}{du}\cdot\frac{du}{dv}\cdot\frac{dv}{dx} \quad 或记作 \quad y'_x=y'_u\cdot u'_v\cdot v'_x$$

例 11 求函数 $y=\ln\cos(e^x)$的导数.

解： 函数可分解为 $y=\ln u$，$u=\cos v$，$v=e^x$，故

$$y'=y'_u\cdot u'_v\cdot v'_x=\frac{1}{u}\cdot(-\sin v)\cdot e^x$$

$$=-\frac{\sin v}{\cos v}\cdot e^x=-e^x\tan(e^x).$$

如果不写出中间变量，此例可这样写：

$$y'=[\ln\cos(e^x)]'=\frac{1}{\cos(e^x)}[\cos(e^x)]'$$

$$=\frac{-\sin(e^x)}{\cos(e^x)}\cdot(e^x)'=-(e^x)\tan(e^x).$$

习题 3-2

1. 求下列函数的导数.

(1) $y=\sqrt[3]{x^2}$，　　(2) $y=2x^5-3\sqrt{x}$，

(3) $y=\frac{1}{3x}-\sqrt{5}$，　　(4) $y=e^x\cos x$，

(5) $y=e^2-\frac{\pi}{x}+x^2\ln a$，　　(6) $y=x^3-\frac{4}{x^2}$，

(7) $y=\frac{1}{x^2}-\frac{x}{2}$，　　(8) $y=\frac{2}{x-1}$，

(9) $y=(x+1)\sqrt{x}$，　　(10) $y=(x-1)(x+2)$，

(11) $y=x^2+2^x+2^2$，　　(12) $y=\frac{x-1}{x+1}$，

(13) $y=x\ln x$，　　(14) $y=\frac{\cos x}{1-x}$，

(15) $y=e^x\ln x$，　　(16) $y=\frac{1-\ln x}{1+\ln x}$，

(17) $y=\sin x+x\cos x$，　　(18) $y=\frac{\sin x}{x}$.

2. 求下列函数的导数.

(1) $y=e^{-x}$，　　(2) $y=(3x-2)^7$，

(3) $y=\cos\left(\frac{\pi}{3}-x\right)$，　　(4) $y=\sqrt{x^2-5}$，

(5) $y=\ln\ln x$，　(6) $y=\sin x^2$，

(7) $y=\dfrac{1}{3-x}$，　(8) $y=\ln\sin x$，

(9) $y=e^{3x}\cdot\cos 2x$，　(10) $y=\sin^3 2x$，

(11) $y=\tan(x^2+1)$，　(12) $y=\sqrt[3]{1+\cos x}$，

(13) $y=(x+\sin^2 x)^3$，　(14) $y=e^{\tan\frac{1}{x}}$.

第 3 节　高阶导数

定义　如果函数 $y=f(x)$ 的导数 $f'(x)$ 仍可导，则称 $f'(x)$ 的导数为函数 $y=f(x)$ 的二阶导数，记作

$$y''\quad 或\quad f''(x) 或\quad \frac{d^2y}{dx^2},$$

即
$$y''=(y')'\quad 或\quad f''(x)=[f'(x)]'\quad 或\quad \frac{d^2y}{dx^2}=\frac{d}{dx}\left(\frac{dy}{dx}\right).$$

相应地，把 $y=f(x)$ 的导数 $f'(x)$ 叫作函数 $y=f(x)$ 的一阶导数.

类似地，二阶导数的导数称为三阶导数，记作

$$y'''\quad 或\quad f'''(x)\quad 或\quad \frac{d^3y}{dx^3}.$$

三阶导数的导数称为四阶导数，记作

$$y^{(4)}\quad 或\quad f^{(4)}(x)\quad 或\quad \frac{d^4y}{dx^4}.$$

……

$n-1$ 阶导数的导数称为 n 阶导数，记作

$$y^{(n)}\quad 或\quad f^{(n)}(x)\quad 或\quad \frac{d^ny}{dx^n}.$$

注：一阶导数、二阶导数、三阶导数的记法，与四阶导数以及四阶以上导数的记法是不同的.

函数 $y=f(x)$ 具有 n 阶导数，也常说成函数 $f(x)$ 为 n 阶可导. 如果函数 $f(x)$ 在点 x 处具有 n 阶导数，那么 $f(x)$ 在点 x 处的某一邻域内必定具有一切低于 n 阶的导数. 二阶及二阶以上的导数统称为高阶导数. 由此可见，求高阶导数就是在其低一阶导数的基础上求导. 所以，仍可应用前面学过的求导方法来计算高阶导数.

例 1　设 $y=x^3$，求 y'''，$y^{(4)}$.

解： $y'=3x^2$，

$y''=3\cdot 2x=6x$，

$y'''=6$，

$y^{(4)}=0$.

例 2 求对数函数 $y=\ln(1+x)$ 的二阶导数.

解：$y'=\dfrac{1}{1+x}$，

$$y''=(y')'=\left(\frac{1}{1+x}\right)'=-\frac{1}{(1+x)^2}.$$

例 3 求指数函数 $y=e^x$ 的 n 阶导数.

解：$y'=e^x$，$y''=e^x$，$y'''=e^x$，

以此类推 $y^{(n)}=e^x$.

习题 3-3

1. 求下列函数的二阶导数.

(1) $y=x^4-2x^3+8$， (2) $y=e^{-x^2}$，

(3) $y=\ln(1-x^2)$， (4) $y=\sin^2 x$，

(5) $y=\ln x$， (6) $y=xe^{x^2}$，

(7) $y=e^x\sin x$， (8) $y=\sqrt{1+x^2}$，

(9) $y=\ln^3 x$， (10) $y=x^4\ln x$.

2. 求下列函数在指定点的二阶导数值.

(1) $y=(x^2-3)^{\frac{5}{2}}$，$x=-2$.

(2) $y=\ln(\ln x)$，$x=e^2$.

第 4 节 函数的微分

在自然科学与工程技术中，常遇到这样一类问题：在运动变化过程中，当自变量有微小改变量 Δx 时，需要计算相应的函数改变量 Δy.

函数 $y=f(x)$ 在 x_0 处的函数增量可表示为 $\Delta y=f(x_0+\Delta x)-f(x_0)$，而在很多函数关系中，用上式表达的 Δy 与 Δx 之间的关系相对比较复杂，这一点不利于计算相应于自变量 Δx 的改变量 Δy. 能否有较简单的关于 Δx 的线性关系去近似代替 Δy 的上述复杂关系呢？近似后所产生的误差又是怎样的呢？在这一节我们以可导函数 $y=f(x)$ 来研究这个问题，先看一个例子.

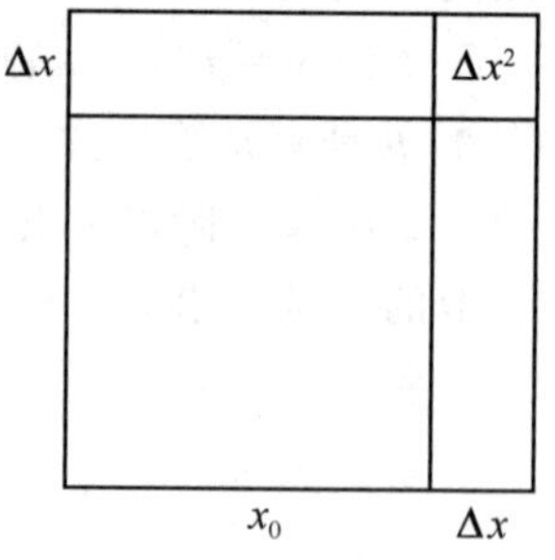

图 3-3

引例 受热金属片面积的改变量.

如图 3-3 所示，一块正方形金属薄片受温度变化的影响，其边长由 x_0 变为 $x_0+\Delta x$，问：此薄片的面积改变了多少？

设此薄片的边长为 x，面积为 S，则 S 是 x 的函数：$S=x^2$. 薄片受温度变化的影响时面积的改变量，可以看成是当自变量 x 自 x_0 取得增量 Δx 时，函数 S 相应的增量 ΔS，即

$$\Delta S=(x_0+\Delta x)^2-x_0^2=2x_0\Delta x+(\Delta x)^2.$$

从上式可以看出，ΔS 分成两部分，第一部分 $2x_0\Delta x$ 是 ΔS 的线性函数，即图中的两个矩形面积之和，也是增量 ΔS 的主要部分．而第二部分$(\Delta x)^2$ 在图中是小正方形的面积，当 $\Delta x\to 0$ 时，第二部分$(\Delta x)^2$ 是比 Δx 高阶的无穷小．由此可见，如果边长改变很微小，即$|\Delta x|$很小时，面积的改变量 ΔS 可近似地用第一部分来代替，称为 ΔS 的线性主部，即 $\Delta S\approx 2x_0\Delta x$，而 $2x_0$ 正好是函数 $S=x^2$ 在 x_0 的导数，所以 $\Delta S\approx S'\big|_{x=x_0}\cdot\Delta x$.

3.4.1 微分的定义

定义 1 如果函数 $y=f(x)$在点 x_0 处具有导数 $f'(x_0)$，则 $f'(x_0)\cdot\Delta x$ 叫作函数 $y=f(x)$在点 x_0 处的微分，记为 $\mathrm{d}y$，即

$$\mathrm{d}y=f'(x_0)\Delta x.$$

一般函数 $y=f(x)$在任意点 x 的微分，称为函数的微分，记作 $\mathrm{d}y$，即 $\mathrm{d}y=f'(x)\Delta x$.

特别地，对于函数 $y=x$，因为$(x)'=1$，所以 $\mathrm{d}x=(x)'\Delta x=\Delta x$，所以我们规定自变量的微分等于自变量的增量．这样，函数 $y=f(x)$的微分可以写成

$$\mathrm{d}y=f'(x)\mathrm{d}x,$$

从而有

$$\frac{\mathrm{d}y}{\mathrm{d}x}=f'(x).$$

即函数的微分与自变量的微分之商等于函数的导数，因此导数又称为微商.

由导数与微分的关系式，只要知道函数的导数，就能立刻写出它的微分．例如，

$$\mathrm{d}(x^\alpha)=\alpha x^{\alpha-1}\mathrm{d}x,$$

$$\mathrm{d}(\mathrm{e}^x)=\mathrm{e}^x\mathrm{d}x,$$

$$\mathrm{d}(\sin x)=\cos x\mathrm{d}x.$$

3.4.2 微分的运算

由微分与导数的关系式，我们很容易得到微分的基本公式如下.

(1)$\mathrm{d}(C)=0$ (2)$\mathrm{d}(x^\alpha)=\alpha x^{\alpha-1}\mathrm{d}x$，

(2)$\mathrm{d}(a^x)=a^x\ln a\mathrm{d}x$， (3)$\mathrm{d}(\mathrm{e}^x)=\mathrm{e}^x\mathrm{d}x$，

(4)$\mathrm{d}(\log_a x)=\dfrac{1}{x\ln a}\mathrm{d}x$， (5)$\mathrm{d}(\ln x)=\dfrac{1}{x}\mathrm{d}x$，

(6)$\mathrm{d}(\sin x)=\cos x\mathrm{d}x$， (7)$\mathrm{d}(\cos x)=-\sin x\mathrm{d}x$，

(8)$\mathrm{d}(\tan x)=\sec^2 x\mathrm{d}x$， (9)$\mathrm{d}(\cot x)=-\csc^2 x\mathrm{d}x$，

(10)$\mathrm{d}(\sec x)=\sec x\tan x\mathrm{d}x$， (11)$\mathrm{d}(\csc x)=-\csc x\cot x\mathrm{d}x$，

(12)$\mathrm{d}(\arcsin x)=\dfrac{1}{\sqrt{1-x^2}}\mathrm{d}x$， (13)$\mathrm{d}(\arccos x)=-\dfrac{1}{\sqrt{1-x^2}}\mathrm{d}x$，

(14)$\mathrm{d}(\arctan x)=\dfrac{1}{1+x^2}\mathrm{d}x$， (15)$\mathrm{d}(\mathrm{arccot}\, x)=-\dfrac{1}{1+x^2}\mathrm{d}x$.

注： 上述公式必须记牢，对以后学习积分学很有好处．再者导数的四则运算法则

对微分也是成立的，即设 u，v 为 x 的可微函数，则

(1) $d(u\pm v)=du\pm dv$，

(2) $d(uv)=vdu+udv$，$d(cu)=cdu$（c 是常数），

(3) $d\left(\frac{u}{v}\right)=\frac{vdu-udv}{v^2}(v\neq 0)$，$d\left(\frac{1}{v}\right)=-\frac{dv}{v^2}$，$(v\neq 0)$.

与复合函数的求导法则相应的复合函数的微分法则如下：

设 $y=f(u)$ 及 $u=\varphi(x)$ 都可导，则复合函数 $y=f[\varphi(x)]$ 的微分为

$$dy=y'_x dx=f'(u)\cdot\varphi'(x)dx.$$

由于 $\varphi'(x)dx=du$，所以复合函数 $y=f[\varphi(x)]$ 的微分公式也可以写成

$$dy=f'(u)du \text{ 或 } dy=y'_u du.$$

从上式的形式看，它与 $y=f(x)$ 的微分 $dy=f'(x)dx$ 形式一样．这叫一阶微分形式不变性，其意义是：不管 u 是自变量还是中间变量，函数 $y=f(u)$ 的微分形式总是 $dy=f'(u)du$.

例 1 求函数 $y=x^3e^{2x}$ 的微分.

解：因 $y'=(x^3e^{2x})'=3x^2e^{2x}+2x^3e^{2x}=x^2e^{2x}(3+2x)$，

所以 $dy=y'dx=x^2e^{2x}(3+2x)dx$.

例 2 求函数 $y=2\ln x$ 在点 x 处的微分，并求当 $x=1$ 时的微分（记作 $dy\big|_{x=1}$）.

解：因 $y'=2\frac{1}{x}$，

所以 $dy=\frac{2}{x}dx$.

$dy\big|_{x=1}=\frac{2}{x}dx\big|_{x=1}=2dx$.

例 3 设 $y=e^x\cos x$，求 dy.

解：$dy=d(e^x\cos x)=e^x d\cos x+\cos x de^x$

$=-e^x\sin x dx+e^x\cos x dx=e^x(\cos x-\sin x)dx$.

例 4 设 $y=\sin(2x)$，求微分 dy.

解：利用微分形式不变性，有

$$dy=\cos 2x d(2x)=2\cos 2x dx.$$

例 5 设 $y=e^{-3x}\cos 2x$，求 dy.

解：$dy=d(e^{-3x}\cos 2x)=e^{-3x}d\cos 2x+\cos 2x de^{-3x}$

$=-e^{-3x}\sin 2x d(2x)+\cos 2x e^{-3x}d(-3x)$

$=-2e^{-3x}\sin 2x dx-3\cos 2x e^{-3x}dx$

$=-e^{-3x}(2\sin 2x+3\cos 2x)dx$.

3.4.3 微分的几何意义

为了对微分有比较直观的了解，我们来研究微分的几何意义.

在直角坐标系中，函数 $y=f(x)$ 的图形是一条曲线．对于某一固定的 x_0 值，曲线

上有一个确定点 $M(x_0, y_0)$，当自变量 x 有微小增量 Δx 时，就得到曲线上另一点 $N(x_0+\Delta x, y_0+\Delta y)$. 从图 3-4 可知：$MQ=\Delta x$，$QN=\Delta y$，过点 M 作曲线的切线，它的倾角为 α，则

$$QP=MQ\cdot\tan\alpha=\Delta x\cdot f'(x_0)=\mathrm{d}y,$$

即

$$\mathrm{d}y=QP.$$

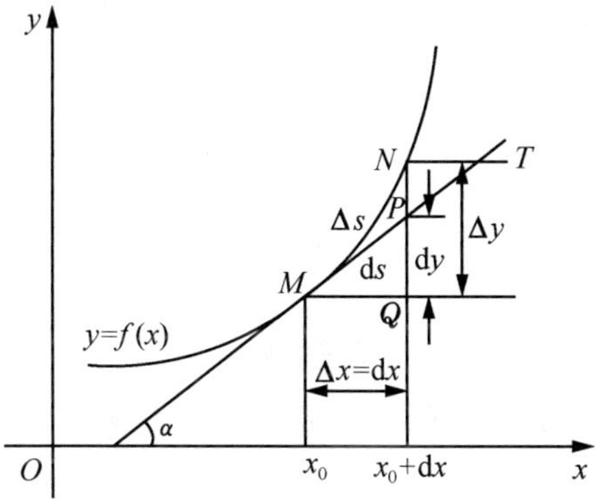

图 3-4

由此可见，当 Δy 是曲线 $y=f(x)$上的点 M 的纵坐标的增量时，$\mathrm{d}y$ 就是曲线的切线上点 M 的纵坐标的相应增量. 当 $|\Delta x|$ 很小时，$|\Delta y-\mathrm{d}y|$ 比 $|\Delta x|$ 小得多. 因此在点 M 的邻近，我们可以用切线段来近似代替曲线段.

3.4.4 微分在近似计算中的应用

计算函数的增量是科学技术和工程中经常遇到的问题，有时由于函数比较复杂，计算增量往往感到困难，但是对于可微函数，通常可以利用微分去近似替代函数的增量，函数在一点处的微分是函数增量的近似值，它与函数增量仅相差 Δx 的高阶无穷小. 因此可以利用微分计算函数的近似值. 当 $|\Delta x|$ 很小时我们有

$$\Delta y=f(x_0+\Delta x)-f(x_0)\approx \mathrm{d}y=f'(x_0)\Delta x,$$

所以

$$f(x_0+\Delta x)\approx f(x_0)+f'(x_0)\Delta x.$$

若令 $x_0+\Delta x=x$，上式可以写成

$$f(x)\approx f(x_0)+f'(x_0)(x-x_0).$$

我们可以利用此公式计算函数的近似值.

例 6 利用微分计算 $\sin 30°30'$的近似值.

解：把 $30°30'$写成弧度为$\frac{\pi}{6}+\frac{\pi}{360}$，设 $f(x)=\sin x$，且 $f'(x)=\cos x$

取 $x_0=\frac{\pi}{6}$，$\Delta x=\frac{\pi}{360}$，

所以

$$\sin 30°30'=\sin\left(\frac{\pi}{6}+\frac{\pi}{360}\right)$$

$$\approx \sin\frac{\pi}{6}+\cos\frac{\pi}{6}\times\frac{\pi}{360}$$

$$=\frac{1}{2}+\frac{\sqrt{3}}{2}\times\frac{\pi}{360}\approx 0.5076.$$

例 7 求$\sqrt{1.02}$的近似值.

解：设 $y=\sqrt{x}$，取 $x_0=1$， $\Delta x=0.02$，则由公式

$$f(x_0+\Delta x)\approx f(x_0)+f'(x_0)\Delta x,$$

得 $f(1.02)\approx f(1)+f'(1)\times 0.02$. 又 $f(1)=1$，$f'(1)=\frac{1}{2}$，所以 $f(1.02)\approx 1.01$，

即

$$\sqrt{1.02}\approx 1.01.$$

习题 3-4

1. 将适当的函数填入下列各题的括号内，使等式成立.

(1)$\mathrm{d}(\quad)=x\mathrm{d}x$，　　(2)$\mathrm{d}(\quad)=\sqrt{x}\,\mathrm{d}x$，

(3)$\mathrm{d}(\quad)=\cos x\mathrm{d}x$，　　(4)$\mathrm{d}(\quad)=\sin\omega t\mathrm{d}t$，

(5)$\mathrm{d}(\quad)=\frac{1}{1+x}\mathrm{d}x$，　　(6)$\mathrm{d}(\quad)=\frac{1}{x^2}\mathrm{d}x$，

(7)$\mathrm{d}(\quad)=\mathrm{e}^{-3x}\mathrm{d}x$，　　(8)$\mathrm{d}(\quad)=\frac{x}{\sqrt{1+x^2}}\mathrm{d}x$.

2. 求下列函数的微分.

(1)$y=\sqrt{x}$，　　(2)$y=x\sin x$，

(3)$y=\mathrm{e}^{x+1}$，　　(4)$y=\ln x$，

(5)$y=\sqrt{\ln x}$，　　(6)$y=x\mathrm{e}^{-x^2}$，

(7)$y=\mathrm{e}^{-x}\tan x$，　　(8)$y=\tan\frac{x}{2}$.

3. 求下列各式的近似值.

(1)$\cos 59°$，　　(2)$\sqrt{0.95}$.

复习题 3

1. 求下列函数的导数.

(1)$y=x^4$，　　(2)$y=\sqrt[3]{x^2}$，

(3)$y=\frac{1}{x^2}$，　　(4)$y=\frac{x^3\cdot\sqrt{x}}{\sqrt[5]{x^4}}$，

(5)$y=4x^3-\frac{1}{x^2}+\sin\frac{\pi}{6}$，　　(6)$y=2x^2\cos x+3\tan x$，

(7) $y=\frac{x+1}{x-2}$，　　(8) $y=\frac{\cos x}{1-\sin x}$，

(9) $y=3x^2-\frac{2}{x^2}$，　　(10) $y=e^{3t}-e^{-t}$，

(11) $y=3^{\cos x}$，　　(12) $y=\cos(2^x)$.

2. 求下列函数在给定点的导数.

(1) $y=x\sin x+\frac{1}{2}\cos x$，求 $y'\big|_{x=\frac{\pi}{4}}$.

(2) $y=\frac{3}{5-x}+\frac{x^2}{5}$，求 $f'(0)$、$f'(2)$.

(3) $y=e^{2x}$，求 $f'(0)$、$f'(1)$.

3. 求曲线 $y=\sqrt{x}$ 在点 $x=4$ 处的切线方程与法线方程.

4. 求下列曲线在给定点的切线方程与法线方程.

(1) $y=\sin x$　　$\left(\frac{3}{2}\pi,\ -1\right)$，

(2) $y=\cos x$　　$\left(\frac{\pi}{3},\ \frac{1}{2}\right)$.

5. 试讨论幂函数 $y=x^{\frac{1}{5}}$ 在点 $x=0$ 处的可导性.

6. 指出下列复合函数的复合过程，并求出它们的导数.

(1) $y=(4x^3-1)^7$，　　(2) $y=\sqrt{2+3x^2}$，

(3) $y=\cos\left(4x-\frac{\pi}{2}\right)$，　　(4) $y=\tan(2x+5)$，

(5) $y=\arctan x^2$，　　(6) $y=\frac{1}{\sqrt{3+x^2}}$.

7. 求下列函数的二阶导数.

(1) $y=(3x^3-2)^2$，　　(2) $y=xe^{x^2}$，

(3) $y=\ln(2+x^2)$.

8. 求下列函数在给定点处的微分.

(1) $y=x^3-x$，$x=2$，

(2) $y=\frac{x}{2+x}$，$x=0$.

9. 求下列函数的微分.

(1) $y=\frac{x}{\ln x}$，　　(2) $y=\frac{x}{\sqrt{x^2+1}}$，

(3) $y=2x\cos 3x$，　　(4) $y=e^{\sin 3x}$.

10. 在下列等式左端的括号内填入适当的函数，使等式成立.

(1) d(　　) $=-\frac{1}{x^2}dx$，　　(2) d(　　) $=\frac{1}{x+1}dx$，

(3) $d(\quad)=e^{-2x}dx$，　　　　(4) $d(\quad)=\frac{1}{\sqrt{1-x^2}}dx$.

知识拓展

微积分的诞生

1665 年 5 月 20 日，英国物理学家牛顿提出流数术及微积分的概念．因此，这一天也被称作微积分的诞生日．微积分的诞生并不是一次偶然，事实上早在被牛顿提出来之前，就已经有人触及微积分的知识领域．公元前三世纪，在古希腊科学家阿基米德研究解决抛物线弓形的面积和双曲线旋转体的体积等问题的过程中，就使用了古代微积分思想．三国时期，中国数学家刘徽的书中也有“割之弥细，所失弥少，割之又割以至于不可割，则与圆周合体而无所失矣．”在他对于割圆术的设想中，我们也不难找到积分学的影子．

到了 17 世纪，尽管法国数学家费马和笛卡儿分别提出了运用导数和求极限来解决数学问题的思想，但由于没有意识到两者之间的关联性，他们也不幸与微积分失之交臂了．直到 1665 年，牛顿从运动学的方向考虑数学以无穷小量为出发点，把切线问题和求积问题这两个在当时看来毫不相关的问题结合在一起，微积分的概念才就此创立．微积分是研究微分和积分的应用数学，其中的微分学就延伸至牛顿对于切线问题的研究，而积分学是从面积问题中总结出来的．科学的发展从来不是孤立的．

微积分的诞生就像是一场接力跑，如果没有阿基米德和刘徽早期的微积分思想以及费马与笛卡儿对于导数和求积问题的基础奠定，牛顿也无法借助这一棒创立出微积分学，而关于物理、数学、化学乃至天文学的许多问题，或许至今都仍是未解之谜．

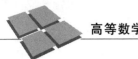

第 4 章　导数的应用

在上一章中，导数和微分的概念是从实际问题引入的. 本章将利用导数来研究函数的性态(如单调性、极值、凹凸性、拐点等)，所介绍的微分学中值定理是利用导函数研究函数在区间上整体性质的有利工具.

第 1 节　微分中值定理、洛必达法则

4.1.1　微分中值定理

本小节介绍的三个定理都是微分学的基本定理，运用它们，我们就能通过导数研究函数的一些基本问题，它们在微积分的理论和应用中占有重要地位.

罗尔定理　若函数 $y=f(x)$在闭区间$[a, b]$上连续，在开区间(a, b)内可导，且在区间端点处的函数值相等，即 $f(a)=f(b)$，那么至少存在一点 ξ，使得 $f'(\xi)=0$.

证明从略.

这个定理的几何解释如图 4-1 所示，如果连续曲线 $y=f(x)$在开区间(a, b)内的每一点处都存在不垂直于 x 轴的切线，并且两个端点 A，B 处的纵坐标相等，即联结两端点的直线 AB 平行于 x 轴，则在此曲线上至少存在一点 $C(\xi, f(\xi))$，使得曲线 $y=f(x)$在点 C 处的切线与 x 轴平行.

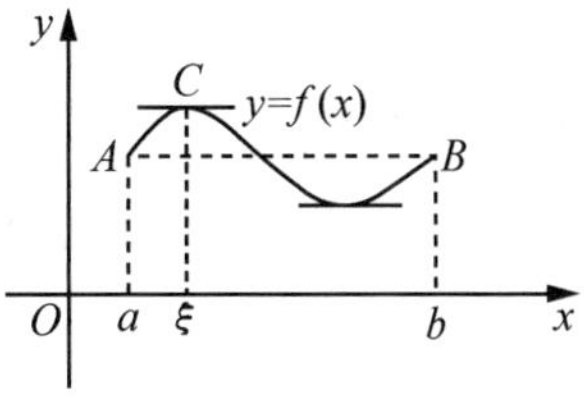

图 4-1

注：该定理要求 $f(x)$同时满足三个条件：在闭区间$[a, b]$上连续，在开区间(a, b)内可导，$f(a)=f(b)$. 若 $f(x)$不能同时满足这三个条件，则结论就可能不成立.

例 1　验证函数 $y=x^2-3x-4$ 在区间$[-1, 4]$上满足罗尔定理，并求出相应的 ξ 点.

解：函数 $y=x^2-3x-4$ 为初等函数，在闭区间$[-1, 4]$上连续，且导数 $y'=2x-3$ 在开区间$(-1, 4)$内存在，且 $f(-1)=f(4)=0$，所以函数 $y=x^2-3x-4$ 在区间$[-1, 4]$上满足罗尔定理的三个条件. 因此，在开区间$(-1, 4)$内一定存在点 ξ，使得 $f'(\xi)=0$.

事实上，令 $f'(x)=2x-3=0$，解得 $x=\dfrac{3}{2}$，且 $\dfrac{3}{2}\in(-1, 4)$，即 $\xi=\dfrac{3}{2}$，使得

$$f'(\xi)=f'\left(\frac{3}{2}\right)=0.$$

拉格朗日定理　若函数 $f(x)$在闭区间$[a, b]$上连续，在开区间(a, b)内可导，则至少存在一点 $\xi\in[a, b]$，使得 $f'(\xi)=\dfrac{f(b)-f(a)}{b-a}$或 $f(b)-f(a)=f'(\xi)(b-a)$.

证明从略.

如图 4-2 所示，在曲线上至少存在一点 $C(\xi, f(\xi))$，使得曲线在点 C 的切线平行于过曲线两端点 A，B 的弦. 直线 AB 的斜率 $k_{AB}=\dfrac{f(b)-f(a)}{b-a}$，与过点 C 的切线的斜率 $f'(\xi)$ 相等. 即

$$f'(\xi)=\frac{f(b)-f(a)}{b-a}.$$

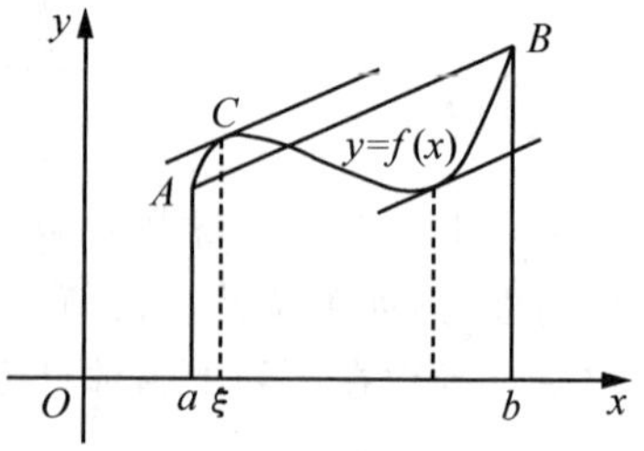

图 4-2

从这个定理的条件与结论可见，当 $f(a)=f(b)$ 时，即得出罗尔定理的结论，因此罗尔定理是拉格朗日定理的一个特殊情形.

例 2 若 $0<a<b$，证明 $\dfrac{b-a}{b}<\ln\dfrac{b}{a}<\dfrac{b-a}{a}$.

证：设 $f(x)=\ln x$，$x\in[a, b]$. 因为 $f(x)=\ln x$ 在区间 $[a, b]$ 上连续，在区间 (a, b) 内可导，所以满足拉格朗日定理的条件，于是

$$f(b)-f(a)=f'(\xi)(b-a),$$

而

$$f(a)=\ln a,\ f(b)=\ln b,\ f'(x)=\frac{1}{x},$$

代入上式为

$$\ln b-\ln a=\ln\frac{b}{a}=\frac{1}{\xi}(b-a)\ (a<\xi<b).$$

又因为

$$\frac{1}{b}<\frac{1}{\xi}<\frac{1}{a},$$

所以

$$\frac{b-a}{b}<\ln\frac{b}{a}<\frac{b-a}{a}.$$

推论 1 设 $f(x)$ 在区间 $[a, b]$ 上连续，若在区间 (a, b) 内的导数恒为零，则在区间 $[a, b]$ 上 $f(x)$ 为常数.

证明从略.

柯西定理 若函数 $f(x)$ 和 $g(x)$ 在闭区间 $[a, b]$ 上连续，在开区间 (a, b) 内可导，且 $g'(x)\neq 0$，则在区间 (a, b) 内至少存在一点 ξ，使得

$$\frac{f(b)-f(a)}{g(b)-g(a)}=\frac{f'(\xi)}{g'(\xi)}.$$

证明从略.

上述三个定理指出，在一定的条件下，必有那样的 ξ 存在，而且可能不止一个，尽管定理并没有指出 ξ 在区间 (a, b) 的具体位置，但是“ξ 客观上存在”这个事实，在理论上已经具有重要意义. 因此人们常称之为微分学基本定理或微分中值定理.

例 3 设 $f(x)=\sin^2 x+\cos^2 x$，试用微分中值定理证明：对于一切 $x\in(-\infty,+\infty)$，恒有 $f(x)=1$.

证：任取 $x\in(-\infty,+\infty)$，考虑 0 与 x 之间的闭区间，可知 $f(x)$满足拉格朗日定理，所以有$\dfrac{f(x)-f(0)}{x-0}=f'(\xi)$.

而 $f'(x)=2\sin x\cos x-2\sin x\cos x=0$，故有 $f(x)=f(0)$，易知 $f(0)=1$，即 $f(x)=1$. 证得 $\sin^2 x+\cos^2 x=1$.

在柯西定理中，若令 $g(x)=x$，则它就是拉格朗日中值定理.

4.1.2 洛必达法则

在求极限的计算中，有时会遇到“未定式”. 例如，求

$$\lim_{x\to 0}\frac{1-\cos x}{x^2},$$

分子 $1-\cos x$ 和分母都趋于 0，成为$\dfrac{0}{0}$的形式. 通常称这种类型的极限为“$\dfrac{0}{0}$”型未定式. 又如求

$$\lim_{x\to+\infty}\frac{\ln(1+x)}{x},$$

分子和分母都趋于∞，成为$\dfrac{\infty}{\infty}$的形式，称这种类型的极限为“$\dfrac{\infty}{\infty}$”型未定式.

下面介绍求这两种未定式极限的一种简便且重要的方法——洛必达(L' Hospital)法则.

对于“$\dfrac{0}{0}$”型未定式极限，有下面的法则.

定理(洛必达法则Ⅰ) 若函数 $f(x)$和 $g(x)$满足下列条件：

(1) $\lim\limits_{\substack{x\to x_0\\(x\to\infty)}} f(x)=0$，$\lim\limits_{\substack{x\to x_0\\(x\to\infty)}} g(x)=0$；

(2) $f(x)$与 $g(x)$在 x_0 的某邻域(或$|x|>M$，$M>0$)内可微，且 $g'(x)\neq 0$；

(3) $\lim\limits_{\substack{x\to x_0\\(x\to\infty)}}\dfrac{f'(x)}{g'(x)}$存在(或为$\infty$). 则

$$\lim_{\substack{x\to x_0\\(x\to\infty)}}\frac{f(x)}{g(x)}=\lim_{\substack{x\to x_0\\(x\to\infty)}}\frac{f'(x)}{g'(x)}\text{(或为}\infty\text{)}.$$

例 3 求$\lim\limits_{x\to 0}\dfrac{\sin ax}{\sin bx}(b\neq 0)$

解：所求极限为“$\dfrac{0}{0}$”型未定型，运用洛必达法则，得

$$\lim_{x\to 0}\frac{\sin ax}{\sin bx}\overset{\text{“}\frac{0}{0}\text{”}}{=\!=\!=}\lim_{x\to 0}\frac{(\sin ax)'}{(\sin bx)'}=\frac{a}{b}$$

大家不难发现，此例用第 2 章介绍的方法也可以计算，但是对于许多极限问题来说，洛必达法则却具有方便甚至是不可取代的优点.

例 4 求$\lim\limits_{x\to\frac{\pi}{2}}\dfrac{\cos x}{\frac{\pi}{2}-x}$.

解：所求极限为“$\dfrac{0}{0}$”型，运用洛必达法则，得

$$\lim_{x\to\frac{\pi}{2}}\frac{\cos x}{\frac{\pi}{2}-x}\overset{“\frac{0}{0}”}{=\!=\!=}\lim_{x\to\frac{\pi}{2}}\frac{(\cos x)'}{\left(\frac{\pi}{2}-x\right)'}=\lim_{x\to\frac{\pi}{2}}\frac{-\sin x}{-1}=1.$$

例 5 求$\lim\limits_{x\to 0}\dfrac{\ln(1-x^2)}{x^2}$.

解：所求极限为“$\dfrac{0}{0}$”型，运用洛必达法则，得

$$\lim_{x\to 0}\frac{\ln(1-x^2)}{x^2}\overset{“\frac{0}{0}”}{=\!=\!=}\lim_{x\to 0}\frac{[\ln(1-x^2)]'}{(x^2)'}=\lim_{x\to 0}\frac{\frac{-2x}{1-x^2}}{2x}=-1.$$

例 6 求$\lim\limits_{x\to 0}\dfrac{x-\sin x}{\tan x^3}$.

解：所求极限为“$\dfrac{0}{0}$”型，运用洛必达法则，得

$$\lim_{x\to 0}\frac{x-\sin x}{\tan x^3}\overset{“\frac{0}{0}”}{=\!=\!=}\lim_{x\to 0}\frac{(x-\sin x)'}{(\tan x^3)'}$$

$$=\lim_{x\to 0}\frac{(1-\cos x)}{3x^2\sec^2 x^3}\overset{“\frac{0}{0}”}{=\!=\!=}\lim_{x\to 0}\frac{(1-\cos x)'}{(3x^2)'}=\lim_{x\to 0}\frac{\sin x}{6x}=\frac{1}{6}.$$

在以上求极限的过程中，由于 $x\to 0$ 时，$\dfrac{1-\cos x}{3x^2}$仍为“$\dfrac{0}{0}$”型不定式，因此又一次使用了洛必达法则.

对于“$\dfrac{\infty}{\infty}$”型未定式极限，有下面法则.

定理(洛必达法则Ⅱ) 若函数 $f(x)$和 $g(x)$满足下列条件：

(1) $\lim\limits_{\substack{x\to x_0\\(x\to\infty)}}f(x)=\infty$，$\lim\limits_{\substack{x\to x_0\\(x\to\infty)}}g(x)=\infty$；

(2) $f(x)$与 $g(x)$在 x_0 的某邻域(或$|x|>M$，$M>0$)内可微，且 $g'(x)\neq 0$；

(3) $\lim\limits_{\substack{x\to x_0\\(x\to\infty)}} \frac{f'(x)}{g'(x)}$存在(或为$\infty$). 则

$$\lim_{\substack{x\to x_0\\(x\to\infty)}} \frac{f(x)}{g(x)}=\lim_{\substack{x\to x_0\\(x\to\infty)}} \frac{f'(x)}{g'(x)}(\text{或为}\infty).$$

下面我们对上述定理做一点说明：

(1)凡是属于“$\frac{0}{0}$”型和“$\frac{\infty}{\infty}$”型的极限，不论自变量 x 是趋于 x_0 还是趋于∞，只要定理所要求的相应条件得到满足，公式都成立.

(2)若使用一次洛必达法则后，问题尚未解决，而函数 $f'(x)$、$\varphi'(x)$仍满足定理条件，则可继续使用洛必达法则，即

$$\lim_{\substack{x\to x_0\\(x\to\infty)}} \frac{f'(x)}{\varphi'(x)}=\lim_{\substack{x\to x_0\\(x\to\infty)}} \frac{f''(x)}{\varphi''(x)}.$$

例 7 求$\lim\limits_{x\to\infty} \frac{ax^2+b}{cx^2+d}$.

解： 所求极限为“$\frac{\infty}{\infty}$”型，运用洛必达法则，得

$$\lim_{x\to\infty} \frac{ax^2+b}{cx^2+d}\overset{\text{“}\frac{\infty}{\infty}\text{”}}{=\!=}\lim_{x\to\infty} \frac{(ax^2+b)'}{(cx^2+d)'}=\lim_{x\to\infty} \frac{2ax}{2cx}=\frac{a}{c}.$$

例 8 求 $\lim\limits_{x\to+\infty} \frac{\ln(1+x)}{\ln(2+x^2)}$.

解： 所求极限为“$\frac{\infty}{\infty}$”型，运用洛必达法则，得

$$\lim_{x\to+\infty} \frac{\ln(1+x)}{\ln(2+x^2)}\overset{\text{“}\frac{\infty}{\infty}\text{”}}{=\!=}\lim_{x\to+\infty} \frac{[\ln(1+x)]'}{[\ln(2+x^2)]'}$$

$$=\lim_{x\to+\infty} \frac{\frac{1}{1+x}}{2x\cdot\frac{1}{2+x^2}}=\lim_{x\to+\infty} \frac{2+x^2}{2x(1+x)}=\frac{1}{2}.$$

所谓未定式主要包括“$\frac{0}{0}$”“$\frac{\infty}{\infty}$”这两种，其他类型的未定式还有 $0\cdot\infty$，$\infty-\infty$，∞^0，0^0，1^∞ 等类型，它们都可以被化为$\frac{0}{0}$或$\frac{\infty}{\infty}$未定型.

例 9 求 $\lim\limits_{x\to0^+} x\ln x$.

解： 这是“$0\cdot\infty$”型.

$$\lim_{x\to0^+} x\ln x=\lim_{x\to0^+} \frac{\ln x}{\frac{1}{x}}\overset{\text{“}\frac{\infty}{\infty}\text{”}}{=\!=}\lim_{x\to0^+} \frac{(\ln x)'}{\left(\frac{1}{x}\right)'}=\lim_{x\to0^+} \frac{\frac{1}{x}}{-\frac{1}{x^2}}=\lim_{x\to0^+}(-x)=0.$$

例 10 求 $\lim\limits_{x\to+\infty}(1+x)^{\frac{1}{x}}$.

解：这是“∞^0”型未定式.

$$\lim_{x\to+\infty}\ln(1+x)\frac{1}{x}=\lim_{x\to+\infty}\frac{\ln(x+1)}{x}\overset{\text{“}\frac{\infty}{\infty}\text{”}}{=\!=}\lim_{x\to+\infty}\frac{[\ln(x+1)]'}{(x)'}=\lim_{x\to+\infty}\frac{\frac{1}{1+x}}{1}=0,$$

所以

$$\lim_{x\to+\infty}(1+x)^{\frac{1}{x}}=\lim_{x\to+\infty}e^{\ln(1+x)^{\frac{1}{x}}}=e^0=1.$$

例 11 求 $\lim\limits_{x\to0^+}x^x$.

解：这是“0^0”型未定式.

由于

$$\lim_{x\to0^+}\ln x^x=\lim_{x\to0^+}x\ln x=\lim_{x\to0^+}\frac{\ln x}{x^{-1}}=\lim_{x\to0^+}\frac{\frac{1}{x}}{-x^{-2}}=-\lim_{x\to0^+}x=0,$$

所以

$$\lim_{x\to0^+}x^x=\lim_{x\to0^+}e^{\ln x^x}=e^0=1.$$

我们已经看到，洛比达法则是极限运算的一种重要手段. 使用洛比达法则时应注意检验函数是否符合定理中的条件，在同一题中，只要条件符合，法则可以重复使用. 此外，还应注意洛比达法则的条件是充分的，并非必要.

例 12 求 $\lim\limits_{x\to+\infty}\frac{\sqrt{1+x^2}}{x}$.

解：$\lim\limits_{x\to+\infty}\frac{\sqrt{1+x^2}}{x}=\lim\limits_{x\to+\infty}\frac{(\sqrt{1+x^2})'}{(x)'}=\lim\limits_{x\to+\infty}\frac{x}{\sqrt{1+x^2}}=\lim\limits_{x\to+\infty}\frac{\sqrt{1+x^2}}{x}$.

上式经过使用洛必达法则后又回到了原式，这说明洛必达法则失效，事实上此题很容易计算.

$$\lim_{x\to+\infty}\frac{\sqrt{x^2+1}}{x}=\lim_{x\to+\infty}\sqrt{\frac{1}{x^2}+1}=1.$$

例 13 极限 $\lim\limits_{x\to\infty}\frac{x+\sin x}{x-\sin x}$ 存在吗？能否用洛比达法则求其极限？

解：$\lim\limits_{x\to\infty}\frac{x+\sin x}{x-\sin x}=\lim\limits_{x\to\infty}\frac{1+\frac{1}{x}\sin x}{1-\frac{1}{x}\sin x}=1$，此极限存在，但不能用洛比达法则求其极限. 因为 $\lim\limits_{x\to\infty}\frac{x+\sin x}{x-\sin x}$ 尽管是 $\frac{\infty}{\infty}$ 型，可是若对分子分母分别求导后得 $\frac{1+\cos x}{1-\cos x}$，由于 $\lim\limits_{x\to\infty}\frac{1+\cos x}{1-\cos x}$ 不存在，故不能使用洛比达法则.

习题 4-1

1. 验证函数 $y=\sin x$ 在区间 $\left[\frac{\pi}{4}, \frac{3\pi}{4}\right]$ 上满足罗尔定理，并求出 ξ 值.

2. 利用洛比达法则求下列各题的极限.

(1) $\lim\limits_{x\to 0}\frac{e^x-1}{3x}$，　　(2) $\lim\limits_{x\to 0}\frac{\cos ax-\cos bx}{x^2}$，

(3) $\lim\limits_{x\to +\infty}\frac{\ln 2x}{x}$，　　(4) $\lim\limits_{x\to \pi}\frac{\sin 3x}{\tan 5x}$，

(5) $\lim\limits_{x\to 0}\frac{x-\sin x}{x^3}$，　　(6) $\lim\limits_{x\to +\infty}\frac{e^x}{x^3}$，

(7) $\lim\limits_{x\to +\infty}\frac{x^2}{e^x}$，　　(8) $\lim\limits_{x\to 0}\frac{e^x-e^{-x}}{\sin x}$，

(9) $\lim\limits_{x\to 0}\frac{3^x-2^x}{x}$，　　(10) $\lim\limits_{x\to 0}\frac{\ln(1+x)}{x}$.

第 2 节　函数的单调性与极值

4.2.1　函数的单调性

单调性是函数的重要性态之一，它反映了函数在某个区间随自变量的增大而增大(或减少)的一个特征，能帮助我们研究函数的极值，还能证明某些不等式和分析函数的图形．但是，利用单调性的定义来讨论函数的单调性往往是比较困难的．本小节利用导数符号来研究函数的单调性.

观察图 4-3，曲线 $y=f(x)$ 在区间 (a, b) 内每一点都存在切线，且这些切线与 x 轴的正方向的夹角 α_1 和 α_2 都是锐角，即 $\tan\alpha=f'(x)>0$，则此时函数 $y=f(x)$ 在区间 (a, b) 内是单调增加的．而图 4-4 表明，如果这些切线与 x 轴的正方向的夹角 α_1 和 α_2 都是钝角，即 $\tan\alpha=f'(x)<0$，则此时函数 $y=f(x)$ 在区间 (a, b) 内是单调减少的．因此，利用导数的符号可方便地判断函数的单调性.

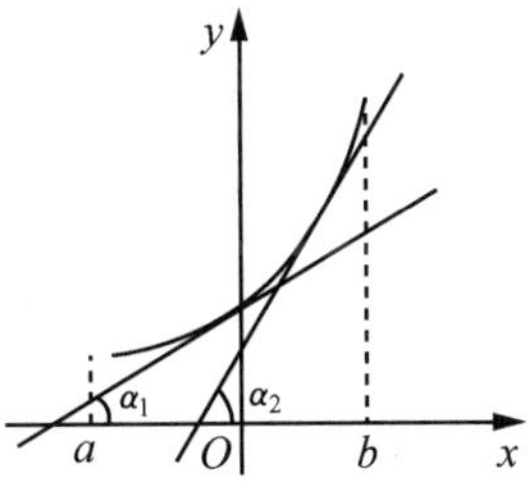

图 4-3

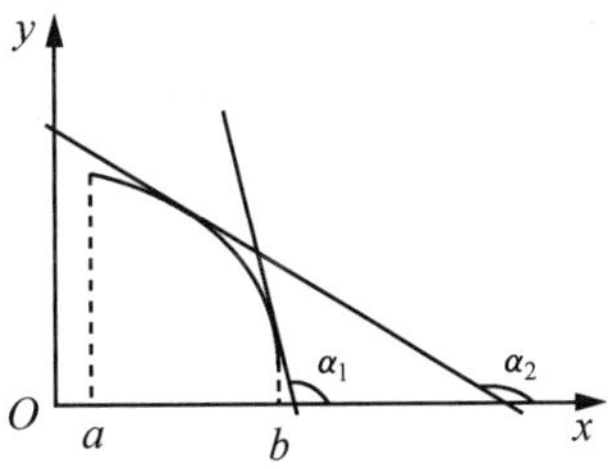

图 4-4

定理 1　设函数 $y=f(x)$ 在区间 (a, b) 内可微.

(1) 当 $x\in(a, b)$ 时，$f'(x)>0$，则 $f(x)$ 在区间 (a, b) 内单调递增；

(2)当 $x\in(a, b)$时，$f'(x)<0$，则 $f(x)$在区间(a, b)内单调递减.

证：设 x_1、x_2 为区间(a, b)内的任意两点，且 $x_1<x_2$，则由拉格朗日中值定理有

$$\frac{f(x_2)-f(x_1)}{x_2-x_1}=f'(\xi),$$

其中，$\xi\in(a, b)$.

(1)若 $f'(x)>0$，则 $f'(\xi)>0$，于是

$$\frac{f(x_2)-f(x_1)}{x_2-x_1}>0.$$

因为 $x_2-x_1>0$，所以 $f(x_2)-f(x_1)>0$，即当 $x_2>x_1$ 时，有

$$f(x_2)>f(x_1),$$

可知 $f(x)$在区间(a, b)内递增.

(2)同理可证，如果 $f'(x)<0$，函数 $y=f(x)$在(a, b)内单调递减.

注：判定法中的函数的导数在区间内个别点处导数等于零，不影响函数的单调性.如幂函数 $y=x^3$，其导数 $y=3x^2$ 在原点处为 0，但它在其定义域$(-\infty, +\infty)$内是单调增加的.

此定理告诉我们根据导函数的符号可以判断函数的单调性，这样大大简化了判定函数单调性的方法.

确定某个函数单调性的一般步骤是：

(1)确定函数的定义域；

(2)求出使 $f'(x)=0$ 和 $f'(x)$不存在的点，由小到大排序，以这些点为分界点，将定义域分为若干个子区间；

(3)确定 $f'(x)$在各个子区间内的符号，从而判定 $f(x)$的单调性.

例 1　判定函数 $y=x+\cos x(0\leqslant x\leqslant 2\pi)$的单调性.

解：函数 $y=f(x)$在区间$(0, 2\pi)$内可导：

$$y'=1-\sin x\geqslant 0$$

所以由定理 1 推知 $y=x+\cos x$ 在区间$[0, 2\pi]$上单调递增.

例 2　确定函数 $y=x^3-x^2-x+1$ 的单调区间.

解：函数 $y=x^3-x^2-x+1$ 的定义域为$(-\infty, +\infty)$，求导数得

$$y'=3x^2-2x-1=(3x+1)(x-1)$$

令 $y'=0$，得

$$x=-\frac{1}{3}\text{或 } x=1.$$

用它们将定义域分为小区间，我们分别考察导数 y'在各区间内的符号，就可以判断函数的单调区间，如表 4-1 所示.

表 4-1

x	$\left(-\infty, -\frac{1}{3}\right)$	$-\frac{1}{3}$	$\left(-\frac{1}{3}, 1\right)$	1	$(1, +\infty)$
y'	+	0	−	0	+
y	↗		↘		↗

从表中看得很清楚，函数的单调递增区间为$\left(-\infty, -\frac{1}{3}\right)$和$(1, +\infty)$，函数的单调递减区间为$\left(-\frac{1}{3}, 1\right)$.

还应该注意到，导数不存在的点也可能成为单调增区间和单调减区间的分界点，看下面的例子.

例 3 讨论函数 $f(x)=(x-1)x^{\frac{2}{3}}$ 的单调性.

解：(1)该函数的定义区间为$(-\infty, +\infty)$.

(2)$f'(x)=\frac{2}{3}x^{-\frac{1}{3}}(x-1)+x^{\frac{2}{3}}=\frac{5x-2}{3x^{\frac{1}{3}}}$.

令 $f'(x)=0$ 得 $x=\frac{2}{5}$，另外，显然 $x=0$ 为 $f(x)$的不可导点，于是 $x=0$，$x=\frac{2}{5}$分定义区间为三个子区间

$$(-\infty, 0), \left(0, \frac{2}{5}\right), \left(\frac{2}{5}, +\infty\right).$$

(3)因为 $x\in(-\infty, 0)$和$\left(\frac{2}{5}, +\infty\right)$时 $f'(x)>0$，$x\in\left(0, \frac{2}{5}\right)$时 $f'(x)<0$，所以 $f(x)$在区间$(-\infty, 0)$和区间$\left(\frac{2}{5}, +\infty\right)$内单调递增，在$\left(0, \frac{2}{5}\right)$内单调递减，如表 4-2 所示.

表 4-2

x	$(-\infty, 0)$	$\left(0, \frac{2}{5}\right)$	$\left(\frac{2}{5}, +\infty\right)$
$f'(x)$	+	−	+
$f(x)$	↗	↘	↗

例 4 确定函数 $y=\frac{3}{8}x^{\frac{8}{3}}-\frac{3}{2}x^{\frac{2}{3}}$ 的单调区间.

解：函数的定义域为$(-\infty, +\infty)$，求导数得

$$y'=x^{\frac{5}{3}}-x^{-\frac{1}{3}}=\frac{(x+1)(x-1)}{\sqrt[3]{x}}.$$

令 $y'=0$，得

$$x=-1, x=1.$$

当 $x=0$ 时，y' 不存在.

我们用以上三个点把定义域分成小区间，列表考察各区间内 y' 的符号，如表 4-3 所示.

表 4-3

x	$(-\infty, -1)$	-1	$(-1, 0)$	0	$(0, 1)$	1	$(1, +\infty)$
y'	$-$	0	$+$	不存在	$-$	0	$+$
y	↘		↗		↘		↗

所以，函数的单调递增区间为 $(-1, 0)$ 和 $(1, +\infty)$，单调递减区间为 $(-\infty, -1)$ 和 $(0, 1)$.

我们还可以利用函数的单调性证明不等式.

例 5 证明：当 $x>1$ 时，$2\sqrt{x}>3-\frac{1}{x}$.

证： 令 $f(x)=2\sqrt{x}-3+\frac{1}{x}$，则 $f(x)$ 在区间 $[1, +\infty)$ 上连续，在区间 $(1, +\infty)$ 内可导，且 $f'(x)=\frac{1}{\sqrt{x}}-\frac{1}{x^2}>0$，

故 $f(x)$ 在区间 $[1, +\infty)$ 上单调递增，从而对任意 $x>1$，都有 $f(x)=2\sqrt{x}-3+\frac{1}{x}>f(1)=0$. 即当 $x>1$ 时，$2\sqrt{x}>3-\frac{1}{x}$.

4.2.2 函数的极值及其求法

极值是函数的一种局部性态，它能帮助我们进一步把握函数的变化状况，为准确描绘函数图形提供不可缺少的信息，它又是研究函数的最大值和最小值问题的关键所在.

下面介绍函数极值的定义和极值的求法.

1. 极值的概念

定义 设函数 $y=f(x)$ 在 x_0 的一个领域内有定义，若对于该领域内异于 x_0 的 x 恒有

(1) $f(x_0)>f(x)$，则称 $f(x_0)$ 为函数 $f(x)$ 的极大值，x_0 称为 $f(x)$ 的极大值点；

(2) $f(x_0)<f(x)$，则称 $f(x_0)$ 为函数 $f(x)$ 的极小值，x_0 称为 $f(x)$ 的极小值点.

函数的极大值、极小值统称为函数的极值，极大值点、极小值点统称为极值点.

如图 4-5 所示的 x_1 和 x_3 是函数 $f(x)$ 的极大值点，$f(x_1)$ 和 $f(x_3)$ 是函数 $f(x)$ 的极大值；x_2 和 x_4 是函数 $f(x)$ 的极小值点，$f(x_2)$ 和 $f(x_4)$ 是函数 $f(x)$ 的极小值.

注： 函数的极大值和极小值概念是局部性的. 如果 $f(x_0)$ 是函数 $f(x)$ 的一个极大(小)值，只是就 x_0 附近的一个局部范围而言 $f(x_0)$ 是 $f(x)$ 的一个最大(小)值；如果就 $f(x)$ 的整个定义域来说，$f(x_0)$ 不一定是最大(小)值.

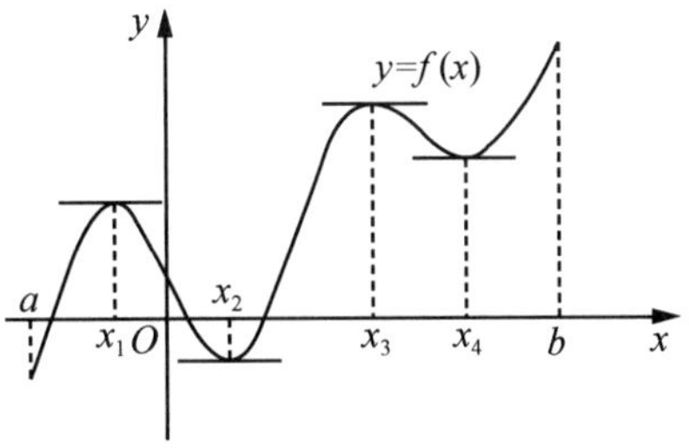

图 4-5

2. 极值的判定

从图 4-5 可以看出，曲线在点 x_1、x_2、x_3、x_4 取得极值处的切线都是水平的，即在极值点处函数 $f(x)$的导数等于零. 对此，我们给出函数存在极值的必要条件：

定理 2 (极值的必要条件)设函数 $y=f(x)$在点 x_0 处可导，且 $f(x_0)$为极值(即 x_0 为极值点)，则 $f'(x_0)=0$.

使得函数 $f(x)$的导数等于零的点，叫作函数 $f(x)$的驻点.

注：(1)函数的驻点不一定是它的极值点. 例如，点 $x=0$ 是函数 $y=x^3$ 的驻点，但不是极值点.

(2)导数不存在的点也可能是其极值点，如 $f(x)=|x|$，在 $x=0$ 处连续，但不可导，而 $x=0$ 是该函数的极小点.

定理 3(极值点的第一充分条件) 设函数 $y=f(x)$在点 x_0 的近旁可导，且 $f'(x_0)=0$.

(1)当 $x<x_0$ 时，$f'(x)>0$；当 $x>x_0$ 时，$f'(x)<0$，那么 x_0 是极大值点，$f(x_0)$是函数 $f(x)$的极大值；

(2)当 $x<x_0$ 时，$f'(x)<0$；当 $x>x_0$ 时，$f'(x)>0$，那么 x_0 是极小值点，$f(x_0)$是函数 $f(x)$的极小值；

(3)在点 x_0 的左右两侧，$f'(x)$同号，那么 x_0 不是极值点，函数 $f(x)$在点 x_0 处没有极值.

图 4-6 分别显示了以上三种情形.

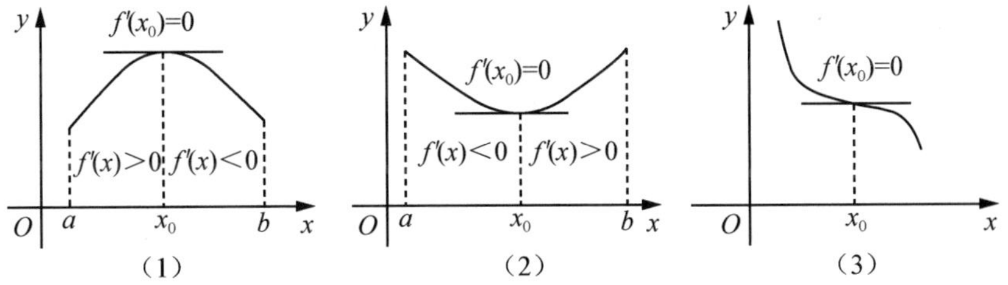

图 4-6

根据定理 2 和定理 3，可得到求函数 $f(x)$极值点和极值的步骤如下.

(1)确定函数的定义域；

(2)求出函数的导数 $f'(x)$；

(3)令函数的导数 $f'(x)=0$，求出函数 $f(x)$在定义域内的全部驻点和不可导点；

(4)用驻点和导数不存在的点把定义域分成若干个部分区间，列表考察每个部分区间内 $f'(x)$的符号，确定极值点；

(5)求出各极值点处的函数值，即得函数 $f(x)$的极值.

例 5 求函数 $f(x)=x^3-x^2-x+1$ 的极值.

解：(1)函数 $f(x)$的定义域为$(-\infty, +\infty)$；

(2)$f'(x)=3x^2-2x-1=(3x+1)(x-1)$；

(3)令 $f'(x)=0$，得驻点

$$x_1=-\frac{1}{3}，x_2=1；$$

(4)列表考察，如表 4-4 所示.

表 4-4

x	$\left(-\infty, -\frac{1}{3}\right)$	$-\frac{1}{3}$	$\left(-\frac{1}{3}, 1\right)$	1	$(1, +\infty)$
$f'(x)$	+	0	−	0	+
$f(x)$	↗	极大值$\frac{32}{27}$	↘	极小值 0	↗

所以，函数 $f(x)$的极大值为 $f\left(-\frac{1}{3}\right)=\frac{32}{27}$，极小值为 $f(1)=0$.

例 6 求函数 $f(x)=(x^2-1)^3+1$ 的极值.

解：(1)函数 $f(x)$的定义域为$(-\infty, +\infty)$；

(2)$f'(x)=3(x^2-1)^2 2x=6x(x+1)^2(x-1)^2$；

(3)令 $f'(x)=0$，得驻点

$$x_1=-1，x_2=0，x_3=1；$$

(4)列表考察，如表 4-5 所示.

表 4-5

x	$(-\infty, -1)$	-1	$(-1, 0)$	0	$(0, 1)$	1	$(1, +\infty)$
$f'(x)$	−	0	−	0	+	0	+
$f(x)$	↘		↘	极小值 0	↗		↗

由表 4-5 可知，函数 $f(x)$的极小值为 $f(0)=0$，驻点 $x_1=-1$、$x_3=1$ 不是极值点.

例 7 求函数 $f(x)=\sqrt[3]{(2x-x^2)^2}$ 的极值.

解：(1)函数的定义域为$(-\infty, +\infty)$；

(2) $f'(x)=\frac{2}{3}\frac{(2-2x)}{\sqrt[3]{2x-x^2}}=\frac{4}{3}\frac{(1-x)}{\sqrt[3]{2x-x^2}}$;

(3)令 $f'(x)=0$ 得驻点 $x=1$，又函数 $f(x)$在点 $x=0$ 和 $x=2$ 处的导数都不存在.

(4)用 $x=0$、$x=1$ 和 $x=2$ 这三个点将定义域分为四个区间.

列表考察，如表 4-6 所示.

表 4-6

x	$(-\infty, 0)$	0	(0, 1)	1	(1, 2)	2	$(2, +\infty)$
$f'(x)$	−	不存在	+	0	−	不存在	+
$f(x)$	↘	极小值 0	↗	极大值 1	↘	极小值 0	↗

由上表可知，函数 $f(x)$的极大值为 $f(1)=1$，极小值为 $f(0)=f(2)=0$.

习题 4-2

1. 求下列函数的单调区间.

(1) $y=x^{\frac{2}{3}}$,　　(2) $y=\frac{\ln x}{x}$,

(3) $f(x)=\sqrt{2x-x^2}$,　　(4) $f(x)=2x^2-\ln x$,

(5) $y=x^4-2x^2-5$,　　(6) $y=x^2-x-6$,

(7) $y=\frac{x}{1+x^2}$,　　(8) $y=x^2e^x$.

2. 求函数 $f(x)=\sin x-\cos x+x+1$ 在区间$(0, 2\pi)$上的极值.

第 3 节　函数的最值问题及应用

在实际问题中，经常遇到需要在一定条件下解决最大、最小、最远、最近、最省等优化问题，它们在数学上常可归结为求函数在一定区间内的最大值或最小值问题，即最值问题. 本节将介绍函数最值问题的求法及其应用.

4.3.1　函数的最大值与最小值

函数 $f(x)$在区间$[a, b]$上连续，则 $f(x)$在区间$[a, b]$上取得的最大的函数值称为最大值，最小的函数值称为最小值.

函数的极大值与极小值是局部性的，它们与函数的最大值、最小值不同. 最大值与最小值是就函数的整个定义域而言的. 所以极大值不一定是最大值，极小值不一定是最小值. 在一个区间上，一个函数可能有几个极大值与几个极小值，而且甚至某些极大值还可能比另一些极小值小. 但最大值一定大于最小值. 容易看出，最值点只可能在极值点或端点处取得. 因此，可直接比较这两种点的函数值即可求得最大值和最小值. 下面我们给出求函数最值的步骤.

(1)求 $f(x)$ 在区间 $[a, b]$ 内的驻点和导数不存在的点.

(2)分别计算函数在以上各点以及端点 $x=a$，$x=b$ 处的函数值.

(3)比较(2)中所求函数值的大小.

得出结论：最大的是 $f(x)$ 在区间 $[a, b]$ 上的最大值，而最小的是 $f(x)$ 在区间 $[a, b]$ 上的最小值.

例 1 求函数 $f(x)=x^3-3x^2-9x+5$ 在区间 $[-2, 4]$ 上的最大值与最小值.

解：(1) $f(x)$ 在区间 $[-2, 4]$ 上连续，故必存在最大值与最小值. 令

$$f'(x)=3x^2-6x-9=3(x+1)(x-3)=0,$$

得驻点 $x_1=-1$ 和 $x_2=3$.

(2)因为 $f(-1)=10$，$f(3)=-22$，$f(-2)=3$，$f(4)=-15$.

(3)所以 $f(x)$ 在 $x=-1$ 取得最大值 10，在 $x=3$ 取得最小值 -22.

在求最大(小)值的问题中，值得指出的是：若 $f(x)$ 有唯一的极值点. 则此点一定是最值点.

4.3.2 最值的应用问题(优化问题)

在日常生活中，我们经常会遇到要求最大值或最小值的问题，我们把这类问题称为函数的优化问题.

函数的优化问题的求解步骤如下：

(1)根据实际问题建立函数关系式；

(2)求函数的驻点；

(3)根据所求结果求出函数的最值；

(4)作答.

例 2 用边长为 48 cm 的正方形铁皮做一个无盖的铁盒时，在铁皮的四角各截去一个面积相等的小正方形，然后把四边折起，焊成铁盒，问：在四角截去多大的正方形，方能使所做的铁盒容积最大？(图 4-7)

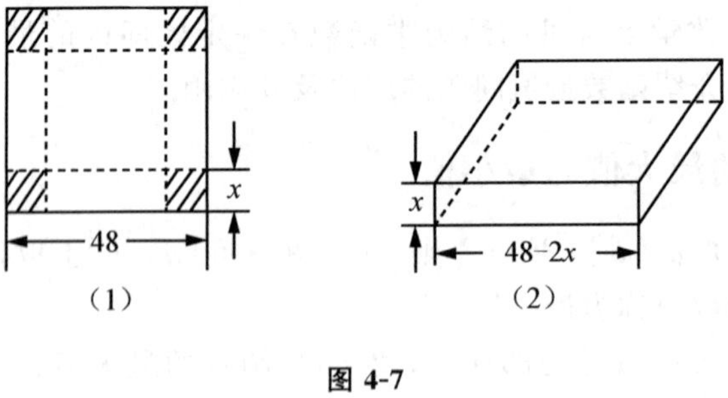

图 4-7

解：设截去的小正方形的边长为 x(cm)，铁盒的容积为 V cm^3，由题意，有

(1) $V=x(48-2x)^2 \quad (0<x<24)$.

(2) $V'=(48-2x)^2+x\cdot 2(48-2x)(-2)=12(24-x)(8-x)$.

令 $V'=0$，得驻点 $x_1=8$，$x_2=24$(舍).

(3)当 $x<8$ 时，$V'>0$；当 $x>8$ 时，$V'<0$.

(4)所以 V 在点 $x=8$ 处取极大值，且只有此唯一极大值，因此也是最大值，故当所截去的正方形边长为 8cm 时，铁盒的容积最大.

例 3 从半径为 R 的圆铁片上截下圆心角为 φ 的扇形卷成一圆锥形漏斗，问：φ 取多大时做成的漏斗的容积最大？（图 4-8）

解：(1)设所做漏斗的底半径为 r，高为 h，则

$$2\pi r=R\varphi,\ r=\sqrt{R^2-h^2},$$

得
$$\varphi=\frac{2\pi}{R}\sqrt{R^2-h^2}.$$

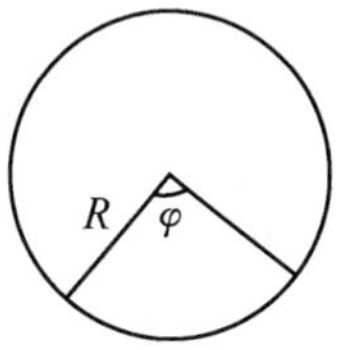

图 4-8

又漏斗的容积 V 为

$$V=\frac{1}{3}\pi r^2 h=\frac{1}{3}\pi h(R^2-h^2),\ (0<h<R).$$

(2)令 $V'=\frac{1}{3}\pi R^2-\pi h^2=0$，得唯一驻点 $h=\frac{R}{\sqrt{3}}$.

(3)从而 $h=\frac{R}{\sqrt{3}}$时，漏斗的容积 V 取得最大值，

所以
$$\varphi=\frac{2\pi}{R}\sqrt{R^2-h^2}\bigg|_{h=\frac{R}{\sqrt{3}}}=\frac{2}{3}\sqrt{6}\,\pi.$$

(4)因此，根据问题的实际意义可知 $\varphi=\frac{2}{3}\sqrt{6}\,\pi$ 时能使漏斗的容积 V 最大.

例 4 甲、乙两个工厂合用一变压器，其位置如图 4-9 所示，若两厂用同型号线架设输电线，问：变压器应设在输电干线何处时，所需输电线最短？长度为多少？

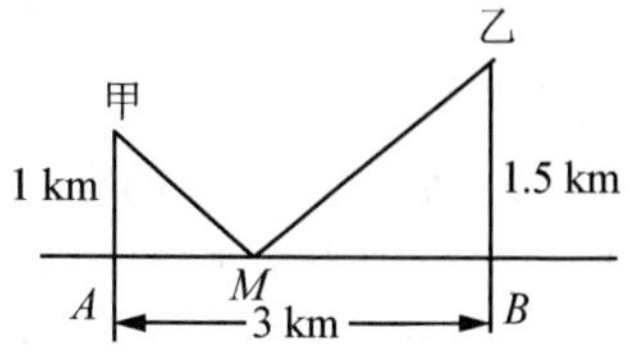

图 4-9

解：设变压器安装在距 A 点 x km M 点处，所需输电线 y km，根据题意，得

$$y=\sqrt{1+x^2}+\sqrt{(3-x)^2+1.5^2}\quad (0\leqslant x\leqslant 3),$$

$$y'=\frac{x}{\sqrt{1+x^2}}+\frac{x-3}{\sqrt{(3-x)^2+1.5^2}}.$$

令 $y'=0$，求得在区间[0，3]内的唯一驻点 $x=1.2$.

在区间[0，3]内没有不可导的点．因此，当 $AM=1.2$ km 时，所需电线最短，长度为 3.91 km.

例 5 某工厂生产某种产品，固定成本为 20000 元，每生产一个单位产品，成本增加 100 元. 已知总收入 R 是年产量 x 的函数，则

$$R=R(x)=\begin{cases}400x-\frac{x^2}{2}, & 0\leqslant x\leqslant 400,\\ 80000, & x>400\end{cases}$$

问：每年生产多少产品时，总利润最大？此时总利润是多少？

解：依题意总成本函数为

$$C=C(x)=20000+100x.$$

由此总利润函数为

$$L=L(x)=R(x)-C(x)$$
$$=\begin{cases}300x-\dfrac{x^2}{2}-20000, & 0\leqslant x\leqslant 400\\ 60000-100x, & x>400\end{cases},$$
$$L'(x)=\begin{cases}300-x, & 0\leqslant x\leqslant 400\\ -100, & x>400\end{cases},$$

令 $L'(x)=0$，得 $x=300$.

所以 $x=300$ 时，L 最大，而 $L(300)=25000$，

即年产量为 300 个单位时，总利润最大，此时总利润为 25000 元.

习题 4-3

1. 求函数在给定区间上的最大值和最小值.

(1) $f(x)=x^4-4x^3+8$，$x\in[-1, 1]$；

(2) $f(x)=x+\dfrac{1}{x}$，$x\in\left[\dfrac{1}{3}, 3\right]$；

(3) $f(x)=x+2\sqrt{x}$，$x\in[0, 4]$；

(4) $f(x)=\dfrac{x^2}{1+x}$，$x\in\left[-\dfrac{1}{2}, 1\right]$.

2. 半径为 R 的半圆内接一梯形，其梯形一底是半圆的直径，求梯形面积的最大值.

3. 欲用长 6 m 的合金材料加工一"日"字形窗框(图 4-10)，问：它的长和宽分别为多少时，窗户的面积最大？最大面积是多少？

4. 要造一个长方体无盖蓄水池，其容积为 500 m^3，底面为正方形. 设底面与四壁所使用材料的单位造价相同，问：底边和高各为多少米时，才能使所用材料费最省？

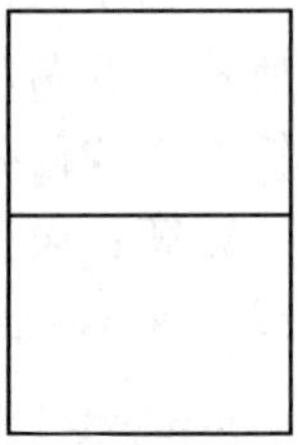

图 4-10

第 4 节　曲线的凹凸性与拐点

函数 $y=f(x)$ 的图形就是方程 $y=f(x)$ 的曲线，因此，我们通常将函数 $y=f(x)$ 的图形称为曲线 $y=f(x)$. 曲线的凹凸性和拐点是曲线的一个重要的几何性态. 前面我们虽然已能由导数的正负判定函数的单调性，讨论函数的极值、最大值与最小值，知道了函数变化的大致情况. 但这还不够，有时同属单调递增的两个可导函数的图形，虽然从左到右曲线都在上升，但它们的弯曲方向却可以不同，如图 4-11 所示.

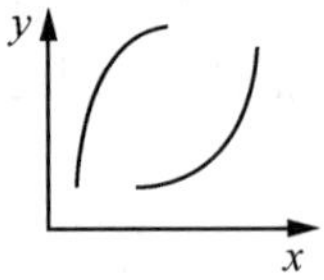

图 4-11

定义 1　设 $y=f(x)$ 在区间 (a, b) 内可导，若曲线 $y=f(x)$ 位于其每点处切线的

上方，则称它在区间(a, b)上为凹的；若曲线 $y=f(x)$位于其每点处切线的下方，则称它在区间(a, b)上是凸的.

定义 2 曲线凸弧与凹弧的转折点，称为该曲线的拐点.

从图 4-12 中可以看出，当曲线弧段是凹的时候，其切线的斜率是逐渐增加的，即函数的导数是单调增加的；当曲线弧段是凸的时候，其切线的斜率是逐渐减少的，即函数的导数是单调减少的.

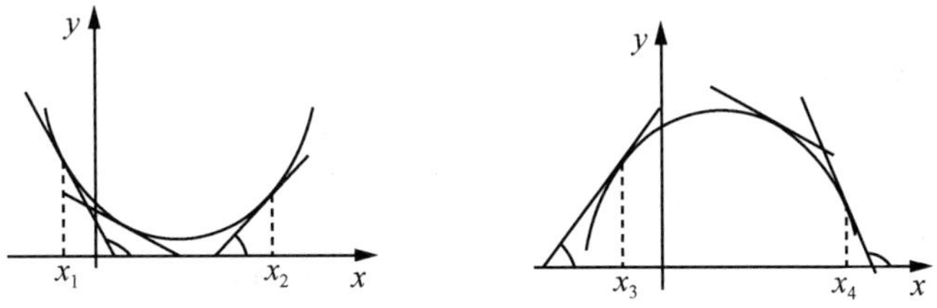

图 4-12

根据函数单调性的判定方法，有如下定理.

定理 设函数 $f(x)$在区间(a, b)内具有二阶导数，那么

(1)若在区间(a, b)内 $f''(x)>0$，则曲线 $y=f(x)$在区间(a, b)内是凹的；

(2)若在区间(a, b)内 $f''(x)<0$，则曲线 $y=f(x)$在区间(a, b)内是凸的.

若 $f''(x_0)=0$，且在 x_0 两侧 $f''(x)$变号，则点$(x_0, f(x_0))$是曲线 $y=f(x)$的拐点.

例 1 判断 $y=\ln x$ 的凹凸性.

解： $y'=\frac{1}{x}$，$y''=-\frac{1}{x^2}<0$，则曲线在定义域$(0, +\infty)$上是凸的.

例 2 判断 $y=\sin x$ 在$(0, 2\pi)$上的凹凸性.

解： $y'=\cos x$，$y''=-\sin x$，令 $y''=0$，得 $x=\pi$，

当 $x\in(0, \pi)$时，$f''(x)<0$，则函数是凸的；

当 $x\in(\pi, 2\pi)$时，$f''(x)>0$，则函数是凹的.

例 3 求曲线 $y=x^4-2x^3+1$ 的凹凸区间和拐点.

解：(1)函数的定义域为$(-\infty, +\infty)$；

(2)$y'=4x^3-6x^2$，$y''=12x^2-12x=12x(x-1)$；

(3)令 $y''=0$，得 $x_1=0$，$x_2=1$；

(4)列表如表 4-7 所示.

表 4-7

x	$(-\infty, 0)$	0	$(0, 1)$	1	$(1, +\infty)$
y''	+	0	−	0	+
y	∪	拐点(0, 1)	∩	拐点(1, 0)	∪

注： 表中“∪”表示曲线是凹的，“∩”表示曲线是凸的.

由表 4-7 可知，曲线在区间$(-\infty, 0)$及$(1, +\infty)$内是凹的，在区间$(0, 1)$内是凸的，拐点为$(0, 1)$、$(1, 0)$.

例 4 讨论曲线 $y=(x-2)^{\frac{5}{3}}$ 的凹凸区间和拐点.

解：(1)函数的定义域为$(-\infty, +\infty)$；

(2)$y'=\frac{5}{3}(x-2)^{\frac{2}{3}}$，$y''=\frac{10}{9}(x-2)^{-\frac{1}{3}}$；

(3)令 $y''=0$，无解，但在 $x=2$ 处 y''不存在；

(4)列表如表 4-8 所示.

表 4-8

x	$(-\infty, 2)$	2	$(2, +\infty)$
y''	$-$	不存在	$+$
y	$\cap$	拐点$(2, 0)$	$\cup$

由表可知，曲线在区间$(-\infty, 2)$内是凸的，在区间$(2, +\infty)$内是凹的.

当 $x=2$ 时，y''不存在，但 $x=2$ 时函数有定义，且两侧 y''异号，所以，点$(2, 0)$为拐点.

根据上面的分析和结论，关于确定函数 $y=f(x)$的凹凸区间的一般方法和步骤为：

(1)确定函数 $f(x)$的定义域；

(2)求出 y'、y''；

(3)找出令 $f''(x)=0$ 的点和 $f''(x)$的不存在的点，并以这些点作为分界点，将定义域分成若干个子区间；

(4)列表，确定 $f''(x)$在各个子区间内的符号，进而判断 $f(x)$的凹凸性；

(5)作答.

例 5 求曲线 $y=x^{\frac{1}{3}}$ 的凹凸区间和拐点.

解：(1)$y=x^{\frac{1}{3}}$ 在定义域$(-\infty, +\infty)$内连续；

(2)$y'=\frac{1}{3}x^{-\frac{2}{3}}$，$y''=-\frac{2}{9}x^{-\frac{5}{3}}$；

(3)当 $x=0$ 时，y'、y''不存在；

(4)列表如表 4-9 所示.

表 4-9

x	$(-\infty, 0)$	0	$(0, +\infty)$
y''	$+$	不存在	$-$
y	$\cup$	拐点$(0, 0)$	$\cap$

因此，曲线 $y=x^{\frac{1}{3}}$ 在区间$(-\infty, 0)$内为凹，在区间$(0, +\infty)$内为凸. 点$(0, 0)$是曲线的拐点.

综上所述，寻求曲线 $y=f(x)$ 的拐点，只需先找到使得 $f''(x)=0$ 的点及二阶不可导点，然后再按定理去判定.

例 6 讨论曲线 $f(x)=x^3-6x^2+9x+1$ 的凹凸区间与拐点.

解：定义域为 $(-\infty, +\infty)$，因为

$$f'(x)=3x^2-12x+9,$$
$$f''(x)=6x-12=6(x-2),$$

令 $f''(x)=0$，可得 $x=2$.

当 $x\in(-\infty, 2)$ 时，$f''(x)<0$，此区间是凸区间；

当 $x\in(2, +\infty)$ 时，$f''(x)>0$，此区间是凹区间；

当 $x=2$ 时，$f''(x)=0$，因 $f''(x)$ 在 $x=2$ 的两侧变号，而 $f(2)=3$，所以，点 $(2, 3)$ 是该曲线的拐点.

本题也可以制表给出解答，如表 4-10 所示.

表 4-10

x	$(-\infty, 2)$	2	$(2, +\infty)$
$f''(x)$	$-$	0	$+$
$f(x)$	$\cap$	拐点 $(2, 3)$	$\cup$

习题 4-4

1. 确定下列函数的凹凸区间与拐点.

(1) $y=x^2-x^3$，　　(2) $y=\dfrac{2x}{x^2+1}$，

(3) $y=2x^3-3x^2-36x+25$，　　(4) $y=x\cdot e^{-x}$，

(5) $y=\ln(1+x^2)$，　　(6) $y=x+\dfrac{1}{x}$.

2. 已知函数 $f(x)=\dfrac{x^3}{(x-1)^2}$，试求：(1) $f(x)$ 的单调区间和极值；(2) $f(x)$ 的凹凸区间和拐点.

复习题 4

1. 填空题.

(1) 极限 $\lim\limits_{x\to+\infty}\dfrac{x^2}{x+e^x}=$________.

(2) 函数 $f(x)=2x^3-3x^2+10$ 的单调递减区间为__________.

(3) 曲线 $y=\sqrt[3]{x}$ 的凹区间是________，凸区间是________，拐点是________.

(4) $y=x-\dfrac{3}{2}x^{\frac{2}{3}}$ 的单调递增区间为__________，单调递减区间为__________.

(5)函数 $y=x+2\cos x$ 在区间 $\left[0, \frac{\pi}{2}\right]$ 上的最大值是________.

2. 单选题

(1)函数 $f(x)=\sin x$ 在$[0, \pi]$上满足罗尔定理结论的 $\xi=$(　　).

A. 0　　B. $\frac{\pi}{2}$　　C. π　　D. $\frac{3\pi}{2}$

(2)设函数 $f(x)$ 在区间(a, b)内连续，$x_0\in(a, b)$，$f'(x_0)=f''(x_0)=0$，则 $f(x)$在点 $x=0$ 处(　　).

A. 取得极大值　　B. 取得极小值

C. 一定有拐点$(x_0, f(x_0))$　　D. 可能取得极值，也可能有拐点

(3)函数 $f(x)$在 x_0 处取得极值，则必有(　　).

A. $f'(x)=0$　　B. $f''(x)<0$

C. $f'(x)=0$，$f''(x)<0$　　D. $f'(x)=0$ 或 $f'(x)$不存在

(4)若在区间(a, b)内，$f'(x)<0$，$f''(x)<0$，则 $f(x)$在区间(a, b)内为(　　).

A. 单调上升而且是凸的　　B. 单调上升而且是凹的

C. 单调下降而且是凸的　　D. 单调下降而且是凹的

3. 求下列极限

(1)$\lim\limits_{x\to\infty}x\cos\left(\frac{1}{x^2}\right)$，

(2)$\lim\limits_{x\to 0}\left(\frac{1}{x}-\frac{1}{e^x-1}\right)$.

4. 证明题

(1)证明不等式 $e^x>1+x(x>0)$；

(2)证明当 $x>0$ 时 $\ln(1+x)>\frac{x}{1+x}$.

5. 应用题

(1)求函数 $y=x+\frac{x}{x^2-1}$的单调区间、极值、凹凸区间及拐点.

(2)在周长为定值 p 的所有扇形中，当扇形的半径取何值时所得扇形面积最大?

知识拓展

伟大的数学家祖冲之

南北朝时期的祖冲之是一位伟大的科学家，他对圆周率的计算得出了非常精确的结果，计算到了小数点后七位. 这不仅是当时最精确的圆周率，在世界上的领先地位也保持了一千多年.

另外，祖冲之在天文学领域也有很大的成就. 462 年，33 岁的祖冲之编制了新的历法——《大明历》，这部历法使用了相当精确的数据，比以往的历法都要先进和科学.

《大明历》编成后，祖冲之上书皇帝，请求颁布实行. 皇帝命令主管天文历法的宠

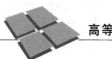

臣戴法兴进行审查. 戴法兴思想保守，是个腐朽势力的卫道士，他极力反对新历法. 对于戴法兴的刁难、攻击，祖冲之寸步不让，毫不畏惧地同他进行唇枪舌剑的辩论.

图 4-13

戴法兴摆出一副权威的架势说："日月星辰的运动，有时快，有时慢，是变幻莫测的."

"不对!"祖冲之批驳说，"日月星辰的运动有一定的规律，这是由事实证明的."

"你胡说!"戴法兴提高嗓门吼道，"天上东西的快慢变化，绝不是凡夫俗子可以推算出来的."

祖冲之胸有成竹地说："你不要唬人，这些快慢变化并不神秘，通过观测研究，完全可以推算出来."

理屈词穷的戴法兴蛮横地宣称："历法是古人制定、代代相传的，万世不能更改. 即使有差错，也应该永远照用."

"我们绝不能盲目迷信古人!"祖冲之理直气壮地反对说，"明知旧历法有错误，还要照用，这岂不是错上加错?"

祖冲之的争辩使戴法兴恼羞成怒，他拍着桌子威胁说："谁改动旧历，谁就是亵渎上天，离经叛道!"

祖冲之义正词严地说："你们如果有事实根据，尽管拿出来. 空话是吓不倒我的!"

由于戴法兴的阻挠，《大明历》没有被颁布，直到祖冲之去世 10 年以后的 510 年，许多天文观测事实证明了《大明历》的正确，《大明历》才得以推行.

祖冲之(429—500)，字文远，范阳郡遒县(今河北省涞水县人，南北朝时期杰出的数学家、天文学家. 他对圆周率数值的精确推算，对于中国乃至世界是一个重大贡献，后人将"约率"用他的名字命名为"祖冲之圆周率"，简称"祖率".

第 5 章　不定积分

微分学中的基本问题是：已知一个函数，求它的导数. 但在生产实践和科学技术领域中，往往还会遇到与此相反的问题：已知一个函数的导数，求原来的函数，由此产生了积分学. 积分学由两个基本部分(不定积分和定积分)组成. 本章研究不定积分的概念、性质和基本积分方法.

第 1 节　不定积分的概念

5.1.1　原函数与不定积分

讨论物理学中质点沿直线运动时，由于实际问题的要求不同，往往要解决两个方面的问题. 一方面是已知路程函数 $s=s(t)$，求质点运动的速度 $v=v(t)$ 问题，这个问题已经在微分学中解决了；另一方面是已知质点做直线运动的速度 $v=v(t)$，而要求路程函数 $s=s(t)$，即已知 $v=v(t)$，求满足关系式 $s'(t)=v(t)$ 的函数 $s(t)$. 这个问题在自然科学及工程技术中是普遍存在的，即已知一个函数的导数或微分，寻求原本的函数. 为了便于研究这类问题，我们首先引入原函数与不定积分的概念.

定义 1　设函数 $F(x)$ 和 $f(x)$ 定义在同一区间内，并且对该区间内的任意一点，都有

$$F'(x)=f(x) \text{或} \mathrm{d}F(x)=f(x)\mathrm{d}x,$$

则称函数 $F(x)$ 是已知函数 $f(x)$ 在该区间上的一个原函数.

例如，对于函数 $f(x)=3x^2$，因为 $(x^3)'=3x^2$，$(x^3+2)'=3x^2$，$(x^3+\sqrt{5})'=3x^2$，$(x^3+C)'=3x^2$(C 为任意常数)，所以 x^3，x^3+2，$x^3+\sqrt{5}$，x^3+C 都是 $3x^2$ 的原函数. 又例如，对于函数 $f(x)=\cos x$，因为 $(\sin x)'=\cos x$，$(\sin x-3)'=\cos x$，所以 $\sin x$，$\sin x-3$，$\sin x+C$(C 为任意常数)都是 $\cos x$ 的原函数.

显然，若有 $F'(x)=f(x)$，则对任意的常数 C，有

$$[F(x)+C]'=f(x).$$

一般地，若 $F(x)$ 是 $f(x)$ 在某个区间上的一个原函数，则函数族 $F(x)+C$(C 为任意常数)都是 $f(x)$ 在该区间上的原函数. 可见，如果一个函数 $f(x)$ 有原函数，那么它就有无穷多个原函数，函数族 $F(x)+C$ 包含了 $f(x)$ 的全体原函数.

设 $F(x)$ 是 $f(x)$ 在区间 D 上的一个确定的原函数，$G(x)$ 是 $f(x)$ 在 D 上的另一个原函数，则

$$F'(x)=f(x),\ G'(x)=f(x),$$

于是　$$[G(x)-F(x)]'=G'(x)-F'(x)=f(x)-f(x)=0.$$

由微分中值定理的推论得

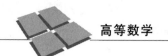

$$G(x)-F(x)=C,$$

移项得 $$G(x)=F(x)+C.$$

即同一个函数的任意两个原函数之间相差一个常数，换句话说 $F(x)+C$ 表示 $f(x)$ 的全体原函数. 求一个函数的所有原函数就是不定积分要解决的问题.

定义 2 若 $F(x)$ 是函数 $f(x)$ 在定义区间内的一个原函数，则 $F(x)+C$（C 为任意常数）称为 $f(x)$ 在该定义区间上的不定积分，记作

$$\int f(x)\mathrm{d}x=F(x)+C,$$

其中，"$\int$"称为积分号，函数 $f(x)$ 称为被积函数，x 称为积分变量，$f(x)\mathrm{d}x$ 称为被积表达式，C 称为积分常数.

根据定义 2 可知，求不定积分的中心问题就是求被积函数 $f(x)$ 的一个原函数，再加上一个积分常数 C.

在前面的例子中，因为 $(x^3)'=3x^2$，所以 $\int 3x^2\mathrm{d}x=x^3+C$

因为 $(\sin x)'=\cos x$，所以 $\int\cos x\,\mathrm{d}x=\sin x+C$.

由不定积分的定义 $$\int f(x)\mathrm{d}x=F(x)+C,$$

即 $$[F(x)+C]'=f(x),$$

所以积分运算与微分运算之间有如下的互逆关系：

$$\frac{\mathrm{d}}{\mathrm{d}x}\left[\int f(x)\mathrm{d}x\right]=f(x)\quad \text{或}\quad \mathrm{d}\left[\int f(x)\mathrm{d}x\right]=f(x)\mathrm{d}x,$$

$$\int F'(x)\mathrm{d}x=F(x)+C\quad \text{或}\quad \int\mathrm{d}F(x)=F(x)+C.$$

5.1.2 不定积分的基本积分公式

例 1 求不定积分 $\int 2x\,\mathrm{d}x$.

解：被积函数 $f(x)=2x$ 因为 $(x^2)'=2x$，即 x^2 是 $2x$ 的一个原函数 $F(x)=x^2$，

所以，不定积分 $\int 2x\,\mathrm{d}x=x^2+C$.

例 2 求不定积分 $\int\cos x\,\mathrm{d}x$.

解：被积函数 $f(x)=\cos x$，因为 $(\sin x)'=\cos x$ 即 $\sin x$ 是 $\cos x$ 的一个原函数，

所以，不定积分 $\int\cos x\,\mathrm{d}x=\sin x+C$.

例 3 求不定积分 $\int \mathrm{e}^x\mathrm{d}x$.

解：因为 $(\mathrm{e}^x)'=\mathrm{e}^x$，所以 $\int\mathrm{e}^x\mathrm{d}x=\mathrm{e}^x+C$.

例 4 求不定积分$\int \frac{1}{x}dx$.

解： 被积函数 $f(x)=\frac{1}{x}$的定义域为 $x\neq 0$，

当 $x>0$ 时，$(\ln|x|)'=(\ln x)'=\frac{1}{x}$，

当 $x<0$ 时，$(\ln|x|)'=[\ln(-x)]'=\frac{1}{-x}(-x)'=\frac{1}{x}$，

所以，$\int \frac{1}{x}dx=\ln|x|+C$.

其实，由于不定积分的运算与导数(或微分)的运算是互逆运算. 因此很容易通过导数的基本公式，得到不定积分的基本公式.

积分的基本公式：

(1) $\int k\,dx=kx+C$（k 为常数），

(2) $\int x^{\alpha}dx=\frac{1}{\alpha+1}x^{\alpha+1}+C(\alpha\neq -1)$，

(3) $\int \frac{1}{x}dx=\ln|x|+C$，

(4) $\int a^{x}dx=\frac{1}{\ln a}a^{x}+C(a>0,\ a\neq 1)$，

(5) $\int e^{x}dx=e^{x}+C$，

(6) $\int \sin x\,dx=-\cos x+C$，

(7) $\int \cos x\,dx=\sin x+C$，

(8) $\int \sec^{2}x\,dx=\tan x+C$，

(9) $\int \csc^{2}x\,dx=-\cot x+C$，

(10) $\int \sec x\tan x\,dx=\sec x+C$，

(11) $\int \csc x\cot x\,dx=-\csc x+C$，

(12) $\int \frac{1}{\sqrt{1-x^{2}}}dx=\arcsin x+C=-\arccos x+C$，

(13) $\int \frac{1}{1+x^{2}}dx=\arctan x+C=-\mathrm{arccot}x+C$.

以上公式中的 C 均为任意常数. 以上各不定积分是基本积分公式，它是求不定积分的基础，必须熟记，会用.

下面利用积分基本公式计算不定积分.

例 5 求不定积分$\int x^{3}dx$.

解： $\int x^{3}dx=\frac{1}{3+1}x^{3+1}+C=\frac{1}{4}x^{4}+C$.

例 6 求不定积分$\int \frac{1}{\sqrt{x}}dx$.

解： $\int \frac{1}{\sqrt{x}}dx=\int x^{-\frac{1}{2}}dx=\frac{1}{-\frac{1}{2}+1}x^{-\frac{1}{2}+1}+C=2x^{\frac{1}{2}}+C=2\sqrt{x}+C$.

例 7 求不定积分 $\int x\sqrt{x}\,\mathrm{d}x$.

解： $\int x\sqrt{x}\,\mathrm{d}x=\int x^{\frac{3}{2}}\mathrm{d}x=\dfrac{1}{\frac{3}{2}+1}x^{\frac{3}{2}+1}+C=\dfrac{2}{5}x^{\frac{5}{2}}+C$.

5.1.3 不定积分的性质

性质 1 两个函数的和(或差)的不定积分等于各函数不定积分的和(或差)，即

$$\int[f(x)\pm g(x)]\mathrm{d}x=\int f(x)\mathrm{d}x\pm\int g(x)\mathrm{d}x.$$

性质 1 可以推广到任意有限多个函数的代数和的情形，即

$$\int[f_1(x)\pm f_2(x)\pm\cdots\pm f_n(x)]\mathrm{d}x=\int f_1(x)\mathrm{d}x\pm\int f_2(x)\mathrm{d}x\pm\cdots\pm\int f_n(x)\mathrm{d}x.$$

性质 1 称为分项积分.

性质 2 被积函数中的不为零的常数因子可以提到积分号外，即

$$\int kf(x)\mathrm{d}x=k\int f(x)\mathrm{d}x\quad(k\text{ 为非零常数}).$$

利用基本积分公式和性质求不定积分的方法称为直接积分法，用直接积分法可求出某些简单函数的不定积分.

例 8 求不定积分 $\int 3\mathrm{e}^x\,\mathrm{d}x$.

解： $\int 3\mathrm{e}^x\,\mathrm{d}x=3\int\mathrm{e}^x\,\mathrm{d}x=3\mathrm{e}^x+C$.

例 9 求 $\int\dfrac{x^3-2x^2+1}{x}\mathrm{d}x$.

解：
$$\begin{aligned}\int\frac{x^3-2x^2+1}{x}\mathrm{d}x&=\int\left(x^2-2x+\frac{1}{x}\right)\mathrm{d}x\\&=\int x^2\mathrm{d}x-2\int x\,\mathrm{d}x+\int\frac{1}{x}\mathrm{d}x\\&=\frac{1}{3}x^3+C_1-(x^2+C_2)+(\ln|x|+C_3)\\&=\frac{1}{3}x^3-x^2+\ln|x|+(C_1+C_2+C_3)\\&=\frac{1}{3}x^3-x^2+\ln|x|+C.\end{aligned}$$

例 10 求 $\int(\sec^2x+\sin x)\mathrm{d}x$.

解： $\int(\sec^2x+\sin x)\mathrm{d}x=\int\sec^2x\,\mathrm{d}x+\int\sin x\,\mathrm{d}x=\tan x-\cos x+C$.

例 11 求$\int(x-1)(x+2)\mathrm{d}x$.

解:
$$\begin{aligned}\int(x-1)(x+2)\mathrm{d}x&=\int(x^2+x-2)\mathrm{d}x\\&=\int x^2\mathrm{d}x+\int x\mathrm{d}x-\int 2\mathrm{d}x\\&=\frac{1}{3}x^3+\frac{1}{2}x^2-2x+C.\end{aligned}$$

例 12 求$\int\frac{x^2-1}{x+1}\mathrm{d}x$.

解:
$$\begin{aligned}\int\frac{x^2-1}{x+1}\mathrm{d}x&=\int\frac{(x+1)(x-1)}{x+1}\mathrm{d}x\\&=\int(x-1)\mathrm{d}x\\&=\int x\mathrm{d}x-\int\mathrm{d}x\\&=\frac{1}{2}x^2-x+C.\end{aligned}$$

例 13 求$\int\frac{x^4}{1+x^2}\mathrm{d}x$.

解:
$$\begin{aligned}\int\frac{x^4}{1+x^2}\mathrm{d}x&=\int\frac{x^4-1+1}{1+x^2}\mathrm{d}x\\&=\int\frac{(x^2+1)(x^2-1)+1}{1+x^2}\mathrm{d}x\\&=\int\left(x^2-1+\frac{1}{1+x^2}\right)\mathrm{d}x\\&=\int x^2\mathrm{d}x-\int\mathrm{d}x+\int\frac{1}{1+x^2}\mathrm{d}x\\&=\frac{1}{3}x^3-x+\arctan x+C.\end{aligned}$$

5.1.4 不定积分的几何意义

若 $y=F(x)$是 $f(x)$的一个原函数，则称 $y=F(x)$的图形是 $f(x)$的积分曲线. 因为不定积分

$$\int f(x)\mathrm{d}x=F(x)+C$$

是 $f(x)$的原函数的一般表达式，所以它对应的图形是一族积分曲线，称它为积分曲线族. 积分曲线族 $y=F(x)+C$ 的特点如下.

(1)积分曲线族中任意一条曲线，可由其中某一条平移得到，例如，曲线 $y=F(x)$沿 y 轴平行移动$|C|$单位而得到 $y=F(x)+C$. 当 $C>0$ 时，向上移动；当 $C<0$ 时，向下移动.

(2)由于$[F(x)+C]'=F'(x)=f(x)$，即横坐标相同点 x 处，每条积分曲线上相应点的切线斜率相等，都等于 $f(x)$，从而使相应点的切线相互平行，如图 5-1 所示.

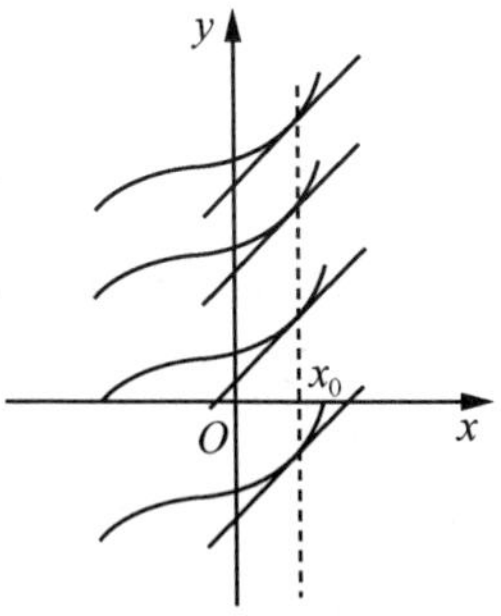

图 5-1

例 14 求任一点处切线斜率为 $3x^2$，且过点(0，1)的曲线方程.

解：设切线斜率为 $3x^2$ 的曲线方程为 $y=f(x)$，则由题意知，$f'(x)=3x^2$，所以

$$f(x)=\int 3x^2\mathrm{d}x=x^3+C,$$

又因为曲线过点(0，1)，所以有 $1=0^2+C$，

得 $C=1$，所求曲线方程为 $y=x^3+1$.

习题 5-1

1. 写出下列函数的一个原函数.

(1)$f(x)=4x^3$，　　(2)$f(x)=2\cos x$，

(3)$f(x)=\dfrac{1}{3}\sin x$，　　(4)$f(x)=x^{-\frac{2}{3}}$，

(5)$f(x)=\dfrac{1}{x^2}$，　　(6)$f(x)=\mathrm{e}^{-x}$.

2. 求下列不定积分.

(1) $\int(5x^2-3x+1)\mathrm{d}x$，　　(2) $\int\left(\mathrm{e}^x-\dfrac{1}{x}\right)\mathrm{d}x$，

(3) $\int\left(\dfrac{x^2-2x-3}{x+1}\right)\mathrm{d}x$，　　(4) $\int x(1-x)^2\mathrm{d}x$，

(5) $\int\sqrt{x}\,\mathrm{d}x$，　　(6) $\int\dfrac{(1-x)^2}{x}\mathrm{d}x$，

(7) $\int(2+\sin x)\mathrm{d}x$，　　(8) $\int(3+\mathrm{e}^x)\mathrm{d}x$，

(9) $\int(1-2\sqrt{x})\mathrm{d}x$，　　(10) $\int\dfrac{x-9}{\sqrt{x}+3}\mathrm{d}x$，

(11) $\int(3-x^2)^2\mathrm{d}x$，　　(12) $\int\dfrac{1}{3\sqrt{1-x^2}}\mathrm{d}x$，

(13) $\int(x^3+x^2+1)\mathrm{d}x$，　　(14) $\int(10^x+x^{10})\mathrm{d}x$.

3. 已知一条曲线在任意一点的切线斜率等于该点横坐标的倒数，且曲线过$(\mathrm{e}^3,3)$，求此曲线方程.

4. 已知物体由静止开始运动，经过 t 秒时的速度为 $v=3t^2$(米/秒)，求：

(1)3 秒末物体离开出发点的距离；

(2)物体走完 360 米所需的时间.

第 2 节　不定积分的换元积分法

利用直接积分法能够求出的不定积分是有限的．为了求得更多的函数的不定积分，还需要建立一些基本积分法．换元积分法就是其中之一．下面我们来介绍不定积分的换元法．换元积分法可分为第一类换元积分法（凑微分法）和第二类换元积分法（变量置换法）．

5.2.1　第一类换元积分法

设 $f(u)$ 有原函数 $F(u)$，即

$$F'(u)=f(u),\ \int f(u)\mathrm{d}u=F(u)+C,$$

如果 u 是中间变量：$u=g(x)$，且设 $g(x)$ 可微，那么根据复合函数微分法，有 $\mathrm{d}F[g(x)]=f[g(x)]g'(x)\mathrm{d}x$，从而根据不定积分的定义就得

$$\int f[g(x)]g'(x)\mathrm{d}x=F[g(x)]+C=\left[\int f(u)\mathrm{d}u\right]_{u=g(x)}.$$

则有第一换元积分法（凑微分法）为

$$\int f(\square)\mathrm{d}\square=F(\square)+C,$$

$$\int f[g(x)]g'(x)\mathrm{d}x \xlongequal{\text{凑微分}} \int f[g(x)]\mathrm{d}g(x) \xlongequal{\text{换元 } u=g(x)} \int f(u)\mathrm{d}u$$

$$=F(u)+C \xlongequal{\text{回代}} F[g(x)]+C.$$

例 1　求 $\int \mathrm{e}^{2x}\mathrm{d}x$．

解：
$$\begin{aligned}\int \mathrm{e}^{2x}\mathrm{d}x&=\frac{1}{2}\int \mathrm{e}^{2x}2\mathrm{d}x\\&=\frac{1}{2}\int \mathrm{e}^{2x}\mathrm{d}2x\\&\xlongequal{\text{令 } u=2x}\frac{1}{2}\int \mathrm{e}^{u}\mathrm{d}u\\&=\frac{1}{2}\mathrm{e}^{u}+C\\&\xlongequal{\text{回代}}\frac{1}{2}\mathrm{e}^{2x}+C.\end{aligned}$$

验证，$\left(\frac{1}{2}\mathrm{e}^{2x}+C\right)'=\mathrm{e}^{2x}$，所以 $\frac{1}{2}\mathrm{e}^{2x}+C$ 是 e^{2x} 的原函数．

例 2　求 $\int \cos 3x\,\mathrm{d}x$．

解： $\int \cos 3x\,\mathrm{d}x=\frac{1}{3}\int \cos 3x\,\mathrm{d}3x$

$$\xlongequal{令 u=3x} \frac{1}{3}\int \cos u\,du$$

$$=\frac{1}{3}\sin u + C$$

$$\xlongequal{回代} \frac{1}{3}\sin 3x + C.$$

这就是凑微分法的主要思想，即通过凑微分引入新的积分变量，将原不定积分转化为可以直接利用积分公式或性质计算的不定积分．利用凑微分法求不定积分时，若引入了新的变量 u，在求出原函数后，要将其还原为原来的变量 x．对上述方法熟悉后，设中间变量过程可以省略.

例 3　求 $\int \tan x\,dx$.

解： $\int \tan x\,dx = \int \frac{\sin x}{\cos x}dx$

$$=-\int \frac{1}{\cos x}d\cos x$$

$$=-\ln|\cos x|+C.$$

例 4　求 $\int \frac{1}{x+1}dx$.

解： $\int \frac{1}{x+1}dx = \int \frac{1}{x+1}d(x+1)$

$$=\ln|x+1|+C.$$

例 5　求 $\int (2x+1)^{10}dx$.

解： 利用凑微分公式 $dx=\frac{1}{a}d(ax+b)$，则有

$$\int (2x+1)^{10}dx = \frac{1}{2}\int (2x+1)^{10}(2x+1)'dx$$

$$=\frac{1}{2}\int (2x+1)^{10}d(2x+1)$$

$$=\frac{1}{22}(2x+1)^{11}+C.$$

例 6　求 $\int \frac{1}{a^2+x^2}dx$，（a 为常数，$a>0$）.

解： $\int \frac{1}{a^2+x^2}dx = \int \frac{1}{a^2\left(1+\frac{x^2}{a^2}\right)}dx$

$$=\frac{1}{a}\int \frac{1}{1+\left(\frac{x}{a}\right)^2}d\frac{x}{a}$$

$$=\frac{1}{a}\arctan\frac{x}{a}+C.$$

例 7 求$\int x\mathrm{e}^{x^2}\mathrm{d}x$.

解: $\int x\mathrm{e}^{x^2}\mathrm{d}x=\frac{1}{2}\int \mathrm{e}^{x^2}\mathrm{d}x^2$

$$=\frac{1}{2}\mathrm{e}^{x^2}+C.$$

例 8 求$\int\frac{\ln x}{x}\mathrm{d}x$.

解: 因为被积分式中有$\frac{1}{x}\mathrm{d}x$ 因子，所以将它凑微分即$\frac{1}{x}\mathrm{d}x=\mathrm{d}\ln x$，于是

$$\int\frac{\ln x}{x}\mathrm{d}x=\int\ln x\,\mathrm{d}\ln x$$

$$=\frac{1}{2}\ln^2 x+C.$$

例 9 求$\int\frac{\ln x+1}{x}\mathrm{d}x$.

解: 因为 $\mathrm{d}(\ln x+1)=\frac{1}{x}\mathrm{d}x$，所以可把$\frac{1}{x}\mathrm{d}x=\mathrm{d}(\ln x+1)$，于是

$$\int\frac{\ln x+1}{x}\mathrm{d}x=\int(\ln x+1)\frac{1}{x}\mathrm{d}x$$

$$=\int(\ln x+1)\mathrm{d}(\ln x+1)$$

$$=\frac{1}{2}(\ln x+1)^2+C.$$

例 10 求$\int\sin^2 x\cos x\,\mathrm{d}x$.

解: $\int\sin^2 x\cos x\,\mathrm{d}x=\int\sin^2 x\,\mathrm{d}\sin x$

$$=\frac{1}{3}\sin^3 x+C.$$

以上几例都是直接用凑微分法求积分的，利用凑微分法时，需熟悉一些凑微分的类型，常用的凑微分类型有以下几种.（a，b 为常数，$a\neq0$）

(1) $\int f(ax+b)\mathrm{d}x\xlongequal{u=ax+b}\frac{1}{a}\int f(ax+b)\mathrm{d}(ax+b)$.

(2) $\int x^{n-1}f(ax^n+b)\mathrm{d}x\xlongequal{u=ax^n+b}\frac{1}{na}\int f(ax^n+b)\mathrm{d}(ax^n+b)$.

(3) $\int\frac{1}{\sqrt{x}}f(\sqrt{x})\mathrm{d}x\xlongequal{u=\sqrt{x}}2\int f(\sqrt{x})\mathrm{d}\sqrt{x}$.

(4) $\int \frac{1}{x^2}f\left(\frac{1}{x}\right)\mathrm{d}x \xlongequal{u=\frac{1}{x}} -\int f\left(\frac{1}{x}\right)\mathrm{d}\left(\frac{1}{x}\right)$.

(5) $\int \frac{1}{x}f(\ln x)\mathrm{d}x \xlongequal{u=\ln x} \int f(\ln x)\mathrm{d}\ln x$.

(6) $\int \mathrm{e}^x f(\mathrm{e}^x)\mathrm{d}x \xlongequal{u=\mathrm{e}^x} \int f(\mathrm{e}^x)\mathrm{d}\mathrm{e}^x$.

(7) $\int \cos x f(\sin x)\mathrm{d}x \xlongequal{u=\sin x} \int f(\sin x)\mathrm{d}(\sin x)$.

(8) $\int \sin x f(\cos x)\mathrm{d}x \xlongequal{u=\cos x} -\int f(\cos x)\mathrm{d}(\cos x)$.

(9) $\int \sec^2 x f(\tan x)\mathrm{d}x \xlongequal{u=\tan x} \int f(\tan x)\mathrm{d}(\tan x)$.

(10) $\int \sin mx\cos nx\,\mathrm{d}x$，$\int \sin mx\sin nx\,\mathrm{d}x$，$\int \cos mx\cos nx\,\mathrm{d}x$，可先利用三角函数的积化和差公式变换，再换元.

(11) $\int \sin^m x\,\mathrm{d}x$，$\int \cos^m x\,\mathrm{d}x$（$m$ 为奇数），分离出一个三角函数凑微分，其余的用 $\sin^2 x+\cos^2 x=1$ 变换.

(12) $\int \sin^m x\,\mathrm{d}x$，$\int \cos^m x\,\mathrm{d}x$（$m$ 为偶数），用降幂公式化简再积分.

(13) $\int \frac{1}{1+x^2}f(\arctan x)\mathrm{d}x \xlongequal{u=\arctan x} \int f(\arctan x)\mathrm{d}(\arctan x)$.

(14) $\int \frac{1}{\sqrt{1-x^2}}f(\arcsin x)\mathrm{d}x \xlongequal{u=\arcsin x} \int f(\arcsin x)\mathrm{d}(\arcsin x)$.

例 11 求 $\int \frac{x}{x+1}\mathrm{d}x$.

解：

$$\begin{aligned}\int \frac{x}{x+1}\mathrm{d}x &= \int \frac{x+1-1}{x+1}\mathrm{d}x \\ &= \int\left(1-\frac{1}{x+1}\right)\mathrm{d}x \\ &= \int \mathrm{d}x-\int \frac{1}{x+1}\mathrm{d}x \\ &= x-\int \frac{1}{x+1}\mathrm{d}x \\ &= x-\ln|x+1|+C.\end{aligned}$$

例 12 求 $\int \frac{1}{x^2-a^2}\mathrm{d}x$.

解：

$$\begin{aligned}\int \frac{1}{x^2-a^2}\mathrm{d}x &= \int \frac{1}{(x-a)(x+a)}\mathrm{d}x \\ &= \frac{1}{2a}\left[\int \frac{1}{x-a}\mathrm{d}x-\int \frac{1}{x+a}\mathrm{d}x\right]\end{aligned}$$

$$=\frac{1}{2a}\left[\int\frac{1}{x-a}\mathrm{d}(x-a)-\int\frac{1}{x+a}\mathrm{d}(x+a)\right]$$

$$=\frac{1}{2a}[\ln|x-a|-\ln|x+a|]+C$$

$$=\frac{1}{2a}\ln\left|\frac{x-a}{x+a}\right|+C.$$

例 13 求$\int\sin^2 x\,\mathrm{d}x$.

解: $\int\sin^2 x\,\mathrm{d}x=\int\frac{1-\cos 2x}{2}\mathrm{d}x$

$$=\frac{1}{2}(\int\mathrm{d}x-\int\cos 2x\,\mathrm{d}x)$$

$$=\frac{1}{2}\left(x-\frac{1}{2}\int\cos 2x\,\mathrm{d}2x\right)$$

$$=\frac{1}{2}x-\frac{1}{4}\sin 2x+C.$$

5.2.2 第二类换元积分法

设函数 $f(x)$为连续函数，函数 $x=\varphi(t)$是连续、可导的函数，则有换元公式

$$\int f(x)\mathrm{d}x=\int f[\varphi(t)]\mathrm{d}\varphi(t)$$

$$=\int f[\varphi(t)]\varphi'(t)\mathrm{d}t.$$

这种求不定积分的方法叫作不定积分的**第二类换元积分法**(也叫变量置换法).

例 14 求$\int\frac{\sqrt{x-1}}{x}\mathrm{d}x$.

解: 可以令$\sqrt{x-1}=t$，$x=1+t^2$，则 $\mathrm{d}x=2t\mathrm{d}t$，所以

$$\int\frac{\sqrt{x-1}}{x}\mathrm{d}x=2\int\frac{t^2}{1+t^2}\mathrm{d}t$$

$$=2\int\frac{(t^2+1)-1}{1+t^2}\mathrm{d}t$$

$$=2\int\left(1-\frac{1}{1+t^2}\right)\mathrm{d}t$$

$$=2(t-\arctan t)+C.$$

将 $t=\sqrt{x-1}$代回，还原为原来的变量 x，则

$$\int\frac{\sqrt{x-1}}{x}\mathrm{d}x=2(t-\arctan t)+C$$

$$=2(\sqrt{x-1}-\arctan\sqrt{x-1})+C.$$

例 15 求 $\int \frac{1}{\sqrt{x-1}+1}\mathrm{d}x$.

解： 被积函数中出现了根式，为去掉根式，令 $t=\sqrt{x-1}$，$x=t^2+1$，则 $\mathrm{d}x=\mathrm{d}(t^2+1)=2t\mathrm{d}t$，所以

$$\begin{aligned}\int \frac{1}{\sqrt{x-1}+1}\mathrm{d}x &= \int \frac{1}{t+1}\cdot 2t\mathrm{d}t \\ &= 2\int \frac{t+1-1}{t+1}\mathrm{d}t \\ &= 2\int\left(1-\frac{1}{t+1}\right)\mathrm{d}t \\ &= 2t-2\ln|t+1|+C \\ &\xlongequal{t=\sqrt{x-1}} 2\sqrt{x-1}-2\ln(\sqrt{x-1}+1)+C.\end{aligned}$$

例 16 求 $\int \frac{x}{\sqrt{x+1}}\mathrm{d}x$.

解： 令 $t=\sqrt{x+1}$，$x=t^2-1$，则 $\mathrm{d}x=\mathrm{d}(t^2-1)=2t\mathrm{d}t$，所以

$$\begin{aligned}\int \frac{x}{\sqrt{x+1}}\mathrm{d}x &= \int \frac{t^2-1}{t}\cdot 2t\mathrm{d}t \\ &= 2\int (t^2-1)\mathrm{d}t \\ &= 2\left(\frac{1}{3}t^3-t\right)+C \\ &\xlongequal{t=\sqrt{x+1}} \frac{2}{3}\sqrt{(x+1)^3}-2\sqrt{x+1}+C.\end{aligned}$$

例 17 求 $\int \sqrt{a^2-x^2}\,\mathrm{d}x\ (a>0)$.

分析： 这个积分的困难在于有根式 $\sqrt{a^2-x^2}$，可以利用三角公式 $\sin^2 t+\cos^2 t=1$ 去掉根式.

解： 令 $x=a\sin t\left(-\frac{\pi}{2}\leqslant t\leqslant\frac{\pi}{2}\right)$，则 $\mathrm{d}x=\mathrm{d}a\sin t=a\cos t\mathrm{d}t$，

$$\begin{aligned}\int \sqrt{a^2-x^2}\,\mathrm{d}x &= \int a\cos t\cdot a\cos t\mathrm{d}t \\ &= a^2\int \cos^2 t\mathrm{d}t \\ &= \frac{a^2}{2}\int (1+\cos 2t)\mathrm{d}t \\ &= a^2\left(\frac{1}{2}t+\frac{1}{4}\sin 2t\right)+C\end{aligned}$$

为了把 t 代回 x，可根据 $\sin t=\frac{x}{a}$，作一个辅助三角形如图 5-2 所示，以 t 作辅助三角形的锐角，得 $\cos t=\frac{\sqrt{a^2-x^2}}{a}$.

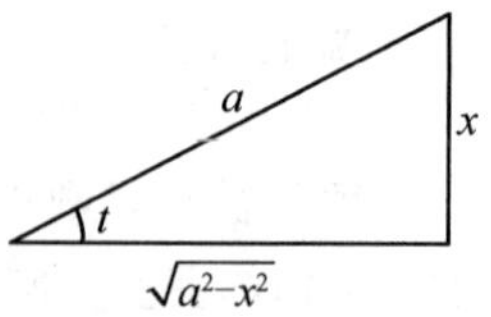

图 5-2

因为 $t=\arcsin\frac{x}{a}$，$\sin 2t=2\sin t\cos t=2\,\frac{x}{a}\cdot\frac{\sqrt{a^2-x^2}}{a}$，所以

$$\begin{aligned}\int\sqrt{a^2-x^2}\,dx&=a^2\left(\frac{1}{2}t+\frac{1}{4}\sin 2t\right)+C\\&=\frac{a^2}{2}\arcsin\frac{x}{a}+\frac{1}{2}x\sqrt{a^2-x^2}+C.\end{aligned}$$

把 t 代回 x，一般有以下几种方法：

(1)利用解题过程中出现的结果回代；

(2)构造一个辅助的三角形回代；

(3)利用三角公式回代.

例 18 求不定积分 $\int\frac{1}{\sqrt{a^2+x^2}}dx\ (a>0)$.

解： 被积函数中出现根式 $\sqrt{a^2+x^2}$，所以令 $x=a\tan t\quad\left(-\frac{\pi}{2}<t<\frac{\pi}{2}\right)$，

则 $dx=a\sec^2 t\,dt$，

$$\begin{aligned}\int\frac{1}{\sqrt{a^2+x^2}}dx&=\int\frac{1}{\sqrt{a^2+(a\tan t)^2}}a\sec^2 t\,dt\\&=\int\frac{a\sec^2 t}{\sqrt{a^2\sec^2 t}}dx\\&=\int\sec t\,dt\\&=\ln|\tan t+\sec t|+C.\end{aligned}$$

为便于还原变量，作辅助三角形如图 5-3 所示，由 $\tan t=\frac{x}{a}$，

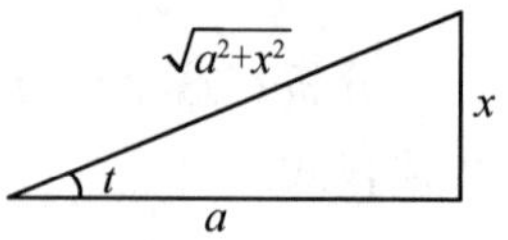

图 5-3

有 $\sec t=\frac{\sqrt{a^2+x^2}}{a}$，所以

$$\begin{aligned}\int\frac{1}{\sqrt{a^2+x^2}}dx&=\ln|\tan t+\sec t|+C\\&=\ln\left|\frac{x}{a}+\frac{\sqrt{a^2+x^2}}{a}\right|+C\\&=\ln\left|x+\sqrt{a^2+x^2}\right|+C_1\quad(C_1=C-\ln|C|).\end{aligned}$$

一般用第二类换元积分法求积分的被积函数的类型及具体的换元方法有以下几种.

(1)含有根式且根式中变量 x 的最高次幂为 1 次，即含 $\sqrt[n]{ax+b}$，令 $\sqrt[n]{ax+b}=t$，

解出 x 即为换元的函数. 被积函数中含有 $\sqrt[n]{\dfrac{ax+b}{cx+d}}$ 时，亦可令 $\sqrt[n]{\dfrac{ax+b}{cx+d}}=t$，这类代换叫代数代换(去根号代换).

(2)含有根式且根式中变量 x 的最高次幂为 2 次，即含 $\sqrt{a^2-x^2}$，$\sqrt{a^2+x^2}$ 或 $\sqrt{x^2-a^2}$，采用三角代换的方法.

如含 $\sqrt{a^2-x^2}$，可令 $x=a\sin t$，$x\in\left(-\dfrac{\pi}{2},\ \dfrac{\pi}{2}\right)$ (或 $x=a\cos t$)；

如含 $\sqrt{a^2+x^2}$，可令 $x=a\tan t$，$x\in\left(-\dfrac{\pi}{2},\ \dfrac{\pi}{2}\right)$ (或 $x=a\cot t$)；

如含 $\sqrt{x^2-a^2}$，可令 $x=a\sec t$,，$x\in\left(0,\ \dfrac{\pi}{2}\right)$ (或 $x=a\csc t$).

通常，称以上代换为三角代换，它是第二类换元法的重要组成部分，但具体解题时还要分析被积函数的情况，有时可以选取更为简捷的代换，例如，求 $\int x\sqrt{a^2-x^2}\,dx$ 时，利用凑微分法更为方便.

补充公式：

(1) $\int\tan x\,dx=-\ln|\cos x|+C$，　　(2) $\int\cot x\,dx=\ln|\sin x|+C$，

(3) $\int\sec x\,dx=\ln|\sec x+\tan x|+C$，　　(4) $\int\csc x\,dx=\ln|\csc x-\cot x|+C$，

(5) $\int\sin^2 x\,dx=\dfrac{1}{2}x-\dfrac{1}{4}\sin 2x+C$，　　(6) $\int\cos^2 x\,dx=\dfrac{1}{2}x+\dfrac{1}{4}\sin 2x+C$，

(7) $\int\dfrac{1}{a^2+x^2}dx=\dfrac{1}{a}\arctan\dfrac{x}{a}+C$，　　(8) $\int\dfrac{1}{x^2-a^2}dx=\dfrac{1}{2a}\ln\left|\dfrac{x-a}{x+a}\right|+C$，

(9) $\int\dfrac{1}{\sqrt{a^2-x^2}}dx=\arcsin\dfrac{x}{a}+C$，　　(10) $\int\dfrac{dx}{\sqrt{x^2+a^2}}=\ln(x+\sqrt{x^2+a^2})+C$，

(11) $\int\dfrac{dx}{\sqrt{x^2-a^2}}=\ln|x+\sqrt{x^2-a^2}|+C$.

习题 5-2

1. 用第一换元积分法求下列不定积分.

(1) $\int(1+2x)^5\,dx$，　　(2) $\int e^{5x}\,dx$，

(3) $\int e^{x+1}\,dx$，　　(4) $\int\dfrac{1}{1-x}dx$，

(5) $\int 3^x e^x\,dx$，　　(6) $\int\sin(2x-1)\,dx$，

(7) $\int\dfrac{x}{1+x^2}dx$，　　(8) $\int\sin^3 x\,dx$，

(9) $\int \cos^3 x \mathrm{d}x$，

(10) $\int \frac{\sin x}{1-\cos x}\mathrm{d}x$，

(11) $\int \frac{\sin x}{\cos^3 x}\mathrm{d}x$，

(12) $\int \frac{x^3}{x^2+1}\mathrm{d}x$，

(13) $\int \sqrt{3+4x}\,\mathrm{d}x$，

(14) $\int \frac{1}{5x-3}\mathrm{d}x$，

(15) $\int \mathrm{e}^{-3x+1}\mathrm{d}x$，

(16) $\int \mathrm{e}^x \sin \mathrm{e}^x \mathrm{d}x$，

(17) $\int \frac{1}{x^2+2x-3}\mathrm{d}x$，

(18) $\int \frac{1}{(2-x)^2}\mathrm{d}x$，

(19) $\int \frac{\ln^5 x}{x}\mathrm{d}x$，

(20) $\int \mathrm{e}^{\mathrm{e}^x+x}\mathrm{d}x$，

(21) $\int \frac{1}{4+x^2}\mathrm{d}x$，

(22) $\int \frac{1}{\sqrt{4-x^2}}\mathrm{d}x$，

(23) $\int \frac{1}{(x+1)(x-2)}\mathrm{d}x$，

(24) $\int \frac{1}{4-x^2}\mathrm{d}x$，

(25) $\int \frac{x\mathrm{d}x}{\sqrt{2x^2+3}}$，

(26) $\int \frac{(\arctan x)^2}{1+x^2}\mathrm{d}x$.

2. 用第二类换元积分法求下列不定积分.

(1) $\int \frac{\mathrm{d}x}{1+\sqrt{x}}$，

(2) $\int \frac{\mathrm{d}x}{1+\sqrt[3]{x+2}}$，

(3) $\int \frac{1}{\sqrt{x}(1+\sqrt[3]{x})}\mathrm{d}x$，

(4) $\int \frac{\sqrt{1+x}}{1+\sqrt{1+x}}\mathrm{d}x$，

(5) $\int \frac{\sqrt{x}}{\sqrt{x}-1}\mathrm{d}x$，

(6) $\int x\sqrt{x-3}\,\mathrm{d}x$，

(7) $\int \frac{x^2}{\sqrt{4-x^2}}\mathrm{d}x$，

(8) $\int \sqrt{2-x^2}\,\mathrm{d}x$.

(9) $\int \frac{1}{x^2\sqrt{1+x^2}}\mathrm{d}x$，

(10) $\int \frac{1}{\sqrt{x^2+4}}\mathrm{d}x$.

第 3 节　不定积分的分部积分法

换元积分法(凑积分法和变量置换法)是很重要的积分方法，但这种方法对于求两类不同函数的乘积，如 $\int x\ln x\mathrm{d}x$、$\int x\cos x\mathrm{d}x$、$\int \mathrm{e}^x\sin x\mathrm{d}x$、$\int x\mathrm{e}^{x^2}\mathrm{d}x$ 等类型的积分时却无法解决，为此我们再介绍另外一种常用的积分方法——分部积分法.

设函数 $u=u(x)$ 及 $v=v(x)$ 都具有连续导数，由微分公式

$$\mathrm{d}(uv)=v\mathrm{d}u+u\mathrm{d}v,$$

移项得
$$u\,dv=d(uv)-v\,du,$$
再两边积分
$$\int u\,dv=uv-\int v\,du.$$

定理 设函数 $u(x)$、$v(x)$均有连续的导数，则

$$\int u(x)\,dv(x)=u(x)v(x)-\int v(x)\,du(x)，简记为\int u\,dv=uv-\int v\,du.$$

此式称为分部积分公式.

下面我们来看几种常见类型的积分.

5.3.1 幂函数与指数函数乘积的不定积分

选择幂函数为 u，指数函数与 dx 的乘积为 dv.

例 1 求 $\int xe^x\,dx$.

分析： 选择 $u=x$，则 $e^x\,dx=de^x$，即 $v=e^x$，所以有以下求解.

解：
$$\begin{aligned}\int xe^x\,dx&=\int x\,de^x\\&=xe^x-\int e^x\,dx\\&=xe^x-e^x+C.\end{aligned}$$

例 2 求 $\int x^2e^x\,dx$.

分析： 同上一题，选择 $u=x^2$，则 $e^x\,dx=de^x$，即 $v=e^x$，所以有以下求解.

解：
$$\begin{aligned}\int x^2e^x\,dx&=\int x^2\,d(e^x)\\&=x^2e^x-\int e^x\,d(x^2)\\&=x^2e^x-2\int xe^x\,dx\\&=x^2e^x-2\int x\,d(e^x)\\&=x^2e^x-2xe^x+2\int e^x\,dx\\&=x^2e^x-2xe^x+2e^x+C\\&=e^x(x^2-2x+2)+C.\end{aligned}$$

我们看到应用一次分部积分，使被积函数的幂指数降低了一次．我们可以多次使用分部积分，直到求出结果.

5.3.2 幂函数与三角函数乘积的不定积分

选择幂函数为 u，三角函数与 dx 的乘积为 dv

例 3 求 $\int x\cos x\,dx$.

分析：选择 $u=x$，则 $\cos x\,dx=d(\sin x)$，即 $v=\sin x$.

解：

$$\begin{aligned}\int x\cos x\,dx&=\int x\,d\sin x\\&=x\sin x-\int\sin x\,dx\\&=x\sin x+\cos x+C.\end{aligned}$$

5.3.3 幂函数与对数函数乘积的不定积分

选择对数函数为 u，幂函数与 dx 的乘积为 dv.

例 4 求 $\int\ln x\,dx$.

分析：在此题中选择 $u=\ln x$，则 $dx=dv$，即 $v=x$.

解：

$$\begin{aligned}\int\ln x\,dx&=x\ln x-\int x\,d(\ln x)\\&=x\ln x-\int x\cdot\frac{1}{x}dx\\&=x\ln x-x+C=x(\ln x-1)+C.\end{aligned}$$

例 5 求 $\int x\ln x\,dx$.

分析：选择 $u=\ln x$，则 $x\,dx=d\left(\frac{1}{2}x^2\right)$，即 $v=\frac{1}{2}x^2$.

解：

$$\begin{aligned}\int x\ln x\,dx&=\int\ln x\,d\left(\frac{x^2}{2}\right)\\&=\frac{1}{2}x^2\ln x-\frac{1}{2}\int x^2d(\ln x)\\&=\frac{1}{2}x^2\ln x-\frac{1}{2}\int x\,dx\\&=\frac{1}{2}x^2\ln x-\frac{1}{4}x^2+C.\end{aligned}$$

5.3.4 幂函数与反三角函数乘积的不定积分

选择反三角函数为 u，幂函数与 dx 的乘积为 dv.

例 6 求 $\int x\arctan x\,dx$.

分析：选择 $u=\arctan x$，则 $x\,dx=d\left(\frac{1}{2}x^2\right)$，即 $v=\frac{1}{2}x^2$.

解：

$$\int x\arctan x\,dx=\frac{1}{2}\int\arctan x\,dx^2$$

$$=\frac{1}{2}x^2\arctan x-\frac{1}{2}\int x^2\mathrm{d}(\arctan x)$$

$$=\frac{1}{2}x^2\arctan x-\frac{1}{2}\int\frac{x^2}{1+x^2}\mathrm{d}x$$

$$=\frac{1}{2}x^2\arctan x-\frac{1}{2}\int\frac{(x^2+1)-1}{x^2+1}\mathrm{d}x$$

$$=\frac{1}{2}x^2\arctan x-\frac{1}{2}\int\left(1-\frac{1}{1+x^2}\right)\mathrm{d}x$$

$$=\frac{1}{2}(x^2\arctan x-x+\arctan x)+C.$$

例 7 求 $\int\arcsin x\,\mathrm{d}x$.

分析： 选择 $u=\arcsin x$，那么 $\mathrm{d}x=\mathrm{d}v$，即 $v=x$.

解：

$$\int\arcsin x\,\mathrm{d}x=x\arcsin x-\int x\,\mathrm{d}(\arcsin x)$$

$$=x\arcsin x-\int\frac{x}{\sqrt{1-x^2}}\mathrm{d}x$$

$$=x\arcsin x+\frac{1}{2}\int(1-x^2)^{-\frac{1}{2}}\mathrm{d}(1-x^2)$$

$$=x\arcsin x+(1-x^2)^{\frac{1}{2}}+C$$

$$=x\arcsin x+\sqrt{1-x^2}+C.$$

5.5.5 指数函数与三角函数乘积的不定积分

被积函数中既出现指数函数，又出现三角函数时，用哪种函数凑微分均可以，但如果在求不定积分的过程中多次使用分部积分法，每次用来凑微分的函数必须是同名函数.

例 8 求 $\int\mathrm{e}^x\sin x\,\mathrm{d}x$.

解： 被积函数中既出现了三角函数 $\sin x$，又出现了指数函数 e^x，这里我们用指数函数 e^x 来凑微分，然后再用分部积分公式，于是

$$\int\mathrm{e}^x\sin x\,\mathrm{d}x=\int\sin x\,\mathrm{d}(\mathrm{e}^x)$$

$$=\mathrm{e}^x\sin x-\int\mathrm{e}^x\,\mathrm{d}(\sin x)$$

$$=\mathrm{e}^x\sin x-\int\mathrm{e}^x\cos x\,\mathrm{d}x$$

$$=\mathrm{e}^x\sin x-\int\cos x\,\mathrm{d}(\mathrm{e}^x)$$

$$=e^x\sin x-e^x\cos x+\int e^x\,d(\cos x)$$

$$=e^x\sin x-e^x\cos x-\int e^x\sin x\,dx,$$

移项并解方程得 $\int e^x\sin x\,dx=\frac{1}{2}e^x(\sin x-\cos x)+C.$

我们不妨试着在上例中用三角函数 $\sin x$ 来凑微分，然后再用分部积分公式计算，比较两种方法所得的结果是否一致.

$$\int e^x\sin x\,dx=-\int e^x\,d\cos x$$

$$=-e^x\cos x+\int\cos x\,de^x$$

$$=-e^x\cos x+\int\cos x\,e^x\,dx$$

$$=-e^x\cos x+\int e^x\,d\sin x$$

$$=-e^x\cos x+e^x\sin x-\int\sin x\,de^x$$

$$=-e^x\cos x+e^x\sin x-\int e^x\sin x\,dx,$$

移项并解方程得 $\int e^x\sin x\,dx=\frac{1}{2}e^x(\sin x-\cos x)+C.$

注：上例是用分部积分法积分的一种典型例题，其求解过程中多次使用了分部积分法，最后又出现所求的积分，通过解方程求出不定积分.

到目前为止，我们已经学习了求不定积分的三种最基本的方法，记住方法本身固然重要，但更重要的是能够灵活地运用它们求解不同类型的题目．同时还应注意，某些不定积分的求解需将几种方法结合在一起应用，才能奏效.

习题 5-3

用第一换元积分法求下列不定积分.

(1) $\int(x-3)e^x\,dx$， (2) $\int x\,e^{2x}\,dx$，

(3) $\int x^2\ln x\,dx$， (4) $\int x\sin x\,dx$，

(5) $\int x sec^2 x\,dx$， (6) $\int x\cos 2x\,dx$，

(7) $\int\arctan x\,dx$， (8) $\int\left(\frac{1}{x}+\ln x\right)e^x\,dx$，

(9) $\int\ln(1+x^2)\,dx$， (10) $\int e^x\cos x\,dx$.

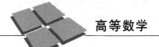

复习题 5

1. 选择题.

(1)若 $F(x)$、$G(x)$都是函数 $f(x)$的原函数，则必有(　　).

A. $F(x)=G(x)$　　B. $F(x)=cG(x)$

C. $F(x)=G(x)+c$　　D. $F(x)=\frac{1}{c}G(x)$

(2)下列等式中成立的是(　　).

A. $d\int f(x)dx=f(x)$　　B. $\frac{d}{dx}\int f(x)dx=f(x)dx$

C. $\frac{d}{dx}\int f(x)dx=f(x)+c$　　D. $d\int f(x)dx=f(x)dx$

(3)设 $f(x)=\frac{\cos x}{x}$，则 $\left(\int f(x)dx\right)'=$(　　).

A. $\frac{\cos x}{x}$　　B. $\frac{\sin x}{x}$　　C. $\frac{\cos x}{x}+C$　　D. $\frac{\sin x}{x}+C$

(4)若函数 $f(x)$的一个原函数是 e^{-x^2}，则 $\int f'(x)dx=$(　　).

A. $-2xe^{-x^2}+C$　　B. $-\frac{1}{2}e^{-x^2}+C$

C. $-(2x^2+1)e^{-x^2}+C$　　D. $-xe^{-x^2}+f(x)+C$

(5) $\int \ln x\,dx=$(　　).

A. $\frac{1}{x}$　　B. $x\ln x-x$　　C. $\frac{1}{x}+c$　　D. $x\ln x-x+c$

(6)导数 $\left[\int f'(x)dx\right]'=$(　　).

A. $f'(x)$　　B. $f'(x)+c$　　C. $f''(x)$　　D. $f''(x)+c$

(7)设 $f(x)$的一个原函数是$\frac{1}{x}$，则 $f'(x)=$(　　).

A. $\ln|x|$　　B. $\frac{1}{x}$　　C. $-\frac{1}{x^2}$　　D. $\frac{2}{x^3}$

2. 填空题.

(1)函数 $3x^2$ 的原函数是________.

(2)函数 $3x^2$ 是________的原函数.

(3)函数 $f(x)$的全体原函数 $F(x)+C$ 称为 $f(x)$的________.

(4)若 $\int f(x)dx=\sin x+C$，则 $f(x)=$ ________.

(5)若 $f(x)$的一个原函数为 $\sin x$，$\int f'(x)dx=$ ________.

(6)设 $f'(x)=1$，且 $f(0)=0$，则 $\int f(x)\mathrm{d}x=$________.

(7)一曲线经过(1，0)，且在其上任一点 x 的切线斜率为 $4x^3$，则此曲线方程为________.

3. 求下列不定积分.

(1) $\int\left(\frac{1}{x}+4^x\right)\mathrm{d}x$，　(2) $\int\frac{x}{(1-x)^3}\mathrm{d}x$，

(3) $\int x\sqrt{x^2+3}\,\mathrm{d}x$，　(4) $\int\frac{1}{\sqrt{4-9x^2}}\mathrm{d}x$，

(5) $\int\frac{\mathrm{e}^x}{2-3\mathrm{e}^x}\mathrm{d}x$，　(6) $\int\frac{x}{\sqrt{x+2}}\mathrm{d}x$，

(7) $\int\cos^4x\,\mathrm{d}x$，　(8) $\int x^2\mathrm{e}^{x^3+1}\mathrm{d}x$，

(9) $\int\frac{1}{4x^2+4x-3}\mathrm{d}x$，　(10) $\int\frac{1}{1+\sqrt{x}}\mathrm{d}x$，

(11) $\int\frac{\sin\frac{1}{x}}{x^2}\mathrm{d}x$，　(12) $\int 2x\mathrm{e}^{-x^2}\mathrm{d}x$，

(13) $\int\frac{1}{\sin^2 3x}\mathrm{d}x$，　(14) $\int\frac{1}{5x-3}\mathrm{d}x$，

(15) $\int\frac{a^{\frac{1}{x}}}{x^2}\mathrm{d}x$，　(16) $\int\frac{1}{x^2}\cos\frac{1}{x}\mathrm{d}x$，

(17) $\int\sqrt{\frac{\arcsin x}{1-x^2}}\mathrm{d}x$，　(18) $\int\frac{\sin\sqrt{x}}{\sqrt{x}}\mathrm{d}x$，

(19) $\int x^2\mathrm{e}^{3x}\mathrm{d}x$，　(20) $\int x\cos 2x\,\mathrm{d}x$.

知识拓展

“微分几何之父”：数学家陈省身

图 5-4

陈省身，1911 年 10 月 28 日生于浙江嘉兴秀水县，美籍华裔数学大师、20 世纪最伟大的几何学家之一，生前曾长期任教于美国加州大学伯克利分校、芝加哥大学，并在伯克利建立了美国国家数学科学研究所．为了纪念陈省身的卓越贡献，国际数学联盟还特别设立了“陈省身奖”．

数学家陈省身的生平：

1911 年 10 月 28 日，陈省身生于浙江嘉兴秀水县．

1926 年，陈省身进入南开大学数学系，该系的姜立夫教授对陈省身影响很大．在南开大学学习期间，他还为姜立夫当

助教.

1931 年考入清华大学研究生院，成为中国国内最早的数学研究生之一.

1932 年在孙光远博士指导下，他在《清华大学理科报告》发表了第一篇数学论文：关于射影微分几何的《具有一一对应的平面曲线对》.

1934 年夏，他毕业于清华大学研究生院，获硕士学位，成为中国自己培养的第一名数学研究生，随后赴布拉希克所在的汉堡大学数学系留学.

1935 年 10 月完成博士论文《关于网的计算》和《$2n$ 维空间中 n 维流形三重网的不变理论》，在汉堡大学数学讨论会论文集上发表.

1936 年 2 月获科学博士学位；毕业时奖学金还有剩余，同年夏得到中华文化基金会资助，于是又转去法国巴黎跟从嘉当研究微分几何.

数学家陈省身的贡献主要有以下方面.

陈省身是 20 世纪重要的微分几何学家，被誉为“微分几何之父”. 早在 20 世纪 40 年代，他结合微分几何与拓扑学的方法，完成了两项划时代的重要工作：高斯—博内—陈定理；Hermitian 流形的示性类理论. 这为大范围微分几何提供了不可缺少的工具. 这些概念和工具，已远远超过微分几何与拓扑学的范围，成为整个现代数学中的重要组成部分.

他曾先后任教于国立西南联合大学、芝加哥大学和加州大学伯克利分校，是原中央研究院数学所、美国国家数学科学研究所、南开大学数学研究所的创始所长. 他培养了包括廖山涛、吴文俊、丘成桐、郑绍远、李伟光等在内的一大批著名数学家.

经过艰苦的努力，南开大学数学研究所于 1985 年正式挂牌成立. 宣布陈省身为所长，胡国定为副所长. 当时的中国数学，还处在恢复和发展的起步阶段. 陈省身认为，南开大学数学研究所要办成开放的数学研究所，使得南开大学的数学活动能够为全国服务. 因此，吴大任根据陈省身的建议，归纳提出南开大学数学研究所的办所宗旨是：立足南开，面向全国，放眼世界.

实行这一方针的具体措施就是组织学术活动年. 于是，每年在南开大学举行为期三个月到半年的学习班，研究生都可以参加. 每班选择一个主题，聘请国内外一流专家承担教学工作. 为达到研究的前沿，这些专家多半是由陈省身出面邀请的一些国际名家. 国内外专家从基础讲起，这使大家迅速接近世界先进水平. 这样的学术年先后举办了 10 年，共 12 次. 连续 10 年举办学术年，使得南开大学数学研究所在全国数学界赢得了盛誉. 1995 年，学术年活动告一段落. 许多国内一流的数学家如吴文俊、谷超豪、齐民友、王柔怀、张恭庆、杨乐等著文庆贺.

学术年这一活动影响了中国的一代数学家，可谓是得天时顺人心，得到了数学界老中青各阶层的广泛欢迎. 来自国内外的数学界的专家学者，聚集在以陈省身为首的南开大学数学研究所进行学术交流，莫不感到兴致勃勃.

陈省身对南开大学数学研究所的建设更是精心照料. 胡国定在回忆数学研究所的发展时，曾讲述了一桩不为人知的逸事. 1987 年，为南开大学数学的发展而修建的谊园招待所在施工期间，学校基建处向胡国定报告，工期恐怕要拖后，可能赶不上暑期学术年的使用，胡国定听了眉头一皱也无可奈何．陈省身知道后，拄着拐杖到工地找工人师傅聊天，看能不能提前竣工．工人们看老先生的面子，说努力一下也许行．陈省身大喜过望，立刻打电话给胡国定先生，说："今天晚上我请客，请工人师傅吃饭．"陈省身亲自为工人师傅敬酒．几天后，胡国定看到夜间的工地灯火通明．谊园招待所工程终于按期交付使用了．

报效祖国，着眼于中国本土的数学发展，用陈省身自己的话说就是"为数学所我要鞠躬尽瘁，死而后已"．这是他的肺腑之言，也是他多年来的行动．陈省身把他获得的沃尔夫数学奖5万美元全数交给了数学研究所；1988年，陈省身到美国休斯顿授课和研究，所得酬金两万美元也捐给了数学研究所；还捐了汽车5辆．1987年3月17日，陈省身在给胡国定的信中说："我的遗嘱，会有一笔钱给南开数学所．"到了21世纪，他为南开大学数学研究所设立了上百万美元的基金，其中半数是他自己多年的积蓄．至于图书、杂志以及其他的零星捐助，已无法精确统计．他自己说："除了儿子伯龙、女儿陈璞之外，南开数学所是我的第三个孩子．"

第 6 章　定积分及其应用

不定积分是微分法逆运算的一个侧面，本章要介绍的定积分则是它的另一个侧面. 定积分起源于求图形面积和体积等实际问题. 古希腊的阿基米德用“穷竭法”，我国的刘徽用“割圆术”，都曾计算过一些几何体的面积和体积，这些均为定积分的雏形. 直到 17 世纪中叶，牛顿和莱布尼茨先后提出了定积分的概念，并发现了积分与微分之间的内在联系，给出了计算定积分的一般方法，从而使定积分成为解决有关实际问题的有力工具，并使各自独立的微分学与积分学联系在一起，构成完整的理论体系——微积分学.

本章先从几何问题与力学问题引入定积分的定义，然后讨论定积分的性质、计算方法以及定积分在几何学中的应用.

第 1 节　定积分的概念与性质

引进定积分概念的两个例子

1. 曲边梯形的面积

对于面积的计算我们非常熟悉，如买房时需计算房屋的建筑面积，加工材料时需计算物体的表面积，测量河流的流量时需计算河床断面的面积等，对于规则的平面图形(如三角形、梯形、矩形等)，我们可以利用公式求出面积；对于不规则的平面图形用初等数学求面积的方法已不再适用.

我们在直角坐标系下由曲线 $y=f(x)$ 与直线 $x=a$、$x=b$、x 轴所围成的图形称作曲边梯形(图 6-1).

我们日常所遇到的是不规则的平面图形(图 6-2)，也可以看作是两个曲边梯形的面积差，即

$$A=A_1-A_2,$$

其中，图 6-2 中 A 表示阴影部分的面积，A_1 表示由曲线 $y=f(x)$、x 轴与直线 $x=a$、$x=b$ 所围成的曲边梯形的面积，A_2 表示由曲线 $y=g(x)$、x 轴与直线 $x=a$、$x=b$ 所围成的曲边梯形的面积.

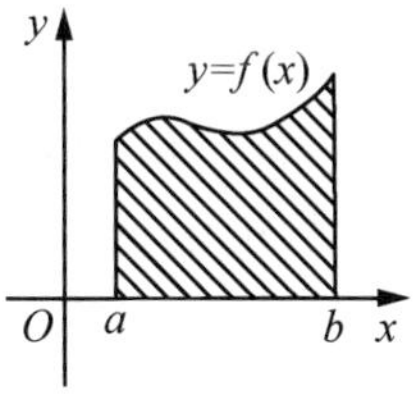

图 6-1

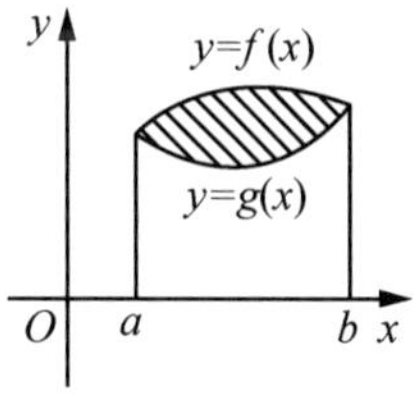

图 6-2

因此求曲边梯形的面积是计算不规则图形面积的关键，下面我们就来研究曲边梯形的面积.

设曲边梯形是由$[a, b]$上的连续曲线$y=f(x)[f(x)\geqslant 0]$、x轴与直线$x=a$、$x=b$所围成的，如图 6-3 所示，求它的面积A.

为了计算曲边梯形面积A，我们用一组垂直于x轴的直线把整个曲边梯形分割成许多小的曲边梯形. 因为每一个小曲边梯形的底边是很窄的，而$f(x)$又是连续变化的，所以可用这个小的曲边梯形底边作为宽，以它底边上的任意一点所对应的函数值作为长的小矩形面积来近似地代替这个小曲边梯形的面积. 所有小矩形面积之和为曲边梯形面积的近似值. 我们看到小曲边梯形的底边越窄，其近似程度越高，所以我们让小曲边梯形的底边无限小，其近似值的极限就是曲边梯形的面积A.

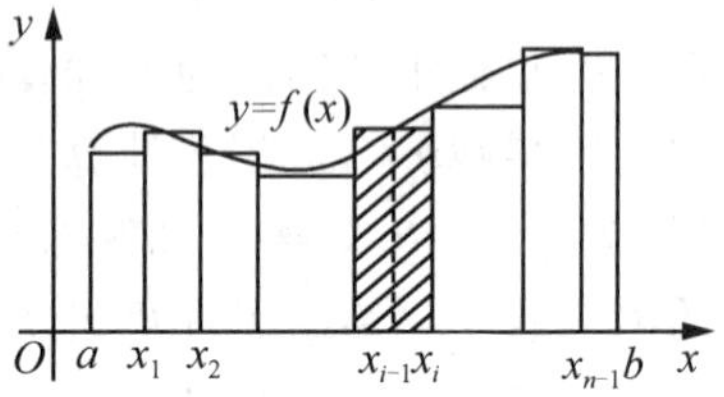

图 6-3

根据上面的分析，曲边梯形面积可按下述三个步骤来计算.

(1)分割(微小部分的近似).

将区间$[a, b]$内任意插入$n-1$个分点，

$$a=x_0<x_1<x_2< \cdots <x_{i-1}<x_i< \cdots <x_{n-1}<x_n=b,$$

分成了n个小区间$[x_0, x_1]$，$[x_1, x_2]$，…，$[x_{i-1}, x_i]$，…，$[x_{n-1}, x_n]$.

任意第i个小区间$[x_{i-1}, x_i]$的长度记为$\Delta x_i=x_i-x_{i-1}(i=1, 2, \cdots, n)$.

过各个分点作垂直于x轴的直线，把整个曲边梯形分成n个小曲边梯形，其中第i个小曲边梯形的面积记为$\Delta A_i(i=1, 2, \cdots, n)$，可以把第$i$个小曲边梯形近似地看作一个小矩形：区间长度$\Delta x_i$作为小矩形的底，在区间$[x_{i-1}, x_i]$内任意取一点$\xi_i(\xi_i\in[x_{i-1}, x_i])$，它所对应的函数值$f(\xi_i)$作为小矩形的高. 则小曲边梯形的面积近似为小矩形的面积，记为

$$\Delta A_i\approx f(\xi_i)\Delta x_i \quad (i=1, 2, \cdots, n).$$

(2)求和(整体的近似).

把n个小矩形的面积相加得和式

$$\sum_{i=1}^{n} f(\xi_i)\Delta x_i.$$

它就是曲边梯形面积的近似值，记为

$$A\approx\sum_{i=1}^{n} f(\xi_i)\Delta x_i.$$

(3)取极限(达到整体的真实)让每个区间的长度Δx_i无限小，记小区间长度的最大值为λ(即$\lambda=\max\{\Delta x_i\}$)，令$\lambda$趋于零，上述和式的极限就达到了曲边梯形面积的真实值，即

$$A=\lim_{\lambda\to 0}\sum_{i=1}^{n} f(\xi_i)\Delta x_i.$$

2. 变速直线运动的路程

设物体做变速直线运动，已知速度 $v=v(t)$，求这个物体在$[T_1, T_2]$这段时间内所经过的路程 s.

由于物体做变速直线运动，所以不能用匀速直线运动的路程公式 $s=vt$，我们采用以下三个步骤来计算：

(1)分割(微小部分的近似).

将时间$[T_1, T_2]$内任意插入 $n-1$ 个分点，即

$$T_1=t_0<t_1<t_2< \cdots <t_{i-1}<t_i< \cdots <t_{n-1}<t_n=T_2,$$

分成了 n 个小时间间隔，即

$$[t_0, t_1], [t_1, t_2], \cdots, [t_{i-1}, t_i], \cdots, [t_{n-1}, t_n]$$

任意第 i 个小时间间隔$[t_{i-1}, t_i]$ 记为

$$\Delta t_i=t_i-t_{i-i}(i=1, 2, \cdots, n),$$

可以把第 i 个小时间间隔内的运动近似的看作匀速直线运动，$[t_{i-1}, t_i]$内任意取一点 $\tau_i(\tau_i\in[t_{i-1}, t_i])$，它所对应的速度 $v(\tau_i)$作为这个时间间隔上的速度，则

$$\Delta s_i\approx v(\tau_i)\Delta t_i \quad (i=1, 2, \cdots, n).$$

(2)求和(整体的近似).

把 n 个小时间间隔的路程相加得和式 $\sum\limits_{i=1}^{n}v(\tau_i)\Delta t_i$，它就是物体在时间间隔$[T_1, T_2]$内所通过的路程 s 的近似值，记为

$$s\approx\sum_{i=1}^{n}v(\tau_i)\Delta t_i.$$

(3)取极限(达到整体的真实).

让每个时间间隔 Δt_i 无限小，记最大的时间间隔为 λ(即 $\lambda=\max\{\Delta t_i\}$)，当 λ 趋近于零时，上述和式的极限就达到了物体在时间间隔$[T_1, T_2]$内所通过路程 s 的真实值，即

$$s=\lim_{\lambda\to 0}\sum_{i=1}^{n}v(\tau_i)\Delta t_i.$$

6.1.1 定积分的概念

在上述的两个例子中，计算的量具有不同的实际意义(前者是几何量，后者是物理量)，抛开它们的实际意义，去看它们的思想方法和步骤都是相同的. 都归结为求和式的极限，对于这种和式的极限，给出下面的定义.

定义 1 设函数 $f(x)$在区间$[a, b]$上有定义，在$[a, b]$内任意插入 $n-1$ 个分点

$$a=x_0<x_1<x_2< \cdots <x_{i-1}<x_i< \cdots <x_{n-1}<x_n=b,$$

把区间$[a, b]$分成 n 个小区间

$$[x_0, x_1], [x_1, x_2], \cdots, [x_{i-1}, x_i], \cdots, [x_{n-1}, x_n],$$

其中第 i 个小区间长为

$$\Delta x_i=x_i-x_{i-1}(i=1, 2, \cdots, n).$$

设$\lambda=\max\{\Delta x_i\}$，任取$\xi_i\in[x_{i-1}, x_i]$，若$\lim\limits_{\lambda\to 0}\sum\limits_{i=1}^{n}f(\xi_i)\Delta x_i$存在，则称此极限为函数$f(x)$在区间$[a, b]$上的定积分，记作$\int_a^b f(x)\mathrm{d}x$，即

$$\lim_{\lambda\to 0}\sum_{i=1}^{n}f(\xi_i)\Delta x_i=\int_a^b f(x)\mathrm{d}x.$$

也称$f(x)$在$[a, b]$上可积，其中$\int$称为积分号，$f(x)$称为被积函数，$f(x)\mathrm{d}x$称为被积表达式，x称为积分变量，a称为积分下限，b称为积分上限，$[a, b]$称为积分区间.

关于定积分的定义作以下说明：

(1)定积分$\int_a^b f(x)\mathrm{d}x$是和式的极限，这个极限是一个确定的数值，它只与被积函数$f(x)$及区间$[a, b]$有关，而与积分变量的记法无关，即

$$\int_a^b f(x)\mathrm{d}x=\int_a^b f(t)\mathrm{d}t=\int_a^b f(u)\mathrm{d}u=\cdots$$

(2) $\lim\limits_{\lambda\to 0}\sum\limits_{i=1}^{n}f(\xi_i)\Delta x_i$的存在与区间的分法及$\xi_i$的取法无关.

(3)该定积分的定义是在积分下限a小于积分上限b的情况下给出的，如果$a>b$，同样可给出定积分$\int_a^b f(x)\mathrm{d}x$的定义. 此时，只需把插入分点的顺序反过来写

$$a=x_0>x_1>x_2>\ \cdots>x_{i-1}>x_i>\cdots>x_{n-1}>x_n=b.$$

由于$x_{i-1}>x_i$，$\Delta x_i=x_i-x_{i-1}<0$，于是有

$$\int_a^b f(x)\mathrm{d}x=-\int_b^a f(x)\mathrm{d}x.$$

特殊的，当$a=b$时，规定$\int_a^b f(x)\mathrm{d}x=0$.

根据定积分的定义，前面两个引例可分别写成定积分的形式如下：

曲边梯形的面积$A=\int_a^b f(x)\mathrm{d}x$，

变速直线运动的物体所经过的路程$s=\int_{T_1}^{T_2}v(t)\mathrm{d}t$.

6.1.2 定积分的几何意义

根据引例1及定积分的定义，可知：

(1)当$f(x)\geqslant 0$时，定积分$\int_a^b f(x)\mathrm{d}x$表示由曲线$y=f(x)$、直线$x=a$、$x=b$及x轴所围成的曲边梯形(图6-4)面积A，即

$$\int_a^b f(x)\mathrm{d}x=A.$$

(2)当$f(x)<0$时，曲边梯形位于x轴下方(图6-5)，由于和式极限中的每一项

$f(\xi_i)\Delta x_i$ 都是负数，因此定积分 $\int_a^b f(x)\mathrm{d}x$ 在几何上表示由曲线 $y=f(x)$、直线 $x=a$、$x=b$ 及 x 轴所围成的曲边梯形的面积的负值，即

$$\int_a^b f(x)\mathrm{d}x=-A,\ (A>0).$$

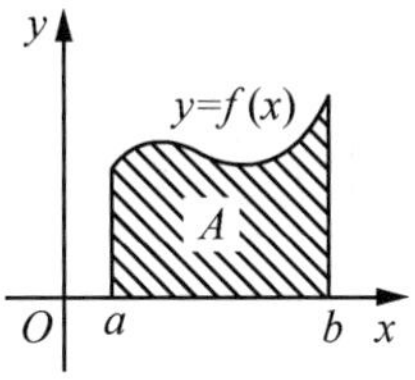

图 6-4

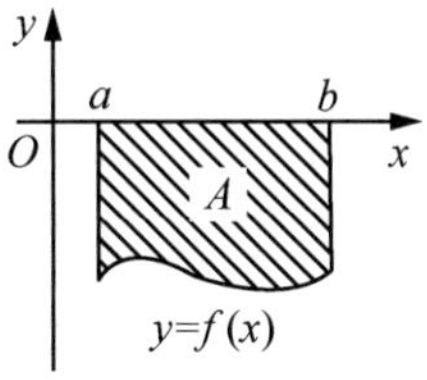

图 6-5

综上所述，定积分 $\int_a^b f(x)\mathrm{d}x$ 的几何意义是：$y=f(x)$、直线 $x=a$、$x=b$ 及 x 轴所围成的曲边梯形面积的代数和. (图 6-5)即

$$\int_a^b f(x)\mathrm{d}x=A_1+(-A_2)+A_3.$$

其中，A_1，A_2，A_3 代表图中相应曲边梯形的面积.

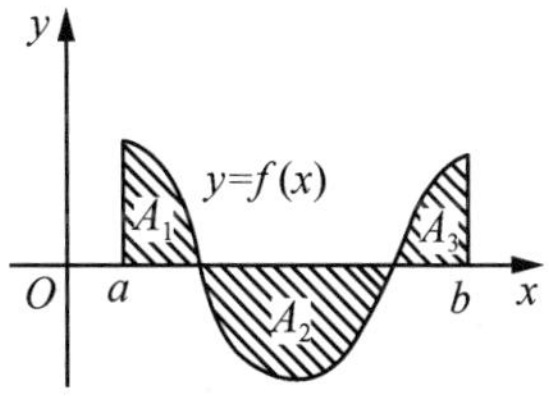

图 6-6

例 1 利用定积分的几何意义计算定积分 $\int_{-1}^2 2x\mathrm{d}x$ 的值.

解：如图 6-7 所示，$f(x)=2x$ 与 $x=-1$，$x=2$，x 轴所围成的图形的面积的代数和，就是 $\int_{-1}^2 2x\mathrm{d}x$ 的定积分值，即

$$\int_{-1}^2 2x\mathrm{d}x=\frac{1}{2}\times2\times4-\frac{1}{2}\times1\times2=3.$$

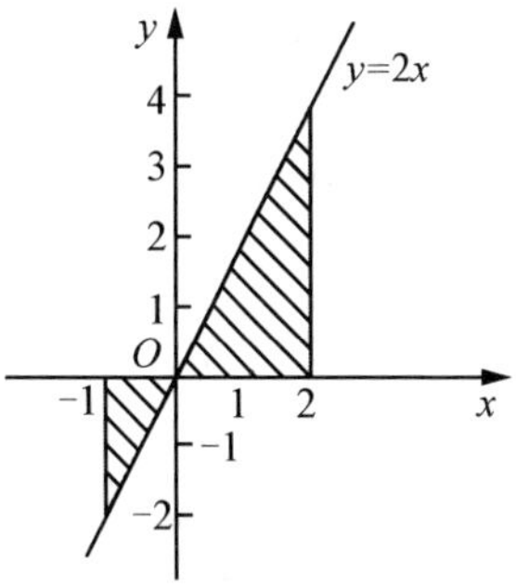

图 6-7

6.1.3 定积分的性质

性质 1 交换积分上下限，积分值改变符号，即

$$\int_a^b f(x)\mathrm{d}x=-\int_b^a f(x)\mathrm{d}x,$$

若 $a=b$，则 $\int_a^a f(x)\mathrm{d}x=0$.

性质 2 和(差)的定积分等于定积分的代数和(差)，即

$$\int_a^b[f(x)\pm g(x)]\mathrm{d}x=\int_a^b f(x)\mathrm{d}x\pm\int_a^b g(x)\mathrm{d}x.$$

这一结论可以推广到任意有限多个函数和(差)的情形.

性质 3 求非零常数与函数之积的定积分时，非零常数可以提到积分号前，即

$$\int_a^b kf(x)\mathrm{d}x=k\int_a^b f(x)\mathrm{d}x\quad(k\text{ 为常数}).$$

性质 4(定积分对积分区间的可加性) 对任意的三个实数 a，b，c，总有

$$\int_a^b f(x)\mathrm{d}x=\int_a^c f(x)\mathrm{d}x+\int_c^b f(x)\mathrm{d}x.$$

如图 6-8(1)表示，

$$A_1=\int_a^c f(x)\mathrm{d}x,\ A_2=\int_c^b f(x)\mathrm{d}x,\ \int_a^b f(x)\mathrm{d}x=A_1+A_2,$$

显然

$$\int_a^b f(x)\mathrm{d}x=\int_a^c f(x)\mathrm{d}x+\int_c^b f(x)\mathrm{d}x,$$

如图 6-8(2)表示，

$$A_1=\int_a^c f(x)\mathrm{d}x,\ A_2=-\int_c^b f(x)\mathrm{d}x,\ \int_a^b f(x)\mathrm{d}x=A_1-A_2,$$

显然

$$\int_a^b f(x)\mathrm{d}x=\int_a^c f(x)\mathrm{d}x+\int_c^b f(x)\mathrm{d}x.$$

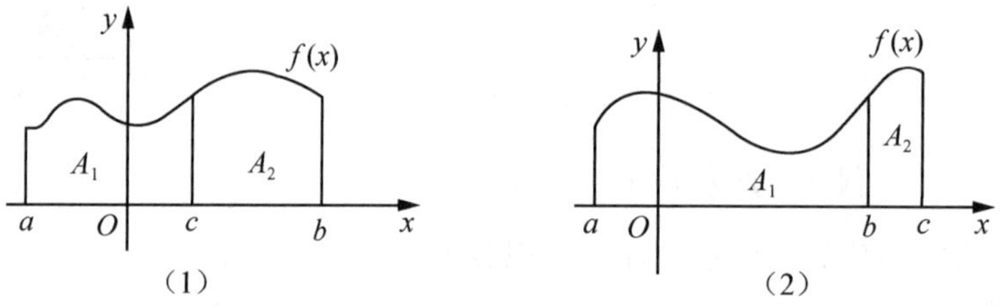

图 6-8

利用性质 4 和定积分的几何意义可推出关于奇函数与偶函数在对称区间上的定积分：

(1)如果 $f(x)$是奇函数，那么 $\int_{-a}^a f(x)\mathrm{d}x=0$；

(2)如果 $f(x)$是偶函数，那么 $\int_{-a}^a f(x)\mathrm{d}x=2\int_0^a f(x)\mathrm{d}x$.

性质 5(比较性质) 若函数 $f(x)$和 $g(x)$在相同区间上总有 $f(x)\leqslant g(x)$，则

$$\int_a^b f(x)\mathrm{d}x\leqslant\int_a^b g(x)\mathrm{d}x.$$

性质 6 若在区间$[a,b]$上有 $f(x)\equiv 1$，则

$$\int_a^b f(x)\mathrm{d}x=\int_a^b \mathrm{d}x=b-a.$$

由定积分的几何意义：$\int_a^b \mathrm{d}x$ 表示由 $y=1$、$x=a$、$x=b$ 和 x 轴所围成的长方形的面积(图 6-9)，所以

$$\int_a^b \mathrm{d}x=b-a.$$

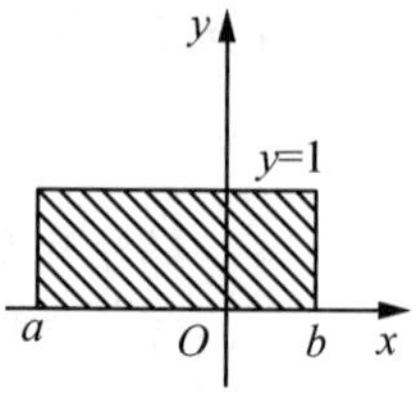

图 6-9

性质 7 (估值定理)设 M 及 m 分别是函数 $f(x)$在区间$[a,b]$

上的最大值及最小值(图 6-10)，则

$$m(b-a) \leqslant \int_a^b f(x)\,dx \leqslant M(b-a).$$

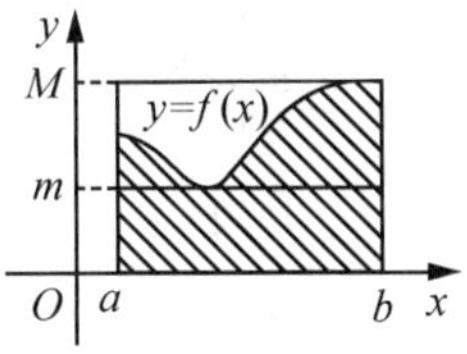

图 6-10

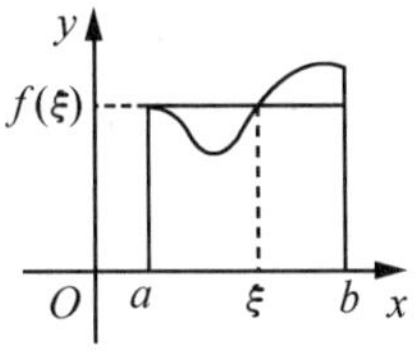

图 6-11

性质 8 （定积分的中值定理）如果函数 $f(x)$ 在区间 $[a, b]$ 上连续，则积分区间 (a, b) 上至少存在一个点 ξ，使下式成立：

$$\int_a^b f(x)\,dx = f(\xi)(b-a).$$

如图 6-11 所示，此性质表明，任意一曲边梯形的面积总和与一个矩形的面积相等.

习题 6-1

1. 填空题.

(1)定积分中 $\int_1^3 \frac{1}{x^2}dx$ 中，积分上限是________；积分下限是________；积分区间是________；积分变量是________；被积函数是________；被积表达式是________.

(2)由曲线 $y=\arctan x$ 与直线 $x=0$，$x=1$ 及 x 轴所围成的曲边梯形的面积，用定积分表示为________.

(3)一物体做变速直线运动，其速率为 $v(t)=t^2+1$，试用定积分表示物体从 $t=1$ 到 $t=3$ 时间间隔的路程________.

(4) $\int_{-1}^1 x^3\,dx=$________；$\int_{-\frac{\pi}{3}}^{\frac{\pi}{3}} x\cos x\,dx=$________.

2. 用定积分的几何意义，判断定积分值的符号.

(1) $\int_{-2}^{-1} x^2\,dx$，　　(2) $\int_0^{\pi} \sin x\,dx$，

(3) $\int_{-1}^0 \tan x\,dx$，　　(4) $\int_{-1}^1 e^x\,dx$.

3. 用定积分的几何意义，确定定积分的值.

(1) $\int_{-1}^0 2dx$，　　(2) $\int_1^2 (x-1)dx$，

(3) $\int_{-\frac{\pi}{2}}^{\frac{\pi}{2}} \cos x\,dx$，　　(4) $\int_{-2}^2 \sqrt{4-x^2}\,dx$.

4. 用定积分表示下面阴影部分的面积(图 6-12).

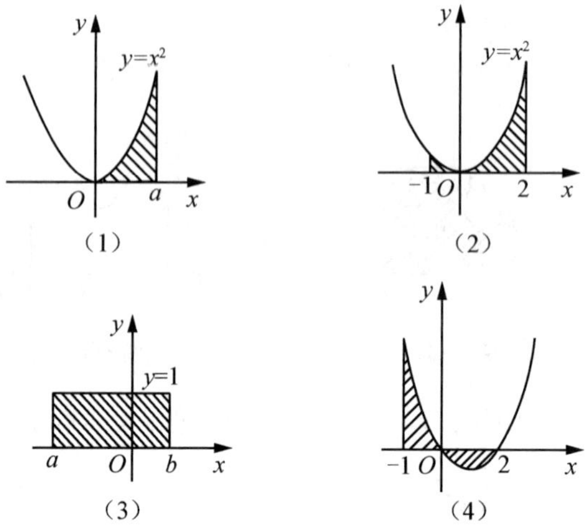

图 6-12

第 2 节　牛顿-莱布尼茨公式

如果按照定积分的定义计算定积分的值十分麻烦，有时甚至求不出和式的极限. 17 世纪六七十年代，牛顿与莱布尼茨各自独立地将定积分计算问题与原函数联系起来. 从而使定积分计算变得简单、方便，也推动了数学的发展. 定积分计算与原函数是怎样联系起来的呢？本节将介绍定积分计算的公式——牛顿-莱布尼茨公式，它揭示了定积分与不定积分的内在联系，把定积分的计算转化为求被积函数的原函数，从而解决了定积分的计算问题.

我们先回顾变速直线运动的路程问题. 如果物体以速度 $v(t)$ 做直线运动，那么时间间隔$[T_1, T_2]$上所经过的路程为

$$s=\int_{T_1}^{T_2} v(t)\,\mathrm{d}t.$$

若我们已知其路程函数 $s=s(t)$，则时间间隔$[T_1, T_2]$上所经过的路程，显然为

$$s=s(T_2)-s(T_1),$$

由此得

$$\int_{T_1}^{T_2} v(t)\,\mathrm{d}t=s(T_2)-s(T_1).$$

在导数中我们已经知道 $s'(t)=v(t)$，而 $s(t)$是 $v(t)$的原函数. 定积分 $\int_{T_1}^{T_2} v(t)\,\mathrm{d}t$ 的值可表示为被积函数 $v(t)$的原函数 $s(t)$在积分区间上的改变量 $s(T_2)-s(T_1)$. 此结论对于其他可导函数同样适用.

定理　设 $F(x)$是连续函数 $f(x)$在区间$[a, b]$上的一个原函数，则

$$\int_a^b f(x)\,\mathrm{d}x=F(b)-F(a)=[F(x)]_a^b=F(x)\Big|_a^b,$$

这个公式称为牛顿-莱布尼茨公式.

它表明了，计算定积分只要先求出被积函数的一个原函数，再将上限和下限分别代入求其差即可. 这个公式为计算定积分提供了有效而简便的方法.

例 1 计算$\int_0^1 2x\,dx$.

解： 因为$(x^2)'=2x$，即 x^2 是 $2x$ 的一个原函数，由牛顿-莱布尼茨公式得

$$\int_0^1 2x\,dx = x^2\Big|_0^1 = 1^2 - 0 = 1.$$

例 2 计算$\int_0^{\frac{\pi}{2}}(1+\sin 2x)\,dx$.

解：
$$\begin{aligned}\int_0^{\frac{\pi}{2}}(1+\sin 2x)\,dx &= \int_0^{\frac{\pi}{2}} dx + \int_0^{\frac{\pi}{2}} \sin 2x\,dx \\ &= \left(x - \frac{1}{2}\cos 2x\right)\Big|_0^{\frac{\pi}{2}} \\ &= \frac{\pi}{2} + \frac{1}{2} - \left(-\frac{1}{2}\right) \\ &= \frac{\pi}{2} + 1.\end{aligned}$$

例 3 计算$\int_{-1}^0 \frac{1}{1-x}\,dx$.

解：
$$\begin{aligned}\int_{-1}^0 \frac{1}{1-x}\,dx &= -\int_{-1}^0 \frac{1}{1-x}\,d(1-x) \\ &= -\ln|1-x|\,\Big|_{-1}^0 \\ &= -(0-\ln 2) \\ &= \ln 2.\end{aligned}$$

例 4 计算$\int_0^1 x e^{x^2}\,dx$.

解：
$$\begin{aligned}\int_0^1 x e^{x^2}\,dx &= \frac{1}{2}\int_0^1 e^{x^2}\,dx^2 \\ &= \frac{1}{2}e^{x^2}\Big|_0^1 \\ &= \frac{1}{2}(e-1).\end{aligned}$$

例 5 计算$\int_0^4 \frac{1}{\sqrt{2x+1}}\,dx$.

解：
$$\begin{aligned}\int_0^4 \frac{1}{\sqrt{2x+1}}\,dx &= \frac{1}{2}\int_0^4 \frac{1}{\sqrt{2x+1}}\,d(2x+1) \\ &= \sqrt{2x+1}\,\Big|_0^4 \\ &= 3-1=2.\end{aligned}$$

例 6 计算$\int_0^{2\pi}|\sin x|\mathrm{d}x$.

解： $$\begin{aligned}\int_0^{2\pi}|\sin x|\mathrm{d}x&=\int_0^{\pi}\sin x\mathrm{d}x+\int_{\pi}^{2\pi}(-\sin x)\mathrm{d}x\\&=(-\cos x)\Big|_0^{\pi}+\cos x\Big|_{\pi}^{2\pi}\\&=-(-1-1)+(1+1)\\&=4.\end{aligned}$$

习题 6-2

利用牛顿-莱布尼茨公式计算下列定积分.

(1) $\int_1^2\left(x+\frac{1}{x}\right)^2\mathrm{d}x$，

(2) $\int_1^4(\sqrt{x}-1)\mathrm{d}x$，

(3) $\int_0^1(2x-1)^2\mathrm{d}x$，

(4) $\int_0^{\frac{\pi}{2}}\sin 2x\mathrm{d}x$，

(5) $\int_{-\frac{1}{2}}^0\frac{1}{4+x^2}\mathrm{d}x$，

(6) $\int_0^1\frac{x}{1+x^2}\mathrm{d}x$，

(7) $\int_0^1(\mathrm{e}^x-1)^2\mathrm{e}^x\mathrm{d}x$，

(8) $\int_1^{\mathrm{e}}\frac{1+\ln x}{x}\mathrm{d}x$，

(9) $\int_1^2\frac{\mathrm{e}^{\frac{1}{x}}}{x^2}\mathrm{d}x$，

(10) $\int_0^{\frac{\pi}{6}}\tan x\mathrm{d}x$.

第 3 节 定积分的积分法

牛顿-莱布尼茨公式给出了计算定积分的最基本的方法，那就是：先找到被积函数的一个原函数，然后计算原函数在积分上下限处函数值的增量. 但在一些情况下求原函数比较复杂，为了解决这个问题，本节将介绍定积分的换元积分法与分部积分法.

6.3.1 换元积分法

定理 如果函数 $f(x)$在区间$[a, b]$上连续，函数 $x=\varphi(t)$在区间$[\alpha, \beta]$上单调且可导，$\varphi(\alpha)=a$，$\varphi(\beta)=b$，则有：

$$\int_a^b f(x)\mathrm{d}x=\int_{\alpha}^{\beta}f[\varphi(t)]\varphi'(t)\mathrm{d}t$$

注意：

(1)定积分在换元之后，积分上下限也要作相应的变换，即“换元必换限”，并且换元之后不必还原.

(2)新变量 t 的积分限与 α、β 的大小无关，只由 $\varphi(\alpha)=a$、$\varphi(\beta)=b$ 确定，即“上限对上限，下限对下限”.

例 1 计算$\int_0^4 \frac{1}{\sqrt{x}+1}dx$.

解： 设 $x=t^2$，$\sqrt{x}=t$，$dx=dt^2=2t\,dt$，

x	0	4
t	0	2

，则有

$$\begin{aligned}\int_0^4 \frac{1}{\sqrt{x}+1}dx &= \int_0^2 \frac{2t}{t+1}dt \\ &= 2\int_0^2 \frac{t+1-1}{t+1}dt \\ &= 2\int_0^2 \left(1-\frac{1}{t+1}\right)dt \\ &= 2(t-\ln|t+1|)\Big|_0^2 \\ &= 4-2\ln 3.\end{aligned}$$

例 2 计算$\int_{-3}^0 \frac{x}{\sqrt{1-x}+1}dx$.

解： 设 $x=1-t^2$，$\sqrt{1-x}=t$，$dx=d(1-t^2)=-2t\,dt$，

x	-3	0
t	2	1

$$\begin{aligned}\int_{-3}^0 \frac{x}{\sqrt{1-x}+1}dx &= \int_2^1 \frac{1-t^2}{t+1}(-2t)dt \\ &= 2\int_1^2 \frac{(1-t)(1+t)t}{t+1}dt \\ &= 2\int_1^2 (t-t^2)dt \\ &= \left[t^2-\frac{2}{3}t^3\right]_1^2 \\ &= -\frac{5}{3}.\end{aligned}$$

例 3 计算$\int_0^2 x\sqrt{4-x^2}\,dx$.

解： 设 $x=2\sin t$，$dx=d(2\sin t)=2\cos t\,dt$，

x	0	2
t	0	$\frac{\pi}{2}$

$$\begin{aligned}\int_0^2 x\sqrt{4-x^2}\,dx &= \int_0^{\frac{\pi}{2}} 8\sin t\cos^2 t\,dt \\ &= -8\int_0^{\frac{\pi}{2}} \cos^2 t\,d(\cos t) \\ &= \left[-\frac{8}{3}\cos^3 t\right]_0^{\frac{\pi}{2}} \\ &= \frac{8}{3}.\end{aligned}$$

6.3.2 分部积分法

设函数 $u(x)$、$v(x)$在区间$[a, b]$上具有连续导数 $u'(x)$、$v'(x)$，则两端分别在$[a, b]$上作定积分，得

$$(uv)'=u'v+uv'.$$

$$\int_a^b (uv)'\mathrm{d}x=\int_a^b u'v\mathrm{d}x+\int_a^b uv'\mathrm{d}x,$$

从而

$$\int_a^b uv'\mathrm{d}x=\int_a^b (uv)'\mathrm{d}x-\int_a^b u'v\mathrm{d}x.$$

又因为

$$\int_a^b (uv)'\mathrm{d}x=[uv]\Big|_a^b,$$

所以

$$\int_a^b uv'\mathrm{d}x=[uv]|_a^b-\int_a^b u'v\mathrm{d}x,$$

或者简写为

$$\int_a^b u\mathrm{d}v=[uv]|_a^b-\int_a^b v\mathrm{d}u.$$

上式中，$\int_a^b uv'\mathrm{d}x=[uv]|_a^b-\int_a^b u'v\mathrm{d}x$ 和$\int_a^b u\mathrm{d}v=[uv]|_a^b-\int_a^b v\mathrm{d}u$ 就是定积分的分部积分公式. 其本质上与先用不定积分的分部积分法求原函数，再用牛顿-莱布尼茨公式计算定积分是一样的. 所以，定积分的分部积分法的做题技巧和适应的函数类型与不定积分的分部积分法完全一样.

例 1 计算 $\int_0^1 x\mathrm{e}^{-x}\mathrm{d}x$.

解：
$$\begin{aligned}\int_0^1 x\mathrm{e}^{-x}\mathrm{d}x&=-\int_0^1 x\mathrm{d}(\mathrm{e}^{-x})\\&=(-x\mathrm{e}^{-x})\Big|_0^1+\int_0^1 \mathrm{e}^{-x}\mathrm{d}x\\&=-\frac{1}{\mathrm{e}}-\mathrm{e}^{-x}\Big|_0^1\\&=1-\frac{2}{\mathrm{e}}.\end{aligned}$$

例 2 计算 $\int_0^{\frac{\pi}{2}} x\cos 2x\mathrm{d}x$.

解：
$$\begin{aligned}\int_0^{\frac{\pi}{2}} x\cos 2x\mathrm{d}x&=\frac{1}{2}\int_0^{\frac{\pi}{2}} x\mathrm{d}(\sin 2x)\\&=\frac{1}{2}(x\sin 2x)\Big|_0^{\frac{\pi}{2}}-\frac{1}{2}\int_0^{\frac{\pi}{2}}\sin 2x\mathrm{d}x\end{aligned}$$

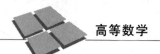

$$=\left(\frac{1}{4}\cos 2x\right)\Big|_0^{\frac{\pi}{2}}$$

$$=-\frac{1}{2}.$$

例 3 计算$\int_{-1}^{0}\arcsin x\,\mathrm{d}x$.

解: $\int_{-1}^{0}\arcsin x\,\mathrm{d}x=(x\arcsin x)\Big|_{-1}^{0}-\int_{-1}^{0}x\,\mathrm{d}\arcsin x$

$$=-\frac{\pi}{2}-\int_{-1}^{0}\frac{x}{\sqrt{1-x^2}}\mathrm{d}x$$

$$=-\frac{\pi}{2}+\frac{1}{2}\int_{-1}^{0}\frac{1}{\sqrt{1-x^2}}\mathrm{d}(1-x^2)$$

$$=-\frac{\pi}{2}+(\sqrt{1-x^2})\Big|_{-1}^{0}$$

$$=1-\frac{\pi}{2}.$$

例 4 计算 $\int_0^1 x\ln(x^2+1)\mathrm{d}x$.

解: $\int_0^1 x\ln(x^2+1)\mathrm{d}x=\frac{1}{2}\int_0^1\ln(x^2+1)\mathrm{d}x^2$

$$=\left(\frac{1}{2}x^2\ln(x^2+1)\right)\Big|_0^1-\frac{1}{2}\int_0^1 x^2\mathrm{d}\ln(x^2+1)$$

$$=\frac{1}{2}\ln 2-\frac{1}{2}\int_0^1\frac{2x^3}{x^2+1}\mathrm{d}x$$

$$=\frac{1}{2}\ln 2-\int_0^1\frac{x^3+x-x}{x^2+1}\mathrm{d}x^2$$

$$=\frac{1}{2}\ln 2-\int_0^1\left(x-\frac{x}{x^2+1}\right)\mathrm{d}x$$

$$=\frac{1}{2}\ln 2-\int_0^1 x\,\mathrm{d}x+\frac{1}{2}\int_0^1\frac{1}{x^2+1}\mathrm{d}(x^2+1)$$

$$=\frac{1}{2}\ln 2-\frac{1}{2}[x^2-\ln(x^2+1)]\Big|_0^1$$

$$=\ln 2-\frac{1}{2}.$$

习题 6-3

计算下列定积分值.

(1) $\int_0^9\frac{1}{\sqrt{x}+1}\mathrm{d}x$, (2) $\int_4^9\frac{\sqrt{x}}{\sqrt{x}-1}\mathrm{d}x$,

(3) $\int_{-1}^{1} \frac{x}{\sqrt{5-4x}} \mathrm{d}x$， (4) $\int_{3}^{4} x\sqrt{x-3}\,\mathrm{d}x$，

(5) $\int_{0}^{8} \frac{1}{\sqrt[3]{x}+1} \mathrm{d}x$， (6) $\int_{0}^{1} \sqrt{1+x^2}\,\mathrm{d}x$，

(7) $\int_{0}^{\sqrt{2}} \sqrt{2-x^2}\,\mathrm{d}x$， (8) $\int_{\sqrt{2}}^{2} \frac{1}{\sqrt{x^2-1}} \mathrm{d}x$，

(9) $\int_{0}^{1} x\mathrm{e}^{2x}\,\mathrm{d}x$， (10) $\int_{0}^{1} x^2\mathrm{e}^{x}\,\mathrm{d}x$，

(11) $\int_{0}^{\frac{\pi}{3}} x\sin x\,\mathrm{d}x$， (12) $\int_{0}^{\pi} x\cos 3x\,\mathrm{d}x$，

(13) $\int_{1}^{\mathrm{e}} \ln x\,\mathrm{d}x$， (14) $\int_{0}^{\pi} \mathrm{e}^{x}\sin x\,\mathrm{d}x$.

第 4 节　定积分的几何应用

6.4.1　微元法

回顾求曲边梯形面积的问题.

由曲线 $y=f(x)$及直线 $x=a$、$x=b$ 和 x 轴围成的曲边梯形的面积为 A. 若在区间$[a, b]$上 $y=f(x)\geqslant 0$，则 $\int_a^b f(x)\mathrm{d}x=A$ 表示曲边梯形的面积.

其思路是：分割(微小的近似)、求和(整体的近似)、取极限(达到整体的真实)，如图 6-13 所示.

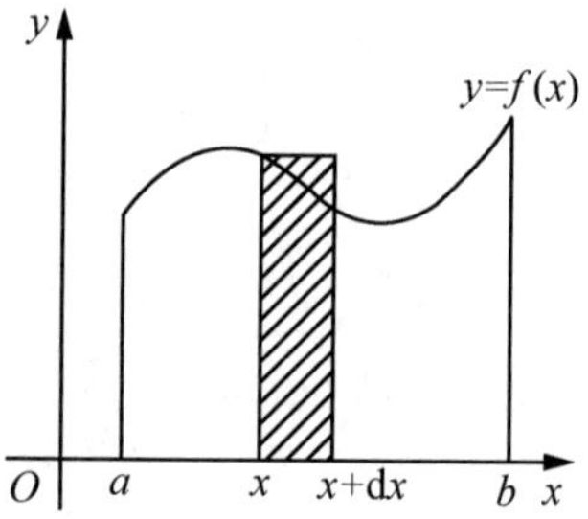

图 6-13

(1) 分割. 把区间$[a, b]$分成 n 个长度分别为 $\Delta x_i(i=1, 2, \cdots, n)$的小区间，相应的曲边梯形被分为 n 个小窄的曲边梯形，第 i 个小窄的曲边梯形的面积为 ΔA_i，称为面积的微元素. 计算 ΔA_i 的近似值 $\Delta A_i \approx f(\xi_i)\Delta x_i(\xi_i\in[x_{i-1}, x_i])$.

(2)求和. 得 A 的近似值 $A\approx \sum\limits_{i=1}^{n} f(\xi_i)\Delta x_i$

(3)取极限. 达到 A 的真实值，$\lambda=\max\{\Delta x_i\}$，则有

$$A=\lim_{\lambda\to 0}\sum_{i=1}^{n}\Delta A_i=\lim_{\lambda\to 0}\sum_{i=1}^{n} f(\xi_i)\Delta x_i=\int_a^b f(x)\mathrm{d}x.$$

观察以上三步可以看出，第一步是关键，因为积分的被积表达式的形式就是在这一步被确定的，只要把近似式 $f(\xi_i)\Delta x_i$ 中的变量记号改变一下即可，即把 ξ_i 换成 x，Δx_i 换成 $\mathrm{d}x$. 第二、第三步可以合成一步：在区间$[a, b]$上无限累加，即在$[a, b]$上积分.

上述问题抽去其几何意义，积分就是微元素的无限累加. 因此所求量就是在区间$[a, b]$上抽取一个微元素 $f(x)\mathrm{d}x$，然后进行定积分. 所以，这种方法通常称为微

元法.

微元法的一般步骤：

(1)按实际问题要求，确定积分变量和积分区间$[a, b]$；

(2)在积分区间$[a, b]$上选取微元素 dA；

(3)写出积分表达式 $A=\int_a^b dA$ 并计算.

下面利用这种方法讨论定积分在几何、物理及工程技术中的一些应用问题.

6.4.2 直角坐标下平面图形的面积

设函数 $y=f(x)$、$y=g(x)$均在区间$[a, b]$上连续，且 $f(x)\geqslant g(x)$，求曲线 $y=f(x)$、$y=g(x)$以及直线 $x=a$、$x=b$ 所围成的平面图形的面积(图 6-14)，选取 x 为积分变量 $x\in[a, b]$，在$[a, b]$任取$[x, x+dx]$对应的小窄条，其面积按以下方法计算. 用上方函数值减下方函数值($[f(x)-g(x)]$)为小矩形的长，以 x 变化量(dx)为宽的小矩形面积，即面积微元为$[f(x)-g(x)]dx$，所以其面积为面积微元在区间$[a, b]$上的定积分，即

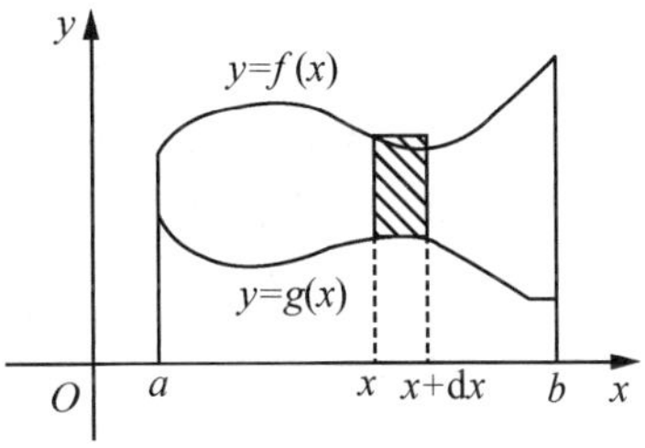

图 6-14

$$A=\int_a^b[f(x)-g(x)]dx.$$

例 1　曲线 $y=x^2$ 与直线 $y=x+2$ 所围成的平面图形的面积.

解：(1)画图，如图 6-15 所示，选择 x 为积分变量.

(2)求交点坐标.

$$\begin{cases}y=x^2\\y=x+2\end{cases}\Rightarrow x^2-x-2=0\Rightarrow(x-2)(x+1)=0.$$

所以，得 $x_1=-1$，$x_2=2$，则积分区间为$[-1, 2]$.

(3)由图知面积微元为 $dA=(x+2-x^2)dx$.

(4)积分，则面积为

$$A=\int_{-1}^2(x+2-x^2)dx$$

$$=\left[\frac{1}{2}x^2+2x-\frac{1}{3}x^3\right]_{-1}^2$$

$$=\frac{9}{2}.$$

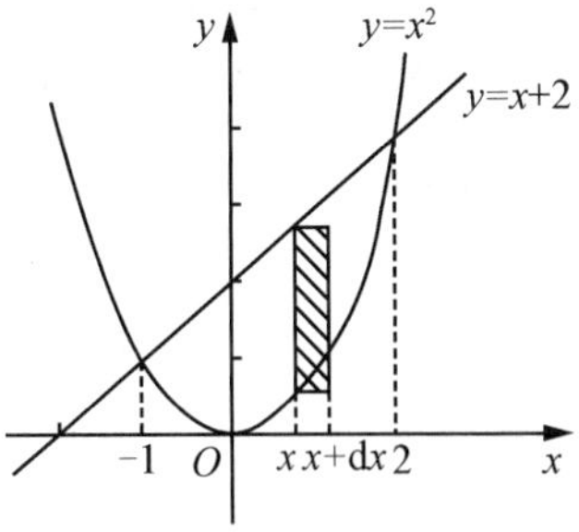

图 6-15

所以，曲线 $y=x^2$ 与直线 $y=x+2$ 所围成的平面图形的面积为$\frac{9}{2}$.

总结求平面图形面积步骤如下：

(1)作图，确定积分变量；

(2)求交点坐标确定积分区间；

(3)由图写出面积微元；

(4)积分并计算；

(5)作答.

例 2 求曲线 $y=x^2$ 与 $y=\sqrt{x}$ 所围成的平面图形的面积.

解：(1)画图，如图 6-16 所示，选择 x 为积分变量.

(2)求交点坐标.

$$\begin{cases} y=x^2 \\ y=\sqrt{x} \end{cases} \Rightarrow x^4-x=0 \quad \Rightarrow x(x-1)(x^2+x+1)=0$$

所以，交点的横坐标为 $x_1=0$、$x_2=1$，则积分区间为$[0，1]$.

(3)由图知面积微元为 $\mathrm{d}A=(\sqrt{x}-x^2)\mathrm{d}x$.

(4)积分，则面积为

$$\begin{aligned} A &= \int_0^1 (\sqrt{x}-x^2)\mathrm{d}x \\ &= \left(\frac{2}{3}x^{\frac{3}{2}}-\frac{1}{3}x^3\right)\Bigg|_0^1 \\ &= \frac{1}{3}. \end{aligned}$$

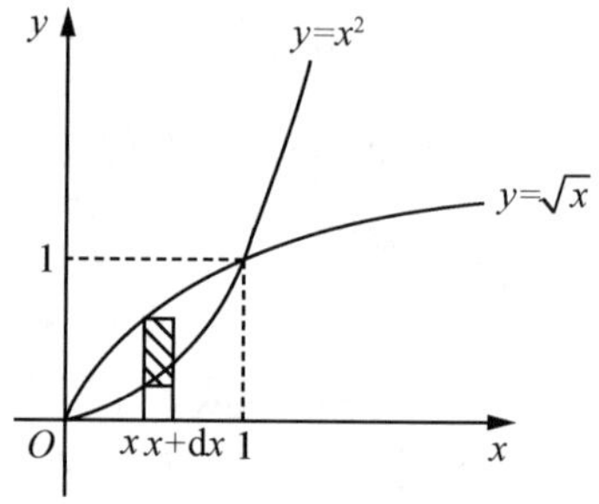

图 6-16

(5)曲线 $y=x^2$ 与 $y=\sqrt{x}$ 所围成的平面图形的面积为$\frac{1}{3}$.

例 3 求椭圆$\frac{x^2}{a^2}+\frac{y^2}{b^2}=1(a>b)$的面积，如图 6-17 所示.

解：因为椭圆关于 x 轴、y 轴对称，所以椭圆的面积是它在第一象限部分面积的四倍，如图 6-17 所示，即 $4\int_0^a y\mathrm{d}x$.

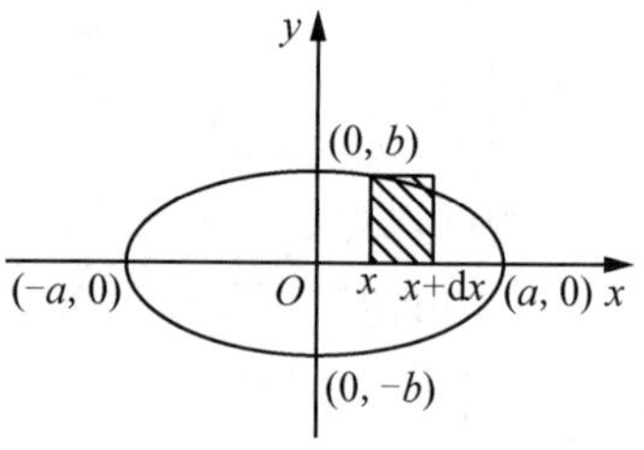

图 6-17

由$\frac{x^2}{a^2}+\frac{y^2}{b^2}=1$ 可得 $y=\pm\sqrt{b^2\left(1-\frac{x^2}{a^2}\right)}$，因为第一象限 $x>0$、$y>0$，所以

$$\begin{aligned} A &= 4\int_0^a y\mathrm{d}x \\ &= 4\int_0^a \sqrt{b^2\left(1-\frac{x^2}{a^2}\right)}\mathrm{d}x \\ &= 4\frac{b}{a}\int_0^a \sqrt{a^2-x^2}\mathrm{d}x. \end{aligned}$$

令 $x=a\sin t$，$\mathrm{d}x=\mathrm{d}(a\sin t)=a\cos t\mathrm{d}t$，

x	0	a
t	0	$\frac{\pi}{2}$

$$4\frac{b}{a}\int_0^a \sqrt{a^2-x^2}\,\mathrm{d}x = 4\frac{b}{a}\int_0^{\frac{\pi}{2}} a\cos t\,\mathrm{d}a\sin t$$
$$=4ab\int_0^{\frac{\pi}{2}}\cos^2 t\,\mathrm{d}t$$
$$=2ab\int_0^{\frac{\pi}{2}}(1+\cos 2t)\mathrm{d}t$$
$$=2ab\left(t+\frac{1}{2}\sin 2t\right)\Big|_0^{\frac{\pi}{2}}$$
$$=\pi ab.$$

所以，椭圆面积为 πab.

例 4 求曲线 $y^2=2x$ 与直线 $y=x-4$ 所围成的平面图形的面积.

解：(1)画图，如图 6-18 所示，选择 y 为积分变量.

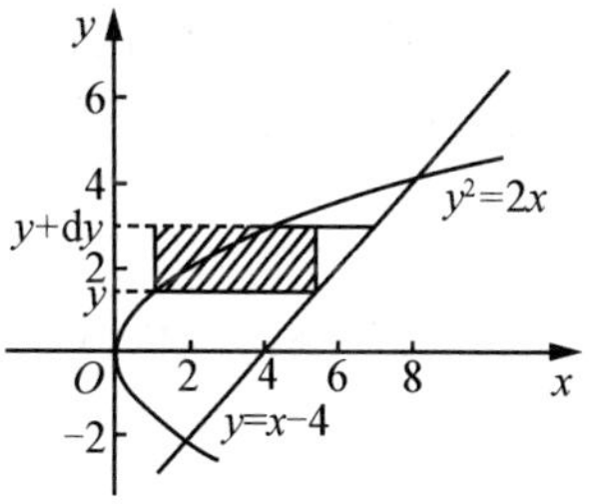

图 6-18

(2)求交点坐标.

$$\begin{cases} y^2=2x, \\ y=x-4 \end{cases}$$

解得交点的纵坐标为 $y_1=-2$，$y_2=4$，则积分区间为 $[-2, 4]$.

(3)由图知面积微元为 $\mathrm{d}A=\left(y+4-\frac{1}{2}y^2\right)\mathrm{d}y$.

(4)积分.

$$A=\int_{-2}^{4}\left[(y+4)-\frac{y^2}{2}\right]\mathrm{d}y$$
$$=\left(\frac{1}{2}y^2+4y-\frac{1}{6}y^3\right)\Big|_{-2}^{4}$$
$$=18.$$

(5)曲线 $y^2=2x$ 与直线 $y=x-4$ 所围成的平面图形的面积为 18.

由此可以看出积分变量选 x 或 y 都可以，要看具体情况.

6.4.3 旋转体的体积

用定积分来表示平面图形的面积只是定积分在几何上的一个应用. 下面将介绍定积分在几何上的另一个应用——旋转体的体积问题.

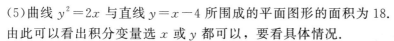

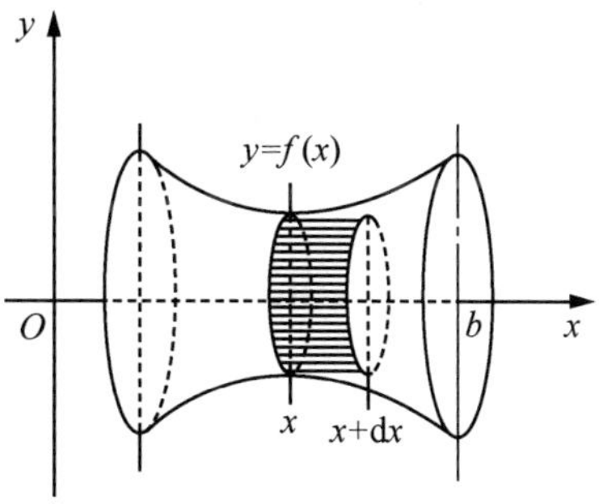

图 6-19

一平面图形绕平面内的一条直线旋转一周所成的立体称为旋转体，该直线称旋转轴. 我们只学习绕 x 轴和 y 轴旋转的旋转体体积.

图 6-19 所示为函数 $y=f(x)$、$x=a$、$x=b$ 及 x 轴所围成的图形绕 x 轴旋转一周的旋转体，在区间 $[a, b]$ 上任意取一个小区间 $[x, x+\mathrm{d}x]$，它对应的

体积近似地可以看成是以 y 为半径、以 $\mathrm{d}x$ 为高的小圆柱体体积，得到一个微元 $\mathrm{d}V=\pi y^2\mathrm{d}x$，整个旋转体可以看成由无穷多个微元累加得到，则旋转体的体积为

$$V=\int_a^b \mathrm{d}V=\int_a^b \pi y^2\mathrm{d}x=\int_a^b \pi f^2(x)\mathrm{d}x.$$

例 5 证明底面半径为 r，高为 h 的圆锥体的体积为 $V=\frac{1}{3}\pi r^2 h$.

证：(1)如图 6-20 所示，设圆锥的旋转轴重合于 x 轴，则直线 OA 的方程为

$$y=\frac{r}{h}x.$$

取积分变量为 x，积分区间为$[0, h]$.

(2)在区间$[0, h]$上任意取一个小区间$[x, x+\mathrm{d}x]$，与它对应的薄片体积近似于以 y 为半径、以 $\mathrm{d}x$ 为高的小圆柱体积，从而得到体积微元

$$\mathrm{d}V=\pi y^2\mathrm{d}x=\pi\left(\frac{r}{h}x\right)^2\mathrm{d}x.$$

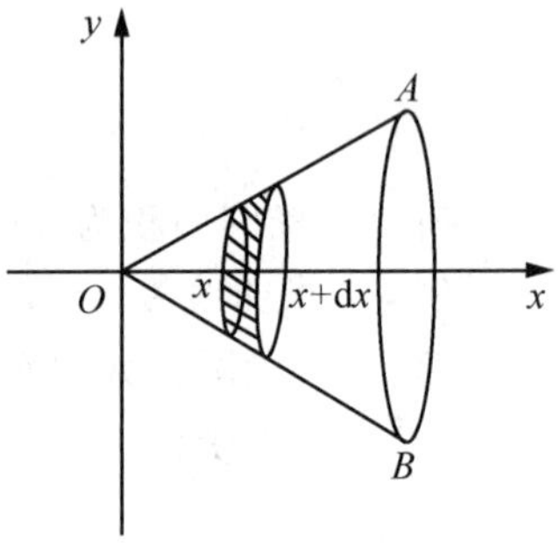

图 6-20

(3)积分得圆锥体的体积为

$$V=\int_0^h \pi\left(\frac{r}{h}x\right)^2\mathrm{d}x$$
$$=\pi\left(\frac{r^2}{3h^2}x^3\right)\Big|_0^h$$
$$=\frac{1}{3}\pi r^2 h.$$

(4)所以圆锥体的体积为$\frac{1}{3}\pi r^2 h$.

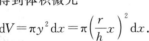

例 6 求由$\frac{x^2}{a^2}+\frac{y^2}{b^2}=1(a>b)$所围成的平面图形分别绕 x 轴和 y 轴旋转所成的旋转体的体积.

解：绕 x 轴旋转

如图 6-21(1)所示，由于图形对称，所以只计算一半.

(1)如图 6-21(2)所示取积分变量为 x，积分区间为$[0, a]$.

(2)体积微元为

$$\mathrm{d}V=\pi y^2\mathrm{d}x.$$

(3)积分，得椭球体积为

$$V=2\int_0^a \pi y^2\mathrm{d}x$$
$$=2\pi\int_0^a \frac{b^2}{a^2}(a^2-x^2)\mathrm{d}x$$
$$=\frac{2\pi b^2}{a^2}\left(a^2x-\frac{1}{3}x^3\right)\Big|_0^a$$
$$=\frac{4}{3}\pi ab^2.$$

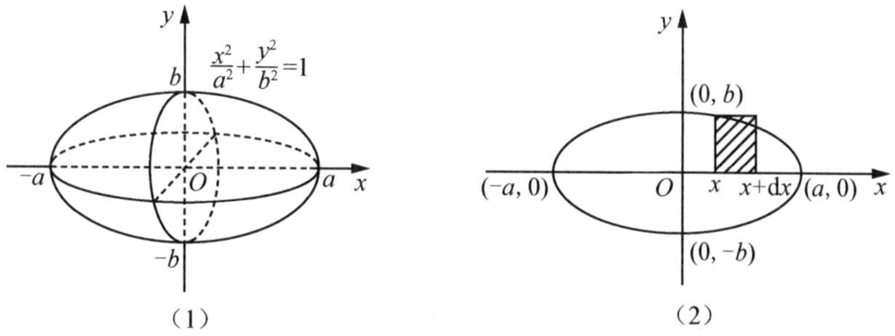

图 6-21

绕 y 轴旋转

(1)如图 6-22 所示，取积分变量为 y，积分区间为$[0, b]$.

(2)在区间$[0, b]$上任意取一个区间$[y, y+\mathrm{d}y]$，得体积微元为

$$\mathrm{d}V=\pi x^2\mathrm{d}y.$$

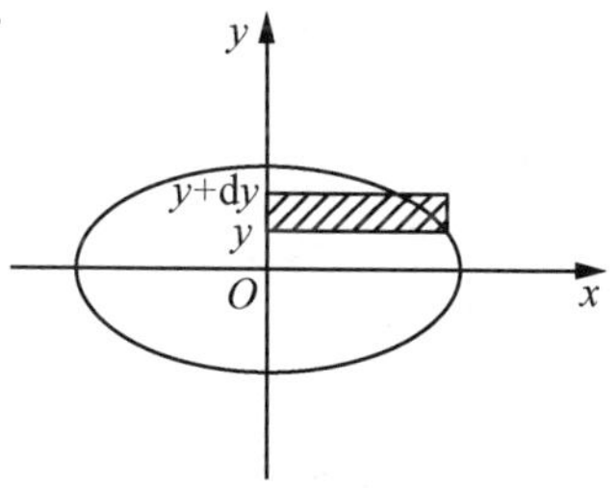

图 6-22

(3)积分得椭球体积为

$$\begin{aligned}V&=2\int_0^b \pi x^2\mathrm{d}y\\&=2\pi\int_0^b \frac{a^2}{b^2}(b^2-y^2)\mathrm{d}y\\&=2\pi\frac{a^2}{b^2}\left(b^2y-\frac{1}{3}y^3\right)\Big|_0^b\\&=\frac{4}{3}\pi a^2 b.\end{aligned}$$

例 7 求曲线 $y=x^2$ 和 $y^2=x$ 所围成的图形绕 x 轴旋转的体积.

解： 画图，如图 6-23 所示，曲线绕 x 轴旋转.

交点坐标为(0, 0)、(1, 1)，取积分变量 x，积分区间$[0, 1]$，在区间$[0, 1]$上任取一个区间$[x, x+\mathrm{d}x]$，它绕 x 轴旋转，从而得到近似的一个空心的小圆柱体，它的体积微元为

$$\mathrm{d}V=(\pi x-\pi x^4)\mathrm{d}x,$$

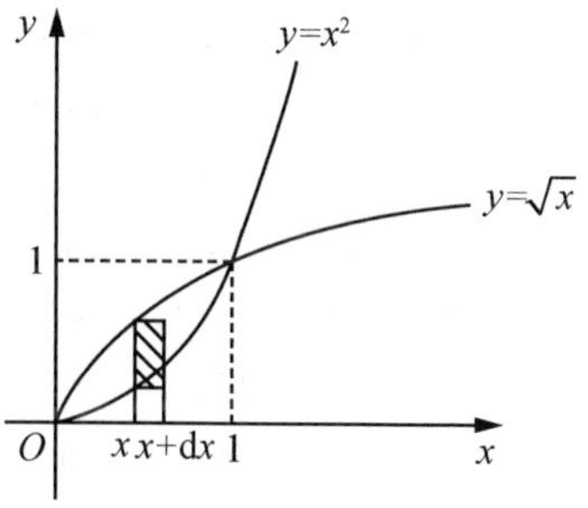

图 6-23

即旋转体的体积为

$$\begin{aligned}V&=\int_0^1(\pi x-\pi x^4)\mathrm{d}x\\&=\pi\left(\frac{1}{2}x^2-\frac{1}{5}x^5\right)\Big|_0^1\\&=\frac{3\pi}{10}.\end{aligned}$$

习题 6-4

1. 求曲线 $y=\frac{1}{x}$ 与直线 $y=x$、$x=2$、$y=0$ 所围成的平面图形的面积.

2. 求曲线 $y=\sin x$、$y=\cos x$ 与直线 $x=0$、$x=\frac{\pi}{2}$ 所围成的平面图形的面积.

3. 求曲线 $y=e^x$ 与直线 $y=e$、$x=0$ 所围成的平面图形的面积.

4. 求曲线 $y=x^2$ 与直线 $y=1$ 所围成的平面图形的面积.

5. 求曲线 $y^2=x$ 与直线 $y=x-2$ 所围成的平面图形的面积.

6. 求曲线 $y=x^2-2x-3$ 与直线 $y=0$ 所围成的平面图形的面积.

7. 求曲线 $y=x^2$、$y=0$、$x=1$ 所围成的平面图形分别绕 x 轴和 y 轴旋转所得的旋转体的体积.

8. 求曲线 $y=\frac{1}{x}$ 和直线 $y=4x$、$x=2$、$y=0$ 所围成的平面图形绕 x 轴旋转所得的旋转体的体积.

9. 求曲线 $y=\ln x$ 与直线 $y=e$、$x=0$、$y=0$ 所围成的平面图形绕 y 轴旋转所得的旋转体的体积.

10. 求曲线 $y=e^x$ 与直线 $y=e$、$x=0$ 所围成的平面图形分别绕 x 轴和 y 轴旋转所得的旋转体的体积.

11. 求 $x^2+(y-5)^2=16$ 绕 x 轴旋转所得的旋转体的体积.

第 5 节　定积分的物理应用

前面我们已经学习了定积分在几何上的应用，本节将学习定积分在物理上的一些简单应用.

6.5.1　变力做功

由物理学可知，一个物体在一个恒力 F 的作用下，沿力的方向做直线运动，当物体的位移为 s 时，这个恒力 F 所做的功为

$$W=F\cdot s.$$

但在实际的生产生活与科研等问题中，更多的情况是需要计算变力作用下所做的功，我们通过下面例子来说明变力做功的计算方法.

例 1　已知弹簧每拉长 0.01 m 要用 5 N 的力，求把弹簧拉长 0.2 m 所做的功.

解：根据物理学可知，在弹性限度内，拉伸(或压缩)弹簧所需的力 F 和弹簧的伸长量(或压缩量)的长度 x 成正比，即

$$F=kx,$$

其中，k 为倔强系数(弹簧的固有属性)，是常量.

根据题意知，当 $x=0.01$ m 时，$F=5$ N，所以

$$k=500.$$

这样得到的变力函数为

$$F=500x.$$

现在我们用微元法求此变力所做的功.

(1)取积分变量为 x，积分区间为[0，0.2].

(2)在[0，0.2]上任意取一小区间[x，$x+\mathrm{d}x$]，与它对应的变力所做的功近似的看作恒力所做的功，从而得到功的微元为

$$\mathrm{d}W=500x\,\mathrm{d}x.$$

(3)积分，得弹簧拉长所做的功为

$$\begin{aligned}W&=\int_0^{0.2}500x\,\mathrm{d}x\\&=[250x^2]_0^{0.2}\\&=10(\mathrm{J}).\end{aligned}$$

例 2 现有一圆柱形的水桶高 5 m，底面直径为 6 m，如果把桶内的水全部吸出需要做多少功？($\rho=1\times10^3$ kg/m^3，$g=9.8$ N/kg，结果保留两位有效数字)

解：建立坐标系如图 6-24 所示，将不同深度的水吸出到桶口，由于其路程不同，所以取深度 x 为积分变量，积分区间为[0，5]；在区间[0，5]上任取一个小区间[x，$x+\mathrm{d}x$]，对应的一薄层水的高度为 $\mathrm{d}x$，体积为 $\mathrm{d}V=3^2\pi\mathrm{d}x$，小薄层水的重力为

$$G=\rho g\,\mathrm{d}V=1\times10^3\times9.8\times3^2\pi\mathrm{d}x=88200\pi\mathrm{d}x.$$

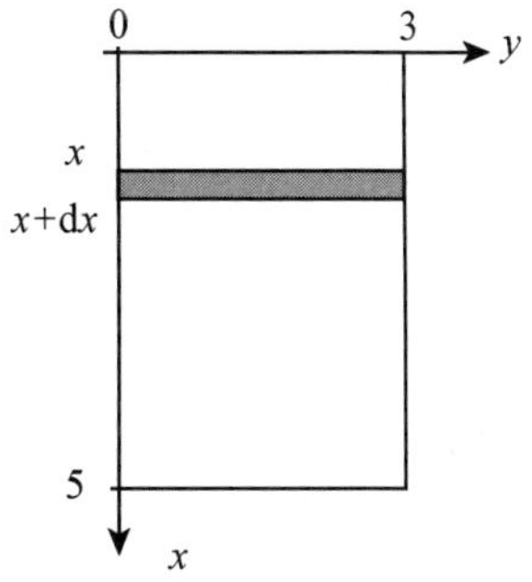

图 6-24

将这一薄层水吸出桶外所做的功等于克服这一薄层水的重力所做的功，功的微元为

$$\mathrm{d}W=88200\pi x\,\mathrm{d}x,$$

把桶内全部的水吸出需要做的功为

$$\begin{aligned}W&=\int_0^5 88200\pi x\,\mathrm{d}x\\&=44100\pi x^2\Big|_0^5\approx3.5\times10^6=3500(\mathrm{kJ}).\end{aligned}$$

6.5.2 液体压力

据物理学可知，水平放置在液体中的一薄片，若其面积为 S，距离液体表面的深度为 h，则该薄片一侧所受的压力 F 等于以薄片为底，以距离液体表面深度为高的液体的重量，即

$$F=mg=\rho Vg=\rho gSh,$$

其中，ρ 为液体的密度(单位：kg/m^3).

但在实际问题中，往往要计算与液面垂直放置的薄片一侧所受的压力. 由于薄片上每一个位置距液体表面的深度都不一样，因此没有固定的公式直接计算. 下面我们通过具体例子，利用定积分的思想方法来说明这种薄片所受液体的压力.

例 3 设有一竖直的闸门，形状是等腰梯形，上底边长 10 m，下底边长 6 m，

高 10 m，如图 6-25 所示. 建立坐标系，当水面与闸门平齐时，求闸门所受水的压力. ($\rho=1\times10^3$kg/m^3，$g=9.8$N/kg)(保留两位有效数字)

解：(1)取积分变量为 x，积分分区间为$[0, 10]$.

(2)如图 6-25 所示 $A(0, 5)$，$B(10, 3)$，得到 AB 直线的方程为 $y=5-\frac{1}{5}x$.

(3)在区间$[0, 10]$上任意取一个小区间$[x, x+\mathrm{d}x]$，闸门上相应与该小区间的小窄条的面积，近似地看作是小矩形，该小矩形一侧受到的压力近似地看作把小矩形平放在距液体表面深度为 x 的位置上一侧所受的压力，而压力的微元为

$$\mathrm{d}F=\rho g x 2y\,\mathrm{d}x.$$

(4)即液体对闸门的压力为

$$F=\int_0^{10}\rho g x 2\left(5-\frac{1}{5}x\right)\mathrm{d}x$$

$$=2\rho g\left[\frac{5}{2}x^2-\frac{1}{15}x^3\right]_0^{10}$$

$$\approx 3.6\times10^6(\mathrm{N}).$$

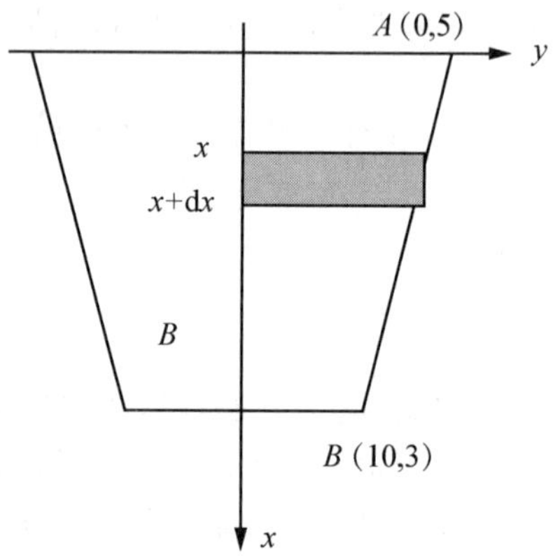

图 6-25

习题 6-5

1. 一弹簧，已知原长度为 0.30 m，每压缩 0.01 m 需要 2 N 的力，求把弹簧从原长压缩到 0.20 m 时所做的功.

2. 一水池长 50 m、宽 20 m、深 3 m，现将水抽出，问需要做多少功？

3. 设一水平放置的水管，已知其断面是直径为 6 m 的圆，当水一半时，求水管一端的竖立闸门上所受的压力. (图 6-26) ($\rho=1\times10^3$kg/m^3，$g=9.8$N/kg，结果保留两位有效数字)

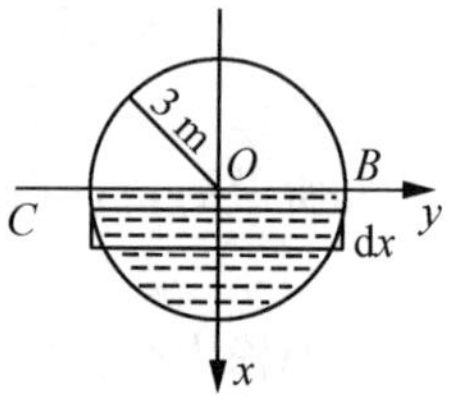

图 6-26

第 6 节　广义积分(反常积分)

前面学习讨论的定积分，都是连续函数在有限区间$[a, b]$上对有界函数进行积分. 在实际问题中，经常会遇到积分区间是无限区间或者被积函数是无界函数的情形，这样就需要将定积分的定义加以推广. 上述两类积分都叫作广义积分(或反常积分).

6.6.1　无限区间的广义积分(反常积分)

如果求曲线 $y=\frac{1}{x^2}$与直线 $y=0$、$x=1$ 所围成的向右无限伸展的“开口曲边梯形”的面积，如图 6-27 所示.

由于图形是“开口”的，所以不能直接用定积分计算其面积. 如果取 $b>1$，则在区

间[1, b]的曲边梯形的面积为

$$\int_1^b \frac{1}{x^2}\mathrm{d}x=\left[-\frac{1}{x}\right]_1^b=1-\frac{1}{b}.$$

显然，b 越大，这个曲边梯形的面积就越接近于所求的“开口曲边梯形”的面积．因此，当 $b\to+\infty$时，曲边梯形面积的极限 $\lim\limits_{b\to+\infty}\int_1^b \frac{1}{x^2}\mathrm{d}x=\lim\limits_{b\to+\infty}\left(1-\frac{1}{b}\right)=1$，就表示所要求的“开口曲边梯形”的面积.

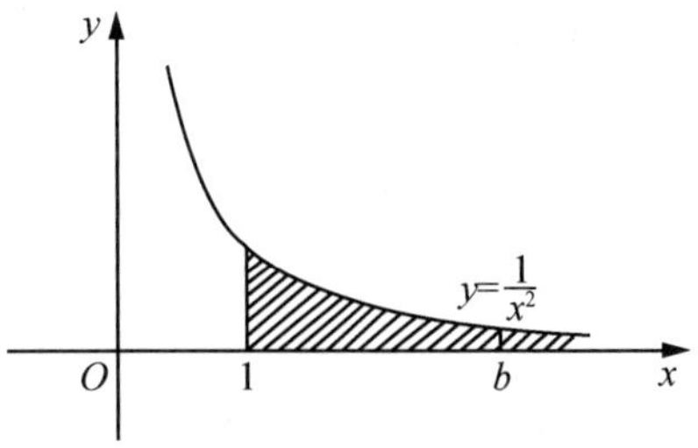

图 6-27

一般地，对于无限区间的广义积分，有如下定义.

定义 1　设函数 $f(x)$在区间[a，$+\infty$)上连续，极限 $\lim\limits_{b\to+\infty}\int_a^b f(x)\mathrm{d}x\,(a<b)$ 称为函数 $f(x)$在无穷区间[a，$+\infty$)上的广义积分(或反常积分)，记作 $\int_a^{+\infty}f(x)\mathrm{d}x$ ，即

$$\int_a^{+\infty}f(x)\mathrm{d}x=\lim_{b\to+\infty}\int_a^b f(x)\mathrm{d}x.$$

若极限存在，称广义积分 $\int_a^{+\infty}f(x)\mathrm{d}x$ 收敛. 若极限不存在，称广义积分 $\int_a^{+\infty}f(x)\mathrm{d}x$ 发散.

类似的，设函数 $f(x)$在区间$(-\infty$，$b]$上的广义积分

$$\int_{-\infty}^b f(x)\mathrm{d}x=\lim_{a\to-\infty}\int_a^b f(x)\mathrm{d}x,$$

若极限存在，称广义积分 $\int_{-\infty}^b f(x)\mathrm{d}x$ 收敛，若极限不存在，则称广义积分 $\int_{-\infty}^b f(x)\mathrm{d}x$ 发散.

对于函数 $f(x)$在区间$(-\infty$，$+\infty)$上的广义积分，在区间$(-\infty$，$+\infty)$上插入 c，则积分为

$$\int_{-\infty}^{+\infty}f(x)\mathrm{d}x=\int_{-\infty}^{c}f(x)\mathrm{d}x+\int_{c}^{+\infty}f(x)\mathrm{d}x=\lim_{a\to-\infty}\int_a^c f(x)\mathrm{d}x+\lim_{b\to+\infty}\int_c^b f(x)\mathrm{d}x$$

当且仅当两极限同时收敛时，广义积分 $\int_{-\infty}^{+\infty}f(x)\mathrm{d}x$ 才收敛，否则发散.

例 1　计算广义积分 $\int_0^{+\infty}\mathrm{e}^{-x}\mathrm{d}x$.

解： $\int_0^{+\infty}\mathrm{e}^{-x}\mathrm{d}x=[-\mathrm{e}^{-x}]_0^{+\infty}=0+1=1.$

例 2　计算广义积分 $\int_0^{+\infty}\mathrm{e}^{x}\mathrm{d}x$.

解： $\int_0^{+\infty}\mathrm{e}^{x}\mathrm{d}x=\mathrm{e}^{x}\Big|_0^{+\infty}=+\infty$，

所以，该积分发散.

例 3 计算广义积分 $\int_{e}^{+\infty}\frac{dx}{x\ln x}$.

解: $\int_{e}^{+\infty}\frac{dx}{x\ln x}=\int_{e}^{+\infty}\frac{1}{\ln x}d(\ln x)$

$=[\ln\ln x]_{e}^{+\infty}$

$=+\infty$,

所以，该积分发散.

例 4 计算广义积分 $\int_{-\infty}^{-1}\frac{1}{x^{3}}dx$.

解: $\int_{-\infty}^{-1}\frac{1}{x^{3}}dx=\int_{-\infty}^{-1}x^{-3}dx$

$=\left[-\frac{1}{2x^{2}}\right]_{-\infty}^{-1}=-\frac{1}{2}$.

6.6.2 变力做功无界函数的广义积分(反常积分)

定义 2 设函数 $f(x)$在区间$(a, b]$上连续(图 6-28)，$\lim\limits_{x\to a^{+}}f(x)=\infty$，$c\in(a, b]$，称 $\lim\limits_{c\to a^{+}}\int_{c}^{b}f(x)dx$ 为函数 $f(x)$ 在区间$(a, b]$上的广义积分(或反常积分)，记作 $\int_{a}^{b}f(x)dx$ ，

即
$$\int_{a}^{b}f(x)dx=\lim_{c\to a^{+}}\int_{c}^{b}f(x)dx.$$

若此极限存在，称广义积分 $\int_{a}^{b}f(x)dx$ 收敛；否则称广义积分$\int_{a}^{b}f(x)dx$ 发散.

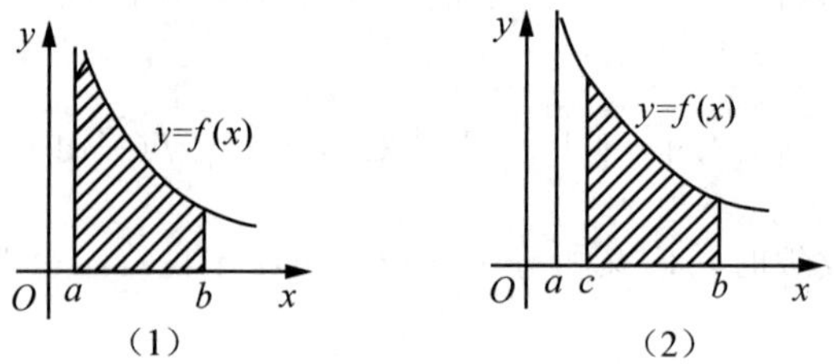

图 6-28

类似的，可定义区间$[a, b)$上的广义积分：

设函数 $f(x)$在区间$[a, b)$上连续，$\lim\limits_{x\to b^{-}}f(x)=\infty$，$c\in[a, b)$称

$$\lim_{c\to b^{-}}\int_{a}^{c}f(x)dx$$

为 $f(x)$在区间$[a, b)$上的广义积分(或反常积分)，记作 $\int_{a}^{b}f(x)dx$ ，即

$$\int_a^b f(x)\mathrm{d}x = \lim_{c \to b^-}\int_a^c f(x)\mathrm{d}x,$$

若此极限存在，则称广义积分 $\int_a^b f(x)\mathrm{d}x$ 收敛，否则称发散.

设函数 $f(x)$ 在区间 $[a, b]$ 上除点 $c \in (a, b)$ 外都连续，且 $\lim\limits_{x \to c} f(x) = \infty$，则 $\int_a^b f(x)\mathrm{d}x$ 是广义积分，而

$$\int_a^b f(x)\mathrm{d}x = \int_a^c f(x)\mathrm{d}x + \int_c^b f(x)\mathrm{d}x,$$

若 $\int_a^c f(x)\mathrm{d}x$ 与 $\int_c^b f(x)\mathrm{d}x$ 同时收敛，则广义积分 $\int_a^b f(x)\mathrm{d}x$ 收敛，否则称发散.

例 5 计算广义积分 $\int_{-1}^1 \frac{1}{x^2}\mathrm{d}x$.

解： $\int_{-1}^1 \frac{1}{x^2}\mathrm{d}x = \int_{-1}^0 \frac{1}{x^2}\mathrm{d}x + \int_0^1 \frac{1}{x^2}\mathrm{d}x$，

极限不存在，所以广义积分发散.

例 6 计算广义积分 $\int_0^4 \frac{1}{\sqrt{x}}\mathrm{d}x$.

解： $\int_0^4 \frac{1}{\sqrt{x}}\mathrm{d}x = [2\sqrt{x}]_0^4 = 4$.

习题 6-6

下列广义积分是否收敛，若收敛计算它的值.

(1) $\int_2^{+\infty} x^2 \mathrm{d}x$，　　(2) $\int_{-\infty}^0 \mathrm{e}^x \mathrm{d}x$，

(3) $\int_{-\frac{\pi}{2}}^{\frac{\pi}{2}} \cos x \mathrm{d}x$，　　(4) $\int_0^1 \ln x \mathrm{d}x$，

(5) $\int_0^{+\infty} x\mathrm{e}^{-x^2} \mathrm{d}x$，　　(6) $\int_0^{+\infty} \frac{x}{1+x^2}\mathrm{d}x$，

(7) $\int_0^1 \frac{1}{x}\mathrm{d}x$，　　(8) $\int_0^{+\infty} \mathrm{e}^{-x} \mathrm{d}x$.

复习题 6

1. 填空题.

(1)定积分 $\int_{-2}^4 (x^2 + \sin 2x)\mathrm{d}x$ 的积分上限________，积分下限________，被积函数________，被积表达式________，积分变量________.

(2) $\int_0^1 2x\mathrm{d}x =$ ________；$\int_0^1 2t\mathrm{d}t =$ ________.

(3)设 $f(x)$为连续函数，则 $\int_2^5 f(x)\mathrm{d}x+\int_5^1 f(t)\mathrm{d}t+\int_1^2 f(u)\mathrm{d}u=$________.

(4)曲线 $y=x^3$ 及 $y=0$，$x=1$ 所围成图形绕 x 轴旋转的旋转体的体积为________.

(5)根据定积分的几何意义，$\int_0^2 \sqrt{4-x^2}\,\mathrm{d}x=$________.

(6)若 $x\mathrm{e}^x$ 为 $f(x)$的一个原函数，则 $\int_0^1 xf'(x)\mathrm{d}x=$________.

(7) $\int_0^{\frac{\pi}{4}}\sin x\,\mathrm{d}x$ ________ $\int_0^{\frac{\pi}{4}}\cos x\,\mathrm{d}x$；(填"$\leqslant$""$\geqslant$"或"$=$").

(8)一物体作直线运动，其速率为 $v=1+t^2$，试用定积分表示物体从 $t=1$ 到 $t=3$ 时间的路程________.

(9)已知函数 $f(1)=1$，$f(2)=-1$，则 $\int_1^2 f(x)f'(x)\mathrm{d}x=$________.

(10)广义积分 $\int_{\mathrm{e}}^{+\infty}\frac{1}{x\ln^2 x}\mathrm{d}x=$________.

2. 选择题

(1)定积分 $\int_a^b f(x)\mathrm{d}x$ 与(　　)无关.

A. 积分下限 a　　B. 积分上限 b　　C. 对应关系 f　　D. 积分变量记号 x

(2)定积分 $\int_{-1}^1 |x|\mathrm{d}x=$(　　)

A. $-\int_{-1}^1 x\,\mathrm{d}x$　　B. $\int_{-1}^1 x\,\mathrm{d}x$

C. $-\int_{-1}^0 x\,\mathrm{d}x+\int_0^1 x\,\mathrm{d}x$　　D. $2\int_{-1}^1 x\,\mathrm{d}x$

(3)当函数 $f(x)=$(　　)时，有 $\int_{-a}^a f(x)\mathrm{d}x=0$

A. $x^2\mathrm{e}^{x^2}$　　B. $x\mathrm{e}^x$　　C. x^5+x^2　　D. x^5+x

(4)下列反常积分收敛的是(　　)

A. $\int_1^{+\infty}\frac{1}{x^2}\mathrm{d}x$　　B. $\int_1^{+\infty}\frac{1}{\sqrt{x}}\mathrm{d}x$　　C. $\int_{\mathrm{e}}^{+\infty}\frac{1}{x\ln x}\mathrm{d}x$　　D. $\int_1^{+\infty}\frac{1}{x}\mathrm{d}x$

(5)已知 $f(0)=1$，$f(1)=2$，$f'(1)=3$，则 $\int_0^1 xf''(x)\mathrm{d}x=$(　　)

A. 1　　B. 2　　C. 3　　D. 4

(6)$y=x^2$，$x=-1$，$x=2$，$y=0$ 所为成平面图形的面积为(　　)

A. $\frac{7}{3}$　　B. 3　　C. $\frac{8}{3}$　　D. 4

3. 下列积分是否收敛，若收敛计算它的值.

(1) $\int_0^{\frac{\pi}{2}}\sin x\cos^3 x\,\mathrm{d}x$，　　(2)$\int_0^1\frac{1}{\sqrt{1-x}}\mathrm{d}x$，

(3) $\int_{0}^{+\infty} x\,\mathrm{d}x$，　　(4) $\int_{0}^{+\infty} \frac{x}{1+x^{2}}\mathrm{d}x$，

(5) $\int_{1}^{+\infty} \frac{1}{x^{4}}\mathrm{d}x$，　　(6) $\int_{-\infty}^{+\infty} \frac{\mathrm{d}x}{x^{2}+2x+2}$，

(7) $\int_{0}^{+\infty} \mathrm{e}^{-\sqrt{x}}\,\mathrm{d}x$，　　(8) $\int_{-\infty}^{0} \cos x\,\mathrm{d}x$，

(9) $\int_{0}^{1} \frac{\mathrm{d}x}{\sqrt[3]{x}}$，　　(10) $\int_{-\frac{\pi}{4}}^{\frac{\pi}{4}} \frac{\mathrm{d}x}{\sin^{2} x}$.

4. 有一横截面面积是 $S=20\ \mathrm{m}^2$，深为 5 m 的圆柱形水池，现要将池中盛满的水全部抽到高为 10 m 的水塔顶上去，需要做多少功？

5. 把半径为 R(m)的空心球由与水面相切的位置压入水中至与水面相切为止，求克服浮力做的功.

知识拓展

中国科学院院士、数学家、数学教育家：许宝騄

许宝騄(1910 年 9 月 1 日—1970 年 12 月 18 日)，字闲若，出生于北京，数学家，数学教育家，中央研究院第一届院士、中国科学院学部委员，北京大学数学系教授. 许宝騄主要从事数理统计学和概率论研究，最先发现线性假设的似然比检验(F 检验)的优良性，给出了多元统计中若干重要分布的推导，推动了矩阵论在多元统计中的应用. 他与 H. Robbins 一起提出的完全收敛的概念是对强大数定律的重要加强.

图 6-29

1925 年，许宝騄进入北京汇文中学，从高一读起.

1928 年，许宝騄从汇文中学毕业后，考入燕京大学理学院. 由于中学期间受表姐夫徐传元的影响，许宝騄对数学颇有兴趣，入大学后了解到清华大学数学系最好，决心转学学数学.

1929 年，许宝騄进入清华大学数学系，仍从一年级读起. 当时的老师有熊庆来、孙光远、杨武之等，一起学习的有华罗庚、柯召等人.

1933 年，许宝騄从清华大学毕业，获得理学学士学位，经考试录取赴英留学，体检时发现体重太轻不合格，未能成行，于是下决心休养一年.

1934 年，许宝騄任北京大学数学系助教，担任正在访问北京大学的美国哈佛大学教授奥斯古德的助教，前后共两年.

1936 年，许宝騄再次考取了赴英留学，派往伦敦大学，在统计系学习数理统计，攻读博士学位，在此期间共发表了 3 篇论文. 当时伦敦大学规定数理统计方向要取得哲学博士的学位，必需寻找一个新的统计量，编制一张统计量的临界值表，而许宝騄因成绩优异，研究工作突出，第一个被破格用统计实习的口试来代替.

1938 年，许宝騄获得哲学博士学位. 同年，系主任内曼受聘去美国加州大学伯克

利分校，他推荐将许宝騄提升为讲师，接替他在伦敦大学讲课.

1940 年，许宝騄发表了 3 篇，其中两篇文章是数理统计学科的重要文献，在多元统计分析和内曼—皮尔逊理论中是奠基性的工作，因此获得科学博士学位. 同年，许宝騄到昆明，在国立西南联合大学任教.

1945 年秋，许宝騄应邀去美国加州大学伯克利分校和哥伦比亚大学任访问教授，各讲一个学期，学生中有安德森，莱曼等人.

1946 年，到北卡罗莱纳大学任教，一年后，他决心回国，谢绝了一些大学的聘任，回到北京大学任教授.

1948 年，当选为中央研究院第一届院士.

1955 年，当选为中国科学院学部委员(院士).

1970 年 12 月 18 日清晨，许宝騄病逝于北京大学的勺园佟府，享年 60 岁. 逝世时他床边的小茶几上还放着一支钢笔和未完成的手稿.

许宝騄被公认为在数理统计和概率论方面第一个具有国际声望的中国数学家.（施普林格出版社刊印《许宝騄全集》后的书评）

许宝騄在中国开创了概率论、数理统计的教学与研究工作. 在在内曼—皮尔逊理论、参数估计理论、多元分析、极限理论等方面取得卓越成就，是多元统计分析学科的开拓者之一. 许宝騄不仅自己在多元分析方面有很多开创性的工作，他还培养了像安德森、奥肯等国际上多元分析学术带头人，所以许宝騄被公认为多元统计分析的奠基人之一. 许宝騄的像片悬挂在斯坦福大学统计系的走廊上，与世界著名的统计学家并列.（《中国科学技术专家传略》评）

第 7 章　线性代数

线性代数是 19 世纪后期发展起来的一个数学分支，它是高等院校理工科各专业及经济管理等专业学生的一门基础必修课，与微积分有着同样的地位和同等的重要性，尤其在计算机日益普及的今天. 通过解大型线性方程组，学生能够获得应用科学中常用的行列式计算、矩阵方法、线性方程组等理论及其有关的基础知识，并熟练掌握矩阵运算能力和用矩阵方法解决一些实际问题的能力，从而有利于学习后继课程及进一步扩大数学知识面. 学习线性代数是为培养我国社会主义现代化建设所需要的高质量专门人才服务的，为提高学生素质奠定必要的基础.

在线性代数中，矩阵是一个基本内容，它是研究线性代数的有力工具，行列式的理论来源于解线性方程组，所以，首先，从解二元线性方程组的角度引入了二阶行列式；然后，归纳给出了 n 阶行列式的定义，讨论其性质和计算方法；最后，作为行列式的应用，介绍了克莱姆法则. 在自然科学和工程技术以及生产实际中还有大量问题与矩阵有关，可通过对矩阵的研究得以解决.

第 1 节　n 阶行列式的定义

行列式的理论是人们出于对解线性方程组的需要而建立和发展起来的，它在线性代数以及其他数学分支上都有着广泛的应用. 本节我们主要讨论行列式的定义及计算方法.

本节的重点是利用行列式的定义进行计算，要求在理解 n 阶行列式的概念、掌握行列式概念的基础上，熟练正确地计算三阶、四阶行列式.

计算行列式的基本思路：按行(列)展开公式，通过降阶来计算.

常用的行列式计算方法和技巧：直接利用定义法，化三角形法，降阶法，递推法，数学归纳法，利用已知行列式法.

本节的难点是行列式定义；高阶行列式的计算.

7.1.1　二阶与三阶行列式

1. 二元线性方程组与二阶行列式

行列式的概念起源于解线性方程组，它是从二元与三元线性方程组的解的公式引出来的. 因此我们首先讨论解方程组的问题.

设有二元线性方程组

$$\begin{cases} a_{11}x_1+a_{12}x_2=b_1 \\ a_{21}x_1+a_{22}x_2=b_2 \end{cases}, \tag{1}$$

用加减消元法容易求出未知量 x_1 和 x_2 的值，当 $a_{11}a_{22}-a_{12}a_{21}\neq 0$ 时，有

$$\begin{cases} x_1=\dfrac{b_1a_{22}-a_{12}b_2}{a_{11}a_{22}-a_{12}a_{21}} \\ x_2=\dfrac{a_{11}b_2-b_1a_{21}}{a_{11}a_{22}-a_{12}a_{21}} \end{cases}. \tag{2}$$

这就是一般二元线性方程组的公式解. 这个公式很难记住，应用时不方便，因此，我们引进新的符号来表示(2)式这个结果，这就是行列式的起源. 我们将分母 $a_{11}a_{22}-a_{12}a_{21}$ 记作

$$\begin{vmatrix} a_{11} & a_{12} \\ a_{21} & a_{22} \end{vmatrix}，即\begin{vmatrix} a_{11} & a_{12} \\ a_{21} & a_{22} \end{vmatrix}=a_{11}a_{22}-a_{12}a_{21}$$

为二阶行列式. 它含有两行、两列，横的叫行，纵的叫列. 行列式中的数叫作行列式的元素. 从上式知，二阶行列式是这样两项的代数和：一个是从左上角到右下角的对角线(又叫行列式的主对角线)上两个元素的乘积，取正号；另一个是从右上角到左下角的对角线(又叫次对角线)上两个元素的乘积，取负号.

根据定义，容易得知(2)式中的两个分子可分别写成

$$b_1a_{22}-a_{12}b_2=\begin{vmatrix} b_1 & a_{12} \\ b_2 & a_{22} \end{vmatrix}，a_{11}b_2-b_1a_{21}=\begin{vmatrix} a_{11} & b_1 \\ a_{21} & b_2 \end{vmatrix},$$

如果记 $D=\begin{vmatrix} a_{11} & a_{12} \\ a_{21} & a_{22} \end{vmatrix}$，$D_1=\begin{vmatrix} b_1 & a_{12} \\ b_2 & a_{22} \end{vmatrix}$，$D_2=\begin{vmatrix} a_{11} & b_1 \\ a_{21} & b_2 \end{vmatrix}$，则当 $D\neq 0$ 时，方程组(1)式的解(2)式可以表示成

$$x_1=\frac{D_1}{D}=\frac{\begin{vmatrix} b_1 & a_{12} \\ b_2 & a_{22} \end{vmatrix}}{\begin{vmatrix} a_{11} & a_{12} \\ a_{21} & a_{22} \end{vmatrix}}，x_2=\frac{D_2}{D}=\frac{\begin{vmatrix} a_{11} & b_1 \\ a_{12} & b_2 \end{vmatrix}}{\begin{vmatrix} a_{11} & a_{12} \\ a_{21} & a_{22} \end{vmatrix}}, \tag{3}$$

像这样用行列式来表示解，形式简便整齐，便于记忆. 这也称为克莱姆法则.

首先(3)式中分母的行列式是由(1)式中的系数按其原有的相对位置而排成的. 分子中的行列式，x_1 的分子是把系数行列式中的第 1 列换成(1)式的常数项得到的，而 x_2 的分子则是把系数行列式的第 2 列换成常数项而得到的.

定义 1 记号 $\begin{vmatrix} a_{11} & a_{12} \\ a_{21} & a_{22} \end{vmatrix}$ 称为二阶行列式，它代表一个算式，等于代数和 $a_{11}a_{22}-a_{12}a_{21}$，其中 $a_{ij}(i=1, 2; j=1, 2)$ 称为二阶行列式的元素，横排的称为行，纵排的称为列.

将左上角元素到右下角元素的连线称为主对角线，右上角到左下角元素的连线称为次对角线，行列式的值即主对角线两个元素的乘积减次对角线两个元素的乘积，它是二阶行列式的计算公式，这种计算方法叫作对角线法则，$a_{11}a_{22}-a_{12}a_{21}$ 也叫作二阶行列式的展开式.

二阶行列式是由 4 个数 a_{11}、a_{12}、a_{21}、a_{22} 及双竖线$|\quad|$组成的符号，即

$$\begin{vmatrix} a_{11} & a_{12} \\ a_{21} & a_{22} \end{vmatrix}.$$

注：(1)构成．二阶行列式含有两行、两列．横排的数构成行，纵排的数构成列．行列式中的数 $a_{ij}(i=1, 2; j=1, 2)$称为行列式的元素．行列式中的元素用小写英文字母表示，元素 a_{ij} 的第一个下标 i 称为行标，表明该元素位于第 i 行；第二个下标 j 称为列标，表明该元素位于第 j 列．相等的行数和列数 2 称为行列式的阶．

(2)含义．它按规定的方法表示元素 a_{11}、a_{12}、a_{21}、a_{22} 的运算结果：由左上至右下的两元素之积 $a_{11}a_{22}$，减去右上至左下的两元素之积 $a_{12}a_{21}$．其中每个积中的两个数均来自不同的行和不同的列．

或者说：二阶行列式是这样的两项的代数和，一项是从左上角到右下角的对角线(又叫行列式的主对角线)上两个元素的乘积，取正号；另一项是从右上角到左下角的对角线(又叫次对角线)上两个元素的乘积，取负号．即

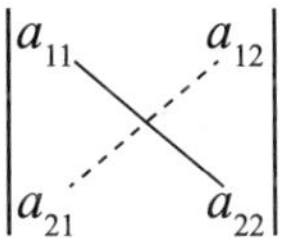

这就是对角线法则．

例 1 用二阶行列式解线性方程组$\begin{cases} 2x_1+4x_2=1 \\ x_1+3x_2=2 \end{cases}$.

解：$D=\begin{vmatrix} 2 & 4 \\ 1 & 3 \end{vmatrix}=2\times3-4\times1=2\neq0$,

$$D_1=\begin{vmatrix} 1 & 4 \\ 2 & 3 \end{vmatrix}=1\times3-4\times2=-5，D_2=\begin{vmatrix} 2 & 1 \\ 1 & 2 \end{vmatrix}=2\times2-1\times1=3,$$

因此，方程组的解是 $x_1=\dfrac{D_1}{D}=\dfrac{-5}{2}$，$x_2=\dfrac{D_2}{D}=\dfrac{3}{2}$.

例 2 计算下列行列式的值．

(1)$\begin{vmatrix} 1 & 2 \\ 3 & 4 \end{vmatrix}$，　　(2)$\begin{vmatrix} -1 & 0 \\ 0 & 2 \end{vmatrix}$，　　(3)$\begin{vmatrix} 2 & -1 \\ 0 & 3 \end{vmatrix}$.

解：(1)$\begin{vmatrix} 1 & 2 \\ 3 & 4 \end{vmatrix}=1\times4-2\times3=-2$；

(2)$\begin{vmatrix} -1 & 0 \\ 0 & 2 \end{vmatrix}=-1\times2-0\times0=-2$；

(3)$\begin{vmatrix} 2 & -1 \\ 0 & 3 \end{vmatrix}=2\times3-(-1)\times0=6$.

例 3 当 λ 为何值时，行列式 $D=\begin{vmatrix} \lambda^2 & \lambda \\ 3 & 1 \end{vmatrix}$的值为 0？

解：因为 $D=\begin{vmatrix} \lambda^2 & \lambda \\ 3 & 1 \end{vmatrix}=\lambda^2-3\lambda=\lambda(\lambda-3)$,

要使$\lambda(\lambda-3)=0$，须使$\lambda=0$或$\lambda=3$，

即知，当$\lambda=0$或$\lambda=3$时，行列式$D=\begin{vmatrix}\lambda^2 & \lambda \\ 3 & 1\end{vmatrix}$的值为0.

2. 三元一次线性方程组与三阶行列式

对三元一次线性方程组

$$\begin{cases}a_{11}x_1+a_{12}x_2+a_{13}x_3=b_1\\ a_{21}x_1+a_{22}x_2+a_{23}x_3=b_2\\ a_{31}x_1+a_{32}x_2+a_{33}x_3=b_3\end{cases}\tag{4}$$

作类似的讨论. 我们引入三阶行列式的概念. 我们称符号

$$\begin{vmatrix}a_{11} & a_{12} & a_{13}\\ a_{21} & a_{22} & a_{23}\\ a_{31} & a_{32} & a_{33}\end{vmatrix}=(a_{11}a_{22}a_{33}+a_{12}a_{23}a_{31}+a_{13}a_{21}a_{32})-(a_{13}a_{22}a_{31}+a_{11}a_{23}a_{32}+a_{12}a_{21}a_{33})\tag{5}$$

为三阶行列式. 它有三行三列，是六项的代数和. 这六项的和也可用对角线法则来帮助记忆：从左上角到右下角三个元素的乘积取正号，从右上角到左下角三个元素的乘积取负号.（具体见下文）

定义 2 记号$\begin{vmatrix}a_{11} & a_{12} & a_{13}\\ a_{21} & a_{22} & a_{23}\\ a_{31} & a_{32} & a_{33}\end{vmatrix}$称为三阶行列式，它表示代数和

$$a_{11}a_{22}a_{33}+a_{12}a_{23}a_{31}+a_{13}a_{21}a_{32}-a_{13}a_{22}a_{31}-a_{11}a_{23}a_{32}-a_{12}a_{21}a_{33},$$

三阶行列式是由在双竖线| |内，排成三行三列的9个数组成的符号，即

$$\begin{vmatrix}a_{11} & a_{12} & a_{13}\\ a_{21} & a_{22} & a_{23}\\ a_{31} & a_{32} & a_{33}\end{vmatrix}.$$

注：(1)构成. 三阶行列式含有三行三列. 横排的数构成行，纵排的数构成列. 行列式中的数称为行列式的元素，相等的行数和列数3称为行列式的阶.

(2)含义. 三阶行列式按规定的方法表示9个元素的运算结果，为6个项的代数和，每个项均为来自不同行不同列的三个元素之积，其符号的确定如图7-1所示.

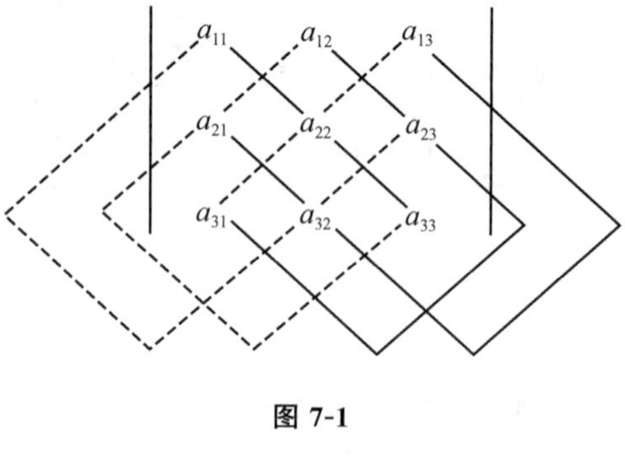

图 7-1

从图7-1可见，三阶行列式是这样的六个项的代数和：从左上角到右下角的每条实连线上，来自不同行不同列的三个元素的乘积，取正号；从右上角到左下角的每条虚连线上，来自不同行不同列的三个元素的乘积，取负号. 即

$$\begin{vmatrix} a_{11} & a_{12} & a_{13} \\ a_{21} & a_{22} & a_{23} \\ a_{31} & a_{32} & a_{33} \end{vmatrix} = (a_{11}a_{22}a_{33} + a_{12}a_{23}a_{31} + a_{13}a_{21}a_{32}) - (a_{13}a_{22}a_{31} + a_{11}a_{23}a_{32} + a_{12}a_{21}a_{33}).$$

运算时，在整体上，应从第一行的 a_{11} 起，自左向右计算左上到右下方向上的所有的三元素乘积，再从第一行的 a_{11} 起，自左向右计算右上到左下的方向上的所有的三元素乘积．对于各项的计算，应按行标的自然数顺序选取相乘的元素．这样不容易产生错漏．

例 4 求 $\begin{vmatrix} 2 & 1 & 2 \\ -4 & 3 & 1 \\ 2 & 3 & 5 \end{vmatrix}$.

$$\begin{aligned} \begin{vmatrix} 2 & 1 & 2 \\ -4 & 3 & 1 \\ 2 & 3 & 5 \end{vmatrix} &= 2\times3\times5+1\times1\times2+2\times(-4)\times3-2\times3\times2-2\times1\times3-1\times \\ &\quad (-4)\times5 \\ &= 30+2-24-12-6+20 \\ &= 10. \end{aligned}$$

线性方程组(4)式中，令

$$D = \begin{vmatrix} a_{11} & a_{12} & a_{13} \\ a_{21} & a_{22} & a_{23} \\ a_{31} & a_{32} & a_{33} \end{vmatrix},$$

$$D_1 = \begin{vmatrix} b_1 & a_{12} & a_{13} \\ b_2 & a_{22} & a_{23} \\ b_3 & a_{32} & a_{33} \end{vmatrix}, \quad D_2 = \begin{vmatrix} a_{11} & b_1 & a_{13} \\ a_{21} & b_2 & a_{23} \\ a_{31} & b_3 & a_{33} \end{vmatrix}, \quad D_3 = \begin{vmatrix} a_{11} & a_{12} & b_1 \\ a_{21} & a_{22} & b_2 \\ a_{31} & a_{32} & b_3 \end{vmatrix}.$$

当 $D\neq0$ 时，(4)的解可简单地表示成

$$x_1=\frac{D_1}{D},\ x_2=\frac{D_2}{D},\ x_3=\frac{D_3}{D}.$$

它的结构与前面二元一次方程组的解类似．

例 5 解线性方程组 $\begin{cases} 2x_1-x_2+x_3=0 \\ 3x_1+2x_2-5x_3=1. \\ x_1+3x_2-2x_3=4 \end{cases}$

解： $D=\begin{vmatrix} 2 & -1 & 1 \\ 3 & 2 & -5 \\ 1 & 3 & -2 \end{vmatrix}=28$，$D_1=\begin{vmatrix} 0 & -1 & 1 \\ 1 & 2 & -5 \\ 4 & 3 & -2 \end{vmatrix}=13$，

$D_2=\begin{vmatrix} 2 & 0 & 1 \\ 3 & 1 & -5 \\ 1 & 4 & -2 \end{vmatrix}=47$，$D_3=\begin{vmatrix} 2 & -1 & 0 \\ 3 & 2 & 1 \\ 1 & 3 & 4 \end{vmatrix}=21$.

所以，$x_1=\frac{D_1}{D}=\frac{13}{28}$，$x_2=\frac{D_2}{D}=\frac{47}{28}$，$x_3=\frac{D_3}{D}=\frac{21}{28}=\frac{3}{4}$.

例 6 已知$\begin{vmatrix} a & b & 0 \\ -b & a & 0 \\ 1 & 0 & 1 \end{vmatrix}=0$，问：$a$、$b$ 应满足什么条件？(其中 a、b 均为实数).

解： $\begin{vmatrix} a & b & 0 \\ -b & a & 0 \\ 1 & 0 & 1 \end{vmatrix}=a^2+b^2$，若要 $a^2+b^2=0$，则 a 与 b 须同时等于零．因此，当 $a=0$ 且 $b=0$ 时给定行列式等于零.

为了得到更为一般的线性方程组的求解公式，我们需要引入 n 阶行列式的概念，因此，先介绍排列的有关知识.

思考题：

当 a、b 为何值时，行列式 $D=\begin{vmatrix} a & b \\ a^2 & b^2 \end{vmatrix}=0$？

7.1.2 行列式的展开

三阶行列式除了用对角线法则计算外，还可以按照某一行或某一列展开，为了展开行列式，先介绍余子式和代数余子式的概念.

定义 3 在行列式中划去 a_{ij} 元素所在的第 i 行和第 j 列元素，剩下的元素按原来相对顺序排成的行列式称为 a_{ij} 的余子式，记作 M_{ij}、a_{ij} 的余子式乘$(-1)^{i+j}$ 称为 a_{ij} 的代数余子式，记作 A_{ij}，即 $\mathrm{A}_{ij}=(-1)^{i+j}\mathrm{M}_{ij}$.

定理 1 三阶行列式的值等于它的任意一行(或任意一列)的各元素与其对应的代数余子式乘积之和，即

$$\begin{vmatrix} a_{11} & a_{12} & a_{13} \\ a_{21} & a_{22} & a_{23} \\ a_{31} & a_{32} & a_{33} \end{vmatrix}=\sum_{i=1}^{3}a_{ij}A_{ij}=\sum_{j=1}^{3}a_{ij}A_{ij}\quad (i=1,\ 2,\ 3;\ j=1,\ 2,\ 3).$$

证： 以$\begin{vmatrix} a_{11} & a_{12} & a_{13} \\ a_{21} & a_{22} & a_{23} \\ a_{31} & a_{32} & a_{33} \end{vmatrix}=a_{11}A_{11}+a_{12}A_{12}+a_{13}A_{13}$ 为例，其余证明方法相同.

$$\begin{aligned}\begin{vmatrix} a_{11} & a_{12} & a_{13} \\ a_{21} & a_{22} & a_{23} \\ a_{31} & a_{32} & a_{33} \end{vmatrix}&=a_{11}a_{22}a_{33}+a_{12}a_{23}a_{31}+a_{13}a_{21}a_{32}-a_{13}a_{22}a_{31}-a_{11}a_{23}a_{32}-a_{12}a_{21}a_{33}\\&=a_{11}(a_{22}a_{33}-a_{23}a_{32})+a_{12}(a_{23}a_{31}-a_{21}a_{33})+a_{13}(a_{21}a_{32}-a_{22}a_{31})\\&=a_{11}\begin{vmatrix} a_{22} & a_{23} \\ a_{32} & a_{33} \end{vmatrix}-a_{12}\begin{vmatrix} a_{21} & a_{23} \\ a_{31} & a_{33} \end{vmatrix}+a_{13}\begin{vmatrix} a_{21} & a_{22} \\ a_{31} & a_{32} \end{vmatrix}\\&=a_{11}A_{11}+a_{12}A_{12}+a_{13}A_{13}.\end{aligned}$$

这样，可利用计算二阶行列式来计算三阶行列式.

例 7 将行列式$\begin{vmatrix} 2 & 3 & 5 \\ -4 & 3 & 1 \\ 2 & 1 & -2 \end{vmatrix}$分别按着第一行和第二列展开.

解：行列式按第一行展开为

$$\begin{vmatrix} 2 & 3 & 5 \\ -4 & 3 & 1 \\ 2 & 1 & -2 \end{vmatrix}=2\times(-1)^{1+1}\begin{vmatrix} 3 & 1 \\ 1 & -2 \end{vmatrix}+3\times(-1)^{1+2}\begin{vmatrix} -4 & 1 \\ 2 & -2 \end{vmatrix}+$$
$$5\times(-1)^{1+3}\begin{vmatrix} -4 & 3 \\ 2 & 1 \end{vmatrix}$$
$$=2\times(-1)^{1+1}\times(-6-1)+3\times(-1)^{1+2}\times(8-2)+5\times(-1)^{1+3}\times(-4-6)$$
$$=2\times(-7)-3\times6+5\times(-10)$$
$$=-14-18-50=-82.$$

行列式按第二列展开为

$$\begin{vmatrix} 2 & 3 & 5 \\ -4 & 3 & 1 \\ 2 & 1 & -2 \end{vmatrix}=3\times(-1)^{1+2}\begin{vmatrix} -4 & 1 \\ 2 & -2 \end{vmatrix}+3\times(-1)^{2+2}\begin{vmatrix} 2 & 5 \\ 2 & -2 \end{vmatrix}+1\times(-1)^{2+3}\begin{vmatrix} 2 & 5 \\ -4 & 1 \end{vmatrix}$$
$$=3\times(-1)^{1+2}\times(8-2)+3\times(-1)^{2+2}\times(-4-10)+1\times(-1)^{2+3}\times(2+20)$$
$$=-3\times6+3\times(-14)-1\times22$$
$$=-18-42-22=-82.$$

推论 1 三阶行列式的某一行(或某一列)的元素与另一行(列)对应元素的代数余子式乘积之和等于零.

行列式的这种展开方法可以推广到 n 阶行列式.

$$D=\begin{vmatrix} a_{11} & a_{12} & \cdots & a_{1n} \\ \vdots & \vdots & \vdots & \vdots \\ a_{i1} & a_{i2} & \cdots & a_{in} \\ \vdots & \vdots & \vdots & \vdots \\ a_{n1} & a_{n2} & \cdots & a_{nn} \end{vmatrix}=a_{i1}A_{i1}+a_{i2}A_{i2}+\cdots+a_{in}A_{in}\quad(i=1,2,\cdots,n),$$

或

$$D=\begin{vmatrix} a_{11} & \cdots & a_{1j} & \cdots & a_{1n} \\ a_{21} & \cdots & a_{2j} & \cdots & a_{2n} \\ \vdots & \cdots & \vdots & \cdots & \vdots \\ a_{n1} & \cdots & a_{nj} & \cdots & a_{nn} \end{vmatrix}=a_{1j}A_{1j}+a_{2j}A_{2j}+\cdots+a_{nj}A_{nj}\quad(j=1,2,\cdots,n).$$

可利用下一节性质 4，证明如下.

$$D=\begin{vmatrix} a_{11} & a_{12} & \cdots & a_{1n} \\ \vdots & \vdots & & \vdots \\ a_{i1}+0+\cdots+0 & 0+a_{i2}+\cdots+0 & \cdots & 0+\cdots+0+a_{in} \\ \vdots & \vdots & & \vdots \\ a_{n1} & a_{n2} & \cdots & a_{nn} \end{vmatrix}$$

$$=\begin{vmatrix} a_{11} & a_{12} & \cdots & a_{1n} \\ \vdots & \vdots & & \vdots \\ a_{i1} & 0 & \cdots & 0 \\ \vdots & \vdots & & \vdots \\ a_{n1} & a_{n2} & \cdots & a_{nn} \end{vmatrix}+\begin{vmatrix} a_{11} & a_{12} & \cdots & a_{1n} \\ \vdots & \vdots & & \vdots \\ 0 & a_{i2} & \cdots & 0 \\ \vdots & \vdots & & \vdots \\ a_{n1} & a_{n2} & \cdots & a_{nn} \end{vmatrix}+\cdots+\begin{vmatrix} a_{11} & a_{12} & \cdots & a_{1n} \\ \vdots & \vdots & & \vdots \\ 0 & 0 & \cdots & a_{in} \\ \vdots & \vdots & & \vdots \\ a_{n1} & a_{n2} & \cdots & a_{nn} \end{vmatrix}$$

$$=a_{i1}A_{i1}+a_{i2}A_{i2}+\cdots+a_{in}A_{in}.$$

这就是行列式按第 i 行展开的公式.

类似的可证行列式按第 j 列展开的公式，即

$$D=a_{1j}A_{1j}+a_{2j}A_{2j}+\cdots+a_{nj}A_{nj}\quad (j=1,\ 2,\ \cdots,\ n).$$

例 8 计算行列式 $D=\begin{vmatrix} 2 & -1 & 0 \\ 1 & 1 & 2 \\ 3 & -1 & 2 \end{vmatrix}$.

解：方法一 利用对角线法则，有

$$D=\begin{vmatrix} 2 & -1 & 0 \\ 1 & 1 & 2 \\ 3 & -1 & 2 \end{vmatrix}=4-6+4+2=4.$$

方法二 利用行列式的性质，有

$$D=\begin{vmatrix} 2 & -1 & 0 \\ 1 & 1 & 2 \\ 3 & -1 & 2 \end{vmatrix}\xlongequal[r_3-3r_2]{r_1-2r_2}\begin{vmatrix} 0 & -3 & -4 \\ 1 & 1 & 2 \\ 0 & -4 & -4 \end{vmatrix}=-4\begin{vmatrix} 1 & 1 & 2 \\ 0 & 1 & 1 \\ 0 & -3 & -4 \end{vmatrix}\xlongequal{r_3+3r_2}-4\begin{vmatrix} 1 & 1 & 2 \\ 0 & 1 & 1 \\ 0 & 0 & -1 \end{vmatrix}=4.$$

方法三 利用行列式按一行(列)展开

$$D=\begin{vmatrix} 2 & -1 & 0 \\ 1 & 1 & 2 \\ 3 & -1 & 2 \end{vmatrix}=2\times(-1)^{2+3}\begin{vmatrix} 2 & -1 \\ 3 & -1 \end{vmatrix}+2\times(-1)^{3+3}\begin{vmatrix} 2 & -1 \\ 1 & 1 \end{vmatrix}$$

$$=-2\times1+2\times3=4.$$

例 9 计算行列式 $D=\begin{vmatrix} 5 & 1 & -1 & 1 \\ -11 & 1 & 3 & -1 \\ 0 & 0 & 2 & 0 \\ -5 & -5 & 3 & 0 \end{vmatrix}$.

解： $D=(-1)^{3+3}\times2\times\begin{vmatrix} 5 & 1 & 1 \\ -11 & 1 & -1 \\ -5 & -5 & 0 \end{vmatrix}\xlongequal{r_2+r_1}2\begin{vmatrix} 5 & 1 & 1 \\ -6 & 2 & 0 \\ -5 & -5 & 0 \end{vmatrix}$

$$=(-1)^{1+3}\times 2\times\begin{vmatrix}-6 & 2\\ -5 & -5\end{vmatrix}=2\begin{vmatrix}-8 & 2\\ 0 & -5\end{vmatrix}=80.$$

例 10 利用行列式的展开计算行列式 $D=\begin{vmatrix}2 & -1 & 1 & -1\\ 0 & 0 & 4 & -1\\ 0 & 2 & 4 & 1\\ -2 & 0 & 3 & 2\end{vmatrix}$ 的值.

解： 一般应选取零元素最多的行或列进行展开，以方便计算.

$$D=4\times(-1)^{2+3}\begin{vmatrix}2 & -1 & -1\\ 0 & 2 & 1\\ -2 & 0 & 2\end{vmatrix}+(-1)\times(-1)^{2+4}\begin{vmatrix}2 & -1 & 1\\ 0 & 2 & 4\\ -2 & 0 & 3\end{vmatrix}$$

$$=-4\times(8+2-4)-(12+8+4)=-48.$$

例 11 计算行列式 $D=\begin{vmatrix}1 & 2 & 3 & -1\\ 1 & -1 & 0 & 2\\ 0 & 1 & 0 & 1\\ 3 & -4 & -1 & -2\end{vmatrix}$.

解： $D=\begin{vmatrix}1 & 2 & 3 & -1\\ 1 & -1 & 0 & 2\\ 0 & 1 & 0 & 1\\ 3 & -4 & -1 & -2\end{vmatrix}\xlongequal{c_4+(-1)c_2}\begin{vmatrix}1 & 2 & 3 & -3\\ 1 & -1 & 0 & 3\\ 0 & 1 & 0 & 0\\ 3 & -4 & -1 & 2\end{vmatrix}$，

按第三行展开，有

$$D=1\times(-1)^{3+2}\begin{vmatrix}1 & 3 & -3\\ 1 & 0 & 3\\ 3 & -1 & 2\end{vmatrix}\xlongequal{r_1+3r_3}-\begin{vmatrix}10 & 0 & 3\\ 1 & 0 & 3\\ 3 & -1 & 2\end{vmatrix}$$

$$=(-1)(-1)(-1)^{3+2}\begin{vmatrix}10 & 3\\ 1 & 3\end{vmatrix}=-27.$$

例 12 计算行列式 $D=\begin{vmatrix}1 & 1 & 1\\ x_1 & x_2 & x_3\\ x_1^2 & x_2^2 & x_3^2\end{vmatrix}$.

解： 首先，根据行列式的性质，分别将第一行的 $-x_1$、$-x_1^2$ 分别加到第二行和第三行，从而将第一列的元素除 $a_{11}=1$ 以外，都变为 0，即

$$D=\begin{vmatrix}1 & 1 & 1\\ 0 & x_2-x_1 & x_3-x_1\\ 0 & x_2^2-x_1^2 & x_3^2-x_1^2\end{vmatrix},$$

按第一列展开，有

$$D=1\times(-1)^{1+1}\begin{vmatrix}x_2-x_1 & x_3-x_1\\ x_2^2-x_1^2 & x_3^2-x_1^2\end{vmatrix}=(x_3-x_1)(x_2-x_1)(x_3-x_2).$$

用数学归纳法，我们可以证明 $n(n\geqslant 2)$ 阶范德蒙德(Vandermonde)行列式

$$D_n=\begin{vmatrix}1 & 1 & \cdots & 1\\ x_1 & x_2 & \cdots & x_n\\ x_1^2 & x_2^2 & \cdots & x_n^2\\ \vdots & \vdots & & \vdots\\ x_1^{n-1} & x_2^{n-1} & \cdots & x_n^{n-1}\end{vmatrix}=\prod_{n\geqslant i>j\geqslant 1}(x_i-x_j).$$

其中，记号“$\prod$”表示全体同类因子的乘积，即 n 阶范德蒙德行列式等于 x_1，x_2，…，x_n 这 n 个数的所有可能的差 $x_i-x_j(1\leqslant j<i\leqslant n)$的乘积.

易见，范德蒙德行列式为零的充要条件是 x_1，x_2，…，x_n 这 n 个数中至少有两个相等.

7.1.3 阶行列式

先把二阶、三阶行列式的概念推广到更高的阶行列式.

定义 4 由 n^2 个元素 $a_{ij}(i, j=1, 2, \cdots, n)$组成的记号

$$\begin{vmatrix}a_{11} & a_{12} & \cdots & a_{1n}\\ a_{21} & a_{22} & \cdots & a_{2n}\\ \cdots & \cdots & \cdots & \cdots\\ a_{n1} & a_{n2} & \cdots & a_{nn}\end{vmatrix},$$

称为 n 阶行列式. 其中横排的称为行，纵排的称为列. 它是一个算式，其值定义为

$$\begin{vmatrix}a_{11} & a_{12} & \cdots & a_{1n}\\ a_{21} & a_{22} & \cdots & a_{2n}\\ \cdots & \cdots & \cdots & \cdots\\ a_{n1} & a_{n2} & \cdots & a_{nn}\end{vmatrix}=a_{i1}A_{i1}+a_{i2}A_{i2}+\cdots+a_{in}A_{in}=\sum_{j=1}^{n}a_{ij}A_{ij},$$

（按第 i 行展开，$i=1, 2, \cdots, n$），

或 $$\begin{vmatrix}a_{11} & a_{12} & \cdots & a_{1n}\\ a_{21} & a_{22} & \cdots & a_{2n}\\ \cdots & \cdots & \cdots & \cdots\\ a_{n1} & a_{n2} & \cdots & a_{nn}\end{vmatrix}=a_{1j}A_{1j}+a_{2j}A_{2j}+\cdots+a_{nj}A_{nj}=\sum_{i=1}^{n}a_{ij}A_{ij}.$$

（按第 j 行展开，$j=1, 2, \cdots, n$）.

其中，A_{ij} 是元素 $a_{ij}(i, j=1, 2, \cdots, n)$的代数余子式.

特别地，$|a_{11}|$称为一阶行列式，$|a_{11}|=a_{11}$，不要将行列式符号与绝对值符号混淆. 行列式有时简记为$|a_{ij}|$.

例 13 求四阶行列式 $D=\begin{vmatrix}1 & 0 & -3 & 7\\ 0 & 1 & 2 & 1\\ -3 & 4 & 0 & 3\\ 1 & -2 & 2 & -1\end{vmatrix}$中元素 7 的代数余子式.

解： 元素 7 所在的位置是第 1 行第 4 列，故

$$A_{14}=(-1)^{1+4}\begin{vmatrix}0&1&2\\-3&4&0\\1&-2&2\end{vmatrix}$$

$$=-\left[0\times(-1)^{1+1}\begin{vmatrix}4&0\\-2&2\end{vmatrix}+1\times(-1)^{1+2}\begin{vmatrix}-3&0\\1&2\end{vmatrix}+2\times(-1)^{1+3}\times\begin{vmatrix}-3&4\\1&-2\end{vmatrix}\right]$$

$$=-[-1\times(-6)+2\times 2]=-10.$$

例 14 计算行列式 $\begin{vmatrix}1&2&3&4\\1&0&1&2\\3&-1&-1&0\\1&2&0&-5\end{vmatrix}$.

解：按第三列展开有

$$D=a_{13}A_{13}+a_{23}A_{23}+a_{33}A_{33}+a_{43}A_{43}$$

$$=3\times(-1)^{1+3}\times\begin{vmatrix}1&0&2\\3&-1&0\\1&2&-5\end{vmatrix}+1\times(-1)^{2+3}\times\begin{vmatrix}1&2&4\\3&-1&0\\1&2&-5\end{vmatrix}+$$

$$(-1)\times(-1)^{3+3}\times\begin{vmatrix}1&2&4\\1&0&2\\1&2&-5\end{vmatrix}+0\times(-1)^{4+3}\times\begin{vmatrix}1&2&4\\1&0&2\\3&-1&0\end{vmatrix}$$

$$=3\times1\times19+1\times(-1)\times63-1\times1\times18$$

$$=57-63-18$$

$$=-24.$$

例 15 由定义可得 $\begin{vmatrix}a_{11}&0&\cdots&0\\0&a_{22}&\cdots&0\\\cdots&\cdots&\cdots&\cdots\\0&0&\cdots&a_{nn}\end{vmatrix}=a_{11}a_{22}\cdots a_{nn}$.

这种行列式主对角线(从左上角元素到右下角元素的对角线)以外的元素全为零，称为对角形行列式. 用与例 15 类似的方法可求得

$$D=\begin{vmatrix}a_{11}&0&\cdots&0\\a_{21}&a_{22}&\cdots&0\\\cdots&\cdots&\cdots&\cdots\\a_{n1}&a_{n2}&\cdots&a_{nn}\end{vmatrix}=a_{11}a_{22}\cdots a_{nn},$$

这种主对角线(从左上角元素到右下角元素的对角线)上方的元素全为零的行列式称为下三角形行列式.

同理可得上三角形行列式

$$\begin{vmatrix} a_{11} & a_{12} & \cdots & a_{1n} \\ 0 & a_{22} & \cdots & a_{2n} \\ \cdots & \cdots & \cdots & \cdots \\ 0 & 0 & \cdots & a_{nn} \end{vmatrix} = a_{11}a_{22}\cdots a_{nn}.$$

习题 7-1

1. 选择题.

(1)行列式 $\begin{vmatrix} 1 & 2 & 3 \\ 2 & 3 & 4 \\ 3 & 4 & 5 \end{vmatrix}$ 的值为(　　).

A. -1　　B. 0　　C. 1　　D. 2

(2)已知 4 阶行列式 D_4 第 1 行的元素依次为 1，2，-1，-1，它们的余子式依次为 2，-2，1，0，则 $D_4=$(　　).

A. -5　　B. -3　　C. 3　　D. 5

(3)范德蒙德行列式 $\begin{vmatrix} 1 & 1 & 1 \\ 2 & 3 & 4 \\ 4 & 9 & 16 \end{vmatrix}$ 的值为(　　).

A. -2　　B. -1　　C. 2　　D. 1

(4)根据行列式定义计算 $f(x)=\begin{vmatrix} 2x & x & 1 & 2 \\ 1 & x & 1 & -1 \\ 3 & 2 & x & 1 \\ 1 & 1 & 1 & x \end{vmatrix}$ 中 x^4 的系数是(　　).

A. 1　　B. 2　　C. -2　　D. -1

2. 填空题.

(1)设 $D=\begin{vmatrix} 1 & 2 & 3 & 4 \\ 0 & 1 & 2 & 5 \\ 3 & 3 & 3 & 3 \\ 1 & 1 & 1 & 1 \end{vmatrix}$，$A_{ij}$ 表示行列式 D 第 i 行、第 j 列元素(i，$j=1$，2，3，4)的代数余子式，则 $A_{13}+A_{23}+A_{33}+A_{43}=$________.

(2)行列式 $D=\begin{vmatrix} 0 & 0 & 0 & 1 \\ 0 & 0 & 2 & 0 \\ 0 & 3 & 0 & 0 \\ 4 & 0 & 0 & 0 \end{vmatrix}=$________.

(3)行列式 $\begin{vmatrix} 1 & 2 & 3 \\ 2 & 3 & 4 \\ 3 & 4 & 5 \end{vmatrix}$ 中第 2 行、第 3 列元素的代数余子式 A_{23} 的值为________.

(4)行列式$\begin{vmatrix} 1 & 5 & 25 \\ 1 & 7 & 49 \\ 1 & 8 & 64 \end{vmatrix}$=________.

(5)在函数 $f(x)=\begin{vmatrix} 2x & 1 & -1 \\ -x & x & -x \\ 1 & 2 & x \end{vmatrix}$中，$x^3$ 的系数是________.

3. 计算题.

(1)求解二元线性方程组$\begin{cases} -2x_1+3x_2=1 \\ 2x_1+x_2=-2 \end{cases}$.

(2)计算下列行列式.

①$\begin{vmatrix} \cos\alpha & -\sin\alpha \\ \sin\alpha & \cos\alpha \end{vmatrix}$，　②$\begin{vmatrix} 1 & -1 & 3 \\ 2 & -1 & 1 \\ 1 & 2 & 0 \end{vmatrix}$，　③$\begin{vmatrix} a_1 & 0 & 0 & 0 \\ 0 & a_2 & 0 & 0 \\ 0 & 0 & a_3 & 0 \\ 0 & 0 & 0 & a_4 \end{vmatrix}$，

④$\begin{vmatrix} 0 & 0 & 0 & a_1 \\ 0 & 0 & a_2 & 0 \\ 0 & a_3 & 0 & 0 \\ a_4 & 0 & 0 & 0 \end{vmatrix}$，　⑤$\begin{vmatrix} 0 & a_1 & 0 & 0 \\ 0 & 0 & a_2 & 0 \\ 0 & 0 & 0 & a_3 \\ a_4 & 0 & 0 & 0 \end{vmatrix}$，　⑥$\begin{vmatrix} 0 & 0 & a_1 & 0 \\ 0 & a_2 & 0 & 0 \\ a_3 & 0 & 0 & 0 \\ 0 & 0 & 0 & a_4 \end{vmatrix}$，

⑦$\begin{vmatrix} a & b & 0 & 0 \\ 0 & a & b & 0 \\ 0 & 0 & a & b \\ b & 0 & 0 & a \end{vmatrix}$，　⑧$\begin{vmatrix} a & 0 & 0 & b \\ 0 & a & b & 0 \\ 0 & b & a & 0 \\ b & 0 & 0 & a \end{vmatrix}$.

第 2 节　行列式的性质

本节我们主要讨论的问题是行列式的基本性质及计算方法. 重点是行列式的计算，要求在理解、掌握行列式性质的基础上，熟练正确地计算三阶、四阶及简单的 n 阶行列式.

计算行列式的基本思路：在展开之前往往先利用行列式性质通过对行列式的恒等变形，使行列式中出现较多的零和公因式，从而简化计算.

常用的行列式计算方法和技巧：化三角形法，降阶法，递推法，数学归纳法，利用已知行列式法.

本节的难点：行列式性质；高阶行列式的计算.

当行列式的阶数较高时，直接根据定义计算 n 阶行列式的值是困难的，本节将介绍行列式的性质，以便用这些性质把复杂的行列式转化为较简单的行列式(如上三角形行列式等)来计算.

7.2.1 行列式的性质

将行列式 D 的行与列互换后得到的行列式，称为 D 的转置行列式，记为 D^{T} 或 D'，即若

$$D=\begin{vmatrix} a_{11} & a_{12} & \cdots & a_{1n} \\ a_{21} & a_{22} & \cdots & a_{2n} \\ \cdots & \cdots & \cdots & \cdots \\ a_{n1} & a_{n2} & \cdots & a_{nn} \end{vmatrix}，则 D^{\mathrm{T}}=\begin{vmatrix} a_{11} & a_{21} & \cdots & a_{n1} \\ a_{12} & a_{22} & \cdots & a_{n2} \\ \cdots & \cdots & \cdots & \cdots \\ a_{1n} & a_{2n} & \cdots & a_{nn} \end{vmatrix}.$$

性质 1 任意行列式 D 与它的转置行列式 D^{T} 的值相等，即 $D=D^{\mathrm{T}}$. 简言之，行列互换，其值不变.

证明略.

这一性质表明，行列式中的行、列的地位是对称的，即对于“行”成立的性质，对“列”也同样成立，反之亦然.

例如，$D=\begin{vmatrix} 1 & 2 \\ 3 & 4 \end{vmatrix}=-2$，则 $D^{\mathrm{T}}=\begin{vmatrix} 1 & 3 \\ 2 & 4 \end{vmatrix}=-2$，可知这两个行列式是相等的.

性质 2 交换行列式的两行(列)，行列式的值改变符号. 简言之，两行(列)互换，符号改变.

证明略.

例 1 $\begin{vmatrix} 1 & 2 & 1 \\ 0 & 1 & -1 \\ 2 & -1 & 0 \end{vmatrix}=-7$，$\begin{vmatrix} 0 & 1 & -1 \\ 1 & 2 & 1 \\ 2 & -1 & 0 \end{vmatrix}=7$.

推论 1 行列式有两行(列)元素完全相同，则行列式的值为零. 简言之，两行(列)相同，其值为零.

证：将行列式 D 中对应元素相同的两行互换，结果仍是 D，但由性质 2 有 $D=-D$，所以 $D=0$.

例 2 $\begin{vmatrix} 1 & 2 & 3 \\ 3 & 3 & 2 \\ 1 & 2 & 3 \end{vmatrix}=0$.

性质 3 行列式的某一行(列)中所有元素都乘同一个数 k，等于用 k 乘此行列式.

$$D=\begin{vmatrix} a_{11} & a_{12} & \cdots & a_{1n} \\ \cdots & \cdots & \cdots & \cdots \\ ka_{i1} & ka_{i2} & \cdots & ka_{in} \\ \cdots & \cdots & \cdots & \cdots \\ a_{n1} & a_{n2} & \cdots & a_{nn} \end{vmatrix}=k\begin{vmatrix} a_{11} & a_{12} & \cdots & a_{1n} \\ \cdots & \cdots & \cdots & \cdots \\ a_{i1} & a_{i2} & \cdots & a_{in} \\ \cdots & \cdots & \cdots & \cdots \\ a_{n1} & a_{n2} & \cdots & a_{nn} \end{vmatrix}=kD.$$

证明略.

此性质也可表述为：用数 k 乘行列式的某一行(列)的所有元素，等于用数 k 乘此行列式.

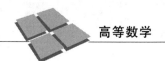

推论 1 行列式中某一行(列)的所有元素的公因子可以提到行列式的符号之外.

例 3 $\begin{vmatrix} 4 & 0 & 2 \\ 12 & -1 & 0 \\ 4 & 2 & -1 \end{vmatrix} = 4\begin{vmatrix} 1 & 0 & 2 \\ 3 & -1 & 0 \\ 1 & 2 & -1 \end{vmatrix}$.

推论 2 行列式中如果有两行(列)元素成比例，则此行列式等于零.

例 4 $\begin{vmatrix} 1 & 4 & 1 & 0 \\ 2 & 8 & 3 & 5 \\ 0 & 0 & 1 & 4 \\ -1 & -4 & -5 & 7 \end{vmatrix} = 0$(第 1 和第 2 列成比例).

推论 3 若行列式某一行(列)的元素全为零，则其值为零. 简言之，一行(列)为零，其值为零.

性质 4 若行列式中的某一行(列)所有元素都是两个元素之和，则此行列式等于两个行列式之和，而且这两个行列式除了这一行(列)以外，其余的元素与原来行列式的对应元素相同，即

$$\begin{vmatrix} a_{11} & a_{12} & \cdots & a_{1n} \\ \cdots & \cdots & \cdots & \cdots \\ b_{i1}+c_{i1} & b_{i2}+c_{i2} & \cdots & b_{in}+c_{in} \\ \cdots & \cdots & \cdots & \cdots \\ a_{n1} & a_{n2} & \cdots & a_{nn} \end{vmatrix} = \begin{vmatrix} a_{11} & a_{12} & \cdots & a_{1n} \\ \cdots & \cdots & \cdots & \cdots \\ b_{i1} & b_{i2} & \cdots & b_{in} \\ \cdots & \cdots & \cdots & \cdots \\ a_{n1} & a_{n2} & \cdots & a_{nn} \end{vmatrix} + \begin{vmatrix} a_{11} & a_{12} & \cdots & a_{1n} \\ \cdots & \cdots & \cdots & \cdots \\ c_{i1} & c_{i2} & \cdots & c_{in} \\ \cdots & \cdots & \cdots & \cdots \\ a_{n1} & a_{n2} & \cdots & a_{nn} \end{vmatrix}.$$

证明略.

注： 一般地，$\begin{vmatrix} a_{11}+b_{11} & a_{12}+b_{12} \\ a_{21}+b_{21} & a_{22}+b_{22} \end{vmatrix} \neq \begin{vmatrix} a_{11} & a_{12} \\ a_{21} & a_{22} \end{vmatrix} + \begin{vmatrix} b_{11} & b_{12} \\ b_{21} & b_{22} \end{vmatrix}$.

性质 5 把行列式的某一行(列)的所有元素乘以数 k 加到另一行(列)的相应元素上，行列式的值不变.（这条性质是我们在简化行列式的过程中用得最多的一条性质）. 即

$$D = \begin{vmatrix} a_{11} & a_{12} & \cdots & a_{1n} \\ \cdots & \cdots & \cdots & \cdots \\ a_{i1} & a_{i2} & \cdots & a_{in} \\ \cdots & \cdots & \cdots & \cdots \\ a_{s1} & a_{s2} & \cdots & a_{sn} \\ \cdots & \cdots & \cdots & \cdots \\ a_{n1} & a_{n2} & \cdots & a_{nn} \end{vmatrix} = \begin{vmatrix} a_{11} & a_{12} & \cdots & a_{1n} \\ \cdots & \cdots & \cdots & \cdots \\ a_{i1} & a_{i2} & \cdots & a_{in} \\ \cdots & \cdots & \cdots & \cdots \\ ka_{i1}+a_{s1} & ka_{i2}+a_{s2} & \cdots & ka_{in}+a_{sn} \\ \cdots & \cdots & \cdots & \cdots \\ a_{n1} & a_{n2} & \cdots & a_{nn} \end{vmatrix} \text{(第 } i \text{ 行} \times k \text{ 加到第 } s \text{ 行)}.$$

证： 由性质 4 知，

$$\text{右端}=\begin{vmatrix} a_{11} & a_{12} & \cdots & a_{1n} \\ \cdots & \cdots & \cdots & \cdots \\ a_{i1} & a_{i2} & \cdots & a_{in} \\ \cdots & \cdots & \cdots & \cdots \\ ka_{i1} & ka_{i2} & \cdots & ka_{in} \\ \cdots & \cdots & \cdots & \cdots \\ a_{n1} & a_{n2} & \cdots & a_{nn} \end{vmatrix}+\begin{vmatrix} a_{11} & a_{12} & \cdots & a_{1n} \\ \cdots & \cdots & \cdots & \cdots \\ a_{i1} & a_{i2} & \cdots & a_{in} \\ \cdots & \cdots & \cdots & \cdots \\ a_{s1} & a_{s2} & \cdots & a_{sn} \\ \cdots & \cdots & \cdots & \cdots \\ a_{n1} & a_{n2} & \cdots & a_{nn} \end{vmatrix}=k\cdot 0+\begin{vmatrix} a_{11} & a_{12} & \cdots & a_{1n} \\ \cdots & \cdots & \cdots & \cdots \\ a_{i1} & a_{i2} & \cdots & a_{in} \\ \cdots & \cdots & \cdots & \cdots \\ a_{s1} & a_{s2} & \cdots & a_{sn} \\ \cdots & \cdots & \cdots & \cdots \\ a_{n1} & a_{n2} & \cdots & a_{nn} \end{vmatrix}=\text{左端}.$$

常引入记号：以数 k 乘第 j 行(列)加到第 i 行(列)上去，记作 $r_i+kr_j(c_i+kc_j)$.

7.2.2 行列式计算举例

例 5 计算行列式 $\begin{vmatrix} 1 & 1 & -5 \\ -1 & 1 & 0 \\ -11 & 5 & -5 \end{vmatrix}$.

解： $\begin{vmatrix} 1 & 1 & -5 \\ -1 & 1 & 0 \\ -11 & 5 & -5 \end{vmatrix}=\begin{vmatrix} 1 & 1 & -5 \\ 0 & 2 & -5 \\ 0 & 16 & -60 \end{vmatrix}=\begin{vmatrix} 1 & 1 & -5 \\ 0 & 2 & -5 \\ 0 & 0 & -20 \end{vmatrix}=1\times 2\times(-20)=-40.$

说明：先利用性质 5 化简第一列元素，使它出现较多的零，继而化成上三角形行列式.

计算行列式时，常用行列式的性质，把它化为上(下)三角形行列式来计算．化为上三角形行列式的步骤是：如果第一列第一个元素为 0，先将第一行与其他行交换使得第一列第一个元素不为 0；然后把第一行分别乘适当的数加到其他各行，使得第一列除第一个元素外其余元素全为 0；再用同样的方法处理除去第一行和第一列后余下的低一阶行列式，如此继续下去，直至使它成为上三角形行列式，这时主对角线上元素的乘积就是所求行列式的值.

在实际计算过程中，经常将行列式的性质和行列式的展开定理交替使用，简化计算过程.

例 6 计算行列式

$$D=\begin{vmatrix} 3 & 1 & 1 & 1 \\ 1 & 3 & 1 & 1 \\ 1 & 1 & 3 & 1 \\ 1 & 1 & 1 & 3 \end{vmatrix}.$$

解： 这个行列式的特点是各行 4 个数的和都是 6，我们把第 2、第 3、第 4 各列同时加到第 1 列，把公因子提出，然后把第 1 行 $\times(-1)$ 加到第 2、第 3、第 4 行上就成为三角形行列式．具体计算过程如下.

$$D=\begin{vmatrix} 6 & 1 & 1 & 1 \\ 6 & 3 & 1 & 1 \\ 6 & 1 & 3 & 1 \\ 6 & 1 & 1 & 3 \end{vmatrix}=6\begin{vmatrix} 1 & 1 & 1 & 1 \\ 1 & 3 & 1 & 1 \\ 1 & 1 & 3 & 1 \\ 1 & 1 & 1 & 3 \end{vmatrix}=6\begin{vmatrix} 1 & 1 & 1 & 1 \\ 0 & 2 & 0 & 0 \\ 0 & 0 & 2 & 0 \\ 0 & 0 & 0 & 2 \end{vmatrix}=6\times 1\times 2\times 2=48.$$

例 7 计算行列式

$$D=\begin{vmatrix} 0 & -1 & -1 & 2 \\ 1 & -1 & 0 & 2 \\ -1 & 2 & -1 & 0 \\ 2 & 1 & 1 & 0 \end{vmatrix}.$$

解:

$$D=\begin{vmatrix} 0 & -1 & -1 & 2 \\ 1 & -1 & 0 & 2 \\ -1 & 2 & -1 & 0 \\ 2 & 1 & 1 & 0 \end{vmatrix} = -\begin{vmatrix} 1 & -1 & 0 & 2 \\ 0 & -1 & -1 & 2 \\ -1 & 2 & -1 & 0 \\ 2 & 1 & 1 & 0 \end{vmatrix}\begin{matrix} \times 1 \quad \times(-2) \\ \\ \\ \\ \end{matrix}$$

$$= -\begin{vmatrix} 1 & -1 & 0 & 2 \\ 0 & -1 & -1 & 2 \\ 0 & 1 & -1 & 2 \\ 0 & 3 & 1 & -4 \end{vmatrix}\begin{matrix} \\ \times 1 \quad \times 3 \\ \\ \\ \end{matrix} = -\begin{vmatrix} 1 & -1 & 0 & 2 \\ 0 & -1 & -1 & 2 \\ 0 & 0 & -2 & 4 \\ 0 & 0 & -2 & 2 \end{vmatrix}\begin{matrix} \\ \\ \times(-1) \\ \\ \end{matrix}$$

$$= -\begin{vmatrix} 1 & -1 & 0 & 2 \\ 0 & -1 & -1 & 2 \\ 0 & 0 & -2 & 4 \\ 0 & 0 & 0 & -2 \end{vmatrix} = -1\times(-1)\times(-2)\times(-2)=4.$$

例 8 试证明

$$D=\begin{vmatrix} 1 & a & b & c+d \\ 1 & b & c & a+d \\ 1 & c & d & a+b \\ 1 & d & a & b+c \end{vmatrix}.$$

证: 把第 2、第 3 列同时加到第 4 列上去，则得

$$D=\begin{vmatrix} 1 & a & b & a+b+c+d \\ 1 & b & c & a+b+c+d \\ 1 & c & d & a+b+c+d \\ 1 & d & a & a+b+c+d \end{vmatrix}=(a+b+c+d)\begin{vmatrix} 1 & a & b & 1 \\ 1 & b & c & 1 \\ 1 & c & d & 1 \\ 1 & d & a & 1 \end{vmatrix}=0.$$

例 9 计算 $n+1$ 阶行列式

$$D=\begin{vmatrix} x & a_1 & a_2 & \cdots & a_n \\ a_1 & x & a_2 & \cdots & a_n \\ a_1 & a_2 & x & \cdots & a_n \\ \cdots & \cdots & \cdots & \cdots & \cdots \\ a_1 & a_2 & a_3 & \cdots & x \end{vmatrix}.$$

解: 将 D 的第 2 列、第 3 列……第 $n+1$ 列全加到第 1 列上，然后从第 1 列提取公因子 $x+\sum\limits_{i=1}^{n}a_i$ 得

$$D=\left(x+\sum_{i=1}^{n}a_i\right)\begin{vmatrix}1 & a_1 & a_2 & \cdots & a_n\\ 1 & x & a_2 & \cdots & a_n\\ 1 & a_2 & x & \cdots & a_n\\ \cdots & \cdots & \cdots & \cdots & \cdots\\ 1 & a_2 & a_3 & \cdots & x\end{vmatrix}$$

$\times(-a_1)$
$\times(-a_2)$
…
$\times(-a_a)$

$$=\left(x+\sum_{i=1}^{n}a_i\right)\begin{vmatrix}1 & 0 & 0 & \cdots & 0\\ 1 & x-a_1 & 0 & \cdots & 0\\ 1 & a_2-a_1 & x-a_2 & \cdots & 0\\ \cdots & \cdots & \cdots & \cdots & \cdots\\ 1 & a_2-a_1 & a_3-a_2 & \cdots & x-a_n\end{vmatrix}$$

$$=\left(x+\sum_{i=1}^{n}a_i\right)(x-a_1)(x-a_2)\cdots(x-a_n).$$

例 10 解方程

$$\begin{vmatrix}1 & 1 & 1 & \cdots & 1 & 1\\ 1 & 1-x & 1 & \cdots & 1 & 1\\ 1 & 1 & 2-x & \cdots & 1 & 1\\ \cdots & \cdots & \cdots & \cdots & \cdots & \cdots\\ 1 & 1 & 1 & \cdots & (n-2)-x & 1\\ 1 & 1 & 1 & \cdots & 1 & (n-1)-x\end{vmatrix}=0.$$

解：解法一

$\times(-1)$

$$\begin{vmatrix}1 & 1 & 1 & \cdots & 1 & 1\\ 1 & 1-x & 1 & \cdots & 1 & 1\\ 1 & 1 & 2-x & \cdots & 1 & 1\\ \cdots & \cdots & \cdots & \cdots & \cdots & \cdots\\ 1 & 1 & 1 & \cdots & (n-2)-x & 1\\ 1 & 1 & 1 & \cdots & 1 & (n-1)-x\end{vmatrix}$$

$$=\begin{vmatrix}1 & 1 & 1 & \cdots & 1 & 1\\ 0 & 0-x & 0 & \cdots & 0 & 0\\ 0 & 0 & 1-x & \cdots & 0 & 0\\ \cdots & \cdots & \cdots & \cdots & \cdots & \cdots\\ 0 & 0 & 0 & \cdots & (n-3)-x & 0\\ 0 & 0 & 0 & \cdots & 0 & (n-2)-x\end{vmatrix}$$

$$=(-x)(1-x)\cdots[(n-3)-x][(n-2)-x].$$

所以方程的解为 $x_1=0$，$x_2=1$，…，$x_{n-2}=n-3$，$x_{n-1}=n-2$.

解法二 根据性质 2 的推论，若行列式有两行的元素相同，行列式等于零. 而所给行列式的第 1 行的元素全是 1，第 2 行、第 3 行……第 n 行的元素只有对角线上的元素不是 1，其余均为 1. 因此令对角线上的某个元素为 1，则行列式必等于零. 于是得到

$$1-x=1,$$
$$2-x=1,$$
$$\cdots$$
$$(n-2)-x=1,$$
$$(n-1)-x=1.$$

上式有一成立时原行列式的值为零，因此方程的解为 $x_1=0$，$x_2=1$，…，$x_{n-2}=n-3$，$x_{n-1}=n-2$.

例 11 计算 n 阶行列式

$$D=\begin{vmatrix} x & a_2 & a_3 & \cdots & a_n \\ a_1 & x & a_3 & \cdots & a_n \\ a_1 & a_2 & x & \cdots & a_n \\ \cdots & \cdots & \cdots & \cdots & \cdots \\ a_1 & a_2 & a_3 & \cdots & x \end{vmatrix}(x\neq a_i,\ i=1,\ 2,\ \cdots n).$$

解：将第 1 行乘(−1)分别加到第 2 行、第 3 行……第 n 行上得

$$D=\begin{vmatrix} x & a_2 & a_3 & \cdots & a_n \\ a_1-x & x-a_2 & 0 & \cdots & 0 \\ a_1-x & 0 & x-a_3 & \cdots & 0 \\ \cdots & \cdots & \cdots & \cdots & \cdots \\ a_1-x & 0 & 0 & \cdots & x-a_n \end{vmatrix},$$

从第一列提出 $x-a_1$，从第二列提出 $x-a_2$，…，从第 n 列提出 $x-a_n$，便得到

$$D=(x-a_1)(x-a_2)\cdots(x-a_n)\begin{vmatrix} \frac{x}{x-a_1} & \frac{a_2}{x-a_2} & \frac{a_3}{x-a_3} & \cdots & \frac{a_n}{x-a_n} \\ -1 & 1 & 0 & \cdots & 0 \\ -1 & 0 & 1 & \cdots & 0 \\ \cdots & \cdots & \cdots & \cdots & \cdots \\ -1 & 0 & 0 & \cdots & 1 \end{vmatrix},$$

由 $\frac{x}{x-a_1}=1+\frac{a_1}{x-a_1}$ 并把第 2 行、第 3 行……第 n 列都加于第 1 列，有

$$D=(x-a_1)(x-a_2)\cdots(x-a_n)\begin{vmatrix} 1+\sum_{i=1}^{n}\frac{a_i}{x-a_i} & \frac{a_2}{x-a_2} & \frac{a_3}{x-a_3} & \cdots & \frac{a_n}{x-a_n} \\ 0 & 1 & 0 & \cdots & 0 \\ 0 & 0 & 1 & \cdots & 0 \\ \cdots & \cdots & \cdots & \cdots & \cdots \\ 0 & 0 & 0 & \cdots & 1 \end{vmatrix}$$

$$=(x-a_1)(x-a_2)\cdots(x-a_n)\left(1+\sum_{i=1}^{n}\frac{a_i}{x-a_i}\right).$$

例 12 试证明奇数阶反对称行列式

$$D=\begin{vmatrix} 0 & a_{12} & \cdots & a_{1n} \\ -a_{12} & 0 & \cdots & a_{2n} \\ \cdots & \cdots & \cdots & \cdots \\ -a_{1n} & -a_{2n} & \cdots & 0 \end{vmatrix}=0.$$

证： D 的转置行列式为 $D^{\mathrm{T}}=\begin{vmatrix} 0 & -a_{12} & \cdots & -a_{1n} \\ a_{12} & 0 & \cdots & -a_{2n} \\ \cdots & \cdots & \cdots & \cdots \\ a_{1n} & a_{2n} & \cdots & 0 \end{vmatrix}$，

从 D^{T} 中每一行提出一个公因子(-1)，于是有

$$D^{\mathrm{T}}=(-1)^n\begin{vmatrix} 0 & a_{12} & \cdots & a_{1n} \\ -a_{12} & 0 & \cdots & a_{2n} \\ \cdots & \cdots & \cdots & \cdots \\ -a_{1n} & -a_{2n} & \cdots & 0 \end{vmatrix}=(-1)^nD,$$ 但由性质 1 知道 $D=D^{\mathrm{T}}$.

$\therefore D=(-1)^nD^{\mathrm{T}}$.

又由于 n 为奇数，所以有 $D=-D$，

即 $2D=0$，因此 $D=0$.

习题 7-2

1. 选择题.

(1)行列式 $D=\begin{vmatrix} 0 & -1 & x & 0 \\ 1 & 1 & -1 & -1 \\ 1 & -1 & 1 & -1 \\ 1 & -1 & -1 & 1 \end{vmatrix}=0$，则 D 的常数项为(　　).

A. -4　　B. -1　　C. 1　　D. 4

(2)行列式 $D=\begin{vmatrix} 1 & 1 & 1 & 1 \\ 1 & 1 & -1 & -1 \\ 1 & -1 & 1 & -1 \\ x & -1 & -1 & 1 \end{vmatrix}=0$，则 $x=$(　　).

A. -3　　B. -1　　C. 1　　D. 3

(3)已知行列式 $\begin{vmatrix} a_1 & b_1 \\ a_2 & b_2 \end{vmatrix}=1$，$\begin{vmatrix} a_1 & c_1 \\ a_2 & c_2 \end{vmatrix}=2$，则 $\begin{vmatrix} a_1 & b_1+c_1 \\ a_2 & b_2+c_2 \end{vmatrix}=$(　　).

A. -3　　B. -1　　C. 1　　D. 3

(4)已知行列式 $D=\begin{vmatrix} a_{11} & a_{12} & a_{13} \\ a_{21} & a_{22} & a_{23} \\ a_{31} & a_{32} & a_{33} \end{vmatrix}=3$，$D_1=\begin{vmatrix} a_{11} & 5a_{11}+2a_{12} & a_{13} \\ a_{21} & 5a_{21}+2a_{22} & a_{23} \\ a_{31} & 5a_{31}+2a_{32} & a_{33} \end{vmatrix}$，则 D_1 的值为(　　).

A. -15　　　　B. -6　　　　C. 6　　　　D. 15

2. 填空题.

(1)若 $a_ib_i\neq 0$，$i=1$，2，3，则行列式 $\begin{vmatrix} a_1b_1 & a_1b_2 & a_1b_3 \\ a_2b_1 & a_2b_2 & a_2b_3 \\ a_3b_1 & a_3b_2 & a_3b_3 \end{vmatrix}=$________.

(2)已知 3 阶行列式 $\begin{vmatrix} a_{11} & a_{12} & a_{13} \\ a_{21} & a_{22} & a_{23} \\ a_{31} & a_{32} & a_{33} \end{vmatrix}=d$，则 $\begin{vmatrix} a_{11} & 2a_{12} & 3a_{13} \\ 2a_{21} & 4a_{22} & 6a_{23} \\ 3a_{31} & 6a_{32} & 9a_{33} \end{vmatrix}=$________.

(3)已知行列式 $\begin{vmatrix} a_1 & b_1 \\ a_2 & b_2 \end{vmatrix}=3$，则 $\begin{vmatrix} a_1+b_1 & 2b_1 \\ a_2+b_2 & 2b_2 \end{vmatrix}=$________.

(4)若 $\begin{vmatrix} x & y & z \\ 3 & 0 & 2 \\ 1 & 1 & 1 \end{vmatrix}=1$，则 $\begin{vmatrix} x & y & z \\ 5 & 2 & 4 \\ 1 & 1 & 1 \end{vmatrix}=$________.

(5)设 $|A|=\begin{vmatrix} a_{11} & a_{12} & a_{13} \\ a_{21} & a_{22} & a_{23} \\ a_{31} & a_{32} & a_{33} \end{vmatrix}$，且 $|A|=3$，则 $|2A|=\begin{vmatrix} 2a_{11} & 2a_{12} & 2a_{13} \\ 2a_{21} & 2a_{22} & 2a_{23} \\ 2a_{31} & 2a_{32} & 2a_{33} \end{vmatrix}=$________.

(6)设五阶行列式 $|A|=3$，先交换第 1 行和第 5 行两行，再转置，最后用 2 乘所有元素，其结果为________.

3. 计算题.

(1)计算行列式

① $\begin{vmatrix} 1+a_1 & 2+a_1 & 3+a_1 \\ 1+a_2 & 2+a_2 & 3+a_2 \\ 1+a_3 & 2+a_3 & 3+a_3 \end{vmatrix}$，　② $\begin{vmatrix} 3421 & 3521 \\ 2809 & 2909 \end{vmatrix}$，　③ $\begin{vmatrix} 5 & 1 & 1 & 1 \\ 1 & 5 & 1 & 1 \\ 1 & 1 & 5 & 1 \\ 1 & 1 & 1 & 5 \end{vmatrix}$，

④ $\begin{vmatrix} 1 & 2 & 3 & 4 \\ 2 & 2 & 0 & 0 \\ 3 & 0 & 3 & 0 \\ 4 & 0 & 0 & 4 \end{vmatrix}$，　⑤ $\begin{vmatrix} 1 & 2 & 3 & 4 \\ 2 & 3 & 4 & 1 \\ 3 & 4 & 1 & 2 \\ 4 & 3 & 2 & 1 \end{vmatrix}$，　⑥ $\begin{vmatrix} 1 & 2 & 3 & 4 \\ 2 & 3 & 4 & 1 \\ 3 & 4 & 1 & 2 \\ 4 & 1 & 2 & 3 \end{vmatrix}$，

⑦ $\begin{vmatrix} -2 & 1 & 5 & 3 \\ 1 & 0 & -1 & 1 \\ 0 & 2 & 1 & 1 \\ 1 & -2 & 3 & -1 \end{vmatrix}$，　⑧ $\begin{vmatrix} 2 & 1 & 4 & -1 \\ 3 & -1 & 2 & 1 \\ 1 & 2 & 3 & -2 \\ 5 & 0 & 6 & -1 \end{vmatrix}$.

(2)计算 n 阶行列式

$$d=\begin{vmatrix} a & b & b & \cdots & b \\ b & a & b & \cdots & b \\ b & b & a & \cdots & b \\ \vdots & \vdots & \vdots & \vdots & \\ b & b & b & \cdots & a \end{vmatrix};\ D=\begin{vmatrix} 0 & 1 & 1 & \cdots & 1 \\ 1 & 0 & 1 & \cdots & 1 \\ 1 & 1 & 0 & \cdots & 1 \\ \vdots & \vdots & \vdots & \vdots & \\ 1 & 1 & 1 & \cdots & 0 \end{vmatrix}.$$

第 3 节　克莱姆法则

本节利用行列式求解线性方程组，对于含有 n 个方程和 n 个未知数 x_1，x_2，…，x_n 的线性方程组，判断其解是否存在，并探讨其求解方法. 行列式在本节的应用是求解线性方程组. 要掌握克莱姆法则(Cramer's Rule)并注意克莱姆法则应用的条件.

本节的重点和难点是克莱姆法则.

克莱姆法则是线性代数中一个关于求解线性方程组的定理. 它适用于变量和方程数目相等的线性方程组，是瑞士数学家克莱姆(1704—1752)于 1750 年，在他的《线性代数分析导言》中发表的.

在引入克莱姆法则之前，我们先介绍含有 n 个方程的 n 元线性方程组. 含有 n 个方程和 n 个未知数 x_1，x_2，…，x_n 的线性方程组的一般形式为

$$\begin{cases} a_{11}x_1+a_{12}x_2+\cdots+a_{1n}x_n=b_1 \\ a_{21}x_1+a_{22}x_2+\cdots+a_{2n}x_n=b_2 \\ \cdots \\ a_{n1}x_1+a_{n2}x_2+\cdots+a_{nn}x_n=b_n \end{cases}. \tag{1}$$

当其右端的常数项 b_1，b_2，…，b_n 不全为零时，线性方程组(1)称为非齐次线性方程组，当 b_1，b_2，…，b_n 全为零时，线性方程组称为齐次线性方程组，即

$$\begin{cases} a_{11}x_1+a_{12}x_2+\cdots+a_{1n}x_n=0 \\ a_{21}x_1+a_{22}x_2+\cdots+a_{2n}x_n=0 \\ \cdots \\ a_{n1}x_1+a_{n2}x_2+\cdots+a_{nn}x_n=0 \end{cases}. \tag{2}$$

线性方程组的系数 a_{ij} 构成的行列式称为该方程组的系数行列式 D，即

$$D=\begin{vmatrix} a_{11} & a_{12} & \cdots & a_{1n} \\ a_{21} & a_{22} & \cdots & a_{2n} \\ \cdots & \cdots & \cdots & \cdots \\ a_{n1} & a_{n2} & \cdots & a_{nn} \end{vmatrix}.$$

定理 1(克莱姆法则)　如果线性方程组(1)的系数行列式

$$D=\begin{vmatrix} a_{11} & a_{12} & \cdots & a_{1n} \\ a_{21} & a_{22} & \cdots & a_{2n} \\ \cdots & \cdots & \cdots & \cdots \\ a_{n1} & a_{n2} & \cdots & a_{nn} \end{vmatrix}\neq 0,$$

那么，方程组有且仅有唯一解 $x_i=\dfrac{D_i}{D}(i=1, 2, \cdots, n)$.

其中，D_i 是把系数行列式中第 i 列的元素换成方程组右端的常数项 b_1、b_2、…、b_n 所得到的 n 阶行列式. 即

$$D_i=\begin{vmatrix} a_{11} & \cdots & a_{1i-1} & b_1 & a_{1i+1} & \cdots & a_{1n} \\ a_{21} & \cdots & a_{2i-1} & b_2 & a_{2i+1} & \cdots & a_{2n} \\ \cdots & \cdots & \cdots & \cdots & \cdots & \cdots & \cdots \\ a_{n1} & \cdots & a_{ni-1} & b_n & a_{ni+1} & \cdots & a_{nn} \end{vmatrix}.$$

定理1(克莱姆法则)包含三个结论：

(1)方程组有解；

(2)解是唯一的；

(3)解可以由方程组的系数和常数项求出.

证明略.

从三元线性方程组的解的讨论出发，对一般的线性方程组进行探讨.

对于三元线性方程组 $\begin{cases} a_{11}x_1+a_{12}x_2+a_{13}x_3=b_1 \\ a_{21}x_1+a_{22}x_2+a_{23}x_3=b_2 \\ a_{31}x_1+a_{32}x_2+a_{33}x_3=b_3 \end{cases}$，令

$$D=\begin{vmatrix} a_{11} & a_{12} & a_{13} \\ a_{21} & a_{22} & a_{23} \\ a_{31} & a_{32} & a_{33} \end{vmatrix}$$

称为方程组的系数行列式，令

$$D_1=\begin{vmatrix} b_1 & a_{12} & a_{13} \\ b_2 & a_{22} & a_{23} \\ b_3 & a_{32} & a_{33} \end{vmatrix}, \ D_2=\begin{vmatrix} a_{11} & b_1 & a_{13} \\ a_{21} & b_2 & a_{23} \\ a_{31} & b_3 & a_{33} \end{vmatrix}, \ D_3=\begin{vmatrix} a_{11} & a_{12} & b_1 \\ a_{21} & a_{22} & b_2 \\ a_{31} & a_{32} & b_3 \end{vmatrix}$$

其中，D_1、D_2、D_3 是把 D 中第1、第2、第3列分别换成常数项 b_1、b_2、b_3 得到的行列式.

当系数行列式 $D\neq 0$ 时，方程组有唯一解

$$x_1=\frac{D_1}{D}, \quad x_2=\frac{D_2}{D}, \quad x_3=\frac{D_3}{D}.$$

例1 利用克莱姆法则，求方程组 $\begin{cases} 2x_1+x_2-5x_3+x_4=8 \\ x_1-3x_2-6x_4=9 \\ 2x_2-x_3+2x_4=-5 \\ x_1+4x_2-7x_3+6x_4=0 \end{cases}$ 的解.

解：因为

$$D=\begin{vmatrix}2&1&-5&1\\1&-3&0&-6\\0&2&-1&2\\1&4&-7&6\end{vmatrix}\xlongequal{r_1-2r_2,\ r_4-r_2}\begin{vmatrix}0&7&-5&13\\1&-3&0&-6\\0&2&-1&2\\0&7&-7&12\end{vmatrix}=27,$$

$$D_1=\begin{vmatrix}8&1&-5&1\\9&-3&0&-6\\-5&2&-1&2\\0&4&-7&6\end{vmatrix}=81，D_2=\begin{vmatrix}2&8&-5&1\\1&9&0&-6\\0&-5&-1&2\\1&0&-7&6\end{vmatrix}=-108,$$

$$D_3=\begin{vmatrix}2&1&8&1\\1&-3&9&-6\\0&2&-5&2\\1&4&0&6\end{vmatrix}=-27，D_4=\begin{vmatrix}2&1&-5&8\\1&-3&0&9\\0&2&-1&-5\\1&4&-7&0\end{vmatrix}=27,$$

所以

$$x_1=\frac{D_1}{D}=\frac{81}{27}=3，x_2=\frac{D_2}{D}=\frac{-108}{27}=-4,$$

$$x_3=\frac{D_3}{D}=\frac{-27}{27}=-1，x_4=\frac{D_4}{D}=\frac{27}{27}=1.$$

例 2 解线性方程组

$$\begin{cases}x_1-x_2+x_3-2x_4=2\\2x_1-x_3+4x_4=4\\3x_1+2x_2+x_3=-1\\-x_1+2x_2-x_3+2x_4=-4\end{cases}.$$

解：方程组的唯一解为 $x_1=\frac{D_1}{D}=1$，$x_2=\frac{D_2}{D}=-2$，$x_3=\frac{D_3}{D}=0$，$x_4=\frac{D_4}{D}=\frac{1}{2}$.

定理 2 如果线性方程组(1)式无解或有两个不同的解，则它的系数行列式必为零.

显然，齐次线性方程组总是有解，比如(0，0，…，0)就是它的一个解，称为零解. 对于齐次线性方程组除零解外是否还有非零解，可由以下定理判定.

定理 3 如果齐次线性方程组(2)式的系数行列式 $D\neq0$，则它仅有零解. 如果方程组(2)式有非零解，那么必有 $D=0$.

证：因为 $D\neq0$，根据克莱姆法则，方程组(2)有唯一解 $x_i=\frac{D_i}{D}(i=1，2，\cdots，n)$，又由于行列式 $D_i\ (i=1，2，\cdots，n)$ 中有一列元素全为零，因而 $D_i=0\ (i=1，2，\cdots，n)$，所以齐次线性方程组(2)仅有零解.

$$x_i=\frac{D_i}{D}=0\quad(i=1，2，\cdots，n).$$

这个定理也可以说成：如果齐次线性方程组有非零解，则它的系数行列式 $D=0$. 以后还可以证明：如果 $D=0$，则方程组有非零解.

推论 齐次方程组(2)有非零解，则方程组的系数行列式

$$\begin{vmatrix} a_{11} & a_{12} & \cdots & a_{1n} \\ a_{21} & a_{22} & \cdots & a_{2n} \\ \cdots & \cdots & \cdots & \cdots \\ a_{n1} & a_{n2} & \cdots & a_{nn} \end{vmatrix}=0.$$

例 3 下列齐次方程组中的参数 λ 为何值时，方程组有非零解？

$$\begin{cases}(1-\lambda)x_1-2x_2+4x_3=0\\ 2x_1+(3-\lambda)x_2+x_3=0\\ x_1+x_2+(1-\lambda)x_3=0\end{cases}.$$

解： 设

$$D=\begin{vmatrix} 1-\lambda & -2 & 4 \\ 2 & 3-\lambda & 1 \\ 1 & 1 & 1-\lambda \end{vmatrix}=\begin{vmatrix} 1-\lambda & -3+\lambda & 4 \\ 2 & 1-\lambda & 1 \\ 1 & 0 & 1-\lambda \end{vmatrix}$$

$$=(1-\lambda)^3+(\lambda-3)-4(1-\lambda)-2(1-\lambda)(-3+\lambda)$$

$$=(1-\lambda)^3+2(1-\lambda)^2+\lambda-3$$

$$=\lambda(2-\lambda)(\lambda-3),$$

因为齐次方程组有非零解，则 $D=0$.

所以，当 $\lambda=0$，$\lambda=2$ 或 $\lambda=3$ 时齐次方程组有非零解.

习题 7-3

1. 选择题.

(1)如果能够利用克莱姆法则求解线性方程组，若方程的个数是 m 个，未知数的个数是 n 个，则(　　).

A. $n<m$　　B. $n>m$　　C. $n=m$　　D. n 和 m 无法比较

(2)利用克莱姆法则判断齐次线性方程组解的个数时，若系数行列式 $D=0$，说明方程组解的个数是(　　).

A. 1　　B. 0　　C. 无穷多个　　D. 无法判断

(3)若齐次线性方程组 $\begin{cases}\lambda x_1+x_2+x_3=0\\ x_1+\lambda x_2+x_3=0\\ x_1+x_2+\lambda x_3=0\end{cases}$ 有非零解，则 $\lambda=$(　　).

A. 1 或 -1　　B. -1 或 -2　　C. 1 或 -2　　D. -1 或 2

2. 填空题.

(1)已知 3 元齐次线性方程组 $\begin{cases}x_1+x_2-x_3=0\\ 2x_1+3x_2+ax_3=0\\ x_1+2x_2+3x_3=0\end{cases}$ 有非零解，则 $a=$________.

(2)若齐次线性方程组$\begin{cases}a_{11}x_1+a_{12}x_2+a_{13}x_3=0\\a_{21}x_1+a_{22}x_2+a_{23}x_3=0\\a_{31}x_1+a_{32}x_2+a_{33}x_3=0\end{cases}$有非零解，则其系数行列式的值为________.

3. 计算题.

(1)当λ为何值时，齐次线性方程组(1)仅有零解；(2)有非零解.

$$\begin{cases}\lambda x_1+3x_2+4x_3=0\\-x_1+\lambda x_2=0\\\lambda x_2+x_3=0\end{cases}.$$

(2)如果齐次线性方程组$\begin{cases}kx_1+x_4=0\\x_1+2x_2-x_4=0\\(k+2)x_1-x_2+4x_4=0\\2x_1+x_2+3x_3+kx_4=0\end{cases}$有非零解，$k$应取何值？

(3)解线性方程组$\begin{cases}x_1+x_2+x_3+x_4=1\\2x_1+3x_2+4x_3+5x_4=1\\4x_1+9x_2+16x_3+25x_4=1\\8x_1+27x_2+64x_3+125x_4=1\end{cases}$.

(4)在一次投料生产中可获得三种产品，每次测算的总成本如表 7-1 所示，试求每种产品的单位成本.

表 7-1

产品 批次	产量(千克)			总成本 (元)
	A	B	C	
第一批生产	300	400	500	5000
第二批生产	250	350	450	4300
第三批生产	150	200	300	2600

(5)已知线性方程组$\begin{cases}x_1+x_2+x_3=0\\ax_1+bx_2+cx_3=0\\a^2x_1+b^2x_2+c^2x_3=0\end{cases}$，问：

①a，b，c满足何种关系时，方程组只有零解？

②a，b，c满足何种关系时，方程组有无穷多解？

第 4 节　矩阵

矩阵在线性代数中是一个重要而且应用广泛的概念. 矩阵是一个表格，作为表格的运算与数的运算既有联系又有区别. 要熟练掌握矩阵的加法、乘法与数量乘法的运算规则，并熟练掌握矩阵行列式的有关性质. 对于几种特殊矩阵，应掌握其定义和性质.

本节重点是矩阵的运算及性质、初等矩阵，难点是初等矩阵的性质.

矩阵是从许多实际问题中抽象出来的一个数学概念，是线性代数的主要研究对象之一. 例如，学校中一个班级所有学生的各科成绩的登记表，市场上的价目表，工厂中产量的统计表，银行中的存款利率等，它们的共同特点是用一张表格(数表)来表示一些量或量之间的关系. 现在我们把这种数表作为研究对象并抽象出来，称为矩阵.

7.4.1 矩阵的概念

定义 1 由 $m\times n$ 个数排成 m 行 n 列(横为行，竖为列)，并括以方括号(或圆括号)的矩形数表

$$\begin{bmatrix} a_{11} & a_{12} & \cdots & a_{1n} \\ a_{21} & a_{22} & \cdots & a_{2n} \\ \cdots & \cdots & \cdots & \cdots \\ a_{m1} & a_{m2} & \cdots & a_{mn} \end{bmatrix}$$

称为 m 行 n 列矩阵，简称“$m\times n$ 矩阵”. 通常用大写的字母 $\boldsymbol{A}$、$\boldsymbol{B}$、$\boldsymbol{C}$……表示. 有时为了标明一个矩阵的行数与列数，用 $\boldsymbol{A}_{m\times n}$ 或 $\boldsymbol{A}=[a_{ij}]_{m\times n}$ 来表示一个 m 行 n 列矩阵. 矩阵中的元素一般用小写字母 a_{ij} 来表示，其中 a_{ij} 是位于矩阵中第 i 行第 j 列交叉点上的元素，其中第一个数 i 称为它的行标，第二个数 j 称为它的列标. 例如，

$$\boldsymbol{A}=\begin{bmatrix} 4 & -3 & 9 & 7 \\ 2 & 5 & 3 & 1 \\ 0 & 7 & 6 & 8 \end{bmatrix}$$

是一个 3×4 矩阵，$\boldsymbol{A}$ 中元素

$$a_{13}=9,\ a_{22}=5,\ a_{34}=8.$$

特别地，当 $m=1$ 时，矩阵只有一行，即

$$\begin{bmatrix} a_{11} & a_{12} & \cdots & a_{1n} \end{bmatrix}$$

称为行矩阵.

当 $n=1$ 时，矩阵只有一列，即

$$\begin{bmatrix} a_{11} \\ a_{21} \\ \vdots \\ a_{m1} \end{bmatrix}$$

称为列矩阵.

当 $m=n$ 时，矩阵的行数和列数相同，即

$$\begin{bmatrix} a_{11} & a_{12} & \cdots & a_{1n} \\ a_{21} & a_{22} & \cdots & a_{2n} \\ \cdots & \cdots & \cdots & \cdots \\ a_{n1} & a_{n2} & \cdots & a_{nn} \end{bmatrix}$$

称为 n 阶方阵.

在 n 阶方阵中，从左上角到右下角的对角线称为主对角线，从右上角到左下角的对角线称为次对角线.

下面介绍几种特殊方阵，以后我们会经常用到.

除主对角线元素外，其他元素全为零的方阵

$$\begin{bmatrix} a_{11} & 0 & \cdots & 0 \\ 0 & a_{22} & \cdots & 0 \\ \cdots & \cdots & \cdots & \cdots \\ 0 & 0 & \cdots & a_{nn} \end{bmatrix}, \text{即 } a_{ij}=\begin{cases} 0, & i\neq j, \\ a_{ii}, & i=j, \end{cases}$$

称为**对角矩阵**.

主对角线上元素全相等的对角矩阵

$$\begin{bmatrix} a & 0 & \cdots & 0 \\ 0 & a & \cdots & 0 \\ \cdots & \cdots & \cdots & \cdots \\ 0 & 0 & \cdots & a \end{bmatrix}, \text{即 } a_{ij}=\begin{cases} 0, & i\neq j, \\ a, & i=j, \end{cases}$$

称为**数量矩阵**.

主对角线的元素全为 1，其他元素全为 0 的 n 阶方阵，即

$$\begin{bmatrix} 1 & 0 & \cdots & 0 \\ 0 & 1 & \cdots & 0 \\ \cdots & \cdots & \cdots & \cdots \\ 0 & 0 & \cdots & 1 \end{bmatrix}, \text{即 } a_{ij}=\begin{cases} 0, & i\neq j, \\ 1, & i=j, \end{cases}$$

称为 n 阶**单位矩阵或幺矩阵**，记作 $\boldsymbol{E}$ 或 $\boldsymbol{I}$，n 阶单位矩阵常用 $\boldsymbol{E}_n$ 或 $\boldsymbol{I}_n$ 表示.

主对角线(不含)以下的元素全为零的方阵

$$\begin{bmatrix} a_{11} & a_{12} & \cdots & a_{1n} \\ 0 & a_{22} & \cdots & a_{2n} \\ \cdots & \cdots & \cdots & \cdots \\ 0 & 0 & \cdots & a_{nn} \end{bmatrix}, \text{即 } a_{ij}=0,\ i>j,$$

称为**上三角(形)矩阵**. 对应地可以定义**下三角矩阵**如下，

$$\begin{bmatrix} a_{11} & 0 & \cdots & 0 \\ a_{21} & a_{22} & \cdots & 0 \\ \cdots & \cdots & \cdots & \cdots \\ a_{n1} & a_{n2} & \cdots & a_{nn} \end{bmatrix}, \text{即 } a_{ij}=0,\ i<j.$$

每一行的第一个非零元素的左方、下方全为零的矩阵称为**阶梯形矩阵**. 即

(1)若矩阵有零行(元素全为0的行)，则零行在矩阵的最下方；

(2)各非零行(元素不全为0的行)的第一个非零元素前面的零元素个数随着行序数的增加而增加.

形如

$$\begin{bmatrix} \otimes & \times & \times & \times & \times & \times & \times \\ 0 & \otimes & \times & \times & \times & \times & \times \\ 0 & 0 & 0 & \otimes & \times & \times & \times \\ 0 & 0 & 0 & 0 & 0 & \otimes & \times \\ 0 & 0 & 0 & 0 & 0 & 0 & 0 \end{bmatrix}$$

的矩阵称为阶梯形矩阵. 其中"$\otimes$"表示各行中第一个非零元素；$\times$表示任意数.

定义中条件(2)，就是要求各非零行的第一个非零元素不能处在同一列上.

例如，$\boldsymbol{A}=\begin{bmatrix} 0 & 1 & 2 & 3 \\ 0 & 0 & 2 & 5 \\ 0 & 0 & 0 & 0 \end{bmatrix}$，$\boldsymbol{B}=\begin{bmatrix} 1 & 2 & 3 \\ 0 & 1 & 5 \\ 0 & 0 & 1 \end{bmatrix}$，$\boldsymbol{C}=\begin{bmatrix} 4 & 2 & 0 \\ 0 & 7 & 1 \\ 0 & 0 & -3 \end{bmatrix}$，$\boldsymbol{D}=\begin{bmatrix} 1 & 1 & 0 & 5 \\ 0 & 5 & 2 & -4 \\ 0 & 0 & 0 & 7 \\ 0 & 0 & 0 & 0 \end{bmatrix}$，

$\boldsymbol{E}=\begin{bmatrix} 3 & 1 & 0 & 4 & 5 \\ 0 & 0 & 5 & 3 & 1 \\ 0 & 0 & 0 & 0 & 7 \end{bmatrix}$等矩阵都是阶梯形矩阵.

而$\boldsymbol{F}=\begin{bmatrix} 1 & 1 & 2 & 3 \\ 0 & 0 & 2 & 5 \\ 0 & 0 & 1 & 3 \end{bmatrix}$，$\boldsymbol{G}=\begin{bmatrix} 2 & 0 & 1 & -1 \\ 0 & 1 & 4 & 5 \\ 0 & 2 & 8 & 5 \end{bmatrix}$，$\boldsymbol{H}=\begin{bmatrix} 0 & 1 & 0 & -1 \\ 0 & 0 & 0 & 0 \\ 0 & 2 & 5 & 9 \end{bmatrix}$等矩阵均不是阶梯形矩阵.

当一个$m\times n$矩阵中所有元素全为0时，即

$$\begin{bmatrix} 0 & 0 & \cdots & 0 \\ 0 & 0 & \cdots & 0 \\ \cdots & \cdots & \cdots & \cdots \\ 0 & 0 & \cdots & 0 \end{bmatrix}_{m\times n}$$

称为零矩阵，记作$\boldsymbol{O}$或$\boldsymbol{O}_{m\times n}$.

对于矩阵$\boldsymbol{A}=[a_{ij}]_{m\times n}$称$-[a_{ij}]_{m\times n}$为$\boldsymbol{A}$的负矩阵，记为$-\boldsymbol{A}$，即

$$-\boldsymbol{A}=\begin{bmatrix} -a_{11} & -a_{12} & \cdots & -a_{1n} \\ -a_{21} & -a_{22} & \cdots & -a_{2n} \\ \cdots & \cdots & \cdots & \cdots \\ -a_{m1} & -a_{m2} & \cdots & -a_{mn} \end{bmatrix}.$$

定义2 $\boldsymbol{A}=[a_{ij}]_{m\times n}$，$\boldsymbol{B}=[b_{ij}]_{m\times n}$都是$m\times n$矩阵，若它们的对应元素相等，即

$$a_{ij}=b_{ij}\quad(i=1,\ 2,\ \cdots,\ m;\ j=1,\ 2,\ \cdots,\ n).$$

则称矩阵$\boldsymbol{A}$与$\boldsymbol{B}$相等，记为$\boldsymbol{A}=\boldsymbol{B}$.

例 1 设矩阵

$$\boldsymbol{A}=\begin{bmatrix}4 & 1 & -2\\ a & b & -7\end{bmatrix},\ \boldsymbol{B}=\begin{bmatrix}c & 1 & d\\ 3 & 2 & -7\end{bmatrix}$$

且 $\boldsymbol{A}=\boldsymbol{B}$，求 a、b、c、d.

解： 由于 $\boldsymbol{A}=\boldsymbol{B}$，由定义可知 $a=3$，$b=2$，$c=4$，$d=-2$.

思考题：

1. n 阶矩阵与 n 阶行列式有什么区别？

2. 试确定 a、b、c 的值，使得 $\begin{bmatrix}2 & -1 & 0\\ a+b & 3 & 5\\ 1 & 0 & a\end{bmatrix}=\begin{bmatrix}c & -1 & 0\\ -2 & 3 & 5\\ 1 & 0 & 6\end{bmatrix}$.

7.4.2 矩阵的运算

1. 矩阵的加、减法

定义 3 若矩阵 $\boldsymbol{A}=[a_{ij}]_{m\times n}$、$\boldsymbol{B}=[b_{ij}]_{m\times n}$ 都是 $m\times n$ 矩阵(同型矩阵)，则称 $m\times n$ 矩阵 $\boldsymbol{C}=[c_{ij}]_{m\times n}$，其中 $c_{ij}=a_{ij}\pm b_{ij}(i=1,\ 2,\ \cdots,\ m;\ j=1,\ 2,\ \cdots,\ n)$ 为矩阵 $\boldsymbol{A}$ 与 $\boldsymbol{B}$ 的和或差. 记作 $\boldsymbol{C}=\boldsymbol{A}\pm\boldsymbol{B}$.

例 2 已知矩阵

$$\boldsymbol{A}=\begin{bmatrix}2 & -1\\ 3 & 4\\ 5 & -6\end{bmatrix},\ \boldsymbol{B}=\begin{bmatrix}1 & 2\\ 5 & -4\\ 0 & -3\end{bmatrix},$$

求 $\boldsymbol{A}+\boldsymbol{B}$、$\boldsymbol{A}-\boldsymbol{B}$.

解： $\boldsymbol{A}+\boldsymbol{B}=\begin{bmatrix}2+1 & -1+2\\ 3+5 & 4-4\\ 5+0 & -6-3\end{bmatrix}=\begin{bmatrix}3 & 1\\ 8 & 0\\ 5 & -9\end{bmatrix}$，$\boldsymbol{A}-\boldsymbol{B}=\begin{bmatrix}2-1 & -1-2\\ 3-5 & 4+4\\ 5-0 & -6+3\end{bmatrix}=\begin{bmatrix}1 & -3\\ -2 & 8\\ 5 & -3\end{bmatrix}$.

设 $\boldsymbol{A}$、$\boldsymbol{B}$、$\boldsymbol{C}$ 为任意 $m\times n$ 矩阵，可以验证矩阵的加法满足下列规律：

(1) $\boldsymbol{A}+\boldsymbol{B}=\boldsymbol{B}+\boldsymbol{A}$；

(2) $(\boldsymbol{A}+\boldsymbol{B})+\boldsymbol{C}=\boldsymbol{A}+(\boldsymbol{B}+\boldsymbol{C})$.

2. 数与矩阵的乘法

定义 4 若矩阵 $\boldsymbol{A}=[a_{ij}]_{m\times n}$，$k$ 为任意的实数，则

$$k\boldsymbol{A}=[ka_{ij}]_{m\times n}=\begin{bmatrix}ka_{11} & ka_{12} & \cdots & ka_{1n}\\ ka_{21} & ka_{22} & \cdots & ka_{2n}\\ \cdots & \cdots & \cdots & \cdots\\ ka_{m1} & ka_{m2} & \cdots & ka_{mn}\end{bmatrix}$$

即把数 k 与矩阵 $\boldsymbol{A}$ 中的每个元素相乘所得的矩阵称为数 k 与矩阵 $\boldsymbol{A}$ 的乘积(简称数乘矩阵).

例 3 设矩阵

$$\boldsymbol{A}=\begin{bmatrix}-1 & 2 & 4 & 1\\ 5 & 6 & -2 & 3\\ 0 & 1 & 7 & -4\end{bmatrix},$$

求 $2\boldsymbol{A}$，$-\boldsymbol{A}$.

解：由定义得

$$2\boldsymbol{A}=\begin{bmatrix}-1\times2 & 2\times2 & 4\times2 & 1\times2\\5\times2 & 6\times2 & -2\times2 & 3\times2\\0\times2 & 1\times2 & 7\times2 & -4\times2\end{bmatrix}=\begin{bmatrix}-2 & 4 & 8 & 2\\10 & 12 & -4 & 6\\0 & 2 & 14 & -8\end{bmatrix},$$

$$-\boldsymbol{A}=(-1)\boldsymbol{A}=\begin{bmatrix}-1\times(-1) & 2\times(-1) & 4\times(-1) & 1\times(-1)\\5\times(-1) & 6\times(-1) & -2\times(-1) & 3\times(-1)\\0\times(-1) & 1\times(-1) & 7\times(-1) & -4\times(-1)\end{bmatrix}=\begin{bmatrix}1 & -2 & -4 & -1\\-5 & -6 & 2 & -3\\0 & -1 & -7 & 4\end{bmatrix}.$$

在矩阵 $\boldsymbol{A}$ 中每个元素前面都加上一个负号所得到的矩阵，称为 $\boldsymbol{A}$ 的负矩阵，记为 $-\boldsymbol{A}$. 显然 $(-1)\boldsymbol{A}=-\boldsymbol{A}$.

设矩阵 $\boldsymbol{A}$、$\boldsymbol{B}$ 为任意的 $m\times n$ 矩阵，k、h 为任意的实数，可以验证数乘矩阵满足下列规律：

(1) $k(\boldsymbol{A}\pm\boldsymbol{B})=k\boldsymbol{A}\pm k\boldsymbol{B}$；

(2) $(k+h)\boldsymbol{A}=k\boldsymbol{A}+h\boldsymbol{A}$；

(3) $(kh)\boldsymbol{A}=k(h\boldsymbol{A})$；

(4) $1\cdot\boldsymbol{A}=\boldsymbol{A}$.

3. 矩阵的乘法

例 3　若文具车间用矩阵 $\boldsymbol{A}$ 表示一天中铅笔和钢笔的生产量，用矩阵 $\boldsymbol{B}$ 表示铅笔和钢笔的单位售价(元)和单位利润(元).

$$\begin{matrix} & \text{铅笔} & \text{钢笔} & \\ \boldsymbol{A}= & \left[\begin{matrix}200\\250\\180\end{matrix}\right. & \left.\begin{matrix}100\\110\\90\end{matrix}\right] & \begin{matrix}\text{一车间}\\\text{二车间},\\\text{三车间}\end{matrix}\end{matrix}\qquad \begin{matrix} & \text{单价} & \text{单位利润} & \\ \boldsymbol{B}= & \left[\begin{matrix}0.5\\6\end{matrix}\right. & \left.\begin{matrix}0.2\\1.5\end{matrix}\right] & \begin{matrix}\text{铅笔}\\\text{钢笔}\end{matrix},\end{matrix}$$

由这些数据可以得到三个车间一天分别所创造的总产值和总利润，记为矩阵 $\boldsymbol{C}$. 则

$$\begin{matrix} & \text{总产值} & \text{总利润} & \\ \boldsymbol{C}= & \left[\begin{matrix}c_{11}\\c_{21}\\c_{31}\end{matrix}\right. & \left.\begin{matrix}c_{12}\\c_{22}\\c_{32}\end{matrix}\right] & \begin{matrix}\text{一车间}\\\text{二车间}\\\text{三车间}\end{matrix}\end{matrix}=\begin{bmatrix}200\times0.5+100\times6 & 200\times0.2+100\times1.5\\250\times0.5+110\times6 & 250\times0.2+110\times1.5\\180\times0.5+90\times6 & 180\times0.2+90\times1.5\end{bmatrix}=\begin{bmatrix}700 & 190\\785 & 215\\630 & 171\end{bmatrix}$$

称矩阵 $\boldsymbol{C}$ 为矩阵 $\boldsymbol{A}$ 与 $\boldsymbol{B}$ 的乘积.

定义 5　设两个矩阵 $\boldsymbol{A}=[a_{ij}]_{m\times s}$，$\boldsymbol{B}=[b_{ij}]_{s\times n}$ 即

$$\boldsymbol{A}=\begin{bmatrix}a_{11} & a_{12} & \cdots & a_{1s}\\a_{21} & a_{22} & \cdots & a_{2s}\\\cdots & \cdots & \cdots & \cdots\\a_{m1} & a_{m2} & \cdots & a_{ms}\end{bmatrix},\ \boldsymbol{B}=\begin{bmatrix}b_{11} & b_{12} & \cdots & b_{1n}\\b_{21} & b_{22} & \cdots & b_{2n}\\\cdots & \cdots & \cdots & \cdots\\b_{s1} & b_{s2} & \cdots & b_{sn}\end{bmatrix},$$

则 $\boldsymbol{A}$ 与 $\boldsymbol{B}$ 的乘积是一个 $m\times n$ 矩阵，记为 $\boldsymbol{C}=\boldsymbol{AB}$. 即

$$C=\begin{bmatrix} c_{11} & c_{12} & \cdots & c_{1n} \\ c_{21} & c_{22} & \cdots & c_{2n} \\ \cdots & \cdots & \cdots & \cdots \\ c_{m1} & c_{m2} & \cdots & c_{mn} \end{bmatrix},$$

其中，矩阵 $\boldsymbol{C}$ 中的每一个元素为

$$c_{ij}=a_{i1}b_{1j}+a_{i2}b_{2j}+\cdots+a_{is}b_{sj}.$$

由定义知：

(1)要计算矩阵 $\boldsymbol{A}$ 与 $\boldsymbol{B}$ 的乘积，只有当左边矩阵 $\boldsymbol{A}$ 的列数与右边矩阵 $\boldsymbol{B}$ 的行数相等时，才能计算；

(2)两个矩阵的乘积 $\boldsymbol{A}_{m\times s}\boldsymbol{B}_{s\times n}$ 是矩阵 $\boldsymbol{C}_{m\times n}$，它的行数等于左矩阵的行数，列数等于右矩阵的列数；

(3)乘积矩阵 $\boldsymbol{C}=\boldsymbol{AB}$ 中位于第 i 行第 j 列的元素 c_{ij}，等于 $\boldsymbol{A}$ 的第 i 行元素与 $\boldsymbol{B}$ 的第 j 列元素对应相乘的代数和，简称行乘列法则.

例 4 已知矩阵

$$\boldsymbol{A}=\begin{bmatrix} 1 & 0 & 3 \\ 2 & 1 & 0 \end{bmatrix},\ \boldsymbol{B}=\begin{bmatrix} 0 & 1 & 2 \\ 1 & -1 & 1 \\ 4 & 1 & 3 \end{bmatrix},$$

计算 $\boldsymbol{AB}$.

解：由定义知

$$\boldsymbol{C}=\boldsymbol{AB}=\begin{bmatrix} 1\times0+0\times1+3\times4 & 1\times1+0\times(-1)+3\times1 & 1\times2+0\times1+3\times3 \\ 2\times0+1\times1+0\times4 & 2\times1+1\times(-1)+0\times1 & 2\times2+1\times1+0\times3 \end{bmatrix}$$

$$=\begin{bmatrix} 12 & 4 & 11 \\ 1 & 1 & 5 \end{bmatrix}.$$

例 5 已知 $\boldsymbol{A}=[a_{ij}]_{2\times3}$、$\boldsymbol{B}=[b_{ij}]_{3\times4}$、$\boldsymbol{C}=[c_{ij}]_{3\times3}$，问运算 $\boldsymbol{AB}$、$\boldsymbol{AC}$、$\boldsymbol{BA}$、$\boldsymbol{BC}$、$\boldsymbol{CA}$、$\boldsymbol{CB}$ 能否进行？若能进行，写出乘积矩阵的行数和列数.

解：根据定义可知 $\boldsymbol{AB}$、$\boldsymbol{AC}$、$\boldsymbol{CB}$ 能进行运算，且运算结果分别是 $[\boldsymbol{AB}]_{2\times4}$、$[\boldsymbol{AC}]_{2\times3}$、$[\boldsymbol{CB}]_{3\times4}$，其余运算由于左边矩阵的列数不等于右边矩阵的行数，故不能进行运算.

例 6 已知矩阵

$$\boldsymbol{A}=\begin{bmatrix} 3 & 4 \\ 1 & 2 \end{bmatrix},\ \boldsymbol{B}=\begin{bmatrix} 1 & 2 \\ 4 & 5 \\ 3 & 6 \end{bmatrix},$$

计算 $\boldsymbol{AB}$ 与 $\boldsymbol{BA}$.

解：(1)由于 $\boldsymbol{A}$ 的列数为 2，$\boldsymbol{B}$ 的行数为 3，两者不等，因此 $\boldsymbol{AB}$ 无法计算.

$$(2)\boldsymbol{BA}=\begin{bmatrix} 1 & 2 \\ 4 & 5 \\ 3 & 6 \end{bmatrix}\begin{bmatrix} 3 & 4 \\ 1 & 2 \end{bmatrix}=\begin{bmatrix} 1\times3+2\times1 & 1\times4+2\times2 \\ 4\times3+5\times1 & 4\times4+5\times2 \\ 3\times3+6\times1 & 3\times4+6\times2 \end{bmatrix}=\begin{bmatrix} 5 & 8 \\ 17 & 26 \\ 15 & 24 \end{bmatrix}.$$

例 7 已知矩阵

$$A=\begin{bmatrix}1 & 1\\0 & 0\end{bmatrix},\ B=\begin{bmatrix}1 & 1\\2 & 2\end{bmatrix},$$

计算 AB 与 BA.

解：$AB=\begin{bmatrix}1 & 1\\0 & 0\end{bmatrix}\begin{bmatrix}1 & 1\\2 & 2\end{bmatrix}=\begin{bmatrix}3 & 3\\0 & 0\end{bmatrix}$，　$BA=\begin{bmatrix}1 & 1\\2 & 2\end{bmatrix}\begin{bmatrix}1 & 1\\0 & 0\end{bmatrix}=\begin{bmatrix}1 & 1\\2 & 2\end{bmatrix}$.

由上边两个例子可以看出，矩阵的乘法一般不满足交换律，在计算 AB 和 BA 时，一个能计算，另一个可能没有意义(如例 6)；即使 AB 与 BA 都能计算，两者也未必相等(如例 7). 特别地，若 AB 与 BA 都能计算，且 $AB=BA$，则称 A 与 B 是可交换矩阵.

例 8 已知矩阵

$$A=\begin{bmatrix}2 & 4\\-3 & -6\end{bmatrix},\ B=\begin{bmatrix}-2 & 4\\1 & -2\end{bmatrix},\ C=\begin{bmatrix}-4 & 8\\2 & -4\end{bmatrix},$$

计算 AB、AC.

解：由矩阵运算法则，可得

$$AB=\begin{bmatrix}2 & 4\\-3 & -6\end{bmatrix}\begin{bmatrix}-2 & 4\\1 & -2\end{bmatrix}=\begin{bmatrix}0 & 0\\0 & 0\end{bmatrix},\ AC=\begin{bmatrix}2 & 4\\-3 & -6\end{bmatrix}\begin{bmatrix}-4 & 8\\2 & -4\end{bmatrix}=\begin{bmatrix}0 & 0\\0 & 0\end{bmatrix}.$$

由此例可知，与数的乘法不一样，在矩阵的乘法中，$A\neq O$，$B\neq O$，但可能 $AB=O$. 同时也可以看出，$AB=AC$，但 $B\neq C$，这说明矩阵的乘法不满足消去律，即由 $AB=AC$，不能得出 $B=C$.

矩阵的乘法满足下列运算规律：

(1)$(AB)C=A(BC)$；

(2)$k(AB)=(kA)B=A(kB)$；

(3)$A(B+C)=AB+AC$，　$(B+C)A=BA+CA$.

定义 6 设 A 为 n 阶方阵，对于正整数 m，有

$$A^m=\underbrace{AA\cdots A}_{m}=A^{m-1}A,$$

称为方阵的幂.

同时规定　$A^0=E$.

设 k、l 为任意正整数，则有

$$A^kA^l=A^{k+l},\ (A^k)^l=A^{kl}.$$

需要注意的是，由于矩阵乘法一般不满足交换律，因此 $(AB)^k$ 一般不等于 $A^kB^k(k>1)$. 此外，当 $A^k=O(k>1)$时，也未必有 $A=O$. 例如

$$A=\begin{bmatrix}0 & 1\\0 & 0\end{bmatrix}\neq O，而\ A^2=\begin{bmatrix}0 & 0\\0 & 0\end{bmatrix}=O.$$

4. 矩阵的转置

定义 7 把一个 $m\times n$ 矩阵

$$\begin{bmatrix} a_{11} & a_{12} & \cdots & a_{1n} \\ a_{21} & a_{22} & \cdots & a_{2n} \\ \cdots & \cdots & \cdots & \cdots \\ a_{m1} & a_{m2} & \cdots & a_{mn} \end{bmatrix}$$

的行与列的位置互换，从而得到一个 $n\times m$ 矩阵，称为 $\boldsymbol{A}$ 的转置矩阵. 记为 $\boldsymbol{A}^{\mathrm{T}}$ 或 $\boldsymbol{A}'$. 即

$$\begin{bmatrix} a_{11} & a_{21} & \cdots & a_{m1} \\ a_{12} & a_{22} & \cdots & a_{m2} \\ \cdots & \cdots & \cdots & \cdots \\ a_{1n} & a_{2n} & \cdots & a_{mn} \end{bmatrix}.$$

例如，若 $\boldsymbol{A}=\begin{bmatrix} 1 & -1 \\ 0 & 5 \\ 2 & 4 \end{bmatrix}$，则 $\boldsymbol{A}^{\mathrm{T}}=\begin{bmatrix} 1 & 0 & 2 \\ -1 & 5 & 4 \end{bmatrix}$.

矩阵的转置满足下列运算规律：

(1) $(\boldsymbol{A}^{\mathrm{T}})^{\mathrm{T}}=\boldsymbol{A}$；

(2) $(\boldsymbol{A}+\boldsymbol{B})^{\mathrm{T}}=\boldsymbol{A}^{\mathrm{T}}+\boldsymbol{B}^{\mathrm{T}}$；

(3) $(k\boldsymbol{A})^{\mathrm{T}}=k\boldsymbol{A}^{\mathrm{T}}$；

(4) $(\boldsymbol{AB})^{\mathrm{T}}=\boldsymbol{B}^{\mathrm{T}}\boldsymbol{A}^{\mathrm{T}}$.

例 9 已知矩阵

$$\boldsymbol{A}=\begin{bmatrix} 1 & -2 & 3 \\ 0 & 1 & -2 \\ 1 & -1 & 1 \end{bmatrix},\ \boldsymbol{B}=\begin{bmatrix} 3 & 1 \\ 1 & -1 \\ 1 & 0 \end{bmatrix},$$

求 $\boldsymbol{A}^{\mathrm{T}}$、$\boldsymbol{B}^{\mathrm{T}}$、$\boldsymbol{AB}$、$(\boldsymbol{AB})^{\mathrm{T}}$、$\boldsymbol{B}^{\mathrm{T}}\boldsymbol{A}^{\mathrm{T}}$.

解： $\boldsymbol{A}^{\mathrm{T}}=\begin{bmatrix} 1 & 0 & 1 \\ -2 & 1 & -1 \\ 3 & -2 & 1 \end{bmatrix}$，　$\boldsymbol{B}^{\mathrm{T}}=\begin{bmatrix} 3 & 1 & 1 \\ 1 & -1 & 0 \end{bmatrix}$，

$\boldsymbol{AB}=\begin{bmatrix} 1 & -2 & 3 \\ 0 & 1 & -2 \\ 1 & -1 & 1 \end{bmatrix}\begin{bmatrix} 3 & 1 \\ 1 & -1 \\ 1 & 0 \end{bmatrix}=\begin{bmatrix} 4 & 3 \\ -1 & -1 \\ 3 & 2 \end{bmatrix}$，$(\boldsymbol{AB})^{\mathrm{T}}==\begin{bmatrix} 4 & 3 \\ -1 & -1 \\ 3 & 2 \end{bmatrix}^{\mathrm{T}}=\begin{bmatrix} 4 & -1 & 3 \\ 3 & -1 & 2 \end{bmatrix}$，

$\boldsymbol{B}^{\mathrm{T}}\boldsymbol{A}^{\mathrm{T}}=(\boldsymbol{AB})^{\mathrm{T}}=\begin{bmatrix} 4 & -1 & 3 \\ 3 & -1 & 2 \end{bmatrix}$.

特别地，若一个 n 阶方阵 $\boldsymbol{A}$，满足 $\boldsymbol{A}^{\mathrm{T}}=\boldsymbol{A}$，则称 $\boldsymbol{A}$ 为**对称矩阵**. 如

$$\boldsymbol{A}=\begin{bmatrix} 1 & 0 & 3 \\ 0 & 5 & -2 \\ 3 & -2 & 8 \end{bmatrix}$$

就是一个对称矩阵.

例 10 设 $\boldsymbol{A}$ 为任意的矩阵，试证 $\boldsymbol{A}\boldsymbol{A}^{\mathrm{T}}$ 是一个对称矩阵.

证： 因为$(\boldsymbol{A}\boldsymbol{A}^{\mathrm{T}})^{\mathrm{T}}=(\boldsymbol{A}^{\mathrm{T}})^{\mathrm{T}}\boldsymbol{A}^{\mathrm{T}}=\boldsymbol{A}\boldsymbol{A}^{\mathrm{T}}$，
由定义知，$\boldsymbol{A}\boldsymbol{A}^{\mathrm{T}}$ 是一个对称矩阵.

运算规律(4)可以推广到多个矩阵相乘的情况，即

$$(\boldsymbol{A}_1\boldsymbol{A}_2\cdots\boldsymbol{A}_{m-1}\boldsymbol{A}_m)^{\mathrm{T}}=\boldsymbol{A}_m^{\mathrm{T}}\boldsymbol{A}_{m-1}^{\mathrm{T}}\cdots\boldsymbol{A}_2^{\mathrm{T}}\boldsymbol{A}_1^{\mathrm{T}}.$$

习题 7-4

1. 选择题.

(1)设矩阵 $\boldsymbol{A}=[1,\ 2]$，$\boldsymbol{B}=\begin{bmatrix}1 & 2\\ 3 & 4\end{bmatrix}$，$\boldsymbol{C}=\begin{bmatrix}1 & 2 & 3\\ 4 & 5 & 6\end{bmatrix}$，则下列矩阵运算中有意义的是(　　).

A. $\boldsymbol{ACB}$　　B. $\boldsymbol{ABC}$　　C. $\boldsymbol{BAC}$　　D. $\boldsymbol{CBA}$

(2)设 $\boldsymbol{A}$、$\boldsymbol{B}$ 为任意 n 阶矩阵，$\boldsymbol{E}$ 为 n 阶单位矩阵，$\boldsymbol{O}$ 为 n 阶零矩阵，则下列各式中正确的是(　　).

A. $(\boldsymbol{A}+\boldsymbol{B})(\boldsymbol{A}-\boldsymbol{B})=\boldsymbol{A}^2-\boldsymbol{B}^2$　　B. $(\boldsymbol{AB})^2=\boldsymbol{A}^2\boldsymbol{B}^2$

C. $(\boldsymbol{A}+\boldsymbol{E})(\boldsymbol{A}-\boldsymbol{E})=\boldsymbol{A}^2-\boldsymbol{E}$　　D. 由必 $\boldsymbol{AB}=\boldsymbol{O}$ 必可推出 $\boldsymbol{A}=\boldsymbol{O}$ 或 $\boldsymbol{B}=\boldsymbol{O}$

(3)设 n 阶矩阵 $\boldsymbol{A}$、$\boldsymbol{B}$、$\boldsymbol{C}$ 满足 $\boldsymbol{ABC}=\boldsymbol{E}$，则必有(　　).

A. $\boldsymbol{ACB}=\boldsymbol{E}$　　B. $\boldsymbol{CBA}=\boldsymbol{E}$　　C. $\boldsymbol{BAC}=\boldsymbol{E}$　　D. $\boldsymbol{BCA}=\boldsymbol{E}$

2. 填空题.

(1)已知矩阵 $\boldsymbol{A}=\begin{bmatrix}1 & -1\\ 2 & 3\end{bmatrix}$，$\boldsymbol{E}$ 为 2 阶单位矩阵，令 $\boldsymbol{B}=\boldsymbol{A}^2-3\boldsymbol{A}+2\boldsymbol{E}$，则 $\boldsymbol{B}=$ ________.

(2)设矩阵 $\boldsymbol{A}=\begin{bmatrix}1 & 2\\ 3 & 4\end{bmatrix}$，则行列式 $|\boldsymbol{A}^{\mathrm{T}}\boldsymbol{A}|=$ ________.

(3)设 $\boldsymbol{A}$、$\boldsymbol{B}$ 为任意 3 阶矩阵，且 $|\boldsymbol{A}|=2$，$\boldsymbol{B}=-3\boldsymbol{E}$，则行列式 $|\boldsymbol{AB}|=$ ________.

3. 计算题.

(1)设矩阵

$$\boldsymbol{A}=\begin{bmatrix}1 & -2 & -3 & a\\ b & 4 & 0 & 2\end{bmatrix},\ \boldsymbol{B}=\begin{bmatrix}c & -2 & -3 & 5\\ 3 & 4 & d & 2\end{bmatrix}$$

且 $\boldsymbol{A}=\boldsymbol{B}$，求元素 a、b、c、d.

(2)现有两种物资(单位：吨)要从三个产地运往五个销地，其调运方案分别为矩阵 $\boldsymbol{A}$ 与 $\boldsymbol{B}$.

$$\boldsymbol{A}=\begin{bmatrix}30 & 25 & 17 & 0 & 18\\ 20 & 0 & 14 & 23 & 30\\ 0 & 20 & 20 & 30 & 15\end{bmatrix},\ \boldsymbol{B}=\begin{bmatrix}10 & 15 & 13 & 30 & 12\\ 0 & 40 & 16 & 17 & 0\\ 50 & 10 & 0 & 10 & 5\end{bmatrix},$$

那么，从各产地运往各销地两种物资的总运量是多少？

(3)已知

$$\boldsymbol{A}=\begin{bmatrix}2&4\\1&5\end{bmatrix},\ \boldsymbol{B}=\begin{bmatrix}-1&3\\-2&1\end{bmatrix},\ \boldsymbol{C}=\begin{bmatrix}0&1\\2&7\end{bmatrix},$$

求 $\boldsymbol{A}+\boldsymbol{B}$、$\boldsymbol{B}-\boldsymbol{C}$、$2\boldsymbol{A}+3\boldsymbol{C}$、$5\boldsymbol{C}-4\boldsymbol{B}$、$\boldsymbol{AB}$、$\boldsymbol{BC}$.

(4)计算下列矩阵的乘积.

① $\begin{bmatrix}0&1\\1&0\end{bmatrix}\begin{bmatrix}5&3\\2&7\end{bmatrix}$，　② $\begin{bmatrix}-2&3\\5&-4\end{bmatrix}\begin{bmatrix}3&4\\2&5\end{bmatrix}$，

③ $\begin{bmatrix}1\\-2\\3\end{bmatrix}\begin{bmatrix}-1&2&3\end{bmatrix}$，　④ $\begin{bmatrix}1&-2&3\end{bmatrix}\begin{bmatrix}1\\2\\3\end{bmatrix}$，

⑤ $\begin{bmatrix}-1&2&3\\3&-1&0\end{bmatrix}\begin{bmatrix}2&5&0\\-4&3&-2\\3&-1&1\end{bmatrix}$，　⑥ $\begin{bmatrix}5&0\\3&-2\\-1&1\end{bmatrix}\begin{bmatrix}-1&2&3\\2&-4&3\end{bmatrix}$.

(5)已知矩阵

$$\boldsymbol{A}=\begin{bmatrix}1&2&2\\2&1&2\\1&2&3\end{bmatrix},\ \boldsymbol{B}=\begin{bmatrix}4&1&1\\-4&2&0\\1&2&1\end{bmatrix},$$

求 $\boldsymbol{AB}-\boldsymbol{BA}$.

(6)已知矩阵

$$\boldsymbol{A}=\begin{bmatrix}3&1&0\\-1&2&1\\3&4&2\end{bmatrix},\ \boldsymbol{B}=\begin{bmatrix}1&0&2\\-1&1&1\\2&1&1\end{bmatrix},$$

求满足方程 $3\boldsymbol{A}-2\boldsymbol{X}=\boldsymbol{B}$ 中的 $\boldsymbol{X}$.

(7)已知矩阵

$$\boldsymbol{A}=\begin{bmatrix}1&0&3\\-1&2&1\\5&4&5\end{bmatrix},\ \boldsymbol{B}=\begin{bmatrix}1&0\\2&1\\-3&1\end{bmatrix},$$

求 $\boldsymbol{A}^{\mathrm{T}}$、$\boldsymbol{B}^{\mathrm{T}}$、$\boldsymbol{AB}$、$(\boldsymbol{AB})^{\mathrm{T}}$、$\boldsymbol{B}^{\mathrm{T}}\boldsymbol{A}^{\mathrm{T}}$.

(8)对任意阶的方阵 $\boldsymbol{A}$，试证 $\boldsymbol{A}+\boldsymbol{A}^{\mathrm{T}}$ 是对称矩阵.

第 5 节　矩阵的秩和逆矩阵

本节的内容主要包括矩阵的初等变换、秩和逆矩阵三部分. 学习目标是正确理解逆矩阵的概念、掌握逆矩阵的性质及矩阵可逆的充要条件、会用伴随矩阵求矩阵的逆、熟练掌握用初等变换求逆矩阵的方法.

要理解矩阵的初等行(列)变换、初等变换和秩等概念，对于秩的问题要灵活运用

条件，注意知识点的转化. 求秩的重要方法是初等变换，应熟练掌握此方法.

本节重点是矩阵的初等变换、秩、逆矩阵的求法，难点是矩阵的初等变换、逆矩阵的求法.

在求解线性方程组的过程中，矩阵的秩和矩阵的逆矩阵起着非常重要的作用. 本节我们将利用矩阵的初等行变换来研究矩阵的秩和矩阵的逆矩阵.

7.5.1 矩阵的初等行变换

1. 矩阵的初等行(列)变换

定义 1 设矩阵 $\boldsymbol{A}=[a_{ij}]_{m\times n}$，则以下三种行(列)的变换称为矩阵 $\boldsymbol{A}$ 的**初等行(列)变换**，

(1)矩阵 $\boldsymbol{A}$ 中某两行(列)元素互换位置；

$$\begin{bmatrix} \cdots & \cdots & \cdots & \cdots \\ a_{i1} & a_{i2} & \cdots & a_{in} \\ \vdots & \vdots & & \vdots \\ a_{j1} & a_{j2} & \cdots & a_{jn} \\ \cdots & \cdots & \cdots & \cdots \end{bmatrix} \begin{matrix} i\text{ 行} \\ \\ j\text{ 行} \end{matrix} \xrightarrow{r_i \leftrightarrow r_j} \begin{bmatrix} \cdots & \cdots & \cdots & \cdots \\ a_{j1} & a_{j2} & \cdots & a_{jn} \\ \vdots & \vdots & & \vdots \\ a_{i1} & a_{i2} & \cdots & a_{in} \\ \cdots & \cdots & \cdots & \cdots \end{bmatrix} \begin{matrix} i\text{ 行} \\ \\ j\text{ 行} \end{matrix};$$

或

$$\underset{\quad i\text{ 列} \qquad j\text{ 列}}{\begin{bmatrix} \vdots & a_{1i} & \cdots & a_{1j} & \vdots \\ \vdots & a_{2i} & \cdots & a_{2j} & \vdots \\ \vdots & \vdots & & \vdots & \vdots \\ \vdots & a_{mi} & \cdots & a_{mj} & \vdots \end{bmatrix}} \xrightarrow{c_i \leftrightarrow c_j} \underset{\quad i\text{ 列} \qquad j\text{ 列}}{\begin{bmatrix} \vdots & a_{1j} & \cdots & a_{1i} & \vdots \\ \vdots & a_{2j} & \cdots & a_{2i} & \vdots \\ \vdots & \vdots & & \vdots & \vdots \\ \vdots & a_{mj} & \cdots & a_{mi} & \vdots \end{bmatrix}}.$$

(2)用一个非零常数 k 乘矩阵 $\boldsymbol{A}$ 的某一行(列)；

(3)把矩阵 $\boldsymbol{A}$ 中某一行(列)的 k 倍加到另一行(列)上去.

一般地，将矩阵 $\boldsymbol{A}$ 的初等行、列的变换统称为矩阵 $\boldsymbol{A}$ 的初等变换.

上述定义中，(1)称为对换变换，若交换矩阵中第 i 行和第 j 行的位置，记为(ⓘ，ⓙ)，(2)称为倍乘变换，若把第 i 行乘非零常数 k，简记为 k ⓘ；(3)称为倍加变换，若将第 i 行遍乘常数 k 加至第 j 行上去，简记为ⓙ$+k$ ⓘ.

矩阵经过初等变换后，可以使元素发生很大变化，但可以发现矩阵的一些特性经过初等变换后是保持不变的. 本节将利用矩阵的初等行变换来研究矩阵的一些特性和一些应用.

2. 初等矩阵

定义 2 由 n 阶单位矩阵 $\boldsymbol{E}_n$ 经过一次初等行(或列)变换得到的矩阵称为初等矩阵.

对应于三种初等变换，可以得到三种初等矩阵.

(1)对换单位阵的 i、j 两行(或两列)而得到的初等矩阵记为 $\boldsymbol{E}_n(i, j)$，常常也简

记为 $\boldsymbol{E}(i, j)$，

这种矩阵形如
$$\boldsymbol{E}(i, j)=\begin{bmatrix} 1 & & & & & & & & & & \\ & \ddots & & & & & & & & & \\ & & 1 & & & & & & & & \\ & & & 0 & \cdots & \cdots & \cdots & 1 & & & \\ & & & \vdots & 1 & & & \vdots & & & \\ & & & \vdots & & \ddots & & \vdots & & & \\ & & & \vdots & & & 1 & \vdots & & & \\ & & & 1 & \cdots & \cdots & \cdots & 0 & & & \\ & & & & & & & & 1 & & \\ & & & & & & & & & \ddots & \\ & & & & & & & & & & 1 \end{bmatrix} \begin{matrix} \\ \\ \\ \cdots\cdots i\text{ 行} \\ \\ \\ \\ \cdots\cdots j\text{ 行} \\ \\ \\ \\ \end{matrix};$$

(2)用一个非零数 k 乘以 $\boldsymbol{A}$ 的第 i 行(或第 i 列)的元素得到的初等矩阵记为 $\boldsymbol{E}(i(k))$；

(3)将矩阵 $\boldsymbol{A}$ 的第 i 行(或第 j 列)元素的 k 倍对应加到第 j 行(或第 i 列)去，得到的初等矩阵记为 $\boldsymbol{E}(j, i(k))$.

3. 初等变换与初等矩阵的关系

定理 1 设 $\boldsymbol{A}=[a_{ij}]_{m\times n}$，则对 $\boldsymbol{A}$ 施行一次初等行变换，相当于用一个 m 阶的同类型初等矩阵(单位阵经相同初等变换而得到的初等矩阵)左乘矩阵 $\boldsymbol{A}$；对 $\boldsymbol{A}$ 施行一次初等列变换，相当于用一个 n 阶的同类型初等矩阵右乘矩阵 $\boldsymbol{A}$：

$$\boldsymbol{A}_{m\times n}\xrightarrow{r_i\leftrightarrow r_j}\boldsymbol{E}_m(i, j)\boldsymbol{A}_{m\times n};$$

$$\boldsymbol{A}_{m\times n}\xrightarrow{c_i\leftrightarrow c_j}\boldsymbol{A}_{m\times n}\boldsymbol{E}_n(i, j);$$

$$\boldsymbol{A}_{m\times n}\xrightarrow{kr_i}\boldsymbol{E}_m(k(i))\boldsymbol{A}_{m\times n};$$

$$\boldsymbol{A}_{m\times n}\xrightarrow{cr_i}\boldsymbol{A}_{m\times n}\boldsymbol{E}_n(k(i));$$

$$\boldsymbol{A}_{m\times n}\xrightarrow{r_j+kr_i}\boldsymbol{E}_m(j, i(k))\boldsymbol{A}_{m\times n};$$

$$\boldsymbol{A}_{m\times n}\xrightarrow{c_j+kc_i}\boldsymbol{A}_{m\times n}\boldsymbol{E}_n(j, i(k)).$$

定理 2 任意一个矩阵 $\boldsymbol{A}$，都可以经过若干次初等行变换化为阶梯形矩阵.

例 把矩阵

$$\boldsymbol{A}=\begin{bmatrix} 1 & -1 & 2 & 1 & 0 \\ -3 & 3 & -6 & -3 & 0 \\ 3 & 0 & 6 & -1 & 1 \end{bmatrix}$$

化为阶梯形矩阵.

解：
$$\boldsymbol{A}=\begin{bmatrix} 1 & -1 & 2 & 1 & 0 \\ -3 & 3 & -6 & -3 & 0 \\ 3 & 0 & 6 & -1 & 1 \end{bmatrix}\xrightarrow[③+①\times(-3)]{②+①\times 3}\begin{bmatrix} 1 & -1 & 2 & 1 & 0 \\ 0 & 0 & 0 & 0 & 0 \\ 0 & 3 & 0 & -4 & 1 \end{bmatrix}$$

$$\xrightarrow{(②,③)}\begin{bmatrix}1 & -1 & 2 & 1 & 0\\0 & 3 & 0 & -4 & 1\\0 & 0 & 0 & 0 & 0\end{bmatrix}.$$

注：同一个矩阵采取不同的行变换方式，可得到不同的阶梯形矩阵，即一个矩阵的阶梯形矩阵，其形式是不唯一的．但是，可以证明，一个矩阵的阶梯形矩阵所含非零行的行数是唯一的．这一特殊性质就是我们下一节要讲的矩阵的秩．

7.5.2 矩阵的秩

前边介绍了矩阵的初等行变换，由定理可知任意一个矩阵都可以经过初等行变换化为阶梯形矩阵，并且矩阵所含非零行的行数是唯一的，这一性质是矩阵的本质属性，在矩阵理论中非常重要．

定义 3 矩阵 $\boldsymbol{A}$ 的阶梯形矩阵中非零行的行数，称为矩阵 $\boldsymbol{A}$ 的秩．记为秩($\boldsymbol{A}$)或 $r(\boldsymbol{A})$．如上节例中，其 $r(\boldsymbol{A})=2$．

例 2 求矩阵

$$\boldsymbol{A}=\begin{bmatrix}3 & 1 & 4\\2 & 2 & 4\\1 & -3 & -2\\1 & 2 & 3\end{bmatrix}$$

的秩及 $\boldsymbol{A}^{\mathrm{T}}$ 的秩．

解：$$\boldsymbol{A}=\begin{bmatrix}3 & 1 & 4\\2 & 2 & 4\\1 & -3 & -2\\1 & 2 & 3\end{bmatrix}\xrightarrow{(①,③)}\begin{bmatrix}1 & -3 & -2\\2 & 2 & 4\\3 & 1 & 4\\1 & 2 & 3\end{bmatrix}\xrightarrow[④+①\times(-1)]{\substack{②+①\times(-2)\\③+①\times(-3)}}\begin{bmatrix}1 & -3 & -2\\0 & 8 & 8\\0 & 10 & 10\\0 & 5 & 5\end{bmatrix}$$

$$\xrightarrow{\substack{②\times\frac{1}{8}\\③\times\frac{1}{10}\\④\times\frac{1}{5}}}\begin{bmatrix}1 & -3 & -2\\0 & 1 & 1\\0 & 1 & 1\\0 & 1 & 1\end{bmatrix}\xrightarrow[④+②\times(-1)]{③+②\times(-1)}\begin{bmatrix}1 & -3 & -2\\0 & 1 & 1\\0 & 0 & 0\\0 & 0 & 0\end{bmatrix},$$

所以 $r(\boldsymbol{A})=2$．

$$\boldsymbol{A}^{\mathrm{T}}=\begin{bmatrix}3 & 2 & 1 & 1\\1 & 2 & -3 & 2\\4 & 4 & -2 & 3\end{bmatrix}\xrightarrow{(①,②)}\begin{bmatrix}1 & 2 & -3 & 2\\3 & 2 & 1 & 1\\4 & 4 & -2 & 3\end{bmatrix}\xrightarrow[③+①\times(-4)]{②+①\times(-3)}\begin{bmatrix}1 & 2 & -3 & 2\\0 & -4 & 10 & -5\\0 & -4 & 10 & -5\end{bmatrix}$$

$$\xrightarrow{③+②\times(-1)}\begin{bmatrix}1 & 2 & -3 & 2\\0 & -4 & 10 & -5\\0 & 0 & 0 & 0\end{bmatrix}$$

所以 $r(\boldsymbol{A}^{\mathrm{T}})=2$．即 $r(\boldsymbol{A})=r(\boldsymbol{A}^{\mathrm{T}})=2$．

可以证明，对于任意矩阵 $\boldsymbol{A}$，$\boldsymbol{A}$ 与其转置矩阵 $\boldsymbol{A}^{\mathrm{T}}$ 的秩是相等的. 即矩阵的秩是唯一的.

定义 4 设 $\boldsymbol{A}$ 是一个 n 阶方阵，若 $r(\boldsymbol{A})=n$，则称 $\boldsymbol{A}$ 为满秩矩阵. 亦称 $\boldsymbol{A}$ 为非退化矩阵或非奇异矩阵.

就是说，若矩阵 $\boldsymbol{A}$ 的秩等于它的阶数 n，即矩阵 $\boldsymbol{A}$ 的阶梯形矩阵中无零行，则称 $\boldsymbol{A}$ 为满秩矩阵. 如

$$\begin{bmatrix}1 & 2 & 0\\0 & 6 & 7\\0 & 0 & -3\end{bmatrix},\quad\begin{bmatrix}6 & 1 & 0 & 2\\0 & 5 & 1 & -4\\0 & 0 & 4 & 7\\0 & 0 & 0 & 3\end{bmatrix},$$

都是满秩矩阵.

若一个 n 阶方阵 $\boldsymbol{A}$ 的 $r(\boldsymbol{A})<n$，则称 $\boldsymbol{A}$ 为退化矩阵或奇异矩阵.

定理 4 任意一个满秩矩阵 $\boldsymbol{A}$，都可经过初等行变换化为与 $\boldsymbol{A}$ 同阶的单位矩阵 $\boldsymbol{E}$.

例 3 设矩阵

$$\boldsymbol{A}=\begin{bmatrix}1 & 0 & 1\\2 & 1 & 0\\-3 & 2 & -5\end{bmatrix}$$

试求 $\boldsymbol{A}$ 的秩，若 $\boldsymbol{A}$ 满秩，把 $\boldsymbol{A}$ 化为单位矩阵.

解： $$\boldsymbol{A}=\begin{bmatrix}1 & 0 & 1\\2 & 1 & 0\\-3 & 2 & -5\end{bmatrix}\xrightarrow[③+①\times3]{②+①\times(-2)}\begin{bmatrix}1 & 0 & 1\\0 & 1 & -2\\0 & 2 & -2\end{bmatrix}\xrightarrow{③+②\times(-2)}\begin{bmatrix}1 & 0 & 1\\0 & 1 & -2\\0 & 0 & 2\end{bmatrix},$$

即 $r(\boldsymbol{A})=3$，$\boldsymbol{A}$ 是满秩矩阵，继续作初等行变换，则有

$$\xrightarrow{③\times\frac{1}{2}}\begin{bmatrix}1 & 0 & 1\\0 & 1 & -2\\0 & 0 & 1\end{bmatrix}\xrightarrow[①+③\times(-1)]{②+③\times2}\begin{bmatrix}1 & 0 & 0\\0 & 1 & 0\\0 & 0 & 1\end{bmatrix}.$$

7.5.3 逆矩阵

前边介绍了矩阵的加法、减法和矩阵的乘法，那么能否定义矩阵的除法呢？为了弄清这个问题，我们先看数的乘法与除法的关系. 设 a、b 是两个数，且 $a\neq0$，我们知道

$$b\div a=b\cdot\frac{1}{a},$$

即 b 除以 a 等于 b 乘 a 的倒数 $\frac{1}{a}$. 可以看出，有了数的乘法，要做数的除法，关键是除数 a 是不是有倒数，而数 a 有倒数的充分必要条件是 $a\neq0$. $\frac{1}{a}$ 也称为数 a 的逆，满足

$$a\cdot\frac{1}{a}=\frac{1}{a}\cdot a=1.$$

与数的运算不同的是，矩阵没有除法，但类似于数的除法运算，矩阵中能否存在一个起着像“除数”作用的矩阵成为矩阵 $\boldsymbol{A}$ 的“逆”？即有没有一个矩阵 $\boldsymbol{B}$，能使 $\boldsymbol{AB}=\boldsymbol{BA}=\boldsymbol{E}$？因此引入逆矩阵的概念.

1. 逆矩阵的定义

定义 5 对于 n 阶方阵 $\boldsymbol{A}$，如果存在 n 阶方阵 $\boldsymbol{B}$，使得

$$\boldsymbol{AB}=\boldsymbol{BA}=\boldsymbol{E},$$

则称矩阵 $\boldsymbol{A}$ 为可逆矩阵，称 $\boldsymbol{B}$ 为 $\boldsymbol{A}$ 的**逆矩阵**，记作 $\boldsymbol{B}=\boldsymbol{A}^{-1}$.

例如，

$$\boldsymbol{A}=\begin{bmatrix}3 & 0 & 2\\ \frac{1}{2} & \frac{1}{2} & 0\\ 1 & 0 & 1\end{bmatrix},\qquad \boldsymbol{B}=\begin{bmatrix}1 & 0 & -2\\ -1 & 2 & 2\\ -1 & 0 & 3\end{bmatrix},$$

可以验证

$$\boldsymbol{AB}=\boldsymbol{BA}=\begin{bmatrix}1 & 0 & 0\\ 0 & 1 & 0\\ 0 & 0 & 1\end{bmatrix}.$$

所以，$\boldsymbol{A}$ 是可逆的，且 $\boldsymbol{A}^{-1}=\boldsymbol{B}$，同样的 $\boldsymbol{B}$ 也是可逆的，且 $\boldsymbol{B}^{-1}=\boldsymbol{A}$.

例 4 单位矩阵 $\boldsymbol{E}$，有 $\boldsymbol{E}\cdot\boldsymbol{E}=\boldsymbol{E}$，故 $\boldsymbol{E}$ 可逆，且 $\boldsymbol{E}^{-1}=\boldsymbol{E}$.

例 5 对于零矩阵，因为任意方阵 $\boldsymbol{B}$，都有 $\boldsymbol{OB}=\boldsymbol{BO}$，故零矩阵不是可逆矩阵.

2. 逆矩阵的性质

由逆矩阵的定义，可直接证明可逆矩阵具有下列性质：

(1)若矩阵 $\boldsymbol{A}$ 可逆，则其逆矩阵 $\boldsymbol{A}^{-1}$ 是唯一的.

证： 设 $\boldsymbol{B}_1$、$\boldsymbol{B}_2$ 都是 $\boldsymbol{A}$ 的逆矩阵，即

$$\boldsymbol{AB}_1=\boldsymbol{B}_1\boldsymbol{A}=\boldsymbol{E},\ \boldsymbol{AB}_2=\boldsymbol{B}_2\boldsymbol{A}=\boldsymbol{E},$$

于是，$\boldsymbol{B}_1=\boldsymbol{B}_1\boldsymbol{E}=\boldsymbol{B}_1(\boldsymbol{AB}_2)=(\boldsymbol{B}_1\boldsymbol{A})\boldsymbol{B}_2=\boldsymbol{EB}_2=\boldsymbol{B}_2$.

即 $\boldsymbol{B}_1=\boldsymbol{B}_2$，故 $\boldsymbol{A}$ 的逆矩阵是唯一的.

(2)若矩阵 $\boldsymbol{A}$ 可逆，则其逆矩阵 $\boldsymbol{A}^{-1}$ 也是可逆的，且$(\boldsymbol{A}^{-1})^{-1}=\boldsymbol{A}$.

(3)若 n 阶方阵 $\boldsymbol{AB}$ 都可逆，则 $\boldsymbol{AB}$ 也可逆，且$(\boldsymbol{AB})^{-1}=\boldsymbol{B}^{-1}\boldsymbol{A}^{-1}$.

证： 因为 $(\boldsymbol{AB})(\boldsymbol{B}^{-1}\boldsymbol{A}^{-1})=\boldsymbol{A}(\boldsymbol{BB}^{-1})\boldsymbol{A}^{-1}=\boldsymbol{AEA}^{-1}=AA^{-1}=\boldsymbol{E}$，

又因为 $(\boldsymbol{B}^{-1}\boldsymbol{A}^{-1})(\boldsymbol{AB})=\boldsymbol{B}^{-1}(\boldsymbol{A}^{-1}\boldsymbol{A})\boldsymbol{B}=\boldsymbol{B}^{-1}\boldsymbol{EB}=\boldsymbol{B}^{-1}\boldsymbol{B}=\boldsymbol{E}$，

故由逆矩阵的定义知，$\boldsymbol{AB}$ 可逆，且

$$(\boldsymbol{AB})^{-1}=\boldsymbol{B}^{-1}\boldsymbol{A}^{-1}.$$

(4)若 $\boldsymbol{A}$ 可逆，则 $\boldsymbol{A}^{\mathrm{T}}$ 也可逆，且有$(\boldsymbol{A}^{\mathrm{T}})^{-1}=(\boldsymbol{A}^{-1})^{\mathrm{T}}$.

3. 逆矩阵的求法

一个矩阵在什么条件下是可逆的呢？下面的定理回答了这个问题，并以行列式为工具给出了逆矩阵的一种求法.

首先介绍伴随矩阵的概念. 设

$$A=\begin{bmatrix} a_{11} & a_{12} & \cdots & a_{1n} \\ a_{21} & a_{22} & \cdots & a_{2n} \\ \cdots & \cdots & \cdots & \cdots \\ a_{n1} & a_{n2} & \cdots & a_{nn} \end{bmatrix},$$

则称 n 阶方阵

$$A^{*}=\begin{bmatrix} A_{11} & A_{21} & \cdots & A_{n1} \\ A_{12} & A_{22} & \cdots & A_{n2} \\ \cdots & \cdots & \cdots & \cdots \\ A_{1n} & A_{2n} & \cdots & A_{nn} \end{bmatrix}$$

为矩阵 A 的**伴随矩阵**，其中 A_{ij} 为元素 a_{ij} 的代数余子式.

例如，$A=\begin{bmatrix} 1 & 2 \\ 3 & 4 \end{bmatrix}$，则 $A^{*}=\begin{bmatrix} 4 & -2 \\ -3 & 1 \end{bmatrix}$.

由矩阵乘法易知

$$AA^{*}=A^{*}A=|A|E.$$

定理 5 n 阶方阵 A 可逆的充要条件是 $|A|\neq 0$，且当 $|A|\neq 0$ 时，$A^{-1}=\dfrac{1}{|A|}A^{*}$.

证：必要性. 因为 A 可逆，即有 A^{-1}，使得

$$A^{-1}A=E,$$

故

$$|A||A^{-1}|=|E|=1,$$

所以

$$|A|\neq 0.$$

充分性. 设 $|A|\neq 0$，则由 $AA^{*}=A^{*}A=|A|E$，得

$$A\left(\frac{1}{|A|}A^{*}\right)=\left(\frac{1}{|A|}A^{*}\right)A=E,$$

由逆矩阵的定义及唯一性可知 A 可逆，且 $A=\dfrac{1}{|A|}A^{*}$.

因为初等矩阵都是由单位矩阵经过一次初等变换得到的，依据行列式的性质知道初等矩阵的行列式值不为零，故它们都可逆. 初等矩阵的逆矩阵也是初等矩阵. 容易验证，它们的逆矩阵为

$$E(i,\ j)^{-1}=E(i,\ j);\ E(i(k))^{-1}=E\left(i\left(\frac{1}{k}\right)\right);\ E(j,\ i(k))^{-1}=E(j,\ i(-k)).$$

当 $|A|=0$，A 称为**奇异矩阵**，否则称为**非奇异矩阵**. 由定理 5 可知可逆矩阵就是非奇异矩阵.

由定理 5 可得以下推论.

推论 1 若 n 阶方阵满足 $AB=O$ 且 $|A|\neq 0$，则 $B=O$.

证：因为 $|A|\neq 0$，所以 A 可逆. 用 A^{-1} 左乘 $AB=O$ 两边，得 $B=O$.

推论 2 若 n 阶方阵满足 $AB=AC$，且 $|A|\neq 0$，则 $B=C$.

证：因为 $|A|\neq 0$，所以 A 可逆，用 A^{-1} 左乘 $AB=AC$ 两边，得 $B=C$.

推论 3 设 A 为 n 阶方阵，若存在 n 阶方阵 B，使得 $AB=E$（或 $BA=E$），则 A 可

逆，且 $\boldsymbol{B}=\boldsymbol{A}^{-1}$.

证： 由 $|\boldsymbol{A}||\boldsymbol{B}|=|\boldsymbol{E}|=1$，故 $|\boldsymbol{A}|\neq 0$，因而 $\boldsymbol{A}^{-1}$ 存在，于是

$$\boldsymbol{B}=\boldsymbol{E}\boldsymbol{B}=(\boldsymbol{A}^{-1}\boldsymbol{A})\boldsymbol{B}=\boldsymbol{A}^{-1}(\boldsymbol{A}\boldsymbol{B})=\boldsymbol{A}^{-1}\boldsymbol{E}=\boldsymbol{A}^{-1}.$$

推论 3 使检验可逆矩阵的过程减少一半，即由 $\boldsymbol{AB}=\boldsymbol{E}$ 或 $\boldsymbol{BA}=\boldsymbol{E}$，就可确定 $\boldsymbol{B}$ 是 $\boldsymbol{A}$ 的逆矩阵，但前提是 $\boldsymbol{A}$、$\boldsymbol{B}$ 必须是同阶矩阵.

方阵的逆矩阵满足下述运算规律：

(1)若矩阵 $\boldsymbol{A}$ 可逆，则 $\boldsymbol{A}^{-1}$ 亦可逆，且 $(\boldsymbol{A}^{-1})^{-1}=\boldsymbol{A}$.

(2)若矩阵 $\boldsymbol{A}$ 可逆，数 $k\neq 0$，则 $k\boldsymbol{A}$ 可逆，且 $(k\boldsymbol{A})^{-1}=\dfrac{1}{k}\boldsymbol{A}^{-1}$.

证： 因为

$$(k\boldsymbol{A})\left(\frac{1}{k}\boldsymbol{A}^{-1}\right)=k\cdot\frac{1}{k}\boldsymbol{A}\boldsymbol{A}^{-1}=\boldsymbol{E},$$

则由推论 3 可知

$$(k\boldsymbol{A})^{-1}=\frac{1}{k}\boldsymbol{A}^{-1}.$$

(3)若 $\boldsymbol{A}$、$\boldsymbol{B}$ 为同阶矩阵且均可逆，则 $\boldsymbol{AB}$ 亦可逆，且 $(\boldsymbol{AB})^{-1}=\boldsymbol{B}^{-1}\boldsymbol{A}^{-1}$.

证： 因为

$$(\boldsymbol{AB})(\boldsymbol{B}^{-1}\boldsymbol{A}^{-1})=\boldsymbol{A}(\boldsymbol{B}\boldsymbol{B}^{-1})\boldsymbol{A}^{-1}=\boldsymbol{A}\boldsymbol{E}\boldsymbol{A}^{-1}=\boldsymbol{A}\boldsymbol{A}^{-1}=\boldsymbol{E},$$

则由推论 3 可知

$$(\boldsymbol{AB})^{-1}=\boldsymbol{B}^{-1}\boldsymbol{A}^{-1}.$$

(4)可逆矩阵 $\boldsymbol{A}$ 的转置 $\boldsymbol{A}^{\mathrm{T}}$ 也可逆，且 $(\boldsymbol{A}^{\mathrm{T}})^{-1}=(\boldsymbol{A}^{-1})^{\mathrm{T}}$.

证： 因为

$$\boldsymbol{A}^{\mathrm{T}}(\boldsymbol{A}^{-1})^{\mathrm{T}}=(\boldsymbol{A}^{-1}\boldsymbol{A})^{\mathrm{T}}=\boldsymbol{E}^{\mathrm{T}}=\boldsymbol{E},$$

所以由推论 3 可知

$$(\boldsymbol{A}^{\mathrm{T}})^{-1}=(\boldsymbol{A}^{-1})^{\mathrm{T}}.$$

(5)若矩阵 $\boldsymbol{A}$ 可逆，则 $|\boldsymbol{A}^{-1}|=|\boldsymbol{A}|^{-1}$.

证： 因为 $\boldsymbol{A}\boldsymbol{A}^{-1}=\boldsymbol{E}$，所以

$$|\boldsymbol{A}||\boldsymbol{A}^{-1}|=|\boldsymbol{E}|=1,$$

从而

$$|\boldsymbol{A}^{-1}|=|\boldsymbol{A}|^{-1}.$$

例 4 求二阶矩阵 $\boldsymbol{A}=\begin{bmatrix}a & b\\ c & d\end{bmatrix}$，且 $ad-bc\neq 0$ 的逆矩阵.

解： 因为

$$|\boldsymbol{A}|=ad-bc,\ \boldsymbol{A}^{*}=\begin{bmatrix}d & -b\\ -c & a\end{bmatrix},$$

所以

$$\boldsymbol{A}^{-1}=\frac{1}{|\boldsymbol{A}|}\boldsymbol{A}^{*}=\frac{1}{ad-bc}\begin{bmatrix}d & -b\\ -c & a\end{bmatrix}.$$

例 5 求矩阵

$$A=\begin{bmatrix}1&2&3\\2&2&1\\3&4&3\end{bmatrix}$$

的逆矩阵.

解：因为 $|A|=2\neq 0$，所以 A^{-1} 存在．下面再计算 $|A|$ 的代数余子式：

$$A_{11}=2,\ A_{12}=-3,\ A_{13}=2,$$
$$A_{21}=6,\ A_{22}=-6,\ A_{23}=2,$$
$$A_{31}=-4,\ A_{32}=5,\ A_{33}=-2.$$

则

$$A^{*}=\begin{bmatrix}2&6&-4\\-3&-6&5\\2&2&-2\end{bmatrix},$$

所以

$$A^{-1}=\frac{1}{|A|}A^{*}=\begin{bmatrix}1&3&-2\\-\frac{3}{2}&-3&\frac{5}{2}\\1&1&-1\end{bmatrix}.$$

例 6 求方阵 $A=\begin{bmatrix}3&7&-3\\-2&-5&2\\-4&-10&3\end{bmatrix}$ 的逆矩阵.

解：$|A|=\begin{vmatrix}3&7&-3\\-2&-5&2\\-4&-10&3\end{vmatrix}=1$，所以 A 可逆，$A^{-1}=\frac{1}{|A|}A^{*}=\begin{bmatrix}A_{11}&A_{21}&A_{31}\\A_{12}&A_{22}&A_{32}\\A_{13}&A_{23}&A_{33}\end{bmatrix}$；

又可算得 $A_{11}=\begin{vmatrix}-5&2\\-10&3\end{vmatrix}=5$，类似可算得 $A_{12}=-2$，$A_{13}=0$，$A_{21}=9$，$A_{22}=-3$，$A_{23}=2$，$A_{31}=-1$，$A_{32}=0$，$A_{33}=-1$，所以 $A^{-1}=\begin{bmatrix}5&9&-1\\-2&-3&0\\0&2&-1\end{bmatrix}$.

例 7 设方阵 A 满足方程 $aA^2+bA+cE=0$，证明 A 为可逆矩阵，并求 A^{-1}(a，b，c 为常数，$c\neq 0$).

证：由 $aA^2+bA+cE=0$，得

$$aA^2+bA=-cE,$$

因 $c\neq 0$，故

$$\left(-\frac{a}{c}A-\frac{b}{c}E\right)A=E,$$

则由推论 3 可知 A 可逆，且

$$A^{-1}=-\frac{a}{c}A-\frac{b}{c}E.$$

对矩阵方程

$$AX=B,\ XA=B,\ AXB=C.$$

利用矩阵乘法的运算规律和逆矩阵的运算性质，通过在方程两边左乘或右乘相应矩阵的逆矩阵，可求出其解，它们分别为

$$X=A^{-1}B,\ X=BA^{-1},\ X=A^{-1}CB^{-1}.$$

对于其他形式的矩阵方程，可通过矩阵的有关运算性质转化为标准矩阵方程后进行求解.

例 8 设

$$A=\begin{bmatrix}1&2&3\\2&2&1\\3&4&3\end{bmatrix},\ B=\begin{bmatrix}2&1\\5&3\end{bmatrix},\ C=\begin{bmatrix}1&3\\2&0\\3&1\end{bmatrix},$$

求矩阵 X，使它满足 $AXB=C$.

解： 因为 $|A|=2\neq0$，$|B|=1\neq0$，所以 A^{-1}，B^{-1} 都存在，且

$$A^{-1}=\begin{bmatrix}1&3&-2\\-\frac{3}{2}&-3&\frac{5}{2}\\1&1&-1\end{bmatrix},\ B^{-1}=\begin{bmatrix}3&-1\\-5&2\end{bmatrix},$$

又由 $AXB=C$，得到

$$X=A^{-1}CB^{-1}=\begin{bmatrix}1&3&-2\\-\frac{3}{2}&-3&\frac{5}{2}\\1&1&-1\end{bmatrix}\begin{bmatrix}1&3\\2&0\\3&1\end{bmatrix}\begin{bmatrix}3&-1\\-5&2\end{bmatrix}=\begin{bmatrix}-2&1\\10&-4\\-10&4\end{bmatrix}.$$

若矩阵 A 可逆，则 A 一定满秩；反过来，若矩阵 A 满秩，则 A 一定可逆. 即 A 可逆的充分必要条件是 A 为满秩矩阵. 这个结论我们不再证明，下面只来介绍用矩阵的初等行变换求矩阵的逆矩阵的方法.

设 n 阶方阵 A 可逆(满秩)，由定理 2 可知，A 可以经过一系列初等行变换化为单位矩阵，我们把实施在 A 上的初等行变换同样作用在与 A 同阶的单位矩阵 E 上，当我们把 A 化为单位矩阵的同时，相应 E 的变换结果就是 A 的逆矩阵 A^{-1}，即

$$(A\quad E)\xrightarrow{\text{初等行变换}}(E\quad A^{-1}).$$

上式表示在矩阵 A 的右边写上与 A 同阶的单位矩阵 E，构成一个 $n\times 2n$ 的矩阵 $(A\quad E)$，然后对 $(A\quad E)$ 进行一系列的初等行变换，将 A 化为单位矩阵 E；与此同时，A 右边的 E 就化成了 A 的逆矩阵 A^{-1}. 这就是求逆矩阵的初等行变换法.

例 9 求矩阵

$$A=\begin{bmatrix}0&1&1\\1&1&2\\2&-1&0\end{bmatrix}$$

的逆矩阵 $\boldsymbol{A}^{-1}$.

解：$(\boldsymbol{A}\quad \boldsymbol{E})\xrightarrow{(①,\ ②)}\begin{bmatrix}1&1&2&0&1&0\\0&1&1&1&0&0\\2&-1&0&0&0&1\end{bmatrix}$

$$\xrightarrow{③+①\times(-2)}\begin{bmatrix}1&1&2&0&1&0\\0&1&1&1&0&0\\0&-3&-4&0&-2&1\end{bmatrix}\xrightarrow{③+②\times 3}\begin{bmatrix}1&1&2&0&1&0\\0&1&1&1&0&0\\0&0&-1&3&-2&1\end{bmatrix}$$

$$\xrightarrow{③\times(-1)}\begin{bmatrix}1&1&2&0&1&0\\0&1&1&1&0&0\\0&0&1&-3&2&-1\end{bmatrix}\xrightarrow[①+③\times(-2)]{②+③\times(-1)}\begin{bmatrix}1&1&0&6&-3&2\\0&1&0&4&-2&1\\0&0&1&-3&2&-1\end{bmatrix}$$

$$\xrightarrow{①+②\times(-1)}\begin{bmatrix}1&0&0&2&-1&1\\0&1&0&4&-2&1\\0&0&1&-3&2&-1\end{bmatrix}=(\boldsymbol{E}\quad \boldsymbol{A}^{-1}),$$

所以

$$\boldsymbol{A}^{-1}=\begin{bmatrix}2&-1&1\\4&-2&1\\-3&2&-1\end{bmatrix}.$$

可以验证 $\boldsymbol{A}\boldsymbol{A}^{-1}=\boldsymbol{A}^{-1}\boldsymbol{A}=\boldsymbol{E}$

例 10 求矩阵

$$\boldsymbol{A}=\begin{bmatrix}1&0&-1\\-1&1&2\\-3&-1&2\end{bmatrix}$$

的逆矩阵.

解：因为

$$(\boldsymbol{A}\quad \boldsymbol{E})=\begin{bmatrix}1&0&-1&1&0&0\\-1&1&2&0&1&0\\-3&-1&2&0&0&1\end{bmatrix}\xrightarrow[③+①\times 3]{②+①}\begin{bmatrix}1&0&-1&1&0&0\\0&1&1&1&1&0\\0&-1&-1&3&0&1\end{bmatrix}$$

$$\xrightarrow{③+②}\begin{bmatrix}1&0&-1&1&0&0\\0&1&1&1&1&0\\0&0&0&4&1&1\end{bmatrix}.$$

矩阵 $\boldsymbol{A}$ 经过初等行变换出现了零行，即 $\boldsymbol{A}$ 不是满秩矩阵，则可判断 $\boldsymbol{A}$ 不可逆.

从此例可以看出，在求逆矩阵时，可以省略判断 $\boldsymbol{A}$ 是否可逆的过程，直接对矩阵$(\boldsymbol{A}\quad \boldsymbol{E})$进行初等行变换，若在运算过程中，矩阵 $\boldsymbol{A}$ 出现了零行，则说明矩阵 $\boldsymbol{A}$ 不是满秩矩阵，从而判断 $\boldsymbol{A}$ 是不可逆的.

例 11 解矩阵方程 $\boldsymbol{AX}=\boldsymbol{B}$，其中

$$\boldsymbol{A}=\begin{bmatrix}0&1&1\\1&1&2\\2&-1&0\end{bmatrix},\ \boldsymbol{B}=\begin{bmatrix}5&2\\0&1\\1&-1\end{bmatrix}.$$

解： 所求 $\boldsymbol{X}$ 是一个未知矩阵，矩阵方程是否有解，关键就看矩阵 $\boldsymbol{A}$ 是否可逆，若 $\boldsymbol{A}$ 可逆，则在方程的两边同时左乘 $\boldsymbol{A}^{-1}$，即

$$\boldsymbol{A}^{-1}(\boldsymbol{AX})=\boldsymbol{A}^{-1}\boldsymbol{B},$$

得矩阵的解为

$$\boldsymbol{X}=\boldsymbol{A}^{-1}\boldsymbol{B},$$

由例 9 知

$$\boldsymbol{A}^{-1}=\begin{bmatrix}2&-1&1\\4&-2&1\\-3&2&-1\end{bmatrix},$$

所以

$$\boldsymbol{X}=\boldsymbol{A}^{-1}\boldsymbol{B}=\begin{bmatrix}2&-1&1\\4&-2&1\\-3&2&-1\end{bmatrix}\begin{bmatrix}5&2\\0&1\\1&-1\end{bmatrix}=\begin{bmatrix}11&2\\21&5\\-16&-3\end{bmatrix}.$$

习题 7-5

1. 选择题.

(1)设 $\boldsymbol{A}$ 为 3 阶矩阵，且 $|\boldsymbol{A}|=2$，则 $|-2\boldsymbol{A}^{-1}|=$(　　).

A. -4　　B. -1　　C. 1　　D. 4

(2)设 $\boldsymbol{A}$ 为 3 阶矩阵，且 $|\boldsymbol{A}|=-2$，则 $\left|\left(\frac{1}{2}\boldsymbol{A}\right)^{-1}\right|=$(　　).

A. -4　　B. -1　　C. 1　　D. 4

(3)设 2 阶矩阵 $\boldsymbol{A}=\begin{bmatrix}a&b\\c&d\end{bmatrix}$，且已知 $|\boldsymbol{A}|=-1$，则 $\boldsymbol{A}^{-1}=$(　　).

A. $\begin{bmatrix}d&-c\\-b&a\end{bmatrix}$　　B. $\begin{bmatrix}d&-b\\-c&a\end{bmatrix}$　　C. $\begin{bmatrix}-d&b\\c&-a\end{bmatrix}$　　D. $\begin{bmatrix}-d&c\\b&-a\end{bmatrix}$

(4)设 2 阶可逆矩阵 $\boldsymbol{A}$，且已知 $(2\boldsymbol{A})^{-1}=\begin{bmatrix}1&2\\3&4\end{bmatrix}$，则 $\boldsymbol{A}=$(　　).

A. $2\begin{bmatrix}1&2\\3&4\end{bmatrix}$　　B. $\frac{1}{2}\begin{bmatrix}1&2\\3&4\end{bmatrix}$　　C. $2\begin{bmatrix}1&2\\3&4\end{bmatrix}^{-1}$　　D. $\frac{1}{2}\begin{bmatrix}1&2\\3&4\end{bmatrix}^{-1}$

(5)设 $\boldsymbol{A}$ 为 3 阶矩阵，且 $|\boldsymbol{A}|=-2$，则 $|\boldsymbol{A}^*|=$(　　).

A. -8　　B. -4　　C. 4　　D. 8

(6)设 n 阶矩阵 $\boldsymbol{A}$、$\boldsymbol{B}$、$\boldsymbol{C}$ 满足 $\boldsymbol{ABC}=\boldsymbol{E}$，则 $\boldsymbol{B}^{-1}=$(　　).

A. $\boldsymbol{A}^{-1}\boldsymbol{C}^{-1}$　　B. $\boldsymbol{C}^{-1}\boldsymbol{A}^{-1}$　　C. $\boldsymbol{AC}$　　D. $\boldsymbol{CA}$

(7)设 3 阶矩阵 $\boldsymbol{A}$ 的秩为 2，则下列矩阵中与 $\boldsymbol{A}$ 等价的是(　　).

A. $\begin{bmatrix}1&1&1\\0&0&0\\0&0&0\end{bmatrix}$　　B. $\begin{bmatrix}1&1&1\\0&2&2\\0&0&0\end{bmatrix}$　　C. $\begin{bmatrix}1&1&1\\2&2&2\\0&0&0\end{bmatrix}$　　D. $\begin{bmatrix}1&1&1\\0&2&2\\0&0&3\end{bmatrix}$

2. 填空题.

(1)设 3 阶矩阵 $\boldsymbol{A}=\begin{bmatrix}0&1&3\\0&2&5\\2&0&0\end{bmatrix}$，则$(\boldsymbol{A}^{\mathrm{T}})^{-1}=$________.

(2)设 3 阶矩阵 $\boldsymbol{A}=\begin{bmatrix}1&0&0\\2&2&0\\3&3&3\end{bmatrix}$，则 $\boldsymbol{A}^*\boldsymbol{A}=$________.

(3)设矩阵 $\boldsymbol{A}=\begin{bmatrix}2&4\\1&3\end{bmatrix}$，$\boldsymbol{A}^*$ 是 $\boldsymbol{A}$ 的伴随矩阵，则$(\boldsymbol{A}^*)^{-1}=$________.

(4)设 $\boldsymbol{A}$ 为 $m\times n$ 矩阵，$r(\boldsymbol{A})=r$，$\boldsymbol{C}$ 是 n 阶可逆矩阵，令 $\boldsymbol{B}=\boldsymbol{AC}$，则 $r(\boldsymbol{B})=$________.

(5)设矩阵 $\boldsymbol{A}=\begin{bmatrix}1&0&1\\0&2&0\\0&0&1\end{bmatrix}$，矩阵 $\boldsymbol{B}=\boldsymbol{A}-\boldsymbol{E}$，则 $r(\boldsymbol{B})=$________.

(6)已知 3 阶矩阵 $\boldsymbol{A}=\begin{bmatrix}1&a&a\\a&1&a\\a&a&1\end{bmatrix}$的秩为 2，则 $a=$________.

3. 计算题.

(1)把下列矩阵化成阶梯形矩阵，并求出其秩.

① $\begin{bmatrix}1&-1\\-1&1\end{bmatrix}$，　② $\begin{bmatrix}1&2&-1\\3&4&-2\\5&-4&1\end{bmatrix}$，　③ $\begin{bmatrix}1&1&0&1&1&0&1\\1&1&1&0&1&1&0\\2&2&1&1&0&0&1\end{bmatrix}$，

④ $\begin{bmatrix}1&0&0\\0&1&0\\1&0&2\\0&1&3\\1&0&4\end{bmatrix}$，　⑤ $\begin{bmatrix}1&-1&2&1&0\\2&-2&4&-2&0\\3&0&6&-1&1\\2&-2&4&2&0\end{bmatrix}$，　⑥ $\begin{bmatrix}1&1&1&0&1&1&2&0\\1&1&1&1&0&1&1&0\\2&2&2&1&1&2&3&11\\3&3&3&2&1&3&4&1\end{bmatrix}$.

(2)求下列矩阵的逆矩阵.

① $\begin{bmatrix}1&2&2\\2&1&-2\\2&-2&1\end{bmatrix}$，② $\begin{bmatrix}0&1&2\\1&1&4\\2&-1&0\end{bmatrix}$，③ $\begin{bmatrix}1&0&0&0\\1&1&0&0\\1&1&1&0\\1&1&1&1\end{bmatrix}$，④ $\begin{bmatrix}1&1&1&1\\1&2&1&1\\1&2&2&1\\1&2&2&2\end{bmatrix}$.

(3)解下列矩阵方程.

① $\begin{bmatrix}1&1&2\\1&2&2\\1&2&3\end{bmatrix}\boldsymbol{X}=\begin{bmatrix}2&-3\\1&5\\3&6\end{bmatrix}$，　② $\begin{bmatrix}1&3&2\\2&2&-1\\-3&-4&0\end{bmatrix}\boldsymbol{X}=\begin{bmatrix}1&10&10\\-3&2&7\\0&7&8\end{bmatrix}$，

③$X\begin{bmatrix}1&1&1\\0&1&1\\0&0&1\end{bmatrix}=\begin{bmatrix}1&-2&1\\0&1&-1\end{bmatrix}$，　④$X+\begin{bmatrix}2&5\\1&3\end{bmatrix}X=\begin{bmatrix}4&-6\\2&1\end{bmatrix}$.

第 6 节　解线性方程组

在讨论线性方程组时，我们已经看到矩阵所起的作用. 线性方程组的一些重要性质都反映在它的系数矩阵和增广矩阵上，所以我们可以通过矩阵来求解线性方程组，通过矩阵来判断解的情况等. 但是矩阵的应用不仅限于线性方程组，而是多方面的. 因此方程组部分的主要内容是利用矩阵的初等行变换的理论，对方程组解的情况以及解的结构进行讨论. 要掌握方程组解的判定定理，了解线性方程组的通解的概念.

第 3 节已经介绍了求解线性方程组的克莱姆法则. 虽然克莱姆法则在理论上具有重要的意义，但是利用它求解线性方程组，要受到一定的限制. 首先，它要求线性方程组中方程的个数与未知量的个数相等；其次，还要求方程组的系数行列式不等于零. 即使方程组具备上述条件，在求解时，也需计算 $n+1$ 个 n 阶行列式. 由此可见，应用克莱姆法则只能求解一些较为特殊的线性方程组且计算量较大.

本节讨论一般的 n 元线性方程组的求解问题. 一般的线性方程组的形式为

$$\begin{cases}a_{11}x_1+a_{12}x_2+\cdots+a_{1n}x_n=b_1\\a_{21}x_1+a_{22}x_2+\cdots+a_{2n}x_n=b_2\\\cdots\quad\cdots\quad\cdots\quad\cdots\\a_{m1}x_1+a_{m2}x_2+\cdots+a_{mn}x_n=b_m\end{cases},\tag{I}$$

方程的个数 m 与未知量的个数 n 不一定相等，当 $m=n$ 时，系数行列式也有可能等于零. 因此不能用克莱姆法则求解. 对于线性方程组(I)，需要研究以下三个问题.

(1)怎样判断线性方程组是否有解？即它有解的充分必要条件是什么？

(2)方程组有解时，它究竟有多少个解及如何去求解？

(3)当方程组的解不唯一时，解与解之间的关系如何？

本节重点是解线性方程组、线性方程组解的判定及通解结构，难点是线性方程组通解的结构.

7.6.1　线性方程组

线性方程组是实际工作中经常遇到的问题，中学时我们曾经学过二元或三元一次方程组，本小节我们将研究线性方程组的一般情形，即含有 n 个未知量、m 个方程的线性方程组

$$\begin{cases}a_{11}x_1+a_{12}x_2+\cdots+a_{1n}x_n=b_1\\a_{21}x_1+a_{22}x_2+\cdots+a_{2n}x_n=b_2\\\cdots\quad\cdots\quad\cdots\quad\cdots\\a_{m1}x_1+a_{m2}x_2+\cdots+a_{mn}x_n=b_m\end{cases},\tag{1}$$

方程组(1)称为 n 元线性方程组，其中 $x_j(j=1, 2, \cdots, n)$是未知量，$a_{ij}(i=1, 2, \cdots, m; j=1, 2, \cdots, n)$是未知量的系数，$b_i(i=1, 2, \cdots, m)$是常数项.

特别地，当线性方程组(1)中的常数项 b_1、b_2、…、b_m 全为零时，方程组

$$\begin{cases} a_{11}x_1+a_{12}x_2+\cdots+a_{1n}x_n=0 \\ a_{21}x_1+a_{22}x_2+\cdots+a_{2n}x_n=0 \\ \cdots \quad \cdots \quad \cdots \quad \cdots \\ a_{m1}x_1+a_{m2}x_2+\cdots+a_{mn}x_n=0 \end{cases} \tag{2}$$

称为齐次线性方程组. 相应地，当常数项 b_1、b_2、…、b_m 不全为零时，方程组称为非齐次线性方程组.

线性方程组(1)可用矩阵的形式来表示，即

$$\begin{bmatrix} a_{11} & a_{12} & \cdots & a_{1n} \\ a_{21} & a_{22} & \cdots & a_{2n} \\ \cdots & \cdots & \cdots & \cdots \\ a_{m1} & a_{m2} & \cdots & a_{mn} \end{bmatrix} \begin{bmatrix} x_1 \\ x_2 \\ \cdots \\ x_n \end{bmatrix} = \begin{bmatrix} b_1 \\ b_2 \\ \cdots \\ b_m \end{bmatrix},$$

其中，

$m\times n$ 矩阵 $\boldsymbol{A}=\begin{bmatrix} a_{11} & a_{12} & \cdots & a_{1n} \\ a_{21} & a_{22} & \cdots & a_{2n} \\ \cdots & \cdots & \cdots & \cdots \\ a_{m1} & a_{m2} & \cdots & a_{mn} \end{bmatrix}$称为方程组(1)的系数矩阵，$n\times 1$ 矩阵 $\boldsymbol{X}=\begin{bmatrix} x_1 \\ x_2 \\ \cdots \\ x_n \end{bmatrix}$，

$m\times 1$ 矩阵 $\boldsymbol{B}=\begin{bmatrix} b_1 \\ b_2 \\ \cdots \\ b_m \end{bmatrix}$分别称为方程组(1)的未知量矩阵和常数项矩阵.

因此线性方程组(1)可以简记为“$\boldsymbol{AX}=\boldsymbol{B}$”. 类似地，齐次线性方程组(2)可以简记为“$\boldsymbol{AX}=\boldsymbol{O}$”.

实际上，线性方程组(1)的解只与系数矩阵 $\boldsymbol{A}$ 和它的常数项矩阵 $\boldsymbol{B}$ 有关，而与未知量用什么表示没有关系，为了研究的方便，我们把 $\boldsymbol{A}$ 和 $\boldsymbol{B}$ 写在一起，构成一个 $m\times(n+1)$的矩阵，即

$$[\boldsymbol{A} \mid \boldsymbol{B}]=\begin{bmatrix} a_{11} & a_{12} & \cdots & a_{1n} & b_1 \\ a_{21} & a_{22} & \cdots & a_{2n} & b_2 \\ \cdots & \cdots & \cdots & \cdots & \cdots \\ a_{m1} & a_{m2} & \cdots & a_{mn} & b_m \end{bmatrix},$$

称为线性方程组(1)的增广矩阵，记为 $\overline{\boldsymbol{A}}$.

例如，线性方程组

$$\begin{cases} x_1-3x_2-2x_3-x_4=6 \\ 3x_1-8x_2+4x_3+5x_4=0 \\ -x_1+4x_2-x_3-3x_4=2 \end{cases}$$

的系数矩阵、未知量矩阵、常数项矩阵和增广矩阵分别是

$$\boldsymbol{A}=\begin{bmatrix}1 & -3 & -2 & -1\\ 3 & -8 & 4 & 5\\ -1 & 4 & -1 & -3\end{bmatrix},\ \boldsymbol{X}=\begin{bmatrix}x_1\\ x_2\\ x_3\\ x_4\end{bmatrix},\ \boldsymbol{B}=\begin{bmatrix}6\\ 0\\ 2\end{bmatrix}\text{和}\ \overline{\boldsymbol{A}}=\begin{bmatrix}1 & -3 & -2 & -1 & 6\\ 3 & -8 & 4 & 5 & 0\\ -1 & 4 & -1 & -3 & 2\end{bmatrix}.$$

对于一个线性方程组，我们要考虑的问题是：方程组是否有解？若有解，有多少个解？如何求出它的解？

7.6.2 用高斯消元法解线性方程组

在求线性方程组的过程中，对方程组作下列三种变换不会影响线性方程组的解.

(1)交换两个方程的位置；

(2)用一个非零常数 k 乘某个方程的两端；

(3)把某一个方程的 k 倍加到另一个方程上去.

这三种变换和矩阵的初等行变换是一一对应的，也就是说对线性方程的增广矩阵 $\overline{\boldsymbol{A}}$ 作初等行变换，不会影响线性方程组的解，通过把 $\overline{\boldsymbol{A}}$ 化为阶梯形矩阵，从而求出方程组的解，是我们求解的基本思路.

例 1 求解线性方程组

$$\begin{cases}x_1+3x_2+x_3+2x_4=4\\ 3x_1+4x_2+2x_3-3x_4=6\\ -x_1-5x_2+4x_3+x_4=11\\ 2x_1+7x_2+x_3-6x_4=-5\end{cases}.$$

解： $$\overline{\boldsymbol{A}}=\begin{bmatrix}1 & 3 & 1 & 2 & 4\\ 3 & 4 & 2 & -3 & 6\\ -1 & -5 & 4 & 1 & 11\\ 2 & 7 & 1 & -6 & -5\end{bmatrix}\xrightarrow[\text{④}+\text{①}\times(-2)]{\substack{\text{②}+\text{①}\times(-3)\\ \text{③}+\text{①}}}\begin{bmatrix}1 & 3 & 1 & 2 & 4\\ 0 & -5 & -1 & -9 & -6\\ 0 & -2 & 5 & 3 & 15\\ 0 & 1 & -1 & -10 & -13\end{bmatrix}$$

$$\xrightarrow{(\text{②},\ \text{④})}\begin{bmatrix}1 & 3 & 1 & 2 & 4\\ 0 & 1 & -1 & -10 & -13\\ 0 & -2 & 5 & 3 & 15\\ 0 & -5 & -1 & -9 & -6\end{bmatrix}\xrightarrow[\text{④}+\text{②}\times 5]{\text{③}+\text{②}\times 2}\begin{bmatrix}1 & 3 & 1 & 2 & 4\\ 0 & 1 & -1 & -10 & -13\\ 0 & 0 & 3 & -17 & -11\\ 0 & 0 & -6 & -59 & -71\end{bmatrix}$$

$$\xrightarrow{\text{④}+\text{③}\times 2}$$

$$\begin{bmatrix}1 & 3 & 1 & 2 & 4\\ 0 & 1 & -1 & -10 & -13\\ 0 & 0 & 3 & -17 & -11\\ 0 & 0 & 0 & -93 & -93\end{bmatrix}\xrightarrow{\text{④}\times\left(-\frac{1}{93}\right)}\begin{bmatrix}1 & 3 & 1 & 2 & 4\\ 0 & 1 & -1 & -10 & -13\\ 0 & 0 & 3 & -17 & -11\\ 0 & 0 & 0 & 1 & 1\end{bmatrix}$$

$$\xrightarrow[\text{④}\times(-2)+\text{①}]{\text{④}\times 17+\text{③},\ \text{④}\times 10+\text{②}}\begin{bmatrix}1&3&1&0&2\\0&1&-1&0&-3\\0&0&3&0&6\\0&0&0&1&1\end{bmatrix}\xrightarrow{\text{③}\times\left(\frac{1}{3}\right)}\begin{bmatrix}1&3&1&0&2\\0&1&-1&0&-3\\0&0&1&0&2\\0&0&0&1&1\end{bmatrix}$$

$$\xrightarrow[\text{③}\times(-1)+\text{①}]{\text{③}\times 1+\text{②}}\begin{bmatrix}1&3&0&0&0\\0&1&0&0&-1\\0&0&1&0&2\\0&0&0&1&1\end{bmatrix}\xrightarrow{\text{②}\times(-3)+\text{①}}\begin{bmatrix}1&0&0&0&3\\0&1&0&0&-1\\0&0&1&0&2\\0&0&0&1&1\end{bmatrix}.$$

阶梯形矩阵对应的线性方程组为

$$\begin{cases}x_1+0x_2+0x_3+0x_4=3\\0x_1+x_2+0x_3+0x_4=-1\\0x_1+0x_2+x_3+0x_4=2\\0x_1+0x_2+0x_3+x_4=1\end{cases},$$

可知线性方程组的解为

$$\begin{cases}x_1=3\\x_2=-1\\x_3=2\\x_4=1\end{cases}.$$

由上例可以看出，在求解线性方程组时，不需要考虑未知量，只需要对线性方程组的增广矩阵 $\overline{\boldsymbol{A}}$ 进行一系列的初等行变换，把它化为阶梯形矩阵，最后写出阶梯形矩阵所对应的阶梯形方程组，用逐次回代法即可求出其解. 此种求解线性方程组的方法叫作高斯消元法.

例 2 用高斯消元法求线性方程组：

(1)$\begin{cases}x_1-2x_2+x_3=0\\2x_1-3x_2+x_3=-4\\4x_1-3x_2-2x_3=-2\\3x_1-2x_3=-42\end{cases}$，(2)$\begin{cases}x_1+x_2-2x_3=2\\2x_1-3x_2+5x_3=1\\4x_1-x_2+x_3=5\\5x_1-x_3=7\end{cases}$，

(3)$\begin{cases}x_1+x_2+2x_3+x_4=5\\2x_1+3x_2-x_3-2x_4=2\\4x_1+5x_2+3x_3=7\end{cases}$.

解：对方程组的增广矩阵作一系列的初等行变换，可得

$$(1)\overline{\boldsymbol{A}}=\begin{bmatrix}1&-2&1&0\\2&-3&1&-4\\4&-3&-2&-2\\3&0&-2&-42\end{bmatrix}\to\begin{bmatrix}1&-2&1&0\\0&1&-1&-4\\0&0&-1&18\\0&0&0&0\end{bmatrix}\to\begin{bmatrix}1&0&0&-26\\0&1&0&-22\\0&0&1&-18\\0&0&0&0\end{bmatrix},$$

即方程组对应的阶梯形方程组为

$$\begin{cases}x_1+0x_2+0x_3=-26\\0x_1+x_2+0x_3=-22,\\0x_1+0x_2+x_3=-18\end{cases}$$

其解为
$$\boldsymbol{X}=\begin{bmatrix}-26\\-22\\-18\end{bmatrix}.$$

(2)
$$\overline{\boldsymbol{A}}=\begin{bmatrix}1&1&-2&2\\2&-3&5&1\\4&-1&1&5\\5&0&-1&7\end{bmatrix}\longrightarrow\begin{bmatrix}1&1&-2&2\\0&-5&9&-3\\0&0&0&0\\0&0&0&0\end{bmatrix}\longrightarrow\begin{bmatrix}1&1&-2&2\\0&1&-\frac{9}{5}&\frac{3}{5}\\0&0&0&0\\0&0&0&0\end{bmatrix}$$
$$\longrightarrow\begin{bmatrix}1&0&-\frac{1}{5}&\frac{7}{5}\\0&1&-\frac{9}{5}&\frac{3}{5}\\0&0&0&0\\0&0&0&0\end{bmatrix}.$$

即方程组对应的阶梯形方程组为

$$\begin{cases}x_1+0x_2-\dfrac{1}{5}x_3=\dfrac{7}{5}\\0x_1+x_2-\dfrac{9}{5}x_3=\dfrac{3}{5}\end{cases},$$

即 $\begin{cases}x_1=\dfrac{7}{5}+\dfrac{1}{5}x_3\\x_2=\dfrac{3}{5}+\dfrac{9}{5}x_3\end{cases}$（其中 x_3 为自由未知量）.

显然 x_3 任取一个数值，就相应得出 x_1、x_2 的值，从而得到方程组的一个解，令 $x_3=c$（c 可以取任意值），所以原方程组有无穷多组解. 于是得到

$$x_1=\frac{7}{5}+\frac{1}{5}c,\quad x_2=\frac{3}{5}+\frac{9}{5}c.$$

因此，所给方程组的全部解的表达式为

$$\begin{cases}x_1=\dfrac{7}{5}+\dfrac{1}{5}c\\x_2=\dfrac{3}{5}+\dfrac{9}{5}c\\x_3=c\end{cases},\tag{3}$$

其中，c 为任意常数. 若将它写成矩阵形式，则为

$$\begin{bmatrix}x_1\\x_2\\x_3\end{bmatrix}=c\begin{bmatrix}\frac{1}{5}\\\frac{9}{5}\\1\end{bmatrix}+\begin{bmatrix}\frac{7}{5}\\\frac{3}{5}\\0\end{bmatrix}.$$

形如式(3)的解所含任意常数的个数为自由未知量的个数，表示了所求方程组的任一解，称为线性方程组的通解.

$$(3)\overline{\boldsymbol{A}}=\begin{bmatrix}1&1&2&1&5\\2&3&-1&-2&2\\4&5&3&0&7\end{bmatrix}\longrightarrow\begin{bmatrix}1&1&2&1&5\\0&1&-5&-4&-8\\0&0&0&0&-5\end{bmatrix}\longrightarrow\begin{bmatrix}1&0&7&5&13\\0&1&-5&-4&-8\\0&0&0&0&-5\end{bmatrix}.$$

即方程组所对应的阶梯形方程组为

$$\begin{cases}x_1+0x_2+7x_3+5x_4=13\\0x_1+x_2-5x_3-4x_4=-8.\\0=-5\end{cases}$$

由第三个方程可以得出无论 x_1、x_2、x_3、x_4 取何值，方程都不会成立，即方程组无解.

由上例可以看出，用高斯消元法求解线性方程组，线性方程组是否有解的关键在于用初等变换把增广矩阵$[\boldsymbol{A}\,|\,\boldsymbol{B}]$化为阶梯形矩阵后，其非零行的行数与增广矩阵去掉最后一列(即系数矩阵 $\boldsymbol{A}$)化为阶梯形矩阵后的非零行的行数是否一样，即其增广矩阵的秩与系数矩阵的秩是否相等.

定理 3 线性方程组(1)有解的充分必要条件是 $r(\boldsymbol{A})=r(\overline{\boldsymbol{A}})$.

定理 4 对于线性方程组(1)，若有 $r(\boldsymbol{A})=r(\overline{\boldsymbol{A}})=r$，则当 $r=n$ 时，线性方程组有唯一解，当 $r<n$ 时，线性方程组有无穷多解.

推论 1 齐次线性方程组(2)总是有解.

事实上，所有未知数都是零时，总满足线性方程组(2)，这样的解为零解，也称为平凡解，因此对于齐次线性方程组(2)，我们关心的是：如何判定它是否有非零解(非平凡解).

推论 2 齐次线性方程组(2)有非零解的充分必要条件为 $r(\boldsymbol{A})<n$，即系数矩阵的秩小于未知数的个数.

例 3 当 λ 为何值时，线性方程组

$$\begin{cases}x_1+2x_2-x_3+4x_4=2\\2x_1-x_2+x_3+x_4=1\\x_1+7x_2-4x_3+11x_4=\lambda\end{cases}$$

有解？有解时求其解.

解： $$\overline{\boldsymbol{A}}=\begin{bmatrix}1&2&-1&4&2\\2&-1&1&1&1\\1&7&-4&11&\lambda\end{bmatrix}\xrightarrow[③+①\times(-1)]{②+①\times(-2)}\begin{bmatrix}1&2&-1&4&2\\0&-5&3&-7&-3\\0&5&-3&7&\lambda-2\end{bmatrix}$$

$$\xrightarrow{③+②}\begin{bmatrix}1 & 2 & -1 & 4 & 2\\0 & -5 & 3 & -7 & -3\\0 & 0 & 0 & 0 & \lambda-5\end{bmatrix}\xrightarrow{②\times\left(-\frac{1}{5}\right)}\begin{bmatrix}1 & 2 & -1 & 4 & 2\\0 & 1 & -\frac{3}{5} & \frac{7}{5} & \frac{3}{5}\\0 & 0 & 0 & 0 & \lambda-5\end{bmatrix}$$

$$\xrightarrow{②\times(-2)+①}\begin{bmatrix}1 & 0 & \frac{1}{5} & \frac{6}{5} & \frac{4}{5}\\0 & 1 & -\frac{3}{5} & \frac{7}{5} & \frac{3}{5}\\0 & 0 & 0 & 0 & \lambda-5\end{bmatrix}.$$

由上面阶梯形矩阵知，$r(\mathbf{A})=2$. 只有当 $\lambda=5$ 时，$r(\mathbf{A})=r(\overline{\mathbf{A}})=2$，方程组才有解；因 $r(\mathbf{A})$小于未知量的个数 4，所以方程组有无穷多组解，其阶梯形矩阵所对应的方程组为

$$\begin{cases}x_1+0x_2+\dfrac{1}{5}x_3+\dfrac{6}{5}x_4=\dfrac{4}{5}\\0x_1+x_2-\dfrac{3}{5}x_3+\dfrac{7}{5}x_4=\dfrac{3}{5}\end{cases},$$

为求出其解，将不处于每一行第一个非零系数的变量 x_3 和 x_4 移至方程等号的右边，即得到同解方程组

$$\begin{cases}x_1=\dfrac{4}{5}-\dfrac{1}{5}x_3-\dfrac{6}{5}x_4\\x_2=\dfrac{3}{5}+\dfrac{3}{5}x_3-\dfrac{7}{5}x_4\end{cases}(x_3,\ x_4\ \text{为自由未知量}).$$

此同解方程组含有两个自由变量 x_3 和 x_4，令 $x_3=c_1$、$x_4=c_2$，c_1、c_2 为 $n-r=4-2=2$ 个任意常数，于是得到

$$x_1=\frac{4}{5}-\frac{1}{5}c_1-\frac{6}{5}c_2,\ x_2=\frac{3}{5}+\frac{3}{5}c_1-\frac{7}{5}c_2.$$

因此，所给方程组的通解表达式为

$$\begin{cases}x_1=\dfrac{4}{5}-\dfrac{1}{5}c_1-\dfrac{6}{5}c_2\\x_2=\dfrac{3}{5}+\dfrac{3}{5}c_1-\dfrac{7}{5}c_2\\x_3=c_1\\x_4=c_2\end{cases}.$$

习题 7-6

1. 解下列线性方程组.

(1) $\begin{cases}x_1+2x_2+3x_3=8\\2x_1+5x_2+9x_3=16\\3x_1-4x_2-5x_3=32\end{cases}$,

(2) $\begin{cases}x_1-3x_2-2x_3-x_4=6\\3x_1-8x_2+x_3+5x_4=0\\-2x_1+x_2-4x_3+x_4=-12\\-x_1+4x_2-x_3-3x_4=2\end{cases}$,

(3) $\begin{bmatrix} 1 & 1 & 1 & 2 \\ 2 & -1 & 3 & 8 \\ -3 & 2 & -1 & -9 \\ 0 & 1 & -2 & -3 \end{bmatrix} \boldsymbol{X} = \begin{bmatrix} 3 \\ 8 \\ -5 \\ -4 \end{bmatrix}$，　(4) $\begin{bmatrix} 1 & -1 & -3 & 1 \\ 1 & -1 & 2 & -1 \\ 4 & -4 & 3 & -2 \\ 2 & -2 & -11 & 4 \end{bmatrix} \boldsymbol{X} = \begin{bmatrix} 1 \\ 3 \\ 6 \\ 0 \end{bmatrix}$，

(5) $\begin{bmatrix} 3 & -5 & 1 & -2 \\ 2 & 3 & -5 & 1 \\ -1 & 7 & -4 & 3 \\ 4 & 15 & -7 & 9 \end{bmatrix} \boldsymbol{X} = \begin{bmatrix} 0 \\ 0 \\ 0 \\ 0 \end{bmatrix}$.

2. λ 为何值时方程组

$$\begin{cases} x_1 + x_2 + \lambda x_3 = \lambda^2 \\ x_1 + \lambda x_2 + x_3 = \lambda \\ \lambda x_1 + x_2 + x_3 = 1 \end{cases}$$

有唯一解？λ 为何值时方程组有无穷多组解？

复习题 7

1. 选择题.

(1) $\begin{vmatrix} 0 & 0 & 0 & 1 \\ 0 & 0 & 1 & 0 \\ 0 & 1 & 0 & 0 \\ 1 & 0 & 0 & 0 \end{vmatrix} =$（　　）.

A. 0　　B. -1　　C. 1　　D. 2

(2) $\begin{vmatrix} 0 & 0 & 1 & 0 \\ 0 & 1 & 0 & 0 \\ 0 & 0 & 0 & 1 \\ 1 & 0 & 0 & 0 \end{vmatrix} =$（　　）.

A. 0　　B. -1　　C. 1　　D. 2

(3)在函数 $f(x) = \begin{vmatrix} 2x & x & -1 & 1 \\ -1 & -x & 1 & 2 \\ 3 & 2 & -x & 3 \\ 0 & 0 & 0 & 1 \end{vmatrix}$ 中 x^3 项的系数是（　　）.

A. 0　　B. -1　　C. 1　　D. 2

(4)若 $\boldsymbol{D} = \begin{vmatrix} a_{11} & a_{12} & a_{13} \\ a_{21} & a_{22} & a_{23} \\ a_{31} & a_{32} & a_{33} \end{vmatrix} = \frac{1}{2}$，则 $\boldsymbol{D}_1 = \begin{vmatrix} 2a_{11} & a_{13} & a_{11} - 2a_{12} \\ 2a_{21} & a_{23} & a_{21} - 2a_{22} \\ 2a_{31} & a_{33} & a_{31} - 2a_{32} \end{vmatrix} =$（　　）.

A. 4　　B. -4　　C. 2　　D. -2

(5)若 $\begin{vmatrix} a_{11} & a_{12} \\ a_{21} & a_{22} \end{vmatrix}=a$，则 $\begin{vmatrix} a_{12} & ka_{22} \\ a_{11} & ka_{21} \end{vmatrix}=$(　　).

A. ka　　B. $-ka$　　C. k^2a　　D. $-k^2a$

(6)已知 4 阶行列式中第一行元依次是 -4，0，1，3，第三行元的代数余子式依次为 -2，5，1，x，则 $x=$(　　).

A. 0　　B. -3　　C. 3　　D. 2

(7)若 $\boldsymbol{D}=\begin{vmatrix} -8 & 7 & 4 & 3 \\ 6 & -2 & 3 & -1 \\ 1 & 1 & 1 & 1 \\ 4 & 3 & -7 & 5 \end{vmatrix}$，则 $\boldsymbol{D}$ 中第一行元的代数余子式的和为(　　).

A. -1　　B. -2　　C. -3　　D. 0

(8)若 $\boldsymbol{D}=\begin{vmatrix} 3 & 0 & 4 & 0 \\ 1 & 1 & 1 & 1 \\ 0 & -1 & 0 & 0 \\ 5 & 3 & -2 & 2 \end{vmatrix}$，则 $\boldsymbol{D}$ 中第四行元的代数余子式的和为(　　).

A. -1　　B. -2　　C. -3　　D. 0

(9)k 等于下列选项中哪个值时，齐次线性方程组 $\begin{cases} x_1+x_2+kx_3=0 \\ x_1+kx_2+x_3=0 \\ kx_1+x_2+x_3=0 \end{cases}$ 有非零解？(　　)

A. -1　　B. -2　　C. -3　　D. 0

2. 填空题.

(1)行列式 $\begin{vmatrix} 1 & 1 & 1 & 0 \\ 0 & 1 & 0 & 1 \\ 0 & 1 & 1 & 1 \\ 0 & 0 & 1 & 0 \end{vmatrix}=$________.

(2)行列式 $\begin{vmatrix} 0 & 1 & 0 & \cdots & 0 \\ 0 & 0 & 2 & \cdots & 0 \\ & \cdots & \cdots & \cdots & \\ 0 & 0 & 0 & \cdots & n-1 \\ n & 0 & 0 & \cdots & 0 \end{vmatrix}=$________.

(3)行列式 $\begin{vmatrix} a_{11} & \cdots & a_{1(n-1)} & a_{1n} \\ a_{21} & \cdots & a_{2(n-1)} & 0 \\ & \cdots & \cdots & \\ a_{n1} & \cdots & 0 & 0 \end{vmatrix}=$________.

(4)如果 $\boldsymbol{D}=\begin{vmatrix} a_{11} & a_{12} & a_{13} \\ a_{21} & a_{22} & a_{23} \\ a_{31} & a_{32} & a_{33} \end{vmatrix}=\boldsymbol{M}$，则 $\boldsymbol{D}_1=\begin{vmatrix} a_{11} & a_{13}-3a_{12} & 3a_{12} \\ a_{21} & a_{23}-3a_{22} & 3a_{22} \\ a_{31} & a_{33}-3a_{32} & 3a_{32} \end{vmatrix}=$________.

(5)已知某 5 阶行列式的值为 5，将其第一行与第五行交换并转置，再用 2 乘所有元素，则所得的新行列式的值为________.

(6)行列式 $\begin{vmatrix} 1 & -1 & 1 & x-1 \\ 1 & -1 & x+1 & -1 \\ 1 & x-1 & 1 & -1 \\ x+1 & -1 & 1 & -1 \end{vmatrix}=$________.

(7)n 阶行列式 $\begin{vmatrix} 1+\lambda & 1 & \cdots & 1 \\ 1 & 1+\lambda & \cdots & 1 \\ & \cdots & \cdots & \\ 1 & 1 & \cdots & 1+\lambda \end{vmatrix}=$________.

(8)已知三阶行列式中第二列元素依次为 1，2，3，其对应的余子式依次为 3、2、1，则该行列式的值为________.

(9)设行列式 $\boldsymbol{D}=\begin{vmatrix} 1 & 2 & 3 & 4 \\ 5 & 6 & 7 & 8 \\ 4 & 3 & 2 & 1 \\ 8 & 7 & 6 & 5 \end{vmatrix}$，$\boldsymbol{A}_{4j}(j=1，2，3，4)$为 $\boldsymbol{D}$ 中第四行元的代数余子式，则 $4A_{41}+3A_{42}+2A_{43}+A_{44}=$________.

(10)已知 $\boldsymbol{D}=\begin{vmatrix} a & b & c & a \\ c & b & a & b \\ b & a & c & c \\ a & c & b & d \end{vmatrix}$，$\boldsymbol{D}$ 中第四列元的代数余子式的和为________.

(11)设行列式 $\boldsymbol{D}=\begin{vmatrix} 1 & 2 & 3 & 4 \\ 3 & 3 & 4 & 4 \\ 1 & 5 & 6 & 7 \\ 1 & 1 & 2 & 2 \end{vmatrix}=-6$，$A_{4j}$ 为 $a_{4j}(j=1，2，3，4)$的代数余子式，则 $A_{41}+A_{42}=$________，$A_{43}+A_{44}=$________.

(12)已知行列式 $\boldsymbol{D}=\begin{vmatrix} 1 & 3 & 5 & \cdots & 2n-1 \\ 1 & 2 & 0 & \cdots & 0 \\ 1 & 0 & 3 & \cdots & 0 \\ & \cdots & \cdots & \cdots & \\ 1 & 0 & 0 & \cdots & n \end{vmatrix}$，$\boldsymbol{D}$ 中第一行元的代数余子式的和为________.

(13)齐次线性方程组$\begin{cases} kx_1+2x_2+x_3=0 \\ 2x_1+kx_2=0 \\ x_1-x_2+x_3=0 \end{cases}$仅有零解的充要条件是________.

(14)若齐次线性方程组$\begin{cases} x_1+2x_2+x_3=0 \\ 2x_2+5x_3=0 \\ -3x_1-2x_2+kx_3=0 \end{cases}$有非零解，则 $k=$________.

3. 计算题

(1)设矩阵

$$\boldsymbol{A}=\begin{bmatrix} 8 & -2 & -1 \\ 0 & 2 & d \end{bmatrix}, \boldsymbol{B}=\begin{bmatrix} a & -2 & b \\ c & 2 & 5 \end{bmatrix},$$

且 $\boldsymbol{A}=\boldsymbol{B}$，求元素 a，b，c，d.

(2)计算下列各题.

① $\begin{bmatrix} 1 & 2 \\ 0 & -5 \end{bmatrix}+\begin{bmatrix} 2 & -2 \\ 1 & 3 \end{bmatrix}$，　　② $\begin{bmatrix} 4 & 3 \\ -5 & 2 \end{bmatrix}-\begin{bmatrix} 4 & 2 \\ -6 & 2 \end{bmatrix}$，

③ $5\begin{bmatrix} 1 & -2 & -3 & 1 \\ 5 & 4 & 0 & 2 \end{bmatrix}$，　　④ $\frac{5}{2}\begin{bmatrix} 8 & -2 & 4 \\ 0 & 2 & 14 \end{bmatrix}$，

⑤ $\begin{bmatrix} 1 & 4 & 7 \end{bmatrix}\begin{bmatrix} 2 \\ 3 \\ 5 \end{bmatrix}$，　　⑥ $\begin{bmatrix} 2 \\ 3 \\ 5 \end{bmatrix}\begin{bmatrix} 1 & 4 & 7 \end{bmatrix}$，

⑦ $\begin{bmatrix} -2 & 3 \\ 5 & -2 \end{bmatrix}\begin{bmatrix} 3 & 4 \\ 2 & 5 \end{bmatrix}$，　　⑧ $\begin{bmatrix} 2 & 1 & 4 \\ 1 & -1 & 0 \end{bmatrix}\begin{bmatrix} 1 & 3 & 0 \\ -4 & 3 & -2 \\ 3 & -1 & 1 \end{bmatrix}$.

(3)求下列矩阵的秩.

① $\begin{bmatrix} 0 & 0 & 1 \\ 0 & 1 & -2 \\ 3 & -1 & 1 \end{bmatrix}$，　　② $\begin{bmatrix} 1 & 4 & -1 & 2 & 2 \\ 2 & -2 & 1 & 1 & 0 \\ -2 & -1 & 3 & 2 & 0 \end{bmatrix}$，

③ $\begin{bmatrix} 3 & 2 & 0 & 5 & 0 \\ 3 & -2 & 3 & 6 & -1 \\ 2 & 0 & 1 & 5 & -3 \\ 1 & 6 & -4 & -1 & 4 \end{bmatrix}$，　　④ $\begin{bmatrix} 0 & 3 & 0 & 0 & 1 \\ 1 & -1 & 2 & 1 & 0 \\ 3 & 0 & 6 & -1 & 1 \\ 4 & -4 & 8 & 4 & 0 \end{bmatrix}$.

(4)求下列矩阵的逆矩阵.

① $\begin{bmatrix} 3 & 5 \\ 5 & 8 \end{bmatrix}$，　　② $\begin{bmatrix} 0 & 2 & -1 \\ 1 & 1 & 2 \\ -1 & -1 & -1 \end{bmatrix}$，　　③ $\begin{bmatrix} 1 & 1 & 1 & 1 \\ 1 & 1 & -1 & -1 \\ 1 & -1 & 1 & -1 \\ 1 & -1 & -1 & 1 \end{bmatrix}$.

(5)解下列矩阵方程.

① $\begin{bmatrix}1&-2&0\\4&-2&-1\\-3&1&2\end{bmatrix}\boldsymbol{X}=\begin{bmatrix}-1&4\\2&5\\1&-3\end{bmatrix}$， ② $\boldsymbol{X}\begin{bmatrix}1&1&-1\\0&2&2\\1&-1&0\end{bmatrix}=\begin{bmatrix}1&-1&1\\1&1&0\\2&1&1\end{bmatrix}$，

③ $\begin{bmatrix}0&0&-4\\-2&-1&-7\\0&-1&3\end{bmatrix}\boldsymbol{X}+\begin{bmatrix}3\\6\\12\end{bmatrix}=\boldsymbol{X}$.

(6)解下列线性方程组.

① $\begin{cases}x_1+2x_2-5x_3=19\\2x_1+8x_2+3x_3=-22\\x_1+3x_2+2x_3=-11\end{cases}$， ② $\begin{cases}x_1+x_2+x_3+x_4=1\\2x_1+x_2+3x_3+5x_4=-2\\x_1-x_2+3x_3+7x_4=-7\end{cases}$，

③ $\begin{cases}x_1-x_2-3x_3+x_4=1\\4x_1-4x_2+3x_3-2x_4=6\\x_1-x_2+2x_3-x_4=3\end{cases}$， ④ $\begin{cases}x_1-2x_2+3x_3-x_4=1\\3x_1-x_2+5x_3-3x_4=2\\2x_1+x_2+2x_3-2x_4=3\end{cases}$，

⑤ $\begin{cases}-x_1-2x_2+x_3+4x_4=0\\2x_1+3x_2-4x_3-5x_4=0\\x_1-4x_2-13x_3+14x_4=0\\x_1+x_2-7x_3+5x_4=0\end{cases}$， ⑥ $\begin{cases}x_1-2x_2+3x_3-x_4=1\\3x_1-x_2+5x_3-3x_4=2\\2x_1+x_2+2x_3-2x_4=1\end{cases}$，

⑦ $\begin{cases}x_1+2x_2+2x_3+x_4=0\\2x_1+x_2-2x_3-2x_4=0\\x_1-x_2-4x_3-3x_4=0\end{cases}$.

(7)设有线性方程组

$$\begin{bmatrix}1&2&3&-1\\-1&1&0&4\\2&3&5&\lambda\end{bmatrix}\begin{bmatrix}x_1\\x_2\\x_3\\x_4\end{bmatrix}=\begin{bmatrix}\mu\\3-\mu\\1\end{bmatrix},$$

问：当 λ 和 μ 取何值时，此方程组有解？

(8)计算行列式 $\begin{vmatrix}1&-1&1&x-1\\1&-1&x+1&-1\\1&x-1&1&-1\\x+1&-1&1&-1\end{vmatrix}$.

(9)计算 n 阶行列式 $\boldsymbol{D}_n=\begin{vmatrix}x&y&0&\cdots&0&0\\0&x&y&\cdots&0&0\\0&0&x&\cdots&0&0\\\cdots&\cdots&\cdots&&\cdots&\cdots\\0&0&0&\cdots&x&y\\y&0&0&\cdots&0&x\end{vmatrix}$.

知识拓展

继承发扬“华罗庚精神”

图 7-2

华罗庚先生的名字已载入国际著名科学家史册；他的精神和成就得到人民的肯定，他是中国科学院的骄傲，是我国科学界的骄傲，也是中华民族的骄傲！作为我国科技工作者的杰出代表，影响了一代又一代的年轻人，他的一生给我们留下了丰厚的精神财富.

华罗庚先生 1910 年 11 月 12 日出生在江苏金坛一个贫寒的家庭，初中毕业后就辍学在家，后又不幸身患伤寒致使左腿残疾. 但他身残志坚，刻苦自学，在逆境中奋发努力，秉持报效祖国、服务社会、一心为民的坚定信念，成为当代杰出的数学家. 他是我国解析数论、典型群、矩阵几何学、自守函数论与多复变函数论等许多方面研究的创始人与开拓者. 在数论、矩阵几何学等诸多领域做出了卓越成果. 他还是中国计算机事业的开拓者，为中国计算机事业做出了重要贡献. 他倡导应用数学，最早把数学理论和生产实践相结合，致力于发展数学教育和科学普及工作，被誉为“人民的数学家”. 他还培养了大批蜚声中外的杰出人才.

新中国成立后，华罗庚先生毅然放弃在美国优裕的生活、工作条件，携全家回到祖国的怀抱. 他历任清华大学教授，中国科学院数学研究所、应用数学研究所首任所长、名誉所长，中国数学会理事长、名誉理事长，中国科学院副院长，中国科学技术大学数学系主任、副校长，全国政协副主席、中国科协副主席等职，并入选美国国家科学院外籍院士，第三世界科学院建院院士等，曾被授予法国南锡大学、美国伊利诺伊大学、香港中文大学等多所大学名誉博士. 他把自己毕生的精力投入到发展祖国的科学事业特别是数学研究事业中，为祖国科学事业的进步建立了不可磨灭的功勋.

华罗庚先生于 2009 年入选“100 位新中国成立以来感动中国人物”，其影响远远超出了数学甚至科学的领域.

今天，我们纪念华罗庚先生，就是要学习他高尚品格凝结升华而成的“华罗庚精神”. “华罗庚精神”是一种一心报国志，矢志不渝的爱国精神，是一种逆境拼搏、奋斗不息的自强精神，是一种慧眼识珠、甘当人梯的人梯精神，是一种生命不息、战斗不止的奉献精神.

第8章　概率论与统计初步

本章内容适用于经济类、管理类各专业，为学生进行统计分析打基础，培养学生将本章学到的统计理论和知识应用到将来学习、工作和生活中的能力.

第1节　随机事件概率

8.1.1　随机试验与随机事件

在自然界与人类社会生活中，存在着两类截然不同的现象：一类是确定性现象. 例如：早晨太阳必然从东方升起；向上抛一石子必然下落；边长为 a、b 的矩形，其面积必为 ab 等. 对于这类现象，其特点是：在一定的条件下，必然会出现某种确定的结果. 另一类是随机现象，例如：某地区的年降雨量；打靶射击时，弹着点离靶心的距离；投掷一枚均匀的硬币，可能出现“正面”，也可能出现“反面”，事先不能作出确定的判断. 因此，对于这类现象，其特点是可能的结果不止一个，即在一定的条件下，可能会出现各种不同的结果.

随机现象，从表面上看，由于人们事先不知道会出现哪种结果，似乎不可捉摸. 其实，人们通过实践观察证明，在相同的条件下，对随机现象进行大量的重复试验(观测)，其结果总能呈现某种规律性，我们把随机现象的这种规律性称为统计规律性.

概率论就是研究随机现象的统计规律性的一门数学分支.

1. 随机试验

为了研究随机现象的统计规律性，我们把各种科学试验和对某一事物的观测统称为试验. 如果试验具有以下三个特性：

(1)可以在相同条件下重复进行；

(2)每次试验的结果可能不止一个，但事先能确定所有的可能结果；

(3)每次试验之前无法确定具体是哪种结果出现.

则称这种试验为随机试验，通常用字母 E 或 E_1、E_2……表示.

例1　试验 E_1：掷一颗骰子，观察可能出现的点数.

例2　试验 E_2：抛一枚硬币，分别用“Z”和“F”表示正面朝上和反面朝上，观察出现的结果，可能是“Z”也可能是“F”.

例3　试验 E_3：从一批产品中任意取10个样品，观察其中的次品数，可能是0、1、2、……、10.

2. 样本空间

由随机试验 E 的一切可能结果组成的一个集合，称为 E 的样本空间，用“Ω”表示；其每个元素称为样本点，用“ω”表示.

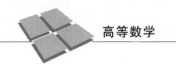

例如：

E_1：掷骰子一次，观察出现的点数，则 $\Omega_1=\{1, 2, 3, 4, 5, 6\}$；

E_2：投一枚均匀硬币两次，观察出现正反面情况，记 Z 为正面，F 为反面，

则 $\Omega_2=\{(Z, Z), (Z, F), (F, F), (F, Z)\}$；

E_3：从一批产品中任意取 10 个样品，观察其中的次品数，

则 $\Omega_3=\{0, 1, 2, 3, 4, 5, 7, 8, 9, 10\}$；

注：①样本空间是一个集合，它由样本点构成. 其表示方法可以用列举法，也可以用描述法.

②在样本空间中，样本点可以是一维的，也可以是多维的；可以是有限个，也可以是无限个.

③对于一个随机试验而言，样本空间并不唯一. 在同一试验中，当试验的目的不同时，样本空间往往是不同的，但通常只有一个会提供最多的信息. 例如，在运动员投篮的试验中，若试验的目的是考察命中率，则样本空间为 $\Omega_1=\{$中，不中$\}$；若试验的目的是考察得分情况，则样本空间为 $\Omega_1=\{$0 分，1 分，2 分，3 分$\}$.

3. 随机事件

样本空间所表示的事件，每次试验必然发生，称为必然事件，用 Ω 表示；相反，不含任何样本点的空集表示的事件在每次试验中一定不发生，则称为不可能事件，用 Φ 表示. 在试验的结果中，样本空间 Ω 的某个子集表示的事件在每次试验中可能发生、也可能不发生，称为**随机事件**，简称**事件**，用字母 A、B、C 等表示. 显然它是由部分样本点构成的.

例 4 在试验 E_1 中：A——“出现的点数是 6”是随机事件.

例 5 在试验 E_2 中：B——“正面朝上”，C——“反面朝上”，都是随机事件.

例 6 在试验 E_3 中：D——“取出 10 个样品有 1 至 3 个次品”是随机事件.

随机事件包括基本事件和复合事件. 由一个样本点构成的集合称为基本事件；由多个样本点构成的集合称为复合事件.

例如，在投骰子的试验中，事件 A：“掷出偶数点”，用 ω_i 表示“出现 i 点”，则 A 包含 ω_2、ω_4、ω_6 这三个样本点，所以它是复合事件.

某个事件 A 发生当且仅当 A 所包含的一个样本点 ω 在实验的结果中出现，记为 $\omega\in A$.

例如：在投骰子的试验中，设 A“出现偶数点”，则“出现 2 点”就意味着 A 发生，并不要求 A 的每一个样本点都出现，当然，这也是不可能的.

4. 事件的关系及运算

(1)事件的包含关系.

若事件 A 发生必导致事件 B 发生，则称事件 B 包含事件 A，或称事件 A 包含于事件 B，记作

$$B\supset A \quad 或 \quad A\subset B.$$

(2)事件的相等关系.

若事件 B 包含事件 A，且事件 A 包含事件 B，即

$$B \supset A \quad 且 \quad A \supset B.$$

则称事件 A 与事件 B 相等，记作

$$A=B.$$

(3)事件的和(并).

“两个事件 A 与 B 至少有一个发生”这一新事件称为事件 A 与 B 的并，记作

$$A \cup B.$$

事件的并可以推广到有限个或可列无穷多个事件的情形：“n 个事件 A_1、A_2、……、A_n 至少有一个发生”这一新事件称为这 n 个事件的并，记作

$$A_1 \cup A_2 \cup \cdots \cup A_n.$$

(4)事件的积(交).

“两个事件 A 与 B 同时发生”这一新事件称为事件 A 与 B 的交，记作

$$A \cap B 或 AB.$$

“n 个事件 A_1、A_2、……、A_n 同时发生”这一新事件称为这 n 个事件的交，记作

$$A_1 \cap A_2 \cap \cdots \cap A_n 或 A_1 A_2 \cdots A_n.$$

(5)差事件.

“事件 A 发生而事件 B 不发生”这一新事件称为事件 A 与 B 的差事件，记作

$$A-B 或 \overline{AB}.$$

(6)互不相容事件(互斥事件).

若事件 A 与 B 不能同时发生，即

$$AB=\Phi,$$

则称事件 A 与 B 是互不相容的(互斥的).

以后把互斥的事件 A 与 B 的并记作

$$A+B.$$

若 n 个事件 A_1、A_2、……、A_n 中任意两个事件互斥，即

$$A_i A_j=\Phi(1 \leqslant i<j \leqslant n)$$

则称这 n 个事件互斥.

以后把 n 个互斥的事件 A_1、A_2、……、A_n 的并记作

$$A_1+A_2+\cdots+A_n.$$

(7)对立事件(互逆事件).

若两个互斥的事件 A 与 B 中必有一个事件发生，即

$$AB=\Phi 且 A+B=\Omega,$$

则称事件 A 与 B 是对立的，并称事件 B 是事件 A 的对立事件(或逆事件)；同样，事件 A 也是事件 B 的对立事件，记作 $B=\overline{A}$ 或 $A=\overline{B}$.

于是有

$$\overline{\overline{A}}=A,$$

$$A\overline{A}=\Phi,$$

$$A+\overline{A}=\Omega.$$

(8)事件的运算规律.

与集合运算的性质相似，事件的运算具有以下性质.

①交换律：$A\cup B$，$B\cup A$，$AB=BA$；

②结合律：$(A\cup B)\cup C=A\cup(B\cup C)$，$(AB)C=A(BC)$；

③分配律：$(A\cup B)C=(AC)\cup(BC)$，$(AB)\cup C=(A\cup C)(B\cup C)$；

④德摩根定律：$\overline{A\cup B}=\overline{A}\cap\overline{B}$，$\overline{AB}=\overline{A}\cup\overline{B}$.

(9)事件的关系及运算与集合的关系及运算的对照如表 8-1 所示.

表 8-1

	事件	集合
Ω	样本空间，必然事件	全集
Φ	不可能事件	空集
ω	样本点(基本事件)	元素
A	事件	子集
$F_n(x)$	A 的对立事件(逆事件)	A 的余集
$A\subset B$	事件 A 发生必有事件 B 发生	A 是 B 的子集
$A=B$	事件 A 与事件 B 等价	A 与 B 相等
$A\cup B$	事件 A 与 B 至少有一个发生	A 与 B 的并集
$A\cap B$	事件 A 与 B 同时发生	A 与 B 的交集
$A-B$	事件 A 发生而事件 B 不发生	A 与 B 之差
$AB=\Phi$	事件 A 与事件 B 互不相容	A 与 B 没有公共元素

8.1.2 概率的定义及性质

研究随机试验，不仅需要分析它在一定条件下可能产生的各种结果，而且还要进一步分析各种结果发生的可能性大小，而描述随机事件发生可能性大小的量，则是本节要研究的概率.

1. 事件的频率

定义 1 设事件 A 在 n 次重复试验中发生了 m 次，则称比值 m/n 为事件 A 发生的频率，记为 $W(A)$，即

$$W(A)=\frac{m}{n}=\frac{\text{事件 } A \text{ 发生的次数}}{\text{试验总次数}}. \tag{8-1}$$

显然，任何随机事件的频率都是介于 0 与 1 之间的一个数，即

$$0\leqslant W(A)\leqslant 1,\ W(\Omega)=1,\ W(\Phi)=0. \tag{8-2}$$

实践证明，在大量重复试验中，随机事件的频率具有稳定性.

2. 概率的统计定义

定义 2 在一个随机试验中，如果随着试验次数的增多，事件 A 出现的频率 m/n 在某个常数 p 附近摆动并逐渐稳定于 p，则称 p 为事件 A 的概率，记为 $P(A)=p$，这

个定义称为事件 A 的概率，即概率的统计定义.

性质 1 对任一事件 A，有 $0\leqslant P(A)\leqslant 1$.

这是因为事件 A 的频率总有 $0\leqslant m/n\leqslant 1$，故相应的概率 $P(A)$ 也有 $0\leqslant P(A)\leqslant 1$.

性质 2 $P(\Omega)=1$，$P(\Phi)=0$.

性质 3 如果事件 A、B 互不相容，则有

$$P(A+B)=P(A)+P(B) \tag{8-3}$$

这个性质称为概率的可加性.

这是因为如果事件 A、B 互斥，则 A、B 发生的频率 m_1/n、m_2/n，满足 $m_1/n+m_2/n=(m_1+m_2)/n$，因此相应的概率也满足 $P(A)+P(B)=P(A+B)$.

性质 4 $P(A)=1-P(\overline{A})$.

3. 概率的古典定义

根据概率的统计定义来求概率，需要做大量的重复试验，这对那些具有破坏性的试验则是行不通的. 人们从长期积累的经验中发现，对于某些随机事件，可以不必通过大量的试验去确定它的概率，而是通过研究它的内部规律去确定它的概率，古典概型便是其中之一. 观察"掷般子""掷硬币"的试验，它们都具有下列特点.

①试验的所有基本事件的个数是有限的；

②每次试验中，各基本事件发生的可能性是相等的；

③每次试验中只能出现一个结果.

满足上述特点的试验模型称为等可能性模型，这类模型在概率论的发展初期是重要的研究对象，因此称为古典概型.

定义 3 如果古典概型中的所有基本事件的个数为 n，事件 A 包含的基本事件的个数为 m，则事件 A 的概率为

$$P(A)=\frac{m}{n}=\frac{\text{事件 } A \text{ 包含的基本事件的个数}}{\text{所有基本事件的个数}} \tag{8-4}$$

这个定义称为概率的古典定义.

古典概型具有如下性质.

性质 1 对任一事件 A，有 $0\leqslant P(A)\leqslant 1$.

性质 2 $P(\Omega)=1$，$P(\Phi)=0$.

性质 3 对于两个互斥的事件 A、B，有 $P(A+B)=P(A)+P(B)$.

性质 4 如果事件 A、B 满足 $A\subset B$，则有 $P(A)\leqslant P(B)$.

性质 5 如果事件 A、B 满足 $A\subset B$，$P(B-A)=P(B)-P(A)$.

性质 6 对于任意两个随机事件 A 与 B，有

$$P(A\cup B)=P(A)+P(B)-P(AB).$$

证：因为 $A\cup B=A+(B-AB)$，$AB\subset B$，故有

$$P(A\cup B)=P(A)+P(B-AB)=P(A)+P(B)-P(AB)$$

上述公式通常称为概率加法公式，概率加法公式可以推广到多个事件的情形. 如对于任意三个事件 A、B、C，有

$P(A\cup B\cup C)=P(A)+P(B)+P(C)-P(AB)-P(BC)-P(AC)+P(ABC)$.

例7 设箱中装有100件产品，其中有3件次品，从箱中任取5件，求恰有1件次品的概率.

解： 基本事件总数 n 等于从100件产品中取5件的组合总数，即 $n=C_{100}^{5}$，

设 $A=\{$取到的5件产品中恰有1件次品$\}$，则 A 中包含的基本事件数 $C_{97}^{4}C_{3}^{1}$，由式(8-4)可得

$$P(A)=\frac{C_{97}^{4}C_{3}^{1}}{C_{100}^{5}}=\frac{893}{6468}\approx 0.138.$$

例8 甲、乙两人参加普法知识问答，共有10个不同的题目，其中选择题6个，判断题4个，甲、乙两人依次各抽1题. 求甲抽到选择题，乙抽到判断题的概率是多少?

解： 基本事件总数 n 等于甲从10题中任抽1题后乙从剩下的9题中再抽1题，即 $n=C_{10}^{1}C_{9}^{1}$. 设 $A=\{$甲抽到选择题，乙抽到判断题$\}$，则 A 包含的基本事件数 $m=C_{6}^{1}C_{4}^{1}$. 由式(8-4)有

$$P(A)=\frac{C_{6}^{1}C_{4}^{1}}{C_{10}^{1}C_{9}^{1}}=\frac{24}{90}=\frac{4}{15}.$$

例9 已知 $P(A)=0.5$，$P(B)=0.6$，$P(A\cup B)=0.9$. 求：(1)$P(A\overline{B})$；(2)$P(\overline{A}\,\overline{B})$.

解： (1)由概率加法公式得

$$P(AB)=P(A)+P(B)-P(A\cup B)=0.5+0.6-0.9=0.2,$$

因为 $A=AB+A\overline{B}$，所以 $P(A)=P(AB)+P(A\overline{B})$. 由此得

$$P(A\overline{B})=P(A)-P(AB)=0.5-0.2=0.3.$$

(2)因为 $\overline{A}\,\overline{B}=\overline{A\cup B}$，所以

$$P(\overline{A}\,\overline{B})=P(\overline{A\cup B})=1-P(A\cup B)=1-0.9=0.1.$$

例10 将一颗均匀的骰子连掷两次，求：

(1)两次出现的点数之和等于7的概率，

(2)至少出现一次6点的概率.

解： 试验的样本空间为

$$\Omega=\{\omega_{11},\omega_{12},\cdots,\omega_{16},\omega_{21},\omega_{22},\cdots,\omega_{26},\omega_{31},\omega_{32},\cdots,\omega_{36},$$
$$\omega_{41},\omega_{42},\cdots,\omega_{46},\omega_{51},\omega_{52},\cdots,\omega_{56},\omega_{61},\omega_{62},\cdots,\omega_{66}\}$$

其中，ω_{ij} 表示第一次出现 i 点，第二次出现 j 点，显然样本空间中样本点总数 $N=36$.

(1)$A=\{\omega_{ij}\,|\,i+j=7\}=\{\omega_{16},\omega_{25},\omega_{34},\omega_{43},\omega_{52},\omega_{61}\}$，则按定义3得

$$P(A)=\frac{6}{36}=\frac{1}{6}.$$

(2)$B=\{$第一次出现6点$\}\cup\{$第二次出现6点$\}$

$=\{\omega_{61},\omega_{62},\cdots,\omega_{66}\}\cup\{\omega_{16},\omega_{26},\cdots,\omega_{66}\}$

$=\{\omega_{61},\omega_{62},\cdots,\omega_{66},\omega_{16},\omega_{26},\cdots,\omega_{56}\}$.

则按定义3得

$$P(B)=\frac{11}{36}.$$

例 11 设 100 件产品中有 95 件正品和 5 件次品，分别做放回抽样和不放回抽样取出 10 件样品，求这 10 件样品中恰有 2 件次品的概率.

解：(1)放回抽样.

试验的样本空间中基本事件的总数为 $N=100^{10}$，而所求事件 A 中基本事件的总数为 $M=C_{10}^{2}\times 5^{2}\times 95^{8}$ 则按概率的古典定义得

$$P(A)=\frac{C_{10}^{2}\times 5^{2}\times 95^{8}}{100^{10}}.$$

(2)不放回抽样.

试验的样本空间中基本事件的总数为 $N=P_{100}^{10}$，而所求事件 A 中基本事件的总数为 $M=C_{10}^{2}\times P_{5}^{2}\times P_{95}^{8}$，则按概率的古典定义得

$$P(A)=\frac{C_{10}^{2}\times P_{5}^{2}\times P_{95}^{8}}{P_{100}^{10}}.$$

习题 8-1

1. 下列各事件中哪些是必然事件？哪些是随机事件？哪些是不可能事件？

(1)某人的体温高达 55℃，

(2)从一副扑克牌(52 张)中任取 14 张，至少有两种不同的花色，

(3)在标准大气压下，纯水加热到 1000℃，水沸腾，

(4)十字路口汽车的流量，

(5)明天是晴天.

2. 设 A、B、C 表示三个事件，利用随机事件之间的关系表示下列各个事件.

(1)A 出现且 B、C 都不出现，

(2)A、B 都出现且 C 不出现，

(3)三个事件都不出现，

(4)三个事件中至少有一个出现，

(5)三个事件都出现，

(6)三个事件中不多于一个事件出现，

(7)三个事件中不多于两个事件出现，

(8)三个事件中至少有两个事件出现.

3. 设 $\Omega=\{1, 2, 3, 4, 5, 6, 7, 8, 9, 10\}$，$A=\{2, 3, 4\}$，$B=\{3, 4, 5\}$，$C=\{6, 7, 8\}$. 试求下列事件.

(1)$\overline{A}B$，　(2)$\overline{A}\cup B$，　(3)$\overline{AB}$，　(4)$\overline{\overline{ABC}}$，　(5)$\overline{A\cup B\cup C}$，　(6)$\overline{A(B\cup C)}$.

4. 古典概型有什么特征？

5. 下列说法正确的是(　　).

A. 任一事件的概率总在(0，1)之内

B. 不可能事件的概率不一定为 0

C. 必然事件的概率一定为 1

D. 以上均不对

6. 先后抛掷 3 枚均匀的硬币，至少出现一次正面向上的概率是(　　).

A. $\frac{1}{8}$　　B. $\frac{3}{8}$　　C. $\frac{7}{8}$　　D. $\frac{5}{8}$

7. 有 100 张卡片(从 1 号到 100 号)，从中任取 1 张，取到的卡号是 7 的倍数的概率为(　　).

A. $\frac{7}{50}$　　B. $\frac{7}{100}$　　C. $\frac{7}{48}$　　D. $\frac{15}{100}$

8. 有 5 条线段，其长度分别为 1、3、5、7、9 个单位，求从这 5 条线段中任取 3 条，能构成三角形的概率.

9. 设 A、B、C 是三个事件. 已知 $P(A)=P(B)=P(C)=\frac{1}{4}$，$P(AB)=P(BC)=0$，$P(AC)=\frac{1}{8}$，求 A、BC 中至少有一事件发生的概率.

10. 在某城市中，共发行三种报纸 A、B、C. 在这座城市中，订购 A 报的占 45%，订购 B 报的占 35%，订购 C 报的占 30%，同时订购 A 报、B 报的占 10%，同时订购 A 报、C 报的占 8%，同时订购 B 报、C 报的占 5%，同时订购 A 报、B 报、C 报的占 3%，试求下列百分率：

(1)至少订购一种报纸的，

(2)不订任何报纸的.

第 2 节　条件概率

8.2.1　条件概率

一般地，对随机试验，如果再附加一个限制条件，事件概率就会发生变化. 例如，从一副(52 张)扑克牌中任抽一张，{抽到黑桃 A}这一事件的概率是 1/52，如果附加{在抽到黑桃花色的牌中}这样一个条件，{抽到黑桃 A}的概率就变成了 1/13. 对此种情形，定义如下.

定义 1　在事件 B 已经发生的条件下，事件 A 发生的概率称为事件 A 对事件 B 的条件概率，记为 $P(A|B)$.

例 1　设在 10 个同一型号的元件中有 7 个一等品，从这些元件中不放回地连续取两次，每次取一个元件，求在第一次取得一等品的条件下，第二次也取得一等品的概率.

解：设 A_i={第 i 次取得一等品，$i=1$，2}，则

$$P(A_2|A_1)=\frac{6}{9}.$$

例 2　甲、乙两条生产线生产同一种元件，已知甲生产线生产 8 个元件，其中 2 个

次品，乙生产线生产 9 个元件，其中 1 个次品. 现在从全部 17 个元件中任取一个元件，求：(1)$P(A)$，其中 $A=\{$这个元件是甲生产线的产品$\}$；(2)$P(B)$，其中 $B=\{$这个元件是次品$\}$；(3)$P(AB)$；(4)$P(A|B)$.

解：(1)$P(A)=\frac{8}{17}$，(2)$P(B)=\frac{3}{17}$，(3)$P(AB)=\frac{2}{17}$，(4)$P(A|B)=\frac{3}{2}$.

显然 $P(A|B)\neq P(A)$，这说明事件 B 的发生对事件 A 的发生有影响，且

$$P(A|B)=\frac{2}{3}=\frac{P(AB)}{P(B)},$$

容易理解

$$P(A|B)=\frac{\text{在 } B \text{ 发生的条件下 } A \text{ 包含的基本事件数}}{B \text{ 包含的基本事件数}},$$

所以，关于条件概率，有如下计算公式：

$$P(A|B)=\frac{P(AB)}{P(B)},\ P(B)>0.$$

8.2.2 概率乘法公式

由条件概率的公式我们可以得到下面的定理.

定理 1 设 A 与 B 是两个随机事件，若 $P(B)>0$，则事件 A 与 B 的交的概率

$$P(AB)=P(B)P(A|B),$$

若 $P(A)>0$，还有

$$P(AB)=P(A)P(B|A).$$

上述两式都称为概率乘法公式. 它们可以推广如下：

设 A_1、A_2、……、A_n 为 n 个随机事件，且 $P(A_1A_2\cdots A_{n-1})>0$，则有

$$P(A_1A_2\cdots A_n)=P(A_1)P(A_2|A_1)P(A_3|A_1A_2)\cdots P(A_n|A_1\cdots A_{n-1}).$$

例 3 设在 10 个同一型号的元件中有 7 个一等品，从这些元件中不放回地连续取两次，每次取一个元件，求两次都是一等品的概率.

解：设 $A_i=\{$第 i 次取得一等品，$i=1, 2\}$，则

$$P(A_1A_2)=P(A_1)P(A_2|A_1)=\frac{7}{10}\times\frac{6}{9}.$$

例 4 设在 10 个同一型号的元件中有 7 个一等品，从这些元件中不放回地连续取三次，每次取一个元件，求(1)三次都取得一等品的概率；(2)三次中至少有一次取得一等品的概率.

解：设 $A_i=\{$第 i 次取得一等品，$i=1, 2, 3\}$，则

(1)$P(A_1A_2A_3)=P(A_1)P(A_2|A_1)P(A_3|A_1A_2)=\frac{7}{10}\cdot\frac{6}{9}\cdot\frac{5}{8}$,

$$\begin{aligned}(2)P(A_1\cup A_2\cup A_3)&=1-P(\overline{A_1\cup A_2\cup A_3})\\&=1-P(\overline{A_1A_2A_3})\\&=1-P(\overline{A_1})P(\overline{A_2}|\overline{A_1})P(\overline{A_3}|\overline{A_1A_2})\end{aligned}$$

$$=1-\frac{3}{10}\cdot\frac{2}{9}\cdot\frac{1}{8}.$$

8.2.3 全概率公式

定理 2 设样本空间为 Ω、B_1、B_2、…、B_n 是 n 个互不相容事件，且

$$\sum_{i=1}^{n}B_i=\Omega,\ P(B_i)>0\quad(i=1,\ 2,\ \cdots,\ n),$$

则对于任意随机事件 A，有

$$P(A)=\sum_{i=1}^{n}P(B_i)P(A|B_i).$$

上述公式称为全概率公式.

证： $P(A)=P(A\Omega)=P\left[A\left(\sum_{i=1}^{n}B_i\right)\right]=P\left[A\left(\sum_{i=1}^{n}(AB_i)\right)\right]=\sum_{i=1}^{n}P(AB_i)$

$$=\sum_{i=1}^{n}P(B)P(A|B_i).$$

例 5 某厂有一、二、三共三条生产线生产同一种产品，已知各条生产线的产量分别占该厂总产量的 25%、35%、40%；各条生产线产品的次品率分别是 5%、4%、2%. 将该厂所有产品混合投放市场，某消费者购买该厂的一件产品，求这件产品是次品的概率.

解： 设 $A=\{$消费者购得一件次品$\}$，$B_i=\{$这件产品是第 i 条生产线的产品，$i=1,\ 2,\ 3\}$. 显然，事件 B_1、B_2、B_3 是互不相容的，且 $\sum_{i=1}^{3}B_i=\Omega$，故有

$$P(B_1)=0.25,\ P(B_2)=0.35,\ P(B_3)=0.40,$$

$$P(A|B_1)=0.05,\ P(A|B_2)=0.04,\ P(A|B_3)=0.02.$$

由全概率公式得

$$P(A)=\sum_{i=1}^{3}P(B_i)P(A|B_i)$$

$$=0.25\times0.05+0.35\times0.04+0.40\times0.02=0.0345.$$

习题 8-2

1. 甲、乙两厂生产一种产品 100 件，质量情况如表 8-2 所示.

表 8-2

产地	合格产品	次品数	总计
甲厂	42	3	45
乙厂	50	5	55
总计	92	8	100

现从 100 件产品中随机抽取一件，设 $A=\{$合格品$\}$，$B=\{$乙厂的产品$\}$，如果已知

抽得的是乙厂的产品．求抽得合格产品的概率 $P(A|B)$．

2．某种动物活到 20 岁的概率为 0.8，活到 25 岁的概率为 0.4，问：现龄为 20 岁的这种动物活到 25 岁的概率是多少？

3．一批零件共 100 个，次品率为 10%，从中任取一个零件，取出后不放回去，再从余下的部分中任取一个零件，求第一次取得次品且第二次取得正品的概率．

4．一等麦种中混入了 2% 的二等麦种、1.5% 的三等麦种、1% 的四等麦种，一、二、三、四等麦种结 50 粒麦子以上的穗的概率依次为 0.5、0.15、0.1、0.05，求用上述这批麦种播种时，结 50 粒麦子以上的穗的概率．

5．有 10 只杯子，其中，贵阳产品有 7 只，昆明产品有 3 只，从中每次任取 1 只，取后不放回，共取两次，如果设 $A=\{$第一次取到贵阳产品$\}$，$B=\{$第二次取到昆明产品$\}$，试求 $P(B|A)$和 $P(AB)$．

6．某体育用品商场从三个针织厂购进一批同类球衣，甲、乙、丙三厂的产品各占总数的 45%、35%、20%，而三厂的次品率依次为 1%、2%、3%，从中抽取一件，求：

(1)该件球衣是次品的概率，

(2)如果抽到一件次品，问此件球衣是乙厂生产的概率是多少？

7．某人忘了电话号码的最后一位数字而随意拨号，求拨号不超过三次而接通电话的概率．

第 3 节　随机事件的独立性与伯努利概型

8.3.1　随机事件的独立性

对于任意两个事件 A、B，若 $P(B)>0$，则 $P(A|B)$有意义，此时可能有两种情况 $P(A|B)\neq P(A)$和 $P(A|B)=P(A)$．前者说明事件 B 的发生对事件 A 发生的概率有影响，只有当 $P(A|B)=P(A)$时才认为这种影响不存在，这时自然认为事件 A 不依赖事件 B，即 A，B 是彼此独立的．这时有

$$P(AB)=P(B)P(A|B)=P(A)P(B),$$

由此引出关于事件独立性的问题．

定义 1　对任意两个随机事件 A 与 B，若

$$P(AB)=P(A)P(B),$$

则称事件 A 与 B 是相互独立的(简称为独立的)．

由定义 1 不难证明下面的定理．

定理 1　若事件 A 与 B 相互独立，则下列各对事件

$$A 与 \overline{B},\quad \overline{A} 与 B,\quad \overline{A} 与 \overline{B},$$

也相互独立．

证：这里只证明事件 A 与 $\overline{B}$ 相互独立，其他类似．因为

$$A=AB+A\overline{B},$$

从而

$$P(A)=P(AB)+P(A\overline{B}).$$

由此得

$$\begin{aligned}P(A\overline{B})&=P(A)-P(AB)\\&=P(A)-P(A)P(B)\\&=P(A)[1-P(B)]=P(A)P(\overline{B}).\end{aligned}$$

所以事件 A 与 $\overline{B}$ 相互独立.

例 1 设事件 A，B 相互独立，$P(A)=0.4$，$P(B)=0.3$，求 $P(A\cup\overline{B})$.

解： $$\begin{aligned}P(A\cup\overline{B})&=P(A)+P(\overline{B})-P(\overline{AB})\\&=P(A)+P(\overline{B})-P(A)P(\overline{B})\\&=P(A)+(1-P(B))(1-P(A))\\&=0.4+0.7\times0.6=0.82,\end{aligned}$$

对于三个或更多个事件，我们给出下面的定义.

定义 2 设有 n 个事件 A_1、A_2、……、$A_n(n\geqslant3)$，若对其中任意两个事件 A_i 与 $A_j(1\leqslant i<j\leqslant n)$ 有

$$P(A_iA_j)=P(A_i)P(A_j),$$

则称这 n 个事件是两两相互独立的.

定义 3 设有 n 个事件 A_1、A_2、……、$A_n(n\geqslant3)$，若对其中任意 k 个事件 A_{i_1}、A_{i_2}、……、$A_{i_k}(2\leqslant k\leqslant n)$有

$$P(A_{i_1}A_{i_2}\cdots A_{i_k})=P(A_{i_1})P(A_{i_2})\cdots P(A_{i_k}),$$

则称这 n 个事件是相互独立的.

由上述定义可知，若 n 个事件 A_1、A_2、……、A_n 相互独立，则 n 个事件一定是两两相互独立；反之，却不一定成立.

例如，从四张分别写有三位数字{001}、{010}、{100}、{111}的卡片中任取一张，设事件 A_i 表示"取出的卡片上第 i 位数字是 0"($i=1$，2，3)，则易知

$$P(A_i)=\frac{1}{2},\quad i=1,2,3,$$

$$P(A_iA_j)=\frac{1}{4},\quad 1\leqslant i<j\leqslant3.$$

于是有

$$P(A_iA_j)=P(A_i)P(A_j),\quad 1\leqslant i<j\leqslant3.$$

由此可见，事件 A_1、A_2、A_3 两两独立. 但是，这三个事件却不是相互独立的，因为

$$P(A_1A_2A_3)=0\neq P(A_1)P(A_2)P(A_3),$$

由定义 3 可以得到相互独立事件的概率乘法公式.

定理 2 设 n 个事件 A_1、A_2、……、A_n 相互独立，则有

$$P(A_1A_2\cdots A_n)=P(A_1)P(A_2)\cdots P(A_n).$$

例 2 设有甲、乙、丙三人打靶，每人各独立射击一次，击中率分别为 0.8、

0.6、0.5，求靶子被击中的概率.

解：设 A 表示“甲射击击中靶子”，B 表示“乙射击击中靶子”，C 表示“丙射击击中靶子”，则所求概率为

$$\begin{aligned}P&=P(A\cup B\cup C)=1-P(\overline{A\cup B\cup C})\\&=1-P(\overline{A}\cap\overline{B}\cap\overline{C})=1-P(\overline{A})P(\overline{B})P(\overline{C})\\&=1-0.2\times0.4\times0.5=0.96.\end{aligned}$$

例 3 系统可靠性问题. 一个元件能正常工作的概率称为这个元件的可靠性，一个系统能正常工作的概率称为这个系统的可靠性. 设一个系统由四个元件按如图 8-1 所示方式组成，各个元件能否正常工作是相互独立的，且每个元件的可靠性都等于 $p(0<p<1)$，求这个系统的可靠性.

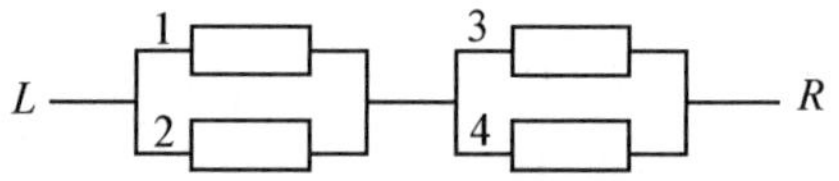

图 8-1

解：设事件 A_i 表示“第 i 个元件能正常工作”$(i=1, 2, 3, 4)$，事件 A 表示“系统 L—R 能正常工作”，则有

$$A=(A_1\cup A_2)(A_3\cup A_4),$$

注意到

$$\begin{aligned}\overline{A}&=(\overline{A_1\cup A_2})\cup(\overline{A_3\cup A_4})\\&=(\overline{A_1}\,\overline{A_2})\cup(\overline{A_3}\,\overline{A_4}).\end{aligned}$$

则有

$$\begin{aligned}P(\overline{A})&=P[(\overline{A_1}\,\overline{A_2})\cup(\overline{A_3}\,\overline{A_4})]\\&=P(\overline{A_1}\,\overline{A_2})+P(\overline{A_3}\,\overline{A_4})-P(\overline{A_1}\,\overline{A_2}\,\overline{A_3}\,\overline{A_4})\\&=P(\overline{A_1})P(\overline{A_2})+P(\overline{A_3})P(\overline{A_4})-P(\overline{A_1})P(\overline{A_2})P(\overline{A_3})P(\overline{A_4})\\&=2(1-p)^2-(1-p)^4.\end{aligned}$$

于是得

$$\begin{aligned}P(A)&=1-2(1-p)^2+(1-p)^4,\\&[1(1-p)^2]^2=p^2(2-p)^2.\end{aligned}$$

8.3.2 伯努利概型

将随机试验 E 重复进行 n 次，各次试验的结果互不影响，即每次试验结果出现的概率都不依赖其他各次试验的结果，这样的试验称为 n 重独立试验. 特别地，若在 n 重独立试验中，每次试验的结果只有两个：A 与 $\overline{A}$，且 $P(A)=p$，$P(\overline{A})=q$ $(0<p<1,\ p+q=1)$，则这样的试验称为伯努利试验或伯努利概型.

对于伯努利概型，我们需要计算事件 A 在 n 次独立试验中恰好发生 k 次的概率.

定理 3 在伯努利概型中，设事件 A 在各次试验中发生的概率 $P(A)=p(0<$

$p<1$)，则在 n 次独立试验中恰好发生 k 次的概率为

$$P_n(k)=C_n^k p^k q^{n-k},$$

其中，$p+q=1$，$k=0$，1，2，…，n.

证： 设事件 A_i 表示“事件 A 在第 i 次试验中发生”，则有

$$P(A_i)=p，P(\overline{A_i})=1-p=q \quad (i=1，2，\cdots，n),$$

因为各次试验是相互独立的，所以事件 A_1、A_2、……、A_n 是相互独立的. 由此可见，n 次独立试验中事件 A 在指定的 k 次(如在前面 k 次)试验中发生而在其余 $n-k$ 次试验中不发生的概率为

$$\begin{aligned}P(A_1\cdots A_k\overline{A_{k+1}}\cdots\overline{A_n})&=P(A_1)\cdots P(A_k)P(\overline{A_{k+1}})\cdots P(\overline{A_n})\\&=\underbrace{p\cdots p}_{n个}\cdot\underbrace{q\cdots q}_{(n-k)个}=p^k q^{n-k}.\end{aligned}$$

由于事件 A 在 n 次独立试验中恰好发生 k 次共有 C_n^k 种不同的方式，每一种方式对应一个事件，易知这 C_n^k 个事件是互不相容的，所以根据概率的可加性得

$$P_n(k)=C_n^k p^k q^{n-k}, \quad k=0，1，2，\cdots，n.$$

由于上式右端正好是二项式$(p+q)^n$ 的展开式中的第 $k+1$ 项，所以通常把这个公式称为二项概率公式. 顺便指出，概率 $P_n(k)$满足恒等式

$$\sum_{k=0}^{n}P_n(k)=\sum_{k=0}^{n}C_n^k p^k q^{n-k}=(p+q)^n=1^n=1.$$

例 4 某车间有 12 台车床，每台车床由于种种原因，时常需要停车，各台车床是否停车是相互独立的. 若每台车床在任一时刻处于停车的概率为$\frac{1}{3}$，求任一时刻车间里恰有 4 台车床处于停车状态的概率.

解： 任一时刻对一台车床的观察可以看作是一次试验，实验的结果只有两种：开动或停车. 因为各台车床开动或停车是相互独立的，所以对 12 台车床的观察就是 12 次独立试验. 于是，我们可以用二项概率公式计算得

$$P_{12}(4)=C_{12}^4\left(\frac{1}{3}\right)^4\left(\frac{2}{3}\right)^8\approx 0.238.$$

例 5 设某种药对某种疾病的治愈率为 80%，现有 10 名患有这种疾病的病人同时服用这种药，求其中至少有 6 人被治愈的概率.

解： 每一位病人服用这种药可以看作是一次试验，试验结果只有两种：被治愈或未被治愈. 因为各个病人是否被治愈是相互独立的，所以 10 个病人服用这种药就是 10 次独立试验. 于是，我们可以用二项概率公式计算得所求概率为

$$\sum_{k=6}^{10}P_{10}(k)=\sum_{k=6}^{10}C_{10}^k(0.8)^k(0.2)^{10-k}\approx 0.967.$$

这个结果表明，服用这种药的 10 个病人中至少有 6 人被治愈的可能性是很大的.

习题 8-3

1. 电路由电池 A 与两个并联的电池 B、C 串联而成，设电池 A、B、C 是否损坏相

互独立，且它们损坏的概率依次为0.3、0.2、0.2，求此电路发生间断的概率.

2. 一个工人看管三台机床，在 $1h$ 内机床不需要工人看管的概率为：第一台等于0.9，第二台等于0.8，第三台等于0.7，求：

(1)在1h内三台机床都不需要看管的概率，

(2)在1h内至少有一台机床不需要看管的概率.

3. 三名学生同时独立地求解一道难题，设在1h内他们能解出此题的概率分别为0.3、0.6、0.55. 试求1h内难题被解出的概率.

4. 甲、乙两门大炮各自同时向一架敌机射击，已知甲炮击中敌机的概率为0.6，乙炮击中敌机的概率为0.5，求敌机被击中的概率.

5. 某车间有5台车床彼此独立工作，由于工艺原因，每天机床实际开动率为0.8，求：

(1)任一时刻5台车床中恰有4台开动的概率，

(2)任一时刻5台车床中至少有1台开动的概率.

6. 一个医生已知某种疾病患者服药后的痊愈率为25%，为试验一种新药是否有效，把它给10个病人服用，且规定若10个人中至少有4人被治好，则认为这种新药有效，反之，则认为无效，试求：

(1)虽然新药有效，且把痊愈率提高到35%，但通过试验被否定的概率，

(2)新药完全无效，但通过试验能认为有效的概率.

第4节　随机变量及其分布

为了更深入地研究随机事件及其概率，我们引进概率论中一个非常重要的概念——随机变量，它将使我们能更全面地研究随机试验的结果，揭示客观存在着的统计规律.

在随机现象中，有许多问题与数值发生联系. 如“测试灯泡的寿命”这一试验，它的每一试验结果就是一个数. 另外，也有些初看起来与数值无关的随机现象，如掷硬币的试验，但我们也可以想办法使它与数值联系起来. 掷硬币试验的样本空间含有两个可能的结果，即

$$\Omega=\{\omega_1,\ \omega_2 \mid \omega_1=\text{“出现正面”};\ \omega_2=\text{“出现反面”}\},$$

我们用下面的方法使它与数值发生联系，当“出现正面”时，用数“1”表示，当“出现反面”时，用“0”表示. 此时将试验结果看作一个变量 X，它将随试验的结果而变化，当试验结果为“出现正面”时，它取值1，当试验结果为“出现反面”时，它取值0. 若与样本空间 $\Omega=\{\omega_1,\ \omega_2\}=\{\omega\}$ 联系起来，则变量 X 可以看作是定义在 Ω 上的函数，记为

$$X=X(\omega)=\begin{cases}1, & \omega=\omega_1\\ 0, & \omega=\omega_2\end{cases},$$

称变量 X 为随机变量.

下面给出随机变量的定义.

定义 1 设随机试验 $\boldsymbol{E}$ 的样本空间为 $\Omega=\{\omega\}$，若对于每一个样本点 $\omega\in\Omega$，变量 X 都有唯一确定的实数值与之对应，则 X 是定义在 Ω 上的实值函数，即 $X=X(\omega)$，我们称这样的变量 X 为随机变量，通常用大写英文字母 X、Y、Z、……表示.

注：(1)随机变量是 $\Omega\to R$ 上的一个映射，其定义域是样本空间 Ω.

(2)随机性. 随机变量的取值不止一个，试验前只能预知它的可能取值，但不能预知取哪个值.

(3)概率性. 随机变量 X 以一定的概率取某个值.

引入随机变量的概念后，随机事件就可通过随机变量来表示. 如在上例中"出现正面"这一事件可以用 $(X=1)$ 来表示，"出现反面"这一事件可以用 $(X=0)$ 来表示，这样就可把对随机事件的研究转化为对随机变量的研究了.

随机变量一般可分为离散型随机变量和非离散型随机变量，而在非离散型随机变量中连续型随机变量比较常见.

8.4.1 离散型随机变量

离散型随机变量的定义

定义 2 若随机变量 X 只能取有限个数值 x_1、x_2、……、x_n 或可列无穷多个数值 x_1、x_2、……、x_n、……则称 X 为离散型随机变量. 离散型随机变量 X 取得任一可能值 x_i 的概率 $p(X=x_i)$ 记作

$$p(x_i)=p(X=x_i) \quad i=1,\ 2,\ \cdots,\ n,\ \cdots,$$

或记作如表 8-3 所示.

表 8-3

$\boldsymbol{X}$	$\boldsymbol{x_1}$	$\boldsymbol{x_2}$	…	$\boldsymbol{x_i}$	…
$p(x_i)$	$p(x_1)$	$p(x_2)$	…	$p(x_i)$	…

称为离散型随机变量 X 的概率函数或概率分布.

概率函数 $p(x_i)$ 的性质：

(1) $p(x_i)\geqslant 0$　　非负性，

(2) $\sum\limits_{i} p(x_i)=1$　归一性.

在上例中，随机变量只取 0、1 两个值，它是一个离散型随机变量；又如用来表示电话交换台在单位时间内接到呼唤次数的随机变量，也是一个离散型随机变量.

例 1 某人参加射击游戏，射击的靶如图 8-2 所示. 设每次射击不会发生脱靶，并且分别击中 1 环、2 环、4 环的概率分别与各环的面积成正比，求此人两次独立射击所得环数乘积的概率分布.

解：试验的样本空间

$$\Omega=\{\omega_{ij}\mid i=1,\ 2,\ 4;\ j=1,\ 2,\ 4\},$$

其中，样本点 ω_{ij} 表示"第一次击中 i 环，第二次击中 j 环". 设随机变量 X 表示此人两次射击所得环数的乘积，则

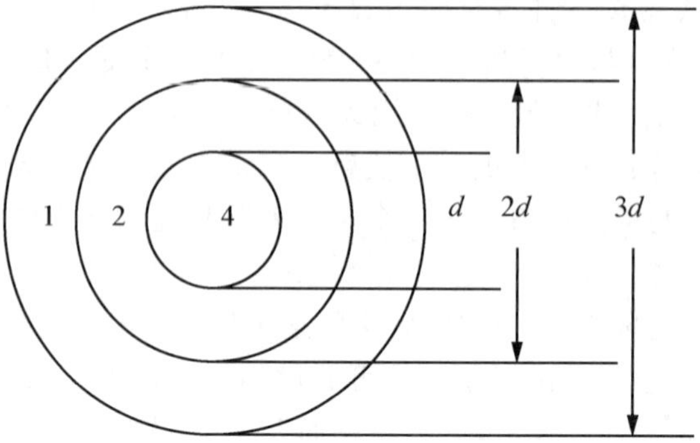

图 8-2

$$X=X(\omega_{ij})=i\cdot j.$$

易知 X 的可能取值为 1、2、4、8、16.

因为“4 环”“2 环”“1 环”的面积分别为

$$S_4=\frac{1}{4}\pi d^2,\ S_2=\frac{3}{4}\pi d^2,\ S_1=\frac{5}{4}\pi d^2,$$

所以每次射击“击中 4 环”“击中 2 环”“击中 1 环”的概率分别为

$$p_4=\frac{\pi d^2/4}{9\pi d^2/4}=\frac{1}{9},\ p_2=\frac{3\pi d^2/4}{9\pi d^2/4}=\frac{3}{9},\ p_1=\frac{5\pi d^2/4}{9\pi d^2/4}=\frac{5}{9}.$$

又因为两次射击是独立的，所以有

$$p(\omega_{ij})=p_ip_j\quad(i=1,\ 2,\ 4;\ j=1,\ 2,\ 4).$$

于是，不难求得随机变量 X 取得各个可能值的概率为

$$p(X=1)=p(\omega_{11})=p_1p_2=\frac{5}{9}\cdot\frac{5}{9}=\frac{25}{81},$$

$$p(X=2)=p(\omega_{12}+\omega_{21})=p(\omega_{12}+\omega_{21})=p_1p_2+p_2p_1=\frac{5}{9}\cdot\frac{3}{9}+\frac{3}{9}\cdot\frac{5}{9}=\frac{30}{81},$$

$$p(X=4)=p(\omega_{14}+\omega_{22}+\omega_{41})=p(\omega_{14})+p(\omega_{22})+p(\omega_{41})$$
$$=p_1p_4+p_2p_2+p_4p_1=\frac{5}{9}\cdot\frac{1}{9}+\frac{3}{9}\cdot\frac{3}{9}+\frac{1}{9}\cdot\frac{5}{9}=\frac{19}{81}.$$

$$p(X=8)=p(\omega_{24}+\omega_{42})=p(\omega_{24})+p(\omega_{42})=p_2p_4+p_4p_2$$
$$=\frac{3}{9}\cdot\frac{1}{9}+\frac{1}{9}\cdot\frac{3}{9}=\frac{6}{81},$$

$$p(X=16)=p(\omega_{44})=p_4p_4=\frac{1}{9}\cdot\frac{1}{9}=\frac{1}{81}.$$

故随机变量 X 的概率分布如表 8-4 所示.

表 8-4

X	1	2	4	8	16
$p(x_i)$	25/81	30/81	19/81	6/81	1/81

8.4.2 几种常用的离散型随机变量的分布

1. 0—1 分布

如果随机变量 X 只可能取 0 和 1 两个值，其概率分布为

$$p(X=1)=p,\ p(X=0)=1-p,$$

则称随机变量 X 服从 0—1 分布，也称为贝努里分布或两点分布.

0—1 分布的概率分布也可写成如表 8-5 所示.

表 8-5

X	**1**	**0**
$p(x_i)$	p	$1-p$

注： 凡是试验只有两个可能结果的，都可用服从 0—1 分布的随机变量来描述. 如检查产品的质量是否合格、婴儿的性别、播种一粒种子的发芽与否、掷硬币试验等，都可用服从 0—1 分布的随机变量来描述.

例 2 100 件产品中，有 98 件正品，2 件次品，现从中随机地抽取一件. 如抽取每一件的机会相等，那么可以定义随机变量 X 如下，

$$X=\begin{cases}1, & \text{当取得正品}\\ 2, & \text{当取得次品}\end{cases},$$

这时随机变量 X 的概率分布为

$$p(X=1)=0.98,\ p(X=0)=0.02.$$

2. 超几何分布

定义 3 设随机变量 X 的概率函数为

$$p(x)=\frac{C_M^x C_{N-M}^{n-x}}{C_N^n},\ x=0,\ 1,\ 2,\ \cdots,\ n,$$

其中，n、M、N 都是正整数，且 $n\leqslant N$、$M\leqslant N$，则称随机变量 X 服从超几何分布，记作 $X\sim H(n,\ M,\ N)$，其中 n、M、N 是分布的参数.

例 3 设一批产品共 N 件，其中有 M 件次品，从这批产品中一次抽取 n 件样品或不放回地依次抽取 n 件样品，则样品中的次品数 $X\sim H(n,\ M,\ N)$.

3. 二项分布

二项分布产生于重复独立试验，是应用最广泛的离散型随机变量.

定义 4 设随机变量 X 的概率函数为

$$p_n(x)=C_n^x p^x q^{n-x},\ x=0,\ 1,\ 2,\ \cdots,\ n,$$

其中，n 为正整数，$0<p<1$，$p+q=1$，则称随机变量 X 服从二项分布，记作 $X\sim B(n,\ p)$，其中 n、p 是分布参数.

例 4 设一批产品共 N 件，其中有 M 件次品，即次品率 $p=\dfrac{M}{N}$. 放回抽样并从这

批产品中依次取 n 件产品，则样品中的次品数 $X\sim B\left(n,\ \frac{M}{N}\right)$.

一般地，在伯努里概型中，设事件 A 在每次试验中发生的概率为 p，则事件 A 在 n 次独立试验中发生的次数 $X\sim B(n,\ p)$.

特别地，当 $n=1$ 时，二项分布化为 $p(x)=p^x q^{1-x}(x=0,\ 1)$，这就是 0—1 分布.

例 5 设种子发芽率是 80%，种下 5 粒，用 X 表示发芽的粒数，求 X 的概率分布.

解：种下 5 粒种子可以看作同样条件下的五次重复独立试验，故 $X\sim B(5,\ 0.8)$. 我们有

$$p(X=k)=C_5^k 0.8^k 0.2^{5-k},\ k=0,\ 1,\ 2,\ 3,\ 4,\ 5.$$

算出具体数值列表如表 8-6 所示.

表 8-6

X	0	1	2	3	4	5
$p(x_i)$	0.00032	0.0064	0.0512	0.2048	0.4096	0.32768

例 6 某人进行射击，设每次射击的命中率为 0.02，独立射击 400 次，试求至少击中两次的概率.

解：将一次射击看成是一次试验，设击中的次数为 X，则 $X\sim B(400,\ 0.02)$. X 的概率分布为

$$p(X=k)=C_{400}^k(0.02)^k(0.98)^{400-k},\ k=0,\ 1,\ \cdots,\ 400.$$

于是所求概率为

$$\begin{aligned}p(X\geqslant 2)&=1-p(X=0)-p(X=1)\\&=1-(0.98)^{400}-400(0.02)(0.98)^{399}=0.997.\end{aligned}$$

注：本例中的概率很接近于 1，这说明小概率事件虽不易发生，但重复次数多了，就成了大概率事件，这也告诉人们绝不能轻视小概率事件.

定理 1 设 $X\sim H(n,\ M,\ N)$，当 N 充分大，n 相对于 N 较小($\frac{n}{N}<10\%$)时，有近似分布 $X\overset{\text{近似}}{\sim}B(n,\ p)$，其中 $p=\frac{M}{N}$.

证明略.

定理 1 说明超几何分布的极限分布是二项分布.

注：由定理 1 知，当一批产品的总量 N 很大，而抽取样品的数量 n 相对于 N 较小($\frac{n}{N}<10\%$)时，则不放回抽样(样品中的次品数服从超几何分布)与放回抽样(样品中的次品数服从二项分布)没有多大差异.

4. 泊松分布

定义 5 设随机变量 X 的概率函数为

$$p_\lambda(x)=\frac{\lambda^x}{x!}e^{-\lambda},\ x=0,\ 1,\ 2,\ \cdots,$$

其中，$\lambda>0$，则称随机变量 X 服从泊松分布，记作 $X\sim p(\lambda)$，其中 λ 是分布参数.

注：在某个时段内大卖场的顾客数、市级医院急诊病人数、某地区拨错号的电话呼唤次数、某地区发生的交通事故的次数、放射性物质发射的 α 粒子数、一匹布上的疵点个数、一个容器中的细菌数、一本书一页中的印刷错误数等都服从泊松分布.

由例 6 的计算我们看到，有时二项分布的概率计算很麻烦，下面的定理给出了二项分布当 n 很大而 p 很小时的近似计算方法.

定理 2(泊松定理) 若 $X\sim B(n,\ p)$，当 n 很大、p 很小($np<4$)时，有

$$\lim_{n\to\infty}p(X=k)=\frac{\lambda^k}{k!}e^{-\lambda},$$

其中，$\lambda=np$.

证明略.

定理 2 说明二项分布的极限分布是泊松分布.

例 7 利用泊松定理近似计算例 6 中的概率 $p(X\geqslant 2)$.

解：因为 $p(X=k)\approx\frac{\lambda^k}{k!}e^{-\lambda}$，$\lambda=np=8$，$k=0,\ 1,\ \cdots$

于是 $p(X=0)=e^{-8}$，$p(X=1)\approx 8e^{-8}$，

因此 $p(X\geqslant 2)=1-p(X<2)\approx 1-e^{-8}-8e^{-8}=1-9e^{-8}=1-0.003=0.997$.

例 8 设一批产品共 2000 个，其中有 40 个次品. 随机抽取 100 个样品，若抽样方式是：(1)不放回抽样；(2)放回抽样. 求样品中次品数 X 的概率分布.

解：(1)不放回抽样时，样品中的次品数 X 服从超几何分布 $H(100,\ 40,\ 2000)$，概率函数为

$$p(X=x)=\frac{C_{40}^{x}C_{1960}^{100-x}}{C_{2000}^{100}},\ x=0,\ 1,\ 2,\ \cdots,\ 40.$$

因为这批产品总量 $N=2000$ 很大，而抽取样品数量 $n=100$ 较小，所以可由定理 1 中的近似公式来计算. $p=\frac{M}{N}=\frac{40}{2000}=0.02$ 是次品率，即 $X\overset{\text{近似}}{\sim}B(100,\ 0.02)$，所以

$$p(X=x)\approx C_{100}^{x}(0.02)^x(0.98)^{100-x},\ x=0,\ 1,\ 2,\ \cdots,\ 40.$$

(2)放回抽样时.

方法 1 样品中的次品数 X 服从二项分布，即 $X\sim B(100,\ 0.02)$，

$$p(X=x)=C_{100}^{x}(0.02)^x(0.98)^{100-x},\ x=0,\ 1,\ 2,\ \cdots,\ 100.$$

方法 2 因为抽取样品数 $n=100$ 较大，且 $p=0.02$ 较小，所以可由定理 2 中的近似公式来计算，其中 $\lambda=100\times 0.02=2$，故有

$$p(X=x)\frac{2^x}{x!}e^{-2},\ x=0,\ 1,\ 2,\ \cdots,\ 100.$$

为了便于同学们对这三种计算结果进行比较，现将三种计算结果列表如表 8-7 所示.

表 8-7

样品中的次品数 X	超几何分布 $H(100, 40, 2000)$	二项分布 $B(100, 0.2)$	泊松分布 $p(2)$
0	0.1256	0.1326	0.1353
1	0.2705	0.2707	0.2707
2	0.2805	0.2734	0.2707
3	0.1869	0.1823	0.1804
4	0.0900	0.0902	0.0902
5	0.0333	0.0353	0.0361
6	0.0099	0.0114	0.0120
7	0.0024	0.0031	0.0034
8	0.0005	0.0007	0.0009
9	0.0001	0.0002	0.0002

从表中可以看出，三种分布对应的概率计算是相当近似的.

8.4.3 连续型随机变量

连续型随机变量的定义

离散型随机变量是不能在某个区间上连续取值的，但在自然和社会现象中，有许多随机变量是可以在某个区间上连续取值的，这类非离散型随机变量中最常见的是连续型随机变量.

定义 1 若随机变量 X 的取值范围是某个实数区间 I(有界或无界)，且存在非负函数 $f(x)$，使得对于任意区间 $(a, b]\subset I$ 有

$$p(a < X \leqslant b)=\int_a^b f(x)\mathrm{d}x,$$

则称 X 为连续型随机变量，函数 $f(x)$称为连续随机变量 X 的概率密度函数，简称概率密度.

概率密度函数的性质：

(1) $f(x)\leqslant 0$，

(2) $\int_{-\infty}^{+\infty} f(x)\mathrm{d}x=1$.

注：(1)满足性质(1)和性质(2)的函数 $f(x)$必为某一连续型随机变量的概率密度函数.

(2)对于连续型随机变量 X 来说，$p(X=x_0)=0$，这表明连续型随机变量取任何实数的概率都为零.

(3)发生的概率为 0 的事件未必不发生.

(4)对于连续型随机变量 X，有

$$p(a < X \leqslant b)=p(a \leqslant X \leqslant b)=p(a < X < b)=p(a \leqslant X < b)=\int_a^b f(x)\mathrm{d}x.$$

例 9 设连续型随机变量 X 的概率密度为

$$f(x)=\begin{cases}Ax^2, & 0\leqslant x\leqslant 1\\ 0, & \text{其他}\end{cases},$$

求：(1)系数 A，(2)随机变量 X 的概率分布的中值 x^*，即 x^* 应满足等式

$$p(X<x^*)=p(X>x^*).$$

解：(1)由概率密度函数的性质(2)有

$$\int_{-\infty}^{0}0\mathrm{d}x+\int_{0}^{1}Ax^2\mathrm{d}x+\int_{1}^{+\infty}0\mathrm{d}x=1$$

即 $\dfrac{A}{3}=1$，故有 $A=3$.

(2)因为 $p(X=x^*)=0$，所以应有

$$p(X<x^*)=p(X>x^*)=\frac{1}{2},$$

而

$$p(X<x^*)\int_{0}^{x^*}3x^2\mathrm{d}x=x^{*3}=\frac{1}{2},$$

故

$$x^*=\left(\frac{1}{2}\right)^{1/3}\approx 0.794.$$

例 10 设随机变量 X 的概率密度为

$$f(x)=\begin{cases}kx, & 0\leqslant x<3\\ 2-\dfrac{x}{2}, & 3\leqslant x\leqslant 4\\ 0, & \text{其他}\end{cases},$$

(1)确定常数 k，(2)求 $p\left(1<X\leqslant\dfrac{7}{2}\right)$.

解：(1)由 $\int_{-\infty}^{+\infty}f(x)\mathrm{d}x=1$，得

$$\int_{0}^{3}kx\,\mathrm{d}x+\int_{3}^{4}\left(2-\frac{x}{2}\right)\mathrm{d}x=1,$$

解得 $k=\dfrac{1}{6}$，于是 X 的概率密度为

$$f(x)=\begin{cases}\dfrac{x}{6}, & 0\leqslant x<3\\ 2-\dfrac{x}{2}, & 3\leqslant x\leqslant 4\\ 0, & \text{其他}\end{cases},$$

(2) $p\left(1-X\leqslant\dfrac{7}{2}\right)=\int\dfrac{7}{2}f(x)\mathrm{d}x=\int_{1}^{3}\dfrac{x}{6}\mathrm{d}x+\int_{3}^{\frac{7}{2}}\left(2-\dfrac{x}{2}\right)\mathrm{d}x=\dfrac{41}{48}.$

8.4.4 几种常用的连续型随机变量的分布

1. 均匀分布

定义 2 设随机变量 X 的概率密度为

$$f(x)=\begin{cases}\dfrac{1}{b-a}, & a\leqslant x\leqslant b,\\ 0, & \text{其他}\end{cases}$$

则称随机变量 X 在区间$[a, b]$上服从均匀分布，记作 $X\sim U(x, b)$，其中 a，b 是分布参数.

注：(1)因为对于任意$(c, d)\subset(a, b)$，$p(c<X<d)=\int_c^d\dfrac{1}{b-a}\mathrm{d}x=\dfrac{d-c}{b-a}$，所以服从均匀分布的随机变量 X 落在(a, b)内任何长为 $d-c$ 的小区间内的概率与小区间的位置无关，只与其长度成正比.

(2)在数值计算中，由于“四舍五入”最后一位数字所引起的随机误差，在刻度器上读数时，把零头数化为最近整分度时所发生的随机误差等都可以认为是服从均匀分布的.

例 11 用电子表计时一般准确至百分之一秒，即若以秒为时间的计量单位，则小数点后第二位数字是按“四舍五入”原则得到的. 求由此产生的计时误差的概率密度.

解：由题意知，计时误差 X 可能取得区间$[-0.005, 0.005]$上的任意数值，并在此区间上服从均匀分布，X 的概率密度为

$$f(x)=\begin{cases}100, & |x|\leqslant 0.005\\ 0, & |x|>0.005\end{cases}.$$

例 12 设电阻值 R 是一个随机变量，R 在$[900, 1100]$上服从均匀分布，求 R 的概率密度及 R 在$[950, 1050]$上取值的概率.

解：按题意，R 的概率密度为

$$f(r)=\begin{cases}\dfrac{1}{1100-900}, & 900\leqslant r\leqslant 1100\\ 0, & \text{其他}\end{cases},$$

故有

$$p(950\leqslant R\leqslant 1050)=\int_{950}^{1050}\frac{1}{200}\mathrm{d}x=0.5.$$

2. 指数分布

定义 3 设随机变量 X 的概率密度为

$$f(x)=\begin{cases}\dfrac{1}{\lambda}\mathrm{e}^{-x/\lambda} & x>0\\ 0, & x\leqslant 0\end{cases},$$

则称随机变量 X 服从指数分布，记作 $X\sim \mathrm{e}(\lambda)$，其中 $\lambda>0$ 是分布参数.

注：可用服从指数分布的随机变量描述的现象有：

(1)随机服务系统中的服务时间，

(2)电话问题中的通话时间，

(3)无线电元件的寿命及动物的寿命，指数分布常作为各种“寿命”分布的近似.

例 13 已知某电子元件厂生产的电子元件的寿命 $X(h)$ 服从指数分布 e(3000). 该厂规定寿命低于 300(h)的元件可以退换，问：该厂被退换元件的数量大约占总产量的百分之几？

解： 因为 X 的概率密度为

$$f(x)=\frac{1}{3000}\mathrm{e}^{-x/3000},\ x>0,$$

故有

$$p(X<300)=\int_0^{300}\frac{1}{3000}\mathrm{e}^{-x/3000}\mathrm{d}x=1-\mathrm{e}^{-0.1}\approx 0.095.$$

所以，该厂退换元件的数量大约占总产量的 9.5%.

8.4.5 随机变量的分布函数

1. 随机变量分布函数的概念

为了更进一步研究随机变量的概率分布，我们引入随机变量分布函数的概念.

定义 4 设 X 是随机变量，x 是任意实数，则事件“$X\leqslant x$”的概率 $p(X\leqslant x)$称为随机变量 X 的分布函数，记作 $F(x)$，即

$$F(x)=p(X\leqslant x).$$

注： (1)对于任意实数 a，$b(a<b)$，有

$$p(a<X\leqslant b)=p(X\leqslant b)-p(X\leqslant a)=F(b)-F(a),$$
$$p(X\leqslant b)=F(b),\ p(X>a)=1-F(a).$$

(2)分布函数是一个普通的函数，正是它使我们能用数学分析的方法来研究随机变量.

(3)如果把随机变量 X 的取值看成是数轴上随机点的坐标，那么，分布函数 $F(x)$ 在 x 处的函数值就等于随机变量 X 取区间$(-\infty,\ x]$上的值的概率.

2. 离散型随机变量分布函数的求法

设 X 是离散型随机变量，并有概率函数 $p(x_i)$，$i=1$，2……则由分布函数的定义知

$$F(x)=p(X\leqslant x)=p(\bigcup_{x_i\leqslant x}(X=x_i))=\sum_{x_i\leqslant x}p(X=x_i)=\sum_{x_i\leqslant x}p(x_i).$$

例 14 设离散型随机变量 X 的概率分布如表 8-8 所示.

表 8-8

X	**−1**	**2**	**3**
$p(x_i)$	$\frac{1}{4}$	$\frac{1}{2}$	$\frac{1}{4}$

求：(1)X 的分布函数，(2)$p\left(X\leqslant\frac{1}{2}\right)$、$p\left(\frac{3}{2}<X\leqslant\frac{5}{2}\right)$、$p(2\leqslant X\leqslant 3)$.

解：(1)由 $F(x)=\sum\limits_{x_i\leqslant x}p(x_i)$ 得

$$F(x)=\begin{cases}0, & x<-1\\ p(-1), & -1\leqslant X<2\\ p(-1)+p(2), & 2\leqslant X<3\\ p(-1)+p(2)+p(3), & X\geqslant 3\end{cases},$$

即

$$\begin{cases}0, & x<-1\\ \frac{1}{4}, & -1\leqslant X<2\\ \frac{3}{4}, & 2\leqslant X<3\\ 1, & x\geqslant 3\end{cases}.$$

(2)$p\left(X\leqslant\frac{1}{2}\right)=F\left(\frac{1}{2}\right)=\frac{1}{4}$,

$p\left(\frac{3}{2}<X\leqslant\frac{5}{2}\right)=F\left(\frac{5}{2}\right)-F\left(\frac{3}{2}\right)=\frac{3}{4}-\frac{1}{4}=\frac{1}{2}$,

$p(2\leqslant X\leqslant 3)=F(3)-F(2)+p(X=2)=1-\frac{3}{4}+\frac{1}{2}=\frac{3}{4}$.

由例 6 可知，离散型随机变量的分布函数 $F(x)$是分段阶梯函数，在 X 的可能取值 x_i 处发生间断，间断点为第一类跳跃间断点，在间断点处有跃度 $p(x_i)$.

3. 连续型随机变量分布函数的求法

设 X 是连续型随机变量，并有概率密度 $f(x)$，则由分布函数的定义知

$$F(x)=\int_{-\infty}^{x}f(t)\mathrm{d}t,$$

且在 $f(x)$的连续点 x 处，有 $f(x)=F'(x)$.

例 15 设连续型随机变量 X 的概率密度为

$$f(x)\begin{cases}x, & 0\leqslant X<1\\ 2-x, & 1\leqslant x\leqslant 2,\\ 0, & 其他\end{cases}$$

求：(1)X 的分布函数 $F(x)$，(2)$p\left(\frac{1}{2}\leqslant X\leqslant\frac{3}{2}\right)$.

解：(1)由 $F(x)=\int_{-\infty}^{x}f(t)\mathrm{d}t$ 得

$$F(x)=\begin{cases}0, & x<0\\ \int_0^x x\,\mathrm{d}x, & 0\leqslant x<1\\ \int_0^1 x\,\mathrm{d}x+\int_1^x(2-x)\mathrm{d}x, & 1\leqslant x\leqslant 2\\ 1, & x\geqslant 2\end{cases},$$

即

$$F(x)=\begin{cases}0, & x<0 \\ \dfrac{x^2}{2}, & 0\leqslant x<1 \\ -\dfrac{x^2}{2}+2x-1, & 1\leqslant x<2 \\ 1, & x\geqslant 2\end{cases}.$$

(2)$p\left(\frac{1}{2}<X\leqslant\frac{3}{2}\right)=F\left(\frac{3}{2}\right)-F\left(\frac{1}{2}\right)=\frac{3}{4}$.

由例 7 可知，连续型随机变量的分布函数 $F(x)$在$(-\infty,\ \infty)$上处处连续.

4. 随机变量分布函数的性质

随机变量的分布函数 $F(x)$具有下列性质：

(1)$0\leqslant F(x)\leqslant 1$，

(2)$F(x)$是 x 的非减函数，

(3)$F(-\infty)=\lim\limits_{x\to-\infty}F(x)=0$，$F(+\infty)=\lim\limits_{x\to+\infty}F(x)=1$，

(4)离散型随机变量 X 的分布函数 $F(X)$是右连续函数，而连续型随机变量 X 的分布函数 $F(x)$在$(-\infty,\ \infty)$上处处连续.

习题 8-4

1. 一盒电器元件中有 7 只合格品和 3 只次品，从中任取 1 只接入电路，如果取出的是次品就不再放回去，求在电路接通(取得合格品)前已取出次品数 ξ 的概率分布.

2. 设随机变量 ξ 的密度函数为 $f(x)=\dfrac{A}{1+x^2}(-\infty<x<+\infty)$，求：(1)系数 A；(2)$P\{|\xi|<1\}$.

3. 在 10 个产品中有 2 个次品，连续抽取三次，每次抽取 1 个，求：

(1)不放回抽样时，抽到次品数 ξ 的分布列，

(2)放回抽样时，抽到次品数 ξ 的分布列.

4. 设随机变量 ξ 的密度函数

$$f(x)=\begin{cases}A\cos x, & |x|\leqslant\dfrac{\pi}{2} \\ 0, & |x|>\dfrac{\pi}{2}\end{cases},$$

求：(1)系数 A，

(2)作密度函数的图形，

(3)ξ 落在区间 $\left[0,\ \frac{\pi}{4}\right]$ 内的概率.

第 5 节　随机变量的数字特征

8.5.1　数学期望

在前面的课程中，我们讨论了随机变量及其分布，如果知道了随机变量 X 的概率分布，那么 X 的全部概率特征也就知道了. 然而，在实际问题中，概率分布一般是较难确定的，而在一些实际应用中，人们并不需要知道随机变量的一切概率性质，只要知道它的某些数字特征就够了. 因此，在对随机变量的研究中，确定其某些数字特征是重要的，而在这些数字特征中，最常用的是随机变量的数学期望和方差.

1. 离散随机变量的数学期望

我们来看一个问题.

某车间对工人的生产情况进行考察. 车工小张每天生产的废品数 X 是一个随机变量，如何定义 X 取值的平均值呢?

若统计 100 天，32 天没有出废品，30 天每天出一件废品，17 天每天出两件废品，21 天每天出三件废品. 这样可以得到这 100 天中每天的平均废品数为

$$0\times\frac{32}{100}+1\times\frac{30}{100}+2\times\frac{17}{100}+3\times\frac{21}{100}=1.27,$$

这个数能作为 X 取值的平均值吗?

可以想象，若另外统计 100 天，车工小张不出废品，出一件、二件、三件废品的天数与前面的 100 天一般不会完全相同，这另外 100 天每天的平均废品数也不一定是 1.27.

对于一个随机变量 X，若它全部可能取的值是 x_1、x_2、……相应的概率为 P_1、P_2、……则对 X 作一系列观察(试验)所得 X 的试验值的平均值是随机的. 但是，如果试验次数很大，出现 x_k 的频率会接近于 P_K，于是试验值的平均值应接近

$$\sum_{k=1}^{\infty}x_kP_k$$

由此引入离散随机变量数学期望的定义.

定义 1　设 X 是离散随机变量，它的概率函数是

$$P(x_k)=P(X=x_k)=P_k,\ k=1,\ 2,\ \cdots$$

如果 $\sum\limits_{k=1}^{\infty}|x_k|P_k$ 收敛，定义 X 的数学期望为

$$E(X)=|x_kP_k$$

也就是说，离散随机变量的数学期望是一个绝对收敛的级数的和.

例 1　某人的一串钥匙为 n 把钥匙，其中只有一把能打开自己的家门，他随意地试用这串钥匙中的某一把去开门. 若每把钥匙试开一次后除去，求打开门时试开次数的数学期望.

解：设试开次数为 X，则

$$P(X=k)=\frac{1}{n},\ k=1,\ 2,\ \cdots,\ n.$$

于是

$$E(X)=\sum_{k=1}^{n}k\cdot\frac{1}{n}=\frac{1}{n}\cdot\frac{(1+n)n}{2}=\frac{n+1}{2}.$$

2. 连续随机变量的数学期望

为了引入连续随机变量数学期望的定义，我们设 X 是连续随机变量，其密度函数为 $f(x)$，把区间$(-\infty,\ +\infty)$分成若干个长度非常小的区间，考虑随机变量 X 落在任意小区间$(x,\ x+\mathrm{d}x]$内的概率，则有

$$P(x<X\leqslant x+\mathrm{d}x)=\int_{x}^{x+\mathrm{d}x}f(t)\mathrm{d}x\approx f(x)\mathrm{d}x.$$

由于区间$(x,\ x+\mathrm{d}x]$的长度非常小，随机变量 X 在$(x,\ x+\mathrm{d}x]$内的全部取值都可近似为 x，而取值的概率可近似为 $f(x)\mathrm{d}x$. 参照离散随机变量数学期望的定义，我们可以引入连续随机变量数学期望的定义.

定义 2 设 X 是连续随机变量，其密度函数为 $f(x)$. 如果

$$\int_{-\infty}^{\infty}|x|f(x)\mathrm{d}x$$

收敛，定义连续随机变量 X 的数学期望为

$$E(X)=\int_{-\infty}^{\infty}xf(x)\mathrm{d}x,$$

也就是说，连续随机变量的数学期望是一个绝对收敛的积分.

由连续随机变量数学期望的定义不难计算：

若 $X\sim U(a,\ b)$，即 X 服从$(a,\ b)$上的均匀分布，则 $E(X)=\frac{a+b}{2}$；

若 X 服从参数为λ 的泊松分布 $E(X)=\lambda$.

3. 随机变量函数的数学期望

设已知随机变量 X 的分布，我们需要计算的不是随机变量 X 的数学期望，而是 X 的某个函数的数学期望，如 $g(X)$的数学期望，应该如何计算呢？这就是随机变量函数的数学期望计算问题.

一种方法是，因为 $g(X)$也是随机变量，故应有概率分布，它的分布可以由已知的 X 的分布求出来. 一旦我们知道了 $g(X)$的分布，就可以按照数学期望的定义把 $E[g(X)]$计算出来，使用这种方法必须先求出随机变量函数 $g(X)$的分布，一般是比较复杂的. 那么是否可以不先求 $g(X)$的分布，而只根据 X 的分布求得 $E[g(X)]$呢？答案是肯定的，其基本公式如下.

设 X 是一个随机变量，$Y=g(X)$，则

$$E(Y)=E[g(X)]=\begin{cases}\sum_{k=1}^{\infty}g(x_k)p_k, & X\text{ 离散}\\ \int_{-\infty}^{\infty}g(x)f(x)\mathrm{d}x, & X\text{ 连续}\end{cases}.$$

当 X 是离散时，X 的概率函数为 $P(x_k)=P(X=x_k)=P_k$，$k=1, 2, \cdots$

当 X 是连续时，X 的密度函数为 $f(x)$.

该公式的重要性在于，当我们求 $E[g(x)]$时，不必知道 $g(x)$的分布，而只需知道 X 的分布就可以了，这给求随机变量函数的数学期望带来很大便利.

4. 数学期望的性质

(1)设 C 是常数，则 $E(C)=C$.

(2)若 k 是常数，则 $E(kX)=kE(X)$.

(3)$E(X_1+X_2)=E(X_1)+E(X_2)$.

推广到 n 个随机变量有 $E\left[\sum_{i=1}^{n} X_i\right]=\sum_{i=1}^{n} E(X_i)$.

(4)设 X，Y 相互独立，则有 $E(XY)=E(X)E(Y)$.

推广到 n 个随机变量有 $E\left[\prod_{i=1}^{n} X_i\right]=\prod_{i=1}^{n} E(X_i)$.

5. 数学期望性质的应用

例 2 求二项分布的数学期望.

解：若 $X\sim B(n, p)$，则 X 表示 n 重贝努里试验中的“成功”次数，现在我们来求 X 的数学期望. 若设

$$X_i=\begin{cases}1 & \text{如第 } i \text{ 次试验成功} \\ 0 & \text{如第 } i \text{ 次试验失败}\end{cases} \quad i=\{1, 2, \cdots, n\},$$

则 $X=X_1+X_2+\cdots+X_n$，因为 $P(X_i=1)=p$，$P(X_i=0)=1-p=q$

所以 $E(X_i)=0*q+1*p=p$，则

$$E(X)=E\left[\sum_{i=1}^{n} X_i\right]=\sum_{i=1}^{n} E(X_i)=np$$

可见，服从参数为 n 和 p 的二项分布的随机变量 X 的数学期望是 np.

需要指出，不是所有的随机变量都存在数学期望.

例 3 设随机变量 X 服从柯西分布，概率密度为

$$f(x)=\frac{1}{\pi(x^2+1)}, \quad -\infty<x<+\infty,$$

求数学期望 $E(X)$.

解：依数学期望的计算公式有

$$E(X)=\frac{1}{\pi}\int_{-\infty}^{+\infty} \frac{x}{x^2+1} \mathrm{d}x,$$

因为广义积分 $\int_{-\infty}^{+\infty} \frac{|x|}{x^2+1} \mathrm{d}x$ 不收敛，所以数学期望 $E(X)$不存在.

8.5.2 方差

前面我们介绍了随机变量的数学期望，它体现了随机变量取值的平均水平，是随机变量一个重要的数字特征. 但是在一些场合下，仅仅知道随机变量取值的平均值是

不够的，还需要知道随机变量取值在其平均值附近的离散程度，这就是我们要学习的方差的概念.

1. 方差的定义

定义 3 设随机变量 X 的数学期望 $E(X)$ 存在，若 $E[(X-E(X))^2]$ 存在，则称

$$E[(X-E(X))^2]$$

为随机变量 X 的方差，记作 $D(X)$，即 $D(X)=E[(X-E(X))^2]$.

方差的算术平方根 $\sqrt{D(X)}$ 称为随机变量 X 的标准差，记作 $\sigma(X)$，即

$$\sigma(X)=\sqrt{D(X)}.$$

由于 $\sigma(X)$ 与 X 具有相同的度量单位，故在实际问题中经常使用.

方差刻画了随机变量的取值对于其数学期望的离散程度，若 X 的取值相对于其数学期望比较集中，则其方差较小；若 X 的取值相对于其数学期望比较分散，则方差较大. 若方差 $D(X)=0$，则随机变量 X 以概率 1 取常数值.

由定义 1 知，方差是随机变量 X 的函数 $g(X)=[X-E(X)]^2$ 的数学期望，故

$$D(X)=\begin{cases}\sum\limits_{k=1}^{\infty}[x_k-E(X)]^2 p_k, & \text{当 } X \text{ 离散时} \\ \int_{-\infty}^{\infty}[x_k-E(X)]^2 f(x)\mathrm{d}x, & \text{当 } X \text{ 连续时}\end{cases}.$$

当 X 离散时，X 的概率函数为 $P(x_k)=P(X=x_k)=P_k$，$k=1, 2, \cdots$

当 X 连续时，X 的密度函数为 $f(x)$.

计算方差的一个简单公式如下：

$$D(X)=E(X^2)-[E(X)]^2.$$

证：
$$\begin{aligned}D(X)&=E[(X-E(X))^2]\\&=E[X^2-2XE(X)+[E(X)]^2]\\&=E(X^2)-[E(X)]^2.\end{aligned}$$

例 4 设随机变量 X 服从几何分布，概率函数为

$$p_k=p(1-p)^{k-1},\ k=1, 2, \cdots, n,$$

其中 $0<p<1$，求 $D(X)$.

解：记 $q=1-p$，

$$E(X)=\sum_{k=1}^{\infty}kpq^{k-1}=p\sum_{k=1}^{\infty}(q^k)'=p\left(\sum_{k=1}^{\infty}q^k\right)'=p\left(\frac{q}{1-q}\right)'=\frac{1}{p},$$

$$\begin{aligned}E(X^2)&=\sum_{k=1}^{\infty}k^2pq^{k-1}=p\left[\sum_{k=1}^{\infty}k(k-1)q^{k-1}+\sum_{k=1}^{\infty}kq^{k-1}\right]=qp\left(\sum_{k=1}^{\infty}q^k\right)''+E(X)\\&=qp\left(\frac{q}{1-q}\right)''+\frac{1}{p}=qp\,\frac{2}{(1-q)^3}+\frac{1}{p}=\frac{2q}{p^2}+\frac{1}{p},\end{aligned}$$

$$D(X)=E(X^2)-[E(X)]^2=\frac{2-p}{p^2}-\frac{1}{p^2}=\frac{1-p}{p^2}$$

2. 方差的性质

(1)若 C 是常数，则 $D(C)=0$.

(2)若 C 是常数，则 $D(CX)=C^2D(X)$.

(3)若 X 与 Y 独立，则

$$D(X+Y)=D(X)+D(Y).$$

证：由数学期望的性质及求方差的公式得

$$\begin{aligned}D(X+Y)&=E[(X+Y)^2]-[E(X+Y)]^2\\&=E[X^2+Y^2+2XY]-[E(X)+E(Y)]^2\\&=E(X^2)+E(Y^2)+2E(X)E(Y)-[E(X)]^2-[E(Y)]^2-2E(X)E(Y)\\&=\{E(X^2)-[E(X)]^2\}+\{E(Y^2)-[E(Y)]^2\}\\&=D(X)+D(Y)\end{aligned}$$

可推广为：若 X_1、X_2、……、X_n 相互独立，则

$$D\left[\sum_{i=1}^{n}X_i\right]=\sum_{i=1}^{n}D(X_i),$$

$$D\left[\sum_{i=1}^{n}C_iX_i\right]=\sum_{i=1}^{n}C_i^2D(X_i).$$

(4)$D(X)=0$ 当且仅当 $P(X=C)=1$ 时，这里 $C=E(X)$.

请思考当 X 与 Y 不相互独立时，$D(X+Y)=$？

下面我们用例题说明方差性质的应用.

例 5 二项分布的方差.

解：设 $X\sim B(n, p)$，则 X 表示 n 重贝努里试验中的“成功”次数.

若设

$$X_i=\begin{cases}1 & 如第\ i\ 次试验成功\\0 & 如第\ i\ 次试验失败\end{cases}\quad i=1, 2, \cdots, n,$$

则 $X=\sum_{i=1}^{n}X_i$ 是 n 次试验中“成功”的次数，$E(X_i)=0\times q+1\times p=p$，故

$$D(X_i)=E(X_i^2)-[E(X_i)]^2=p-p^2=p(1-p),\ i=1, 2, \cdots, n.$$

由于 X_1、X_2、……、X_n 相互独立，于是 $D(X)=\sum_{i=1}^{n}D(X_i)=np(1-p)$.

例 6 设随机变量 X 的数学期望 $E(X)$ 与方差 $D(X)=\sigma^2(X)$ 都存在，$\sigma(X)>0$，则标准化的随机变量

$$X^*=\frac{X-E(X)}{\sigma(X)},$$

证明 $E(X^*)=0$，$D(X^*)=1$.

证：由数学期望和方差的性质知

$$E(X^*)=E\left[\frac{X-E(X)}{\sigma(X)}\right]=\frac{E[X-E(X)]}{\sigma(X)}=0,$$

$$D(X^*)=D\left[\frac{X-E(X)}{\sigma(X)}\right]=\frac{D[X-E(X)]}{\sigma^2(X)}=\frac{D(X)}{\sigma^2(X)}=1.$$

8.5.3 原点矩与中心矩

随机变量的数字特征除了数学期望和方差外，为了更好地描述随机变量分布的特征，有时还要用到随机变量的各阶矩(原点矩与中心矩)，它们在数理统计中有重要的应用.

定义 1 设 X 是随机变量，若 $E(X^k)(k=1, 2, \cdots)$存在，则称它为 X 的 k 阶原点矩，记作 $v_k(X)$，即

$$v_k(X)=E(X^k), \ k=1, 2, \cdots$$

显然，一阶原点矩就是数学期望，即 $v_1(X)=E(X)$.

定义 2 设随机变量 X 的函数$[X-E(X)]^k(k=1, 2, \cdots)$的数学期望存在，则称 $E\{[X-E(X)]^k\}$为 X 的 k 阶中心矩，记作 $\mu_k(X)$，即

$$\mu_k(X)=E\{[X-E(X)]^k\}, \ k=1, 2, \cdots$$

易知，一阶中心矩恒等于零，即 $\mu_1(X)\equiv 0$；二阶中心矩就是方差，即 $\mu_2(X)=D(X)$. 不难证明，原点矩与中心矩之间有如下关系：

$$\mu_2=v_2-v_1^2,$$

$$\mu_3=v_3-3v_1v_2+2v_1^3,$$

$$\mu_4=v_4-4v_3v_1+6v_2v_1^2-3v_1^4.$$

定义 3 设 X 和 Y 是随机变量，若 $E(X^kY^l)(k, l=1, 2, \cdots)$存在，则称它为 X 和 Y 的 $k+l$ 阶混合矩. 若 $E\{[X-E(X)]^k[Y-E(Y)]^l\}(k, l=1, 2, \cdots)$存在，则称它为 X 和 Y 的 $k+l$ 阶混合中心矩.

8.5.4 协方差与相关系数

1. 协方差与相关系数的定义

二维随机变量的数字特征中最常用的就是协方差与相关系数.

定义 3 设有二维随机变量(X, Y)，如果 $E[X-E(X)][Y-E(Y)]$存在，则称 $E[X-E(X)][Y-E(Y)]$为随机变量 X 与 Y 的协方差，记作 $\mathrm{cov}(X, Y)$，即

$$\mathrm{cov}(X, Y)=E[X-E(X)][Y-E(Y)].$$

而$\dfrac{\mathrm{cov}(X, Y)}{\sqrt{D(X)}\sqrt{D(Y)}}$称为随机变量 X 与 Y 的相关系数，记作 $R(X, Y)$，即

$$R(X, Y)=\frac{\mathrm{cov}(X, Y)}{\sqrt{D(X)}\sqrt{D(Y)}}=\frac{\mathrm{cov}(X, Y)}{\sigma(X)\sigma(Y)}.$$

显然，协方差 $\mathrm{cov}(X, Y)$是 X 和 Y 的二阶混合中心矩.

当 $\mathrm{cov}(X, Y)=0$ 时，通常称随机变量 X 与 Y 是不相关的.

2. 协方差的性质

(1)$\mathrm{cov}(X, Y)=\mathrm{cov}(Y, X)$，$\mathrm{cov}(X, X)=D(X)$.

由定义知性质(1)是显然的.

(2)$\mathrm{cov}(X, Y)=E(XY)-E(X)E(Y)$.

证： $\mathrm{cov}(X, Y)=E[XY-XE(Y)-YE(X)+E(X)E(Y)]$

$$=E(XY)-E(X)E(Y)-E(X)E(Y)+E(X)E(Y)$$
$$=E(XY)-E(X)E(Y).$$

(3) $D(X\pm Y)=D(X)+D(Y)\pm 2\mathrm{cov}(X, Y)$

证：$D(X\pm Y)=E[(X\pm Y)-E(X\pm Y)]^2=E[(X-E(X))\pm(Y-E(Y))]^2$
$$=D(X)+D(Y)\pm 2\mathrm{cov}(X, Y).$$

该性质可推广到任意场合，即

$$D\left(\sum_{i=1}^{n}X_i\right)=\sum_{i=1}^{n}D(X_i)2\sum_{i<j}\sum\mathrm{cov}(X_i, X_j).$$

(4) $\mathrm{cov}(aX, bY)=ab\,\mathrm{cov}(X, Y)$，$a$，$b$ 是常数.

由定义知性质(4)是显然的.

(5) $\mathrm{cov}(X_1+X_2, Y)=\mathrm{cov}(X_1, Y)+\mathrm{cov}(X_2, Y)$.

由定义知性质(5)是显然的.

(6)若 X 与 Y 相互独立，则 $\mathrm{cov}(X, Y)=0$，即 X 与 Y 不相关. 反之，若 X 与 Y 不相关，X 与 Y 不一定相互独立.

3. 相关系数的性质

(1) $|R(X, Y)|\leqslant 1$；

(2)若 X 与 Y 相互独立，则 $R(X, Y)=0$；

(3)当且仅当 X 与 Y 之间存在线性关系 $P\{Y=aX+b\}=1$（a，b 为常数，$a\neq 0$）时，$|R(X, Y)|=1$，且 $R(X, Y)=\begin{cases}1, & a>0\\ -1, & a<0\end{cases}$.

证：对于性质(1)，我们考虑随机变量 $Z=\dfrac{X-E(X)}{\sqrt{D(X)}}\pm\dfrac{Y-E(Y)}{\sqrt{D(Y)}}$，由协方差的性质(3)可得

$$D(Z)=D\left(\frac{X-E(X)}{\sqrt{D(X)}}\right)+D\left(\frac{Y-E(Y)}{\sqrt{D(Y)}}\right)\pm 2\mathrm{cov}\left(\frac{X-E(X)}{\sqrt{D(X)}}, \frac{Y-E(Y)}{\sqrt{D(Y)}}\right)$$
$$=1+1\pm 2R(X, Y)=2(1\pm R(X, Y))\geqslant 0,$$

故

$$|R(X, Y)|\leqslant 1.$$

对于性质(2)，由于 X 与 Y 相互独立，则有 $\mathrm{cov}(X, Y)=0$，由定义知 $R(X, Y)=0$.

对于性质(3)，若 $P\{Y=aX+b\}=1$，则 $E(Y)=aE(X)+b$，$D(Y)=a^2D(X)$，

$$R(X, Y)=\frac{E[(X-E(X))(Y-E(Y))]}{\sqrt{D(X)}\sqrt{D(Y)}}$$
$$=\frac{E[(X-E(X))(aX+b-aE(X)-b)]}{\sqrt{D(X)}\,|a|\sqrt{D(Y)}}=\frac{aD(X)}{|a|D(X)}=\frac{a}{|a|},$$

即

$$|R(X, Y)|=1,\ R(X, Y)=\begin{cases}1, & a>0\\ -1, & a<0\end{cases}.$$

事实上相关系数只是随机变量间线性关系强弱的一个度量，当 $|R(X, Y)|=1$ 时

说明随机变量 X 与 Y 之间具有很强的线性关系，当 $R(X, Y)=1$ 时为正线性相关，当 $R(X, Y)=-1$ 时为负线性相关. 当 $|R(X, Y)|<1$ 时，随机变量 X 与 Y 之间的线性相关程度将随着 $|R(X, Y)|$ 的减小而减弱，当 $|R(X, Y)|=0$ 时，随机变量 X 与 Y 是不相关的.

例 7 设随机变量 Z 服从 $[-\pi, \pi]$ 上的均匀分布，又 $X=\sin Z$、$Y=\cos Z$，试求相关系数 $R(X, Y)$.

解：

$$E(X)=\frac{1}{2\pi}\int_{-\pi}^{\pi}\sin z\mathrm{d}z=0，E(Y)=\frac{1}{2\pi}\int_{-\pi}^{\pi}\cos z\mathrm{d}z=0，$$

$$E(X^2)=\frac{1}{2\pi}\int_{-\pi}^{\pi}\sin^2 z\mathrm{d}z=\frac{1}{2}，E(Y^2)=\int_{-\pi}^{\pi}\cos^2 z\mathrm{d}z=\frac{1}{2}，$$

$$E(XY)=\frac{1}{2\pi}\int_{-\pi}^{\pi}\sin z\cos z\mathrm{d}z=0.$$

故

$$\mathrm{cov}(X, Y)=0，R(X, Y)=0.$$

相关系数 $R(X, Y)=0$，随机变量 X 与 Y 不相关，但是有 $X^2+Y^2=1$，从而 X 与 Y 不独立.

例 8 设二维随机变量 (X, Y) 的联合概率分布如表 8-9 所示.

表 8-9

X \ Y	0	1
−1	0	1/3
0	1/3	0
1	0	1/3

试证明 X 与 Y 不相关，但不相互独立.

证： 易知 X 与 Y 的边缘概率分布分别如表 8-10、表 8-11 所示.

表 8-10

X	−1	0	1
$P(x)(x_i)$	1/3	1/3	1/3

表 8-11

Y	0	1
$P_Y(y_i)$	1/3	2/3

由公式得

$$\cos(X, Y)=(-1)\times1\times\frac{1}{3}+0\times0\times\frac{1}{3}+1\times1\times\frac{1}{3}-\left[(-1)\times\frac{1}{3}+0\times\frac{1}{3}+1\times\frac{1}{3}\right]\left[0\times\frac{1}{3}+1\times\frac{2}{3}\right]$$

$$=0-0\times\frac{2}{3}=0，$$

所以 X 与 Y 是不相关的. 但是，因为

$$P(0,\ 0)=\frac{1}{3},\ P_X(0)P_Y(0)=\frac{1}{3}\times\frac{1}{3}=\frac{1}{9},\ P(0,\ 0)\neq P_X(0)P_Y(0),$$

故 X 与 Y 不相互独立.

例 9 设二维随机变量(X,Y)的概率密度函数为

$$f(x,\ y)=\begin{cases}1/\pi, & x^2+y^2\leqslant 1\\ 0, & x^2+y^2>1\end{cases},$$

试证明随机变量 X 与 Y 不相关，也不相互独立.

证： 由于 D 关于 x 轴、y 轴对称，故

$$E(X)=\iint_D x\,\mathrm{d}x\,\mathrm{d}y=0,\ E(Y)=\iint_D y\,\mathrm{d}x\,\mathrm{d}y=0,\ E(XY)=\iint_D xy\,\mathrm{d}x\,\mathrm{d}y=0.$$

因而 $\cos(X,Y)=0$，$R(X,Y)=0$，即 X 与 Y 不相关.

又由于

$$f_X(x)=\begin{cases}\frac{2}{\pi}\sqrt{1-x^2}, & |x|\leqslant 1\\ 0, & |x|\geqslant 1\end{cases},\ f_Y(x)=\begin{cases}\frac{2}{\pi}\sqrt{1-y^2}, & |y|\leqslant 1\\ 0, & |y|\geqslant 1\end{cases},$$

显然在$\{(x,\ y)\mid |x|\leqslant 1, |y|\leqslant 1,\ x^2+y^2>1\}$上，$f(x,\ y)\equiv 0\neq f_X(x)f_Y(y)$，所以 X 与 Y 不相互独立.

习题 8-5

1. 甲、乙两个工人生产同一种产品，在相同条件下，生产 100 件产品所出的废品数分别用 ξ_1、ξ_2 表示，它们的概率分布如表 8-12、表 8-13 所示.

表 8-12

ξ_1	0	1	2	3
P_K	0.7	0.1	0.1	0.1

表 8-13

ξ_2	0	1	2	3
P_K	0.5	0.3	0.2	0

问：这几个工人谁的技术好？

2. 已知随机变量的分布列为

表 8-14

ξ	1	2	3	4
P	1/10	4/10	2/10	3/10

试求：(1)$E(\xi)$，

(2)$E(\xi^2)$，

(3)$D(\xi)$.

第 6 节　正态分布

8.6.1　正态分布的概率密度与分布函数

在讨论正态分布之前，我们先计算积分 $\int_{-\infty}^{+\infty}\frac{1}{\sqrt{2\pi}\sigma}\mathrm{e}^{-\frac{(x-\mu)^2}{2\sigma^2}}\mathrm{d}x$.

首先计算 $\int_{-\infty}^{+\infty}\mathrm{e}^{-\frac{x^2}{2}}\mathrm{d}x$. 因为

$$\int_{-\infty}^{+\infty}\mathrm{e}^{-\frac{x^2}{2}}\mathrm{d}x\cdot\int_{-\infty}^{+\infty}\mathrm{e}^{-\frac{y^2}{2}}\mathrm{d}y=\iint_{R^2}\mathrm{e}^{-\frac{x^2+x^2}{2}}\mathrm{d}\sigma=\int_0^{2\pi}\mathrm{d}\theta\int_0^{+\infty}\mathrm{e}^{-\frac{r^2}{2}}r\,\mathrm{d}r=2\pi\text{（利用极坐标计算）},$$

所以 $\int_{-\infty}^{+\infty}\mathrm{e}^{-\frac{x^2}{2}}\mathrm{d}x=\sqrt{2\pi}$.

记 $\frac{x-\mu}{\sigma}=t$，则利用定积分的换元法有

$$\int_{-\infty}^{+\infty}\frac{1}{\sqrt{2\pi}\sigma}\mathrm{e}^{-\frac{(x-\mu)^2}{2\sigma^2}}\mathrm{d}x=\int_{-\infty}^{+\infty}\frac{1}{\sqrt{2\pi}}\mathrm{e}^{-\frac{t^2}{2}}\mathrm{d}t=\frac{1}{\sqrt{2\pi}}\int_{-\infty}^{+\infty}\mathrm{e}^{-\frac{t^2}{2}}\mathrm{d}t=\frac{1}{\sqrt{2\pi}}\sqrt{2\pi}=1,$$

因为 $\frac{1}{\sqrt{2\pi}\sigma}\mathrm{e}^{-\frac{(x-\mu)^2}{2\sigma^2}}\geqslant 0$，所以它可以作为某个连续随机变量的概率密度函数.

定义　如果连续随机变量 X 的概率密度为

$$f(x)=\frac{1}{\sqrt{2\pi}\sigma}\mathrm{e}^{-\frac{(x-\mu)^2}{2\sigma^2}},\quad -\infty<x<+\infty,$$

则称随机变量 X 服从正态分布，记作 $X\sim N(\mu,\sigma^2)$，其中 μ，$\sigma(\sigma>0)$是正态分布的参数. 正态分布也称为高斯分布.

对于 $\mu=0$、$\sigma=1$ 的特殊情况，即如果 $X\sim N(0,1)$，则称 X 服从标准正态分布，它的概率密度记为 $\varphi(x)$，有 $\varphi(x)=\frac{1}{\sqrt{2\pi}}\mathrm{e}^{-\frac{x^2}{2}}$.

函数 $\varphi(x)=\frac{1}{\sqrt{2\pi}}\mathrm{e}^{-\frac{x^2}{2}}$ 的图像的特点如下.

令 $\varphi'(x)=\frac{-x}{\sqrt{2\pi}}\mathrm{e}^{-\frac{x^2}{2}}=0$，得驻点 $x=0$. 根据 $\varphi'(x)$的正负性可知，$x=0$ 是 $\varphi(x)$的极大值点，该点坐标为$\left(0,\frac{1}{\sqrt{2\pi}}\right)$.

令 $\varphi''(x)=\frac{(x^2-1)}{\sqrt{2\pi}}\mathrm{e}^{-\frac{x^2}{2}}=0$，得 $x=\pm1$，根据 $\varphi''(x)$的正负性可知，函数 $\varphi(x)$在$(-\infty,-1)$和$(1,+\infty)$内是凹的，在$(-1,1)$内是凸的，$\left(-1,\frac{1}{\sqrt{2\pi}}\mathrm{e}^{-\frac{1}{2}}\right)$和

$\left(1, \frac{1}{\sqrt{2\pi}}e^{-\frac{1}{2}}\right)$是拐点.

因为$\lim\limits_{x \to \infty} \frac{1}{\sqrt{2\pi}}e^{-\frac{x^2}{2}} = 0$，所以 x 轴是该曲线的渐近线.

根据 $\varphi(x)$的偶函数性质，函数 $\varphi(x)$的图像关于 y 轴对称.

根据上述特点作出 $\varphi(x)$的曲线如图 8-3 所示.

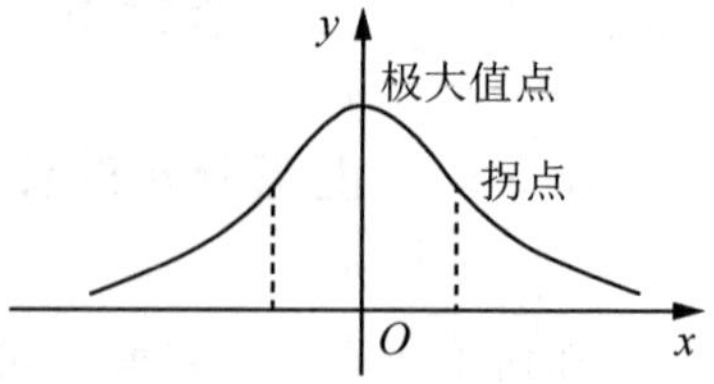

图 8-3

对于一般的正态分布 $X \sim N(\mu, \sigma^2)$，概率密度函数 $f(x) = \frac{1}{\sqrt{2\pi}\sigma}e^{-\frac{(x-\mu)^2}{2\sigma^2}}$ 有如下特点.

(1)在 $X=\mu$ 处达到极大值，极大值点为$\left(\mu, \frac{1}{\sqrt{2\pi}\sigma}\right)$.

(2)在 $X=\mu \pm \sigma$ 处为图像的拐点，拐点坐标为$\left(\mu \pm \sigma, \frac{1}{\sqrt{2\pi}\sigma}e^{-\frac{1}{2}}\right)$，在$(\mu-\sigma, \mu+\sigma)$内是凸的，其他范围内是凹的.

(3)x 轴为渐近线.

(4)σ 越大，最大值越小，拐点越偏离 μ.

(5)图像关于直线 $x=\mu$ 对称.

对于 $X \sim N(\mu, \sigma^2)$，它的分布函数为

$$F(x) = P(X \leqslant x) = \int_{-\infty}^{x} \frac{1}{\sqrt{2\pi}\sigma}e^{-\frac{(t-\mu)^2}{2\sigma^2}}dt = \frac{1}{\sqrt{2\pi}\sigma}\int_{-\infty}^{x} e^{-\frac{(t-\mu)^2}{2\sigma^2}}dt,$$

对于 $X \sim N(0, 1)$，记它的分布函数为 $\Phi(x) = \frac{1}{\sqrt{2\pi}}\int_{-\infty}^{x} e^{-\frac{t^2}{2}}dt$.

根据 $\Phi'(x) = \varphi(x)$以及 $\Phi''(x) = \varphi'(x)$的正负性质，得 $\Phi(x)$在整个实数范围内单调递增. 在 $x>0$ 范围内图像是凸的，在 $x<0$ 范围内图像是凹的，$x=0$ 是拐点. 又$\lim\limits_{x \to -\infty}\Phi(x)=0$，$\lim\limits_{x \to +\infty}\Phi(x)=1$，得两条渐近线 $y=1$ 和 x 轴. 根据 $\varphi(x)$的对称性，得 $\Phi(0)=\frac{1}{2}$. 根据上述讨论作出 $\Phi(x)$，如图 8-4 所示.

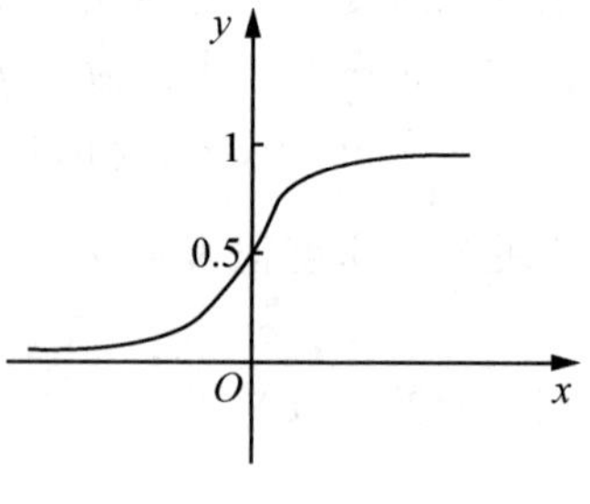

图 8-4

根据 $\varphi(x)$的性质还可以得到 $\Phi(-x) = 1-\Phi(x)$.

$\Phi(x)$的直接计算是比较困难的，但可以通过查表得到 $\Phi(x)$在 $x>0$ 时的数值. 对于 $x<0$ 的情况，可以根据 $\Phi(x) = 1-\Phi(-x)$求得.

一般的正态分布 $X \sim N(\mu, \sigma^2)$的分布函数 $F(x)$与 $\Phi(x)$的关系如下：

$$F(x)=\frac{1}{\sqrt{2\pi}\sigma}\int_{-\infty}^{x}\mathrm{e}^{-\frac{(t-\mu)^2}{2\sigma^2}}\mathrm{d}t \xlongequal{\text{记}\,u=t-\mu} \frac{1}{\sqrt{2\pi}\sigma}\int_{-\infty}^{x-\mu}\mathrm{e}^{-\frac{u^2}{2\sigma^2}}\mathrm{d}u$$

$$\xlongequal{\text{记}\,v=\frac{u}{\sigma}} \frac{1}{\sqrt{2\pi}}\int_{-\infty}^{\frac{x-\mu}{\sigma}}\mathrm{e}^{-\frac{v^2}{2}}\mathrm{d}v=\Phi\left(\frac{x-\mu}{\sigma}\right).$$

有了 $F(x)$ 与 $\Phi(x)$ 的关系，就可以求出任何正态随机变量 X 落在某个区间内的概率.

对于 $X\sim N(\mu, \sigma^2)$，某两个数 x_1，x_2 满足 $x_1<x_2$，则有

$$P(x_1<X\leqslant x_2)=P(X\leqslant x_2)-P(x_1\leqslant X)=F(x_2)-F(x_1),$$

又因为 X 是连续随机变量，因此有

$$P(x_1\leqslant X\leqslant x_2)=P(x_1\leqslant X<x_2)=P(x_1<X<x_2)=F(x_2)-F(x_1).$$

例 1 已知 $X\sim N(1.5, 4)$，求 $P(X<-4)$ 和 $P(|x|>2)$.

解： X 服从参数 $\mu=1.5$，$\sigma=2$ 的正态分布，故有

$$P(X<-4)=\Phi\left(\frac{-4-1.5}{2}\right)=\Phi(-2.75)=1-\Phi(2.75)=1-0.9970=0.0030,$$

$$\begin{aligned}P(|X|>2)&=P(X<-2)+P(X>2)=P(X<-2)+1-P(X<2)\\&=\Phi\left(\frac{-2-1.5}{2}\right)+1-\Phi\left(\frac{2-1.5}{2}\right)=\Phi(-1.75)+1-\Phi(0.25)\\&=2-\Phi(1.75)-\Phi(0.25)=2-0.9599-0.5981=0.4414.\end{aligned}$$

例 2 已知 $X\sim N(\mu, \sigma^2)$，求 $P(|X-\mu|<-k\sigma)$，$(k=1, 2, 3)$.

解：
$$\begin{aligned}P(|X-\mu|<k\sigma)&=P(\mu-k\sigma<X<\mu+k\sigma)\\&=\Phi\left(\frac{\mu+k\sigma-\mu}{\sigma}\right)-\Phi\left(\frac{\mu-k\sigma-\mu}{\sigma}\right)\\&=\Phi(k)-\Phi(-k)=2\Phi(k)-1\\&=\begin{cases}2\Phi(1)-1=0.6826, & k=1;\\2\Phi(2)-1=0.9544, & k=2;\\2\Phi(3)-1=0.9974, & k=3.\end{cases}\end{aligned}$$

例 3 已知 $X\sim N(0, 1)$，求随机变量 $Y=X^2$ 的概率密度函数.

解： 因为 $X\sim N(0, 1)$，所以 X 的密度函数 $f_X(x)=\varphi(x)=\frac{1}{\sqrt{2\pi}}\mathrm{e}^{-\frac{x^2}{2}}$，$x\in(-\infty, +\infty)$，则 Y 的分布函数 $F_Y(y)=P(Y\leqslant y)=P(X^2\leqslant y)$.

显然当 $Y\leqslant 0$ 时，$F_Y(y)=0$，此时 $f_Y(y)=F'_Y(y)=0$.

对于 $Y>0$ 的情况有

$$F_Y(y)=P(X^2\leqslant y)=P(-\sqrt{y}\leqslant X\sqrt{y})=\frac{1}{\sqrt{2\pi}}\int_{-\sqrt{y}}^{\sqrt{y}}\mathrm{e}^{-\frac{x^2}{2}}\mathrm{d}x=\frac{2}{\sqrt{2\pi}}\int_{0}^{\sqrt{y}}\mathrm{e}^{-\frac{x^2}{2}}\mathrm{d}x,$$

此时

$$f_Y(y)=F'_Y(y)=\frac{\mathrm{d}}{\mathrm{d}y}\left(\frac{2}{\sqrt{2\pi}}\int_{0}^{\sqrt{y}}\mathrm{e}^{-\frac{x^2}{2}}\mathrm{d}x\right)=\frac{2}{\sqrt{2\pi}}\mathrm{e}^{-\frac{y}{2}}\cdot\frac{1}{2\sqrt{y}}=\frac{1}{\sqrt{2\pi}}y^{-\frac{1}{2}}\mathrm{e}^{-\frac{y}{2}}.$$

故随机变量 Y 的概率密度函数为

$$f_Y(y)=\begin{cases}\dfrac{1}{\sqrt{2\pi}}y^{-\frac{1}{2}}\mathrm{e}^{-\frac{y}{2}}, & y>0\\ 0, & y\leqslant 0\end{cases}.$$

注：称上述随机变量 Y 服从自由度为 1 的 χ^2 分布.

8.6.2 正态分布的数字特征

我们首先讨论一般正态分布 $N(\mu,\sigma^2)$ 与标准正态分布 $N(0,1)$ 数字特征间的关系.

由一般正态分布 $X\sim N(\mu,\sigma^2)$ 的分布函数 $F(x)$ 与标准正态分布的分布函数 $\Phi(x)$ 的关系可知，如果随机变量 $X\sim N(\mu,\sigma^2)$，则 $Y=\dfrac{X-\mu}{\sigma}\sim N(0,1)$. 由期望与方差的线性性质知 $E(X)=E(\sigma Y+\mu)=\sigma E(Y)+\mu$，$D(X)=D(\sigma Y+\mu)=\sigma^2 D(Y)$. 因此，要研究正态分布的数字特征，只需研究标准正态分布的数字特征就可以了.

1. 正态分布的数学期望

对于 $Y\sim N(0,1)$，

$$E(Y)=\int_{-\infty}^{+\infty}x\cdot\frac{1}{\sqrt{2\pi}}\mathrm{e}^{-\frac{x^2}{2}}\mathrm{d}x=\frac{1}{\sqrt{2\pi}}\int_{-\infty}^{+\infty}\mathrm{e}^{-\frac{x^2}{2}}\mathrm{d}\,\frac{x^2}{2}=-\frac{1}{\sqrt{2\pi}}\mathrm{e}^{-\frac{x^2}{2}}\Big|_{-\infty}^{+\infty}=0.$$

对于 $X\sim N(\mu,\sigma^2)$，$E(X)=\sigma E(Y)+\mu=\mu$.

2. 正态分布的方差

对于 $Y\sim N(0,1)$，$D(Y)=E(Y^2)-[E(Y)]^2$，已知 $E(Y)=0$，

$$\begin{aligned}E(Y^2)&=\int_{-\infty}^{+\infty}x^2\cdot\frac{1}{\sqrt{2\pi}}\mathrm{e}^{-\frac{x^2}{2}}\mathrm{d}x=\frac{1}{\sqrt{2\pi}}\int_{-\infty}^{+\infty}\cdot\,\mathrm{e}^{-\frac{x^2}{2}}\mathrm{d}\,\frac{x^2}{2}=\frac{1}{\sqrt{2\pi}}\int_{-\infty}^{+\infty}x\cdot\mathrm{d}(-\mathrm{e}^{-\frac{x^2}{2}})\\&=-\frac{1}{\sqrt{2\pi}}x\,\mathrm{e}^{-\frac{x^2}{2}}\Big|_{-\infty}^{+\infty}+\frac{1}{\sqrt{2\pi}}\int_{-\infty}^{+\infty}\mathrm{e}^{-\frac{x^2}{2}}\mathrm{d}x\\&=0+\frac{1}{\sqrt{2\pi}}\cdot\sqrt{2\pi}\\&=1.\end{aligned}$$

所以 $D(Y)=E(Y^2)-[E(Y)]^2=1$.

对于 $X\sim N(\mu,\sigma^2)$，$D(X)=\sigma^2 D(Y)=\sigma^2$.

综合上面的讨论知，正态分布 $N(\mu,\sigma^2)$ 的期望值是 μ，方差是 σ^2.

8.6.3 正态分布的线性性质

1. 单个正态随机变量线性函数的分布

已知 $X\sim N(\mu,\sigma^2)$，a，$b\in R(b\neq 0)$，记随机变量 $Y=a+bX$，下面讨论 Y 的性质.

因为 $\dfrac{Y-a}{b}=X\sim N(\mu,\sigma^2)$，$\dfrac{X-\mu}{\sigma}\sim N(0,1)$，故有

$$\frac{\dfrac{Y-a}{b}-\mu}{\sigma}=\frac{Y-a-b\mu}{b\sigma}\sim N(0,1).$$

由此可见 $Y \sim N(a, b\mu, b^2\sigma^2)$，即单个正态随机变量的线性函数仍然服从正态分布.

2. 两个正态随机变量和的分布

已知两个独立的随机变量 X、Y 满足 $X \sim N(\mu_1, \sigma_1^2)$、$Y \sim N(\mu_2, \sigma_2^2)$，则 $Z = X+Y$ 仍然服从正态分布. 由数字特征的线性性质可得

$$E(Z)=E(X)+E(Y)=\mu_1+\mu_2,\ D(Z)=D(X)+D(Y)=\sigma_1^2+\sigma_2^2.$$

因此，有 $Z=X+Y \sim N(\mu_1+\mu_2, \sigma_1^2+\sigma_2^2)$.

对于上述结论不予证明，其有更广泛的结论.

定理 设随机变量 X_1、X_2、……、X_n 相互独立，都服从正态分布

$$X_i \sim N(\mu_i, \sigma_i^2),\ i=1, 2, \cdots, n,$$

则它们的线性组合 $\sum_{i=1}^{n} c_i X_i$ 也服从正态分布，且有

$$\sum_{i=1}^{n} c_i X_i \sim N\left(\sum_{i=1}^{n} c_i \mu_i,\ \sum_{i=1}^{n} c_i^2 \sigma_i^2\right),$$

其中 c_1、c_2、……、c_n 为常数.

习题 8-6

1. 设 $\xi \sim N(0, 1)$，求：

(1) $P(0.59<\xi<1.56)$，(2) $P(-2<\xi<1)$，(3) $P(|\xi|>1.96)$.

2. 设 $\xi \sim N(3, 2^2)$，求：

(1) $P(2<\xi<5)$，(2) $P(-2<\xi<8)$，(3) $P(\xi>3)$，(4) $P\{|\xi|<2\}$.

3. 知某批材料的强度 $\xi \sim N(200, 18^2)$，求：

(1)从中取 1 件材料的强度不低于 180 的概率，

(2)如果所用的材料要以 99% 的概率保证强度不低于 150，这批材料是否符合要求？

4. 测量某目标距离的误差(单位：m) $\xi \sim N(20, 40^2)$，求三次测量中至少有一次误差的绝对值不超过 30 m 的概率.

第 7 节　数理统计基本知识

8.7.1　总体与样本

前面学的概率论是从整体出发，推断局部结论. 例如，已知随机变量 X 的概率分布规律，求个别事件的概率. 在分布规律中，往往带有参数，显然，若参数已知，则分布规律便清楚了. 如何确定参数呢？概率论中没有回答这个问题，而这需要用到数理统计的知识，它是由局部推断总体.

被研究对象的全体称为总体或母体，记为 X. 例如，研究一批电视机寿命，将这批电视机视为总体；研究某市男性大学生身高时，该市男性大学生全体为总体.

数学总是研究对象的某项数量指标，这里的总体是指某项数量指标的全体. 例如，研究一批电视机寿命时，其寿命数量指标为总体，取值范围为$[0, \infty)$；研究某市男性

大学生身高时，男性大学生身高取值[1.50，2.02]为总体.

总体可以是有限的，也可以是无限的. 每个数量指标的取值是随机的，故总体 X 是随机变量.

组成总体的每个元素称为个体. 例如，每个电视机寿命、每个男性大学生身高都是个体. 总体中个体的数量称为总体容量.

从总体中抽取一个个体，就是对代表总体的随机变量 X 进行一次实验或观察，得到随机变量 X 的一个观察数据或观察值. 从总体中抽取若干个个体，就是对随机变量 X 进行若干次实验或观察，得到随机变量 X 的若干个观察数据或观察值，从总体中抽取若干个个体的过程称为抽样.

抽样结果得到的随机变量 X 的一组试验数据或观察值称为样本或子样. 样本中所含个体的数量称为样本容量.

从总体中抽取样本，为了使样本具有充分的代表性，抽样必须是随机的，即应使总体中的每一个个体都有同等的机会被抽取到，通常可以用编号抽签方法或利用随机数来实现；各次抽样必须是相互独立的，即每次抽样的结果不影响其他各次抽样的结果，也不受其他各次抽样结果影响. 这种随机的、独立的抽样方法称为简单随机抽样，由此得到的样本称为简单随机样本.

例如，从总体中进行放回抽样，显然是简单随机抽样，得到的样本就是简单随机样本. 从有限总体中进行不放回抽样，虽然不是简单随机抽样，但是若总体容量 N 很大，而样本容量 n 很小($\frac{n}{N}\leqslant 10\%$)时，则可以近似地看作是放回抽样，因而也就可以近似地看作是简单随机抽样，得到的样本可以近似地看作是简单随机样本.

今后凡是提到抽样与样本，都是指简单随机抽样与简单随机样本.

8.7.2 样本分布函数直方图

1. 样本分布函数

我们把总体 X 的分布函数 $F(x)=P(X\leqslant x)$ 称为总体分布函数. 从总体中抽取容量为 n 的样本，得到 n 个样本观测值. 若样本容量 n 较大，则相同的观测值可能重复出现若干次，因此，应该把这些观测值加以整理，并写出下面的样本频率分布表(表 8-15).

表 8-15

观测值	$x_{(1)}$	$x_{(2)}$	…	$x_{(l)}$	总计
频数	n_1	n_2	…	n_l	n
频率	f_1	f_2	…	f_l	1

其中，$x_{(1)}<x_{(2)}<\cdots<x_{(l)}$ $(l\leqslant n)$，$f_i=\frac{n_i}{n}$，$(i=1,\ 2,\ \cdots,\ l)$，$\sum\limits_{i=1}^{l}n_i=n$，$\sum\limits_{i=1}^{l}f_i=1$.

定义 1 设函数

$$F_n(x)=\begin{cases}0 & x<x_1\\ \sum\limits_{x_{(i)}\leqslant x} f_i & x_{(i)}\leqslant x<x_{(i+1)} \quad (i=1,2,\cdots,l-1),\\ 1 & x\geqslant x_{(l)}\end{cases}$$

其中，和式 $\sum\limits_{x_{(i)}\leqslant x}$ 是对小于或等于 x 的一切 $x_{(i)}$ 的频率 f_i 求和，则称函数 $F_n(x)$ 为样本分布函数.

易知样本分布函数 $F_n(x)$ 具有下列性质：

(1) $0\leqslant F_n(x)\leqslant 1$，

(2) $F_n(x)$ 是非减函数，

(3) $F_n(-\infty)=0$，$F_n(\infty)=1$，

(4) $F_n(x)$ 在每个观测值 $x_{(i)}$ 处是右连续的，点 $x_{(i)}$ 是 $F_n(x)$ 的跳跃间断点，$F_n(x)$ 在该点的跳跃度就等于频率 f_i.

2. 直方图

数理统计中研究随机变量 X 的样本分布时，通常需要作出样本的频率直方图. 作直方图的步骤如下.

(1) 找出样本观测值 x_1、x_2、……、x_n 的最大值 x_1^* 与最小值 x_n^*，分别记作

$$x_1^*=\min(x_1, x_2, \cdots, x_n),\ x_n^*=\max(x_1, x_2, \cdots, x_n).$$

(2) 适当选取略小于 x_1^* 的数 a 与略大于 x_n^* 的数 b，并用分点

$$a=t_0<t_1<t_2<\cdots<t_{l-1}<t_l=b,$$

把区间 (a, b) 分为 l 个子区间

$$(a, t_1), (t_1, t_2), \cdots, (t_{l-1}, b).$$

第 i 个子区间的长度为

$$\Delta t_i=t_i-t_{i-1} \quad (i=1, 2, \cdots, l),$$

各子区间的长度可以相等，也可以不等. 若使各子区间的长度相等，则有

$$\Delta t_i=\frac{b-a}{l} \quad (i=1, 2, \cdots, l).$$

子区间的个数 l 一般取 8 至 15 个，太多则由于频率的随机摆动而使分布显得杂乱，太少则难以显示分布的特征. 此外，为了方便起见，分点 t_i 应比样本观测值 x_i 多取一位小数.

(3) 把所有样本观测值逐个分到各子区间内，并计算样本观测值落在各子区间内的频数 n_i 及频率 $f_i=\dfrac{n_i}{n}$，$(i=1, 2, \cdots, l)$.

(4) 在 Ox 轴上截取各子区间，并以各子区间为底，以 $\dfrac{f_i}{t_i-t_{i-1}}$ 为高作小矩形，各小矩形面积 $\Delta S_i=(t_i-t_{i-1})\dfrac{f_i}{t_i-t_{i-1}}=f_i \quad (i=1, 2, \cdots, l)$，所有小矩形面积的和等

于 1. 即

$$\sum_{i=1}^{l}\Delta S_i=\sum_{i=1}^{l}f_i=1.$$

这样作出的所有小矩形就构成了直方图. 因为样本容量 n 充分大时，随机变量 X 落在各子区间(t_i, t_{i-1})内的频率近似等于其概率，即

$$f_i\approx P(t_{i-1}<X<t_i)\quad(i=1, 2, \cdots, l),$$

所以直方图大致地描述了总体 X 的概率分布.

例 1 测量 100 个某种机械零件的质量，得到样本观测值如下(单位：克)：

246	251	259	254	246	253	237	252	250	251
249	244	249	244	243	246	256	247	252	252
250	247	255	249	247	252	252	242	245	240
260	263	254	240	255	250	256	246	249	253
246	255	244	245	257	252	250	249	255	248
258	242	252	259	249	244	251	250	241	253
251	265	247	249	253	247	248	251	251	249
246	250	252	256	245	254	258	248	255	251
149	252	254	246	250	251	247	253	252	255
254	247	252	257	258	247	252	264	248	244

，

写出零件质量的频率分布表并作直方图.

解：因为样本观测值中的最小值是 237，最大值是 265，所以我们把数据的分布区间确定为(236.5，266.5)，并把这个区间等分为 10 个子区间，即

(236.5，239.5)，(239.5，242.5)，…，(263.5，266.5).

由此得到零件质量的频率分布如表 8-16 所示.

表 8-16

零件质量/g	频数 n_i	频率 f_i
236.5～239.5	1	0.01
239.5～242.5	5	0.05
242.5～245.5	9	0.09
245.5～248.5	19	0.19
248.5～251.5	24	0.24
251.5～254.5	22	0.22
254.5～257.5	11	0.11
257.5～260.5	6	0.06
260.5～263.5	1	0.01
263.5～266.5	2	0.02
总计	100	1.00

直方图如图 8-5 所示.

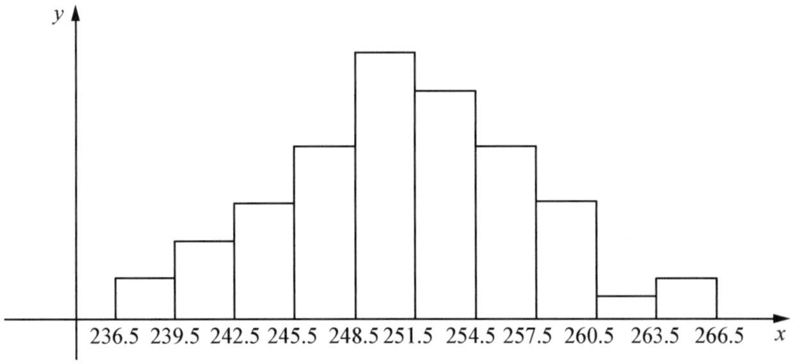

图 8-5

8.7.3 样本函数与统计量

从总体中抽取容量为 n 的样本，就是对代表总体的随机变量 X 随机地、独立地进行 n 次试验(观测)，每次试验的结果可以看作是一个随机变量，n 次试验结果就是 n 个随机变量，即

$$X_1, X_2, \cdots, X_n.$$

这些随机变量相互独立，并且与总体 X 服从相同的分布. 设得到样本观测值

$$x_1, x_2, \cdots, x_n,$$

若将样本 X_1、X_2、……、X_n 看作一个 n 维随机变量(X_1，X_2，…，X_n)，其函数

$$g(X_1, X_2, \cdots, X_n)$$

就是 n 维随机变量函数，显然，也是随机变量.

根据样本 X_1、X_2、……、X_n 的观测值 x_1、x_2、……、x_n 计算得到的函数值 $g(x_1, x_2, \cdots, x_n)$就是样本函数 $g(X_1, X_2, \cdots, X_n)$的观测值.

定义 2 若样本函数 $g(X_1, X_2, \cdots, X_n)$不含任何未知量，则称这类样本函数为统计量.

数理统计中最常用的统计量及其观测值有以下一些.

(1)样本均值

$$\overline{X}=\frac{1}{n}\sum_{i=1}^{n}X_i \quad \text{观测值记作} \quad \overline{x}=\frac{1}{n}\sum_{i=1}^{n}x_i.$$

(2)样本方差

$$S^2=\frac{1}{n-1}\sum_{i=1}^{n}(X_i-\overline{X})^2 \quad \text{观测值记作} \quad s^2=\frac{1}{n-1}\sum_{i=1}^{n}(x_i-\overline{x})^2.$$

(3)样本标准方差

$$S=\sqrt{\frac{1}{n-1}\sum_{i=1}^{n}(X_i-\overline{X})^2} \quad \text{观测值记作} \quad s=\sqrt{\frac{1}{n-1}\sum_{i=1}^{n}(x_i-\overline{x})^2}.$$

(4)样本 k 阶原点矩

$V_k=\frac{1}{n}\sum_{i=1}^{n}X_i^k$　　　　观测值记作　　　　$v_k=\frac{1}{n}\sum_{i=1}^{n}x_i^k$.

(5)样本 k 阶中心矩

$U_k=\frac{1}{n}\sum_{i=1}^{n}(X_i-\overline{X})^k$　　　　观测值记作　　　　$u_k=\frac{1}{n}\sum_{i=1}^{n}(x_i-\overline{x})^k$.

例 2　从总体 X 中抽取容量为 n 的样本 X_1、X_2、……、X_n，样本均值记作 $\overline{X}_n$，样本方差记作 S_n^2. 若再抽取一个样本 X_{n+1}，使样本的容量为 $n+1$，证明：

(1)增容后的样本均值

$$\overline{X}_{n+1}=\frac{1}{n+1}(n\overline{X}_n+X_{n+1}),$$

(2)增容后的样本方差

$$S_{n+1}^2=\frac{n-1}{n}S_n^2+\frac{1}{n+1}(\overline{X}_n-\overline{X}_{n+1})^2.$$

证：(1)由样本均值定义易知

$$\overline{X}_{n+1}=\frac{1}{n+1}\sum_{i=1}^{n+1}X_i=\frac{1}{n+1}\left(\sum_{i=1}^{n}X_i+X_{n+1}\right)=\frac{1}{n+1}(n\overline{X}_n+X_{n+1}).$$

(2)由样本方差的表达式及(1)的证明可知

$$\begin{aligned}S_{n+1}^2&=\frac{1}{n}\sum_{i=1}^{n+1}(X_i-\overline{X}_{n+1})^2=\frac{1}{n}\left[\sum_{i=1}^{n+1}X_i^2-(n+1)\overline{X}_{n+1}^2\right]\\&=\frac{1}{n}\left[\sum_{i=1}^{n}X_i^2+X_{n+1}^2-\frac{1}{n+1}(n\overline{X}_n+X_{n+1}{}^2)\right]\\&=\frac{1}{n}\left[\sum_{i=1}^{n}X_i^2+X_{n+1}^2-\frac{1}{n+1}(n^2\overline{X}_i^2+2n\overline{X}_nX_{n+1}+X_{n+1}^2)\right]\\&=\frac{1}{n}\left[\sum_{i=1}^{n}X_i^2-n\overline{X}_n^2-\frac{n}{n+1}(\overline{X}_n^2-2\overline{X}_nX_{n+1}+X_n^2)\right]\\&=\frac{1}{n}\left[\sum_{i=1}^{n}(X_i^2-\overline{X}_n)^2-\frac{n}{n+1}(\overline{X}_n-X_{n+1})^2\right]\\&=\frac{n-1}{n}S_n^2+\frac{1}{n+1}(\overline{X}_n-\overline{X}_{n+1})^2.\end{aligned}$$

习题 8-7

甲、乙两工人使用相同的设备生产同一种电容器，在他们生产的产品中，每人随机抽取 10 支(单位：μF)如表 8-17 所示.

表 8-17

甲	150	158	152	153	147	150	151	155	152	149
乙	151	152	159	147	148	152	156	149	151	152

问：谁的技术比较好(方差越小，精确度越高)?

复习题 8

1. 判断题.

(1)把含未知参数而由简单随机样本构成的样本函数称为统计量. (　　)

(2)在显著性水平 a 下，如统计量 $|U|=\left|\frac{\bar{\xi}-\mu_0}{\sigma/\sqrt{N}}\right|>\lambda_0(\Phi(\lambda_0)=1-\frac{a}{2})$，则拒绝原假设. (　　)

(3)在显著性水平 a 下，果统计量 $|T|=\frac{\bar{\xi}-\mu_0}{\sigma/\sqrt{n}}<t_{\frac{a}{2}}(n-1)$，则拒绝原假设. (　　)

2. 填空题.

(1)设总体 $\xi\sim N(\mu,\sigma^2)$，ξ_1、ξ_2、……、ξ_n 是来自 ξ 的一个样本，则样本均值 $\bar{\xi}\sim$________分布.

(2)设总体 $\xi\sim N(\mu,\sigma^2)$，ξ_1、ξ_2、……、ξ_n 是来自 ξ 的一个样本，$\bar{\xi}$、S^2 分别为样本均值和方差，且相互独立，则统计量 $\frac{(n-1)S^2}{\sigma^2}\sim$________分布.

(3)设总体 $\xi\sim N(\mu,\sigma^2)$，其中 μ、σ^2 为已知数，则统计量 $\frac{\bar{\sigma}-\mu}{\sigma/\sqrt{n}}\sim$________分布.

(4)估计值的评选标准是________性，________性.

(5)总体的数学期望和方差的点估计值分别是________和________.

3. 选择题.

(1)某厂某天共生产 6750 个灯泡，为检验某天质量，随机抽取 10 个，测得使用寿命分别为 x_1、x_2、……、x_n(单位：小时)，则被检验总体是(　　).

A. 6750 个灯泡　　B. 10 个灯泡

C. 6750 个灯泡每个使用的寿命　　D. x_1，x_2，…，x_n

(2)正态总体期望 μ 的 0.90 置信区间的含义是(　　).

A. 这个区间平均含总体 90%的值

B. 这个区间平均含总体样本真值的 90%

C. 这个区间以 90%的概率包含样本的真值

D. 这个区间以 90%的概率包含总体期望 μ 的真值

4. “事件 A、B、C 两两互斥”与“$ABC=\varnothing$”是不是一回事？并说明他们的关系.

5. 事件 A、B 的“对立”和“互斥”有什么区别与联系？

6. 盒子中有 10 个零件，其中有 7 个正品，3 个次品，每次取一个，无放回的抽取，求下列事件的概率：

(1)第三次才取得正品，

(2)共取七次才把三个次品全取出.

7. 甲、乙、丙三人同时向同一飞机射击，假设他们的命中率都是 0.4，且有一人击中时飞机坠毁的概率是 0.2，两人击中时飞机坠毁的概率是 0.6，三人都击中时飞必然机坠毁，求飞机坠毁的概率.

8. 有九门大炮独立地向同一飞机射击，假设他们的命中率都是 0.6，求：

(1)同时各打一炮，飞机被击中的概率，

(2)要想以 99%的把握击中飞机，至少要有多少门大炮？

9. 将一枚硬币连续抛 5 次，以 X 表示出现正面的次数，试写出随机变量 X 的分布.

10. 设连续型随机变量 X 的概率密度为

$$f(x)=\begin{cases} a\cos x & -\dfrac{\pi}{2}<x<\dfrac{\pi}{2}, \\ 0 & \text{其他} \end{cases}$$

(1)求 a，(2)求 $p\left(0<x<\dfrac{\pi}{4}\right)$.

11. 某产品的质量指标 $X\sim N(160,\sigma^2)$，如果 $p(120<x<200)\geqslant 0.8$，求 σ 的最大值.

12. 设连续型随机变量 X 在 $\left(-\dfrac{1}{2},\dfrac{1}{2}\right)$ 内服从均匀分布，求 X^2 的期望与方差.

13. 从总体 ξ 中任意抽取一个容量为 10 的样本，样本值分别为 4.5、2.0、1.0、1.5、3.5、4.5、6.5、5.0、3.5、4.0. 试分别计算样本均值 $\bar{\xi}$ 及样本方差 S^2.

知识拓展

陈希孺：国际著名数理统计学家

图 8-6

一个人的一生，究竟有多少的精力、多大的能量呢？他写了 130 多篇论文，十余本专著、教科书以及科普读物，他荣获过中国科学院科技成果一、二等奖，中国科学院自然科学奖一、二等奖，国家自然科学奖三等奖……他是陈希孺，这些是他一生的成就、伟绩，代表了这位中科院院士拳拳的敬业意，爱国情.

陈希孺(1934 年—2005 年)，国际著名数理统计学家，1934 年 2 月 11 日，出生于湖南省望城县的一个农民家庭. 陈希孺的父亲接受过学校教育，家中有很多中国传统典籍. 小时候不好动的他，花了大量的时间阅读家中的藏书. 1946 年，陈希孺考入长沙城内的长郡中学，后来转入了湖南省第一中学学习. 1952 年秋天，陈希孺考入湖南大学数学系，后来因为全国院系调整，又转入了武汉大学数学系.

陈希孺一生致力于我国的数理统计学的研究和教育事业，带领国内统计学界学者做出了许多具有国际影响的重要工作，为我国培养数理统计学人才做出了不可磨灭的贡献.

陈希孺从事数理统计教学和研究四十余年，研究领域主要为线性模型、U统计量、参数估计与非参数密度、回归统计和判据等数理统计学若干分支，并取得了多项重要成果．他对线性统计模型做了深入系统的研究，相当圆满地解决了一般损失函数下M估计的强、弱相合问题．他在非参数计量，特别是极重要的U统计量的研究中获得U统计量分布的非一致收敛速度，具有国际领先水平，被90年代国际上几本专著和美国统计科学大百科全书所引述．此外，在参数估计这个基本分支中，陈希孺解决了国际统计学界当时致力攻关的一些问题，包括定出了重要的正态分布两参数在一般损失下的序贯Minimax估计，否定了关于某种区间估计存在条件的一个公开猜测，并提出了正确解等．他还在非参数回归、密度估计与判别中获得了一系列优秀成果．

在人才培养和统计队伍的建设方面，陈希孺也付出了很多心血．1983年5月27日，党和国家领导人在人民大会堂为我国首批获得博士学位的18名博士举行学位授予仪式，其中赵林城、白志东、苏淳三人是陈希孺一手培养的．他先后带出了15名统计学博士．他还带领、培养和联系了一批人投入科研工作．当年的那些莘莘学子，如今大多数已经硕果累累，成为学科带头人，一些人还取得了具有国际影响的成果．（来源：华声在线）

习题及复习题答案

第 1 章

习题 1-1

1. -3.

2. $+7$：表示收入 7 元；-16：表示支出 16 元.

3. (1)-3；(2)-17；(3)50；(4)-12；(5)-30；(6)-80；(7)-10.1；(8)-21；(9)-15.

4. 0.73 m

5. (1)分数乘整数运算$\frac{7}{3}$，$\frac{4}{3}$，$\frac{49}{9}$，$\frac{55}{18}$；

(2)分数乘分数运算 2，$\frac{1}{99}$，$\frac{1}{2}$，$\frac{1}{104}$；

(3)分数乘小数运算$\frac{2}{81}$，$\frac{6}{35}$，$\frac{1}{99}$，$\frac{1}{20}$；

(4)分数除法运算$\frac{2}{3}$，$\frac{1}{18}$，$\frac{7}{5}$，$\frac{7}{55}$.

6. 2 g.

7. 数轴略算. $|-4|=4$　$|-3+1|=2$　$|-4-3|=7$.

8. 用你喜欢的方法计算. 10.3　14　31.1　2.2　10　100.

9. 第一个零件好些. 这 5 个零件中符合要求的零件有第一个、第三个.

10. (1)1；(2)1；(3)1；(4)1；(5)1；(6)2^7；(7)2^{12}；(8)$\frac{1}{2}$；(9)$8a^3$；(10)10^6；(11)2；(12)$\frac{1}{27}a^{-6}$；(13)$\frac{1}{64}$；(14)5；(15)-5；(16)81；(17)8；(18)-6；(19)4；(20)$\frac{125}{27}$；(21)9；(22)4.

11. (1)0；(2)2；(3)-2；(4)1；(5)0；(6)4；(7)2；(8)-1；(9)3；(10)e；(11)2；(12)4；(13)1；(14)1；(15)1；(16)0；(17)0；(18)1；(19)$\frac{3}{2}$；(20)0；(21)5；(22)1；(23)$\frac{3}{2}$.

12. (1) 11；(2) 90.6；(3) 1.4；(4) -0.4；(5) -50；(6) 4094；(7) 0；(8) $\frac{7}{3}$；(9)9；(10)5；(11)1.

习题 1-2

1. 求下列函数的最值、对称轴、顶点坐标.

(1)$y=x^2-8x-3$ 的最小值是-19，对称轴是 $x=4$，顶点坐标为$(4, -19)$.

(2)$y=5x^2+4x+3$ 的最小值是$\frac{11}{5}$，对称轴是 $x=-\frac{2}{5}$，顶点坐标为$\left(-\frac{2}{5}, \frac{11}{5}\right)$.

(3)$y=-x^2+x+2$ 的最大值是$\frac{9}{4}$，对称轴是 $x=\frac{1}{2}$，顶点坐标为$\left(\frac{1}{2}, \frac{9}{4}\right)$.

(4)$y=-3x^2+5x-3$ 的最大值是$-\frac{11}{12}$，对称轴是 $x=\frac{5}{6}$，顶点坐标为$\left(\frac{5}{6}, -\frac{11}{12}\right)$.

2. 用适当的方法解下列方程.

(1)$x^2-9x+18=0$ 解是 $x_1=6$，$x_2=3$

(2)$2x^2+3x-5=0$ 的解是 $x_1=1$，$x_2=-\frac{5}{2}$

(3)$x^2-2x-1=0$ 的解是 $x_1=1+\sqrt{2}$，$x_2=1-\sqrt{2}$(用公式法)

(4)$x^2-5x+6=0$ 的解是 $x_1=2$，$x_2=3$

(5)$x^2-5x-14=0$ 的解是 $x_1=-2$，$x_2=7$

(6)$x^2+11x+18=0$ 的解是 $x_1=-2$，$x_2=-9$

3. A 和 B

4. D

5. 看对应的点，就是把描点过程逆着做一遍.

(1)当 $t=$ __2 或 6__ 时，小球离地面的高度是 60 m；

(2)当 $t=$ __4__ 时，小球离地面的高度是 80 m；

(3)小球离地面的高度不能达到 100 m，因为最高点是 80 m.

6. (1)当 $x=5$ 时 $y=53.5$，当 $x=10$ 时 $y=59$.

(2)第 13 分钟学生的接受能力最强.

(3)$0\leqslant x\leqslant 13$ 时学生的接受能力逐渐增强.

习题 1-3

1. 根据幂函数的一般式 $y=x^a$ 可知 $y=x^3$ 和 $y=a^{\frac{1}{2}}$是幂函数.

2. 一般式 $y=x^3$　$f(2)=2^3=8$

3. C

习题 1-4

1. 所以经过时间 x 后的总产值 y 可以表示为 $y=M(1+b)^x$.

2. (1)一年后到期日取出 3645 元钱.

(2)第二年后到期日连本带息能取出 4428.68 元.

3. (1)剩留量与经过的年数的函数关系式为 $y=0.84^x(x\geqslant 0)$

(2)大约经过 1.56 年后，剩留量是原来的四分之三.

说明：$\lg 2=0.3010$　$\lg 3=0.4771$　$\lg 0.84=-0.08$

习题 1-5

1. b 得取值范围为$[2, 4]$.

2. $x=\frac{\pi}{16}+\frac{k\pi}{4}\quad(k\in\mathbf{Z})$时 $y=\sin 8x$ 取得最大值 1.

3. $T=0.0125\ \mathrm{s}\quad \omega=160\pi$

4. $x=\frac{\pi}{12}+k\pi(k\in\mathbf{Z})$时 $y=\frac{1}{3}\sin\left(2x+\frac{\pi}{3}\right)$取得最大值$\frac{1}{3}$.

$x=-\frac{5\pi}{12}+k\pi(k\in\mathbf{Z})$时 $y=\frac{1}{3}\sin\left(2x+\frac{\pi}{3}\right)$取得最小值$-\frac{1}{3}$.

5. 电流的最大值 $I_m=24$，周期 $T=0.025\ \mathrm{s}$，频率 $f=40\ \mathrm{Hz}$，初相位是 $\varphi_0=\frac{\pi}{6}$.

习题 1-6

1. 作图略，参考例题.
2. (1)$\overrightarrow{AC}$；(2)$\overrightarrow{DC}$；(3)$\overrightarrow{AB}$；(4)$\vec{0}$；(5)$5\boldsymbol{a}+\boldsymbol{b}$；(6)$-\boldsymbol{a}+2\boldsymbol{b}$；(7)$-\boldsymbol{a}-\boldsymbol{c}$

3. $\overrightarrow{CA}=-\boldsymbol{b}-\boldsymbol{a}\quad \overrightarrow{BD}=\boldsymbol{b}-\boldsymbol{a}\quad \overrightarrow{CB}=-\boldsymbol{b}\quad \overrightarrow{OC}=\frac{1}{2}(\boldsymbol{a}+\boldsymbol{b})\quad \overrightarrow{OB}=-\frac{1}{2}(\boldsymbol{b}-\boldsymbol{a})$

4. (1)$2\boldsymbol{a}+2\boldsymbol{b}=(18,2)$；(2)$3\boldsymbol{a}-2\boldsymbol{b}=(2,-7)$
5. $\overrightarrow{AC}=(4,-4)\quad \overrightarrow{BC}=(8,-6)$
$\overrightarrow{AB}+\overrightarrow{CB}=(-12,8)\quad \overrightarrow{AB}+\overrightarrow{BC}+\overrightarrow{CB}=(-4,2)$

复习题 1

1. 第四个篮球的质量好.

2. (1)1000；(2)3；(3)$\frac{1}{8}a^{-6}$；(4)25；(5)6；(6)$\frac{7}{3}$；(7)8.

3. 81
4. (1)$y=(x-30)[500-(x-35)\times 10]$；(2)6000 元；(3)57.5 元，7562.5 元
5. 25 年后我国人口总数将超过 15 亿.
6. 总成本 $C(160)=2020$ 元，平均成本为 12.63 元.
7. (1)$\overrightarrow{AD}$；(2)$\overrightarrow{OA}$；(3)$\overrightarrow{CB}$；(4)$\overrightarrow{AC}$；(5)$\overrightarrow{DB}$；(6)$2\overrightarrow{CB}$；(7)$13\boldsymbol{a}-11\boldsymbol{b}-\boldsymbol{c}$；(8)$4\boldsymbol{b}-6\boldsymbol{a}+12\boldsymbol{c}$
8. $\boldsymbol{a}+\boldsymbol{b}=(2,1)\quad \boldsymbol{a}-2\boldsymbol{b}=(5,-5)\quad -5(\boldsymbol{a}+\boldsymbol{b})=(-10,-5)\quad 3\boldsymbol{a}-5\boldsymbol{b}=(14,-13)$
9. $(-9,6)$(提示：用中点坐标)
10. 船的实际航行速度为 13 km/h，与水流方向的夹角是 68°.

第 2 章

习题 2-1

1. (1)√；(2)×；(3)√；(4)×；(5)×；(6)√；(7)×；(8)√.
2. (1)$\{x\mid x\neq -1\}$；　(2)$\{x\mid 0\leqslant x\leqslant 2\}$；　(3)$\{x\mid x\geqslant 3$ 且 $x\neq 5\}$；
(4)$\{x\mid x<2$ 或 $x>3\}$；　(5)$\{x\mid -1\leqslant x\leqslant 10\}$.
3. (1)偶；(2)奇；(3)奇；(4)非奇非偶；(5)非奇非偶.

4. (1) $y=\sqrt{x}$； (2) $y=\log_2(x-5)$； (3) $y=\frac{1}{3}\left(\arcsin\frac{x}{2}-5\right)$.

5. $f(1)=0$，$f(x^2)=2x^4-3x^2+1$，$f(a)+f(b)=2a^2-3a+2b^2-3b+2$.

6. $f(2)=\frac{1}{3}$，$f\left(\frac{1}{2}\right)=\frac{2}{3}$，$\frac{1}{f(2)}=3$，$f\left(\frac{1}{x}\right)=\frac{x}{1+x}$，$\frac{1}{f(x)}=1+x$.

7. $f(2)-f(0)=9-3=6$.

8. $f(2x)=(2x+1)^2$.

9. $f(x)=x^2-x$.

10. (1) $y=\sin u$，$u=6x$； (2) $y=u^5$，$u=\cos x$；

(3) $y=u^{\frac{1}{2}}$，$u=1-2x$； (4) $y=Au^2$，$u=\sin v$，$v=\omega x+\varphi$；

(5) $y=e^u$，$u=\sin v$，$v=2x$； (6) $y=3^u$，$u=1-x$；

(7) $y=\ln u$，$u=\arcsin v$，$v=\sqrt{\omega}$，$\omega=1+x$.

习题 2-2

1. (1) $\left\{\frac{1}{n^2}\right\}$收敛，极限为 0；(2) $\{3^{\frac{1}{n}}\}$收敛，极限为 1；

(3) $\left\{\frac{3n+1}{n}\right\}$收敛，极限为 3；(4) $\left\{(-1)^{n+1}\frac{1}{n}\right\}$收敛，极限为 0；

(5) $\left\{\frac{1}{3^n}\right\}$收敛，极限为 0；(6) $\left\{\frac{n}{n+1}\right\}$收敛，极限为 1；

(7) $\{(-1)^{2n}\}$收敛，极限为 1；(8) $\{(-1)^{3n}\}$发散；

(9) $\left\{n+\frac{1}{n}\right\}$发散；(10) $\{(-1)^n n\}$发散.

2. (1)0；(2)0；(3)2；(4) $+\infty$

3. 7

4. $\lim\limits_{x\to0^+}f(x)=1$，$\lim\limits_{x\to0^-}f(x)=-1$，故$\lim\limits_{x\to0}f(x)$不存在.

5. 有 $\lim\limits_{x\to0^-}f(x)=\lim\limits_{x\to0^-}(1-x)=1$ 和 $\lim\limits_{x\to0^+}f(x)=\lim\limits_{x\to0^+}(1+x)=1$，所以$\lim\limits_{x\to0}f(x)=1$

6. $\lim\limits_{x\to0^-}f(x)=\lim\limits_{x\to0^-}(x-1)=-1$，$\lim\limits_{x\to0^+}f(x)=\lim\limits_{x\to0^+}x^2=0$，

$\lim\limits_{x\to1}f(x)=\lim\limits_{x\to1}x^2=1$，$\lim\limits_{x\to2}f(x)=\lim\limits_{x\to2}x^2=4$，$\lim\limits_{x\to3}f(x)=\lim\limits_{x\to3}x^2=9$.

习题 2-3

1. (1) $x\to\infty$，$\frac{3}{x}\cdot\sin x$ 是无穷小；(2) $x\to2$，$\frac{x+2}{x-2}$是无穷大；

(3) $x\to+\infty$，5^{-x} 是无穷小；(4) $x\to0^+$，$\lg x$ 是无穷大.

2. (1) $x\to-\infty$时 $f(x)=5^x$ 是无穷小量，$x\to+\infty$时 $f(x)=5^x$ 是无穷大量.

(2) $x\to0$ 时 $f(x)=x^3$ 是无穷小量，$x\to\infty$时 $f(x)=x^3$ 是无穷大量.

(3) $x\to4$ 时 $f(x)=\ln(x-3)$是无穷小量，$x\to+\infty$或 $x\to3^+$ 时 $f(x)=\ln(x-3)$是无穷大量.

(4)$x\to\infty$时 $f(x)=\dfrac{1}{x+1}$是无穷小量，$x\to -1$ 时 $f(x)=\dfrac{1}{x+1}$是无穷大量.

3. (1)$\frac{1}{2}$；(2)$2a$；(3)$\frac{1}{2}$；(4)$\frac{1}{5}$；(5)1；(6)2；(7)$\frac{2}{3}$；(8)$\frac{3}{2}$；(9)1；(10)2.

习题 2-4

求下列极限. (1)13；(2)$\frac{3}{2}$；(3)3；(4)$\frac{3}{4}$；(5)0；(6)$\frac{1}{2}$；(7)2；(8)0；(9)3；(10)∞；(11)∞；(12)$\frac{1}{3}$；(13)5；(14)1；(15)$\frac{3}{4}$；(16)$\frac{3\pi}{2}$；(17)2；(18)1.

习题 2-5

1. (1)$\frac{3}{2}$；(2)$\frac{3}{5}$；(3)3；(4)1；(5)1；(6)$\frac{1}{2}$；(7)2；(8)k；(9)$\frac{1}{2}$；(10)$\frac{\alpha}{\beta}$；(11)$\frac{1}{2}$；(12)$\frac{1}{3}$.

2. (1)e^3；(2)e^2；(3)e^{-1}；(4)e；(5)e^6；(6)e；(7)e^3；(8)e^{-1}；(9)e^5；(10)e^{-2}.

习题 2-6

1. (1)$\sqrt{2}$；(2)0；(3)-1；(4)e.

2. $a=1$.

3. $x=0$ 是函数 $f(x)$的第一类间断点(跳跃间断点).

4. $x=0$ 是函数 $f(x)$的第一类间断点(可去间断点).

5. (1)$x=5$ 是函数 $f(x)=\dfrac{1}{(x-5)^2}$的第二类间断点(无穷间断点).

(2)$x=0$ 是函数的第一类间断点(跳跃间断点).

复习题 2

1. (1)0；(2)1；(3)$\frac{3}{5}$；(4)6；(5)1；(6)$a=0$，$b=-6$；(7)e；(8)$a=2$；(9)e；(10)$a=-3$，$b=11$；(11)5；(12)3；(13)$k=1$；(14)1；(15)$a=3$；(16)$a=1$；(17)$a=1$.

2. (1)B；(2)C；(3)B；(4)B；(5)D；(6)B；(7)A；(8)D；(9)D；(10)C；(11)A；(12)C；(13)A；(14)D；(15)B.

3. (1)$\frac{3}{2}$；(2)$\frac{4}{3}$；(3)0；(4)$\frac{1}{2}$；(5)6；(6)$\frac{1}{4}$；(7)$\frac{1}{3}$；(8)3；(9)3；(10)$\frac{1}{2}$；(11)2；(12)e^2；(13)e^{-2}；(14)2；(15)e^{-2}；(16)e^{-3}.

4. $a=-2e$

5. $\lim\limits_{x\to 0^-}f(x)=-e-1$，$\lim\limits_{x\to 0^+}f(x)=0$ 即 $\lim\limits_{x\to 0^-}f(x)\neq\lim\limits_{x\to 0^+}f(x)$，所以$\lim\limits_{x\to 0}f(x)$不存在.

6. $f(x)$在 $x=1$ 处连续.

7. $a=3$，$b=0$

第 3 章

习题 3-1

1. (1) $-\frac{1}{(1+x)^2}$；(2) $3x^2$.

2. $x-4y+4=0$，$4x+y-18=0$.

3. $y-\frac{1}{2}=-\frac{\sqrt{3}}{2}\left(x-\frac{\pi}{3}\right)$，$y-\frac{1}{2}=\frac{2\sqrt{3}}{3}\left(x-\frac{\pi}{3}\right)$.

4. $x-y+1=0$，$x+y-1=0$.

5. $a=0$，$b=2$.

习题 3-2

1. (1) $\frac{2}{3}x^{-\frac{1}{3}}$；(2) $10x^4-\frac{3}{2\sqrt{x}}$；

(3) $-\frac{1}{3x^2}$；(4) $e^x(\cos x-\sin x)$；

(5) $\frac{\pi}{x^2}+2x\ln a$；(6) $3x^2+\frac{8}{x^3}$；

(7) $\frac{-2}{x^3}-\frac{1}{2}$；(8) $-\frac{2}{(x-1)^2}$；

(9) $\frac{3x+1}{2\sqrt{x}}$；(10) $2x+1$；

(11) $2x+2^x\ln 2$；(12) $\frac{2}{(x+1)^2}$；

(13) $\ln x+1$；(14) $\frac{\sin x(x-1)+\cos x}{(1-x)^2}$；

(15) $e^x\left(\ln x+\frac{1}{x}\right)$；(16) $-\frac{2}{x(1+\ln x)^2}$；

(17) $2\cos x-x\sin x$；(18) $\frac{x\cos x-\sin x}{x^2}$.

2. (1) $-e^{-x}$；(2) $21(3x-2)^6$；

(3) $\sin\left(\frac{\pi}{3}-x\right)$；(4) $\frac{x}{\sqrt{x^2-5}}$；

(5) $\frac{1}{x\ln x}$；(6) $2x\cdot\cos x^2$；

(7) $\frac{1}{(3-x)^2}$；(8) $\frac{\cos x}{\sin x}$；

(9) $e^{3x}(3\cos 2x-2\sin 2x)$；(10) $6\sin^2 2x\cos 2x$；

(11) $2x\sec^2(x^2+1)$； (12) $-\frac{1}{3}(1+\cos x)^{-\frac{2}{3}}\sin x$；

(13) $3(x+\sin^2 x)^2\cdot(1+2\sin x\cos x)$； (14) $e^{\tan\frac{1}{x}}\cdot\sec^2\frac{1}{x}\cdot\left(-\frac{1}{x^2}\right)$.

习题 3-3

1. (1) $12x^2-12x$； (2) $e^{-x^2}(4x^2-2)$；

(3) $-\frac{2+2x^2}{(1-x^2)^2}$； (4) $2\cos 2x$；

(5) $-\frac{1}{x^2}$； (6) $e^{x^2}(4x^3+6x)$；

(7) $2e^x\cos x$； (8) $\frac{1}{\sqrt{(1+x^2)^3}}$；

(9) $\frac{6\ln x-3\ln^2 x}{x^2}$； (10) $12x^2\ln x+7x^2$.

2. (1) 65； (2) $\frac{-3}{4e^4}$.

习题 3-4

1. (1) $\frac{1}{2}x^2$； (2) $\frac{2}{3}x^{\frac{3}{2}}$；

(3) $\sin x$； (4) $-\frac{1}{\omega}\cos\omega t$；

(5) $\ln(1+x)$； (6) $-\frac{1}{x}$；

(7) $-\frac{1}{3}e^{-3x}$； (8) $\sqrt{1+x^2}$.

2. (1) $\frac{1}{2\sqrt{x}}dx$； (2) $(\sin x+x\cos x)dx$；

(3) $e^{x+1}dx$； (4) $\frac{1}{x}dx$；

(5) $\frac{1}{2x\sqrt{\ln x}}dx$； (6) $e^{-x^2}(1-2x^2)dx$；

(7) $e^{-x}(\sec^2 x-\tan x)dx$； (8) $\frac{1}{2}\sec^2\frac{x}{2}dx$.

3. (1) 0.5151； (2) 0.975.

复习题 3

1. (1) $4x^3$； (2) $\frac{2}{3\sqrt[3]{x}}$；

(3) $\frac{-2}{x^3}$； (4) $\frac{27}{10}x^{\frac{17}{10}}$；

(5)$12x^2+\frac{2}{x^3}$；

(6)$4x\cos x-2x^2\sin x+3\sec^2 x$；

(7)$\frac{-3}{(x-2)^2}$；

(8)$\frac{1}{1-\sin x}$；

(9)$6x+\frac{4}{x^3}$；

(10)$3e^{3t}+e^{-t}$；

(11)$-3^{\cos x}\ln 3\cdot\sin x$；

(12)$-\sin 2^x\cdot 2^x\ln 2$.

2.(1)$\frac{\sqrt{2}}{4}+\frac{\sqrt{2}\pi}{8}$；(2)$\frac{3}{25}$，$\frac{17}{15}$；(3)2，$2e^2$

3.$x-4y+4=0$，$4x+y-18=0$.

4.(1)$y=-1$，$x=\frac{3}{2}\pi$；

(2)$y+1=-\frac{\sqrt{3}}{2}\left(x-\frac{\pi}{3}\right)$，$y+1=\frac{2\sqrt{3}}{3}\left(x-\frac{\pi}{3}\right)$

5. 不可导.

6.(1)$84x^2(4x^3-1)^6$；

(2)$\frac{3x}{\sqrt{2+3x^2}}$；

(3)$-4\sin\left(4x-\frac{\pi}{2}\right)$；

(4)$2\sec^2(2x+5)$；

(5)$\frac{2x}{1+x^4}$；

(6)$\frac{-x}{\sqrt{(3+x^2)^3}}$.

7.(1)$270x^4-72x$；(2)$e^{x^2}(6x+4x^3)$；(3)$\frac{4-2x^2}{(2+x^2)^2}$.

8.(1)$11dx$；(2)$\frac{1}{2}dx$.

9.(1)$\frac{\ln x-1}{\ln^2 x}dx$；

(2)$\frac{1}{(x^2+1)^{\frac{3}{2}}}dx$；

(3)$(2\cos 3x-6x\sin 3x)dx$；

(4)$3e^{\sin 3x}\cos 3x\,dx$.

10.(1)$\frac{1}{x}$；

(2)$\ln(x+1)$；

(3)$-\frac{1}{2}e^{-2x}$；

(4)$\arcsin x$.

第 4 章

习题 4-1

1. 证明略.

2.(1) $\frac{1}{3}$；(2) $\frac{b^2-a^2}{2}$；(3) 0；(4) $-\frac{3}{5}$；(5) $\frac{1}{6}$；(6) ∞；(7) 0；(8) 2；

(9)$\ln\frac{3}{2}$；(10)1.

习题 4-2

1.(1)单调递减区间为$(-\infty, 0)$，单调递增区间为$(0, +\infty)$；

(2)单调递增区间为$(0, e)$；单调递减区间为$(e, +\infty)$

(3)单调递增区间为$[0, 1]$，单调递减区间为$[1, 2]$；

(4)单调递增区间为$\left(\frac{1}{2}, +\infty\right)$，单调递减区间为$\left(0, \frac{1}{2}\right)$；

(5)单调递减区间为$(-\infty, -1)$与$(0, 1)$，单调递增区间为$(-1, 0)$和$(1, +\infty)$；

(6)单调递减区间为$\left(-\infty, \frac{1}{2}\right)$，单调递增区间为$\left(\frac{1}{2}, +\infty\right)$；

(7)单调递增区间为$(-1, 1)$，单调递减区间为$(-\infty, -1]$与$[1, +\infty)$；

(8)单调递增区间为$(0, +\infty)$和$(-\infty, -2)$，单调递减区间为$(-2, 0)$.

2. 极小点为$x=\frac{3\pi}{2}$，极小值为$\frac{3\pi}{2}$. 极大点为π，极大值为$\pi+2$.

习题 4-3

1.(1)最大值为13，最小值为-19；(2)最大值为$\frac{10}{3}$，最小值为2；

(3)最大值为8，最小值为0；(4)最大值为$\frac{1}{2}$，最小值为0.

2. $\frac{3}{4}\sqrt{3}R^2$.

3. 窗户的宽为1 m，长为1.5 m时，面积得到最大值1.5 m^2.

4. 底为10 m，高为5 m时，才能使所用材料费最省.

习题 4-4

1.(1)函数的凸区间是$\left(\frac{1}{3}, +\infty\right)$，函数的凹区间是$\left(-\infty, \frac{1}{3}\right)$，拐点是$\left(\frac{1}{3}, \frac{2}{27}\right)$；

(2)函数的凹区间是$(-\sqrt{3}, 0)$和$(\sqrt{3}, +\infty)$，函数的凸区间是$(-\infty, -\sqrt{3})$和$(0, \sqrt{3})$，拐点是$\left(-\sqrt{3}, -\frac{\sqrt{3}}{2}\right)$和$\left(\sqrt{3}, \frac{\sqrt{3}}{2}\right)$；

(3)函数的凸区间是$\left(-\infty, \frac{1}{2}\right)$，函数的凹区间是$\left(\frac{1}{2}, +\infty\right)$，拐点是$\left(\frac{1}{2}, \frac{13}{2}\right)$；

(4)函数的凹区间是$(2, +\infty)$，函数的凸区间是$(-\infty, 2)$，拐点是$\left(2, \frac{2}{e^2}\right)$；

(5)函数的凹区间是$[-1, 1]$，函数的凸区间是$[1, +\infty)$与$(-\infty, -1)$，拐点

是$(-1, \ln 2)$与$(1, \ln 2)$；

(6)函数的凹区间是$(0, +\infty)$，函数的凸区间是$(-\infty, 0)$，无拐点.

2.(1)$f(x)$在$(-\infty, 0,)\cup(0, 1)\cup(3, +\infty)$内单调增加，在$(1, 3)$内单调减少，$f(3)=\frac{27}{4}$为极小值；

(2)在$(-\infty, 0)$内$f(x)$是凸的，在$(0, 1)$和$(1, +\infty)$内$f(x)$是凹的，$(0, f(0))$即$(0, 0)$是拐点.

复习题 4

1.(1)0；(2)$(0, 1)$；(3)$(-\infty, 0)$，$(0, +\infty)$，$(0, 0)$；(4)$(-\infty, 0)$和$(1, +\infty)$，$(0, 1)$；(5)$\frac{\pi}{6}+\sqrt{3}$.

2.(1)B；(2)D；(3)D；(4)C.

3.(1)∞；(2)$\frac{1}{2}$.

4. 证明略.

5.(1)单调增区间为$(-\infty; -\sqrt{3})$，$(\sqrt{3}, +\infty)$；单调减区间为$(-\sqrt{3}, -1)$，$(-1, 1)$，$(1, \sqrt{3})$. 极大值为$-\frac{3}{2}\sqrt{3}$，极小值为$\frac{3}{2}\sqrt{3}$. 凸区间为$(-\infty, -1)$，$(0, 1)$；凹区间为$(-1, 0)$，$(1, +\infty)$. 拐点为$(0, 0)$；

(2)半径为$\frac{p}{4}$时，扇形的面积最大，最大面积为$\frac{p^2}{16}$.

第 5 章

1.(1)x^4+C；　(2)$2\sin x+C$；

(3)$-\frac{1}{3}\cos x+C$；　(4)$3x^{\frac{1}{3}}+C$；

(5)$-\frac{1}{x}+C$；　(6)$-e^{-x}+C$.

2.(1)$\frac{5}{3}x^3-\frac{3}{2}x^2+x+C$；　(2)$e^x-\ln|x|+C$；

(3)$\frac{1}{2}x^2-3x+C$；　(4)$\frac{1}{2}x^2-\frac{2}{3}x^3+\frac{1}{4}x^4+C$；

(5)$\frac{2}{3}x^{\frac{3}{2}}+C$；　(6)$\ln|x|-2x+\frac{1}{2}x^2+C$；

(7)$2x-\cos x+C$；　(8)$3x+e^x+C$；

(9)$x-\frac{4}{3}x^{\frac{3}{2}}+C$；　(10)$\frac{2}{3}x^{\frac{3}{2}}-3x+C$；

(11)$9x-2x^3+\frac{x^5}{5}+C$；　(12)$\frac{1}{3}\arcsin x+C$；

(13)$\frac{x^4}{4}+\frac{x^3}{3}+x+C$；

(14)$\frac{10^x}{\ln 10}+\frac{x^{11}}{11}+C$.

3. $y=\ln|x|$.

4. (1)$s=27$；

(2)$t=\sqrt[3]{360}\approx 7.11$.

习题 5-2

1. (1)$\frac{1}{12}(1+2x)^6+C$；

(2)$\frac{1}{5}e^{5x}+C$；

(3)$e^{x+1}+C$；

(4)$-\ln|1-x|+C$；

(5)$\frac{3^x e^x}{\ln 3+1}+C$；

(6)$-\frac{1}{2}\cos(2x-1)+C$；

(7)$\frac{1}{2}\ln(1+x^2)+C$；

(8)$-\cos x+\frac{1}{3}\cos^3 x+C$；

(9)$\sin x-\frac{1}{3}\sin^3 x+C$；

(10)$\ln(1-\cos x)+C$；

(11)$\frac{1}{2}\sec^2 x+C$；

(12)$\frac{1}{2}[1+x^2-\ln(1+x^2)]+C$；

(13)$\frac{1}{6}(3+4x)^{\frac{3}{2}}+C$；

(14)$\frac{1}{5}\ln|5x-3|+C$；

(15)$-\frac{1}{3}e^{-3x+1}+C$；

(16)$-\cos e^x+C$；

(17)$\frac{1}{4}\ln\left|\frac{x-1}{x+3}\right|+C$；

(18)$\frac{1}{2-x}+C$；

(19)$\frac{1}{6}\ln^6 x+C$；

(20)$e^{e^x}+C$；

(21)$\frac{1}{2}\arctan\frac{x}{2}+C$；

(22)$\arcsin\frac{x}{2}+C$；

(23)$\frac{1}{3}\ln\left|\frac{x-2}{x+1}\right|+C$；

(24)$\frac{1}{4}\ln\left|\frac{2+x}{2-x}\right|+C$；

(25)$\frac{1}{2}\sqrt{2x^2+3}+C$；

(26)$\frac{1}{3}(\arctan x)^3+C$.

2. (1)$2(\sqrt{x}-\ln(1+\sqrt{x}))+C$；

(2)$\frac{3}{2}\sqrt[3]{(x+2)^2}-3\sqrt[3]{x+2}+3\ln|1+\sqrt[3]{x+2}|+C$；

(3)$6(\sqrt[6]{x}-\arctan\sqrt[6]{x}+C)$；

(4)$1+x-2\sqrt{1+x}+2\ln(1+\sqrt{1+x})+C$；

(5)$x+2\sqrt{x}+2\ln|\sqrt{x}-1|+C$；

(6)$2(\sqrt{x-3})^3+\frac{2}{5}(\sqrt{x-3})^5+C$；

(7)$2\arcsin\frac{x}{2}-\frac{x}{2}\sqrt{4-x^2}+C$；

(8)$\arcsin\frac{\sqrt{2}x}{2}+\frac{x\sqrt{2-x^2}}{2}+C$；

(9) $-\frac{\sqrt{x^2+1}}{x}+C$；　(10) $\ln(x+\sqrt{x^2+4})+C$.

习题 5-3

(1) $(x-4)e^x+C$；　(2) $\left(\frac{1}{2}x-\frac{1}{4}\right)e^{2x}+C$；

(3) $\left(\frac{1}{3}\ln x-\frac{1}{9}\right)x^3+C$；　(4) $-x\cos x+\sin x+C$；

(5) $x\tan x+\ln|\cos x|+C$；　(6) $\frac{1}{2}\left(x\sin 2x+\frac{1}{2}\cos 2x\right)+C$；

(7) $x\arctan x-\frac{1}{2}\ln(1+x^2)+C$；　(8) $e^x\ln x+C$；

(9) $x\ln(1+x^2)-2x+2\arctan x+C$；　(10) $\frac{1}{2}(\cos x+\sin x)e^x+C$.

复习题 5

1. (1)C；(2)D；(3)A；(4)A；(5)D；(6)A；(7)D.

2. (1) x^3+C；(2) $6x$；(3)不定积分；(4) $\cos x$；(5) $\cos x+C$；(6) $\frac{x^2}{2}+C$；(7) x^4-1.

3. (1) $\ln|x|+4^x(\ln 4)^{-1}+C$；　(2) $-\frac{1}{1-x}+\frac{1}{2(1-x)^2}C$；

(3) $\frac{1}{3}(x^2+3)^{\frac{3}{2}}+C$；　(4) $\frac{1}{3}\arcsin\frac{3}{2}x+C$；

(5) $-\frac{1}{3}\ln|2-3e^x|+C$；　(6) $\frac{2}{3}(x+2)^{\frac{3}{2}}-4(x+2)^{\frac{1}{2}}+C$；

(7) $\frac{3}{8}x+\frac{1}{4}\sin 2x+\frac{1}{32}\sin 4x+C$；　(8) $\frac{1}{3}e^{x^3+1}+C$；

(9) $\frac{1}{8}\ln\left|\frac{2x-1}{2x+3}\right|+C$；　(10) $2\sqrt{x}-2\ln(1+\sqrt{x})+C$；

(11) $\cos\frac{1}{x}+C$；　(12) $-e^{-x^2}+C$；

(13) $-\frac{1}{3}\cot 3x+C$；　(14) $\frac{1}{5}\ln|5x-3|+C$；

(15) $\frac{-1}{\ln a}a^{\frac{1}{x}}+C$；　(16) $-\sin\frac{1}{x}+C$；

(17) $\frac{2}{3}(\arcsin x)^{\frac{3}{2}}+C$；　(18) $-2\cos\sqrt{x}+C$；

(19) $\frac{1}{3}e^{3x}\left(x^2-\frac{2}{3}x+\frac{2}{9}\right)+C$；　(20) $\frac{1}{2}x\sin 2x+\frac{1}{4}\cos 2x+C$.

第 6 章

习题 6-1

1.(1)3，1，[1，3]，x，$\frac{1}{x^2}$，$\frac{1}{x^2}dx$；(2)$\int_0^1 \arctan x\,dx$；(3)$10\frac{2}{3}$；(4)0，0.

2.(1)正，(2)正，(3)负，(4)正.

3.(1)2，(2)$\frac{1}{2}$，(3)2，(4)2π.

4.(1)$\int_0^a x^2 dx$，(2)$\int_{-1}^2 x^2 dx$，(3)$\int_a^b 1dx$，

(4)$\int_{-1}^0 [(x-1)^2-1]dx-\int_0^2 [(x-1)^2-1]dx$.

习题 6-2

(1)$\frac{29}{6}$，(2)$\frac{5}{3}$，(3)$\frac{1}{3}$，(4)1，(5)$-\frac{1}{2}\arctan\left(-\frac{1}{4}\right)$，(6)$\frac{1}{2}\ln 2$，(7)$\frac{1}{3}(e-1)^3$，

(8)$\frac{3}{2}$，(9)$e-e^{\frac{1}{2}}$，(10)$-\ln\frac{\sqrt{3}}{2}$.

习题 6-3

(1)$6-4\ln 2$，(2)$7+2\ln 2$，(3)$\frac{1}{6}$，(4)$\frac{12}{5}$，(5)$3\ln 3$，

(6)$\frac{1}{2}[\sqrt{2}+\ln(\sqrt{2}+1)]$，(7)$\frac{\pi}{2}$，(8)$\ln\frac{2+\sqrt{3}}{1+\sqrt{2}}$，(9)$\frac{1}{4}e^2+\frac{1}{4}$，(10)$e-2$，

(11)$-\frac{\pi}{6}+\frac{\sqrt{3}}{2}$，(12)$-\frac{2}{9}$，(13)1，(14)$\frac{1}{2}(1+e^{\pi})$.

习题 6-4

1. $\frac{1}{2}+\ln 2$；2. $2\sqrt{2}-2$；3. 1；4. $\frac{4}{3}$；5. $\frac{9}{2}$；6. $\frac{32}{3}$；7. $V_x=\frac{\pi}{5}$，$V_y=\frac{\pi}{2}$；

8. $\frac{13\pi}{6}$；9. $\frac{\pi}{2}(e^{2e}-1)$；10. $V_x=\frac{\pi}{2}(e^2+1)$，$V_y=\pi(e-2)$；11. $160\pi^2$.

习题 6-5

1. 1(J)，2. 4.41×10^7(J)，3. 1.8×10^5(N).

习题 6-6

1. 发散，2. 1，3. 2，4. −1，5. $\frac{1}{2}$，6. 发散，7. 发散，8. 1.

复习题 6

1.(1)4，−2，$x^2+\sin 2x$，$(x^2+\sin 2x)dx$，x；(2)1，1；(3)0；(4)$\frac{\pi}{7}$；(5)π；

(6)e；(7)≤；(8)$10\frac{2}{3}$；(9)0；(10)1.

2. (1)D，(2)C，(3)D，(4)A，(5)B，(6)B.

3. (1)$\frac{1}{4}$，(2)2，(3)发散，(4)发散，(5)$\frac{1}{3}$，(6)π，(7)2，(8)发散，(9)$\frac{3}{2}$，(10)−2.

4. 1.225×10^{7}(J).

5. $\frac{4}{3}\pi R^{4}g$(kJ，$g=9.8$).

第 7 章　线性代数

习题 7-1

1. (1)B；(2)D；(3)C；(4)B

2. (1)0；(2)24；(3)2；(4)6；(5)2.

3. (1)$\begin{cases}x_1=-\frac{1}{4}\\ x_2=-\frac{7}{8}\end{cases}$；

(2)①1；②12；③$a_1a_2a_3a_4$；④$a_1a_2a_3a_4$；⑤$-a_1a_2a_3a_4$；⑥$-a_1a_2a_3a_4$；⑦a^4-b^4；⑧$a^4-2a^2b^2+b^4$.

习题 7-2

1. (1)D；(2)A；(3)D；(4)C.

2. (1)0；(2)$36d$；(3)6；(4)1；(5)24；(6)−96.

3. (1)①0；②61200；③512；④−192；⑤80；⑥160；⑦−50；⑧−7.

(2)$d=[a+(n-1)b](a-b)^{n-1}$；$D=(n-1)(-1)^{n-1}$.

习题 7-3

1. (1)C；(2)C；(3)C.

2. (1)2；(2)0.

3. (1)①$\lambda\neq1$，且$\lambda\neq3$；②$\lambda=1$，或$\lambda=3$.

(2)$k=1$.

(3)$D=12\neq0$；$D_1=48$；$D_2=-72$；$D_3=48$；$D_4=-12$；

$x_1=4$，$x_2=-6$，$x_3=4$，$x_4=-1$.

(4)解：设产品 A、B、C 的单位成本分别为x_1、x_2、x_3元，根据题意，

$$\begin{cases}300x_1+400x_2+500x_3=5000\\ 250x_1+350x_2+450x_3=4300\\ 150x_1+200x_2+300x_3=2600\end{cases},$$

化简为

$$\begin{cases}3x_1+4x_2+5x_3=50\\ 5x_1+7x_2+9x_3=86\\ 3x_1+4x_2+6x_3=52\end{cases},$$

解得：$D=1\neq 0$；$D_1=8$；$D_2=4$；$D_3=2$；

$x_1=8$，$x_2=4$，$x_3=2$.

(5)①$a\neq b$，$c\neq a$，且 $c\neq b$；

②$a=b$，或 $c=a$，或 $c=b$.

习题 7-4

1.(1)B；(2)C；(3)D.

2.(1) $\begin{bmatrix}-2 & -1\\ 2 & 0\end{bmatrix}$；(2)4；(3)$-54$.

3.(1)$a=5$，$b=3$，$c=1$，$d=0$.

(2)$\boldsymbol{A}+\boldsymbol{B}=\begin{bmatrix}40 & 40 & 30 & 30 & 30\\ 20 & 40 & 30 & 40 & 30\\ 50 & 30 & 20 & 40 & 20\end{bmatrix}$.

(3)$\boldsymbol{A}+\boldsymbol{B}=\begin{bmatrix}1 & 7\\ -1 & 6\end{bmatrix}$；$\boldsymbol{B}-\boldsymbol{C}=\begin{bmatrix}-1 & 2\\ -4 & -6\end{bmatrix}$；$2\boldsymbol{A}+3\boldsymbol{C}=\begin{bmatrix}4 & 11\\ 8 & 31\end{bmatrix}$；

$5\boldsymbol{C}-4\boldsymbol{B}=\begin{bmatrix}4 & -7\\ 18 & 31\end{bmatrix}$；$\boldsymbol{AB}=\begin{bmatrix}-10 & 10\\ -11 & 8\end{bmatrix}$；$\boldsymbol{BC}=\begin{bmatrix}6 & 20\\ 2 & 5\end{bmatrix}$.

(4)① $\begin{bmatrix}2 & 7\\ 5 & 3\end{bmatrix}$；② $\begin{bmatrix}0 & 7\\ 7 & 0\end{bmatrix}$；③ $\begin{bmatrix}-1 & 2 & 3\\ 2 & -4 & -6\\ -3 & 6 & 9\end{bmatrix}$；④6；⑤ $\begin{bmatrix}-1 & -2 & -1\\ 10 & 12 & 2\end{bmatrix}$；

⑥ $\begin{bmatrix}-5 & 10 & 15\\ -7 & 14 & 3\\ 3 & -6 & 0\end{bmatrix}$.

(5) $\begin{bmatrix}-9 & -2 & -10\\ 6 & 14 & 8\\ -7 & 5 & -5\end{bmatrix}$.

(6) $\begin{bmatrix}4 & \frac{3}{2} & -1\\ -1 & \frac{5}{2} & 1\\ \frac{7}{2} & \frac{11}{2} & \frac{5}{2}\end{bmatrix}$.

(7)$\boldsymbol{A}^{\mathrm{T}}=\begin{bmatrix}1 & -1 & 5\\ 0 & 2 & 4\\ 3 & 1 & 5\end{bmatrix}$；$\boldsymbol{B}^{\mathrm{T}}=\begin{bmatrix}1 & 2 & -3\\ 0 & 1 & 1\end{bmatrix}$；$\boldsymbol{AB}=\begin{bmatrix}-8 & 3\\ 0 & 3\\ -2 & 9\end{bmatrix}$；

$(\boldsymbol{AB})^{\mathrm{T}}=\begin{bmatrix}-8 & 0 & -2\\ 3 & 3 & 9\end{bmatrix}$；$\boldsymbol{B}^{\mathrm{T}}\boldsymbol{A}^{\mathrm{T}}=\begin{bmatrix}-8 & 0 & -2\\ 3 & 3 & 9\end{bmatrix}$.

(8)证：设 $\boldsymbol{A}=\begin{bmatrix} a_{11} & a_{12} & \cdots & a_{1n} \\ a_{21} & a_{22} & \cdots & a_{2n} \\ \cdots & \cdots & \cdots & \cdots \\ a_{n1} & a_{n2} & \cdots & a_{nn} \end{bmatrix}$，则 $\boldsymbol{A}^{\mathrm{T}}=\begin{bmatrix} a_{11} & a_{21} & \cdots & a_{n1} \\ a_{12} & a_{22} & \cdots & a_{n2} \\ \cdots & \cdots & \cdots & \cdots \\ a_{1n} & a_{2n} & \cdots & a_{nn} \end{bmatrix}$，

$\boldsymbol{A}+\boldsymbol{A}^{\mathrm{T}}=\begin{bmatrix} 2a_{11} & a_{21}+a_{12} & \cdots & a_{n1}+a_{1n} \\ a_{21}+a_{12} & 2a_{22} & \cdots & a_{n2}+a_{2n} \\ \cdots & \cdots & \cdots & \cdots \\ a_{n1}+a_{1n} & a_{n2}+a_{2n} & \cdots & 2a_{nn} \end{bmatrix}$，故为对称矩阵.

习题 7-5

1.(1)A；(2)A；(3)C；(4)D；(5)C；(6)D；(7)B.

2.(1)$\begin{bmatrix} 0 & -5 & 2 \\ 0 & 3 & -1 \\ \frac{1}{2} & 0 & 0 \end{bmatrix}$；(2)$\begin{bmatrix} 6 & 0 & 0 \\ 0 & 6 & 0 \\ 0 & 0 & 6 \end{bmatrix}$；(3)$\begin{bmatrix} 1 & 2 \\ \frac{1}{2} & \frac{3}{2} \end{bmatrix}$；(4)$r$；(5)2；(6)$-\frac{1}{2}$.

3.(1)① $\begin{bmatrix} 1 & -1 \\ 0 & 0 \end{bmatrix}$，$r=1$；② $\begin{bmatrix} 1 & 2 & -1 \\ 0 & -2 & 1 \\ 0 & 0 & -1 \end{bmatrix}$，$r=3$；

③ $\begin{bmatrix} 1 & 1 & 0 & 1 & 1 & 0 & 1 \\ 0 & 0 & 1 & -1 & 0 & 1 & -1 \\ 0 & 0 & 0 & 0 & -2 & -1 & 0 \end{bmatrix}$，$r=3$；④ $\begin{bmatrix} 1 & 0 & 0 \\ 0 & 1 & 0 \\ 0 & 0 & 2 \\ 0 & 0 & 0 \\ 0 & 0 & 0 \end{bmatrix}$，$r=3$；

⑤ $\begin{bmatrix} 1 & -1 & 2 & 1 & 0 \\ 0 & 3 & 0 & -4 & 1 \\ 0 & 0 & 0 & -4 & 0 \\ 0 & 0 & 0 & 0 & 0 \end{bmatrix}$，$r=3$；⑥ $\begin{bmatrix} 1 & 1 & 1 & 0 & 1 & 1 & 2 & 0 \\ 0 & 0 & 0 & 1 & -1 & 0 & -1 & 0 \\ 0 & 0 & 0 & 0 & 0 & 0 & 0 & 1 \\ 0 & 0 & 0 & 0 & 0 & 0 & 0 & 0 \end{bmatrix}$，$r=3$.

(2)① $\begin{bmatrix} \frac{1}{9} & \frac{2}{9} & \frac{2}{9} \\ \frac{2}{9} & \frac{1}{9} & -\frac{2}{9} \\ \frac{2}{9} & -\frac{2}{9} & \frac{1}{9} \end{bmatrix}$；② $\begin{bmatrix} 2 & -1 & 1 \\ 4 & -2 & 1 \\ -\frac{3}{2} & 1 & -\frac{1}{2} \end{bmatrix}$；③ $\begin{bmatrix} 1 & 0 & 0 & 0 \\ -1 & 1 & 0 & 0 \\ 0 & -1 & 1 & 0 \\ 0 & 0 & -1 & 1 \end{bmatrix}$；

④ $\begin{bmatrix} 2 & 0 & 0 & -1 \\ -1 & 1 & 0 & 0 \\ 0 & -1 & 1 & 0 \\ 0 & 0 & -1 & 1 \end{bmatrix}$.

(3)①$A^{-1}=\begin{bmatrix}2&1&-2\\-1&1&0\\0&-1&1\end{bmatrix}$，$X=\begin{bmatrix}2&1&-2\\-1&1&0\\0&-1&1\end{bmatrix}\begin{bmatrix}2&-3\\1&5\\3&6\end{bmatrix}=\begin{bmatrix}-1&-13\\-1&8\\2&1\end{bmatrix}$；

②$A^{-1}=\begin{bmatrix}-4&-8&-7\\3&6&5\\-2&-5&-4\end{bmatrix}$，$X=\begin{bmatrix}-4&-8&-7\\3&6&5\\-2&-5&-4\end{bmatrix}\begin{bmatrix}1&10&10\\-3&2&7\\0&7&8\end{bmatrix}=\begin{bmatrix}20&-105&152\\-15&77&112\\13&-58&-83\end{bmatrix}$；

③$A^{-1}=\begin{bmatrix}1&-1&0\\0&1&-1\\0&0&1\end{bmatrix}$，$X=\begin{bmatrix}1&-2&1\\0&1&-1\end{bmatrix}\begin{bmatrix}1&-1&0\\0&1&-1\\0&0&1\end{bmatrix}=\begin{bmatrix}1&-3&3\\0&1&-2\end{bmatrix}$；

④ $\begin{bmatrix}3&5\\1&4\end{bmatrix}X=\begin{bmatrix}4&-6\\2&1\end{bmatrix}$，$A^{-1}=\begin{bmatrix}\frac{4}{7}&-\frac{5}{7}\\-\frac{1}{7}&\frac{3}{7}\end{bmatrix}$，

$$X=\begin{bmatrix}\frac{4}{7}&-\frac{5}{7}\\-\frac{1}{7}&\frac{3}{7}\end{bmatrix}\begin{bmatrix}4&-6\\2&1\end{bmatrix}=\begin{bmatrix}\frac{6}{7}&-\frac{29}{7}\\\frac{2}{7}&\frac{10}{7}\end{bmatrix}.$$

习题 7-6

1. (1)$\begin{cases}x_1=\frac{19}{2}\\x_2=-\frac{3}{2}\\x_3=\frac{1}{2}\end{cases}$.　(2)$\begin{cases}x_1=2\\x_2=-1\\x_3=1\\x_4=-3\end{cases}$.　(3)$\begin{cases}x_1=-2c+1\\x_2=c\\x_3=-c+2\\x_4=c\end{cases}$.

(4)$r(\overline{A})=4$，$r(A)=3$，$r(\overline{A})\neq r(A)$，因此该方程组无解.

(5)$r(A)=4$，因此该齐次线性方程组只有零解.

2. 当$\lambda\neq1$且$\lambda\neq-2$时，$r(\overline{A})=r(A)=3$，故得唯一解：

$$\begin{cases}x_1=\frac{-(\lambda+1)}{2+\lambda}\\x_2=\frac{1}{2+\lambda}\\x_3=\frac{(\lambda+1)^2}{2+\lambda}\end{cases}.$$

当$\lambda=1$时，

$$\overline{A}\to B=\begin{bmatrix}1&1&1&1\\0&0&0&0\\0&0&0&0\end{bmatrix},$$

故$r(\overline{A})=r(A)=1<3$. 所以方程组有无穷多解，则得通解为

$$\begin{cases} x_1=1-c_1-c_2 \\ x_2=c_1 \\ x_3=c_2 \end{cases}.$$

当 $\lambda=-2$ 时，则 $\overline{\boldsymbol{A}}\to\boldsymbol{C}=\begin{bmatrix}1 & 1 & -2 & 4\\0 & 1 & -1 & 2\\0 & 0 & 0 & 1\end{bmatrix}$，因此 $r(\boldsymbol{A})=2$，$r(\overline{\boldsymbol{A}})=r(\boldsymbol{C})=3$，所以 $r(\overline{\boldsymbol{A}})\neq r(\boldsymbol{A})$，故此方程组无解.

复习题 7

1.(1)C；(2)C；(3)D；(4)C；(5)A；(6)B；(7)D；(8)D；(9)B.

2.(1)0；(2)$(-1)^{n+1}n!$；(3)$(-1)^{\frac{n(n-1)}{2}}a_{1n}a_{2(n-1)}\cdots a_{n1}$；(4)$-3M$；
(5)-160；(6)x^4；(7)$(n+\lambda)\lambda^{n-1}$；(8)-2；(9)0；(10)0；(11)-8，8；
(12)$\left(1-\sum\limits_{i=2}^{n}\frac{2i-1}{i}\right)n!$ ；(13)$k\neq3$ 且 $k\neq-2$；(14)$k=7$.

3.(1)$a=8$，$b=-1$，$c=0$，$d=5$.

(2)①$\begin{bmatrix}3 & 0\\1 & -2\end{bmatrix}$；②$\begin{bmatrix}0 & 1\\1 & 0\end{bmatrix}$；③$\begin{bmatrix}5 & -10 & -15 & 5\\25 & 20 & 0 & 10\end{bmatrix}$；④$\begin{bmatrix}20 & -5 & 10\\0 & 5 & 35\end{bmatrix}$；
⑤49；⑥$\begin{bmatrix}2 & 8 & 14\\3 & 12 & 21\\5 & 20 & 35\end{bmatrix}$；⑦$\begin{bmatrix}0 & 7\\11 & 10\end{bmatrix}$；⑧$\begin{bmatrix}10 & 5 & 2\\5 & 0 & 2\end{bmatrix}$.

(3)①$r=3$；②$r=3$；③$r=4$；④$r=3$.

(4)①$\boldsymbol{A}^{-1}=\begin{bmatrix}-8 & 5\\5 & -3\end{bmatrix}$. ②$\boldsymbol{A}^{-1}=\begin{bmatrix}-\frac{1}{2} & -\frac{3}{2} & -\frac{5}{2}\\\frac{1}{2} & \frac{1}{2} & \frac{1}{2}\\0 & 1 & 1\end{bmatrix}$.

③$\boldsymbol{A}^{-1}=\begin{bmatrix}\frac{1}{4} & \frac{1}{4} & \frac{1}{4} & \frac{1}{4}\\\frac{1}{4} & \frac{1}{4} & -\frac{1}{4} & -\frac{1}{4}\\\frac{1}{4} & -\frac{1}{4} & \frac{1}{4} & -\frac{1}{4}\\\frac{1}{4} & -\frac{1}{4} & -\frac{1}{4} & \frac{1}{4}\end{bmatrix}$.

(5)①$\boldsymbol{A}^{-1}=\begin{bmatrix}-\frac{3}{7} & \frac{4}{7} & \frac{2}{7}\\-\frac{5}{7} & \frac{2}{7} & \frac{1}{7}\\-\frac{2}{7} & \frac{5}{7} & \frac{6}{7}\end{bmatrix}$. $\boldsymbol{X}=\begin{bmatrix}-\frac{3}{7} & \frac{4}{7} & \frac{2}{7}\\-\frac{5}{7} & \frac{2}{7} & \frac{1}{7}\\-\frac{2}{7} & \frac{5}{7} & \frac{6}{7}\end{bmatrix}\begin{bmatrix}-1 & 4\\2 & 5\\1 & -3\end{bmatrix}=\begin{bmatrix}\frac{13}{7} & \frac{2}{7}\\\frac{10}{7} & -\frac{13}{7}\\\frac{18}{7} & -\frac{1}{7}\end{bmatrix}$.

②$\boldsymbol{A}^{-1}=\begin{bmatrix}\frac{1}{3} & \frac{1}{6} & \frac{2}{3}\\ \frac{1}{3} & \frac{1}{6} & -\frac{1}{3}\\ -\frac{1}{3} & \frac{1}{3} & \frac{1}{3}\end{bmatrix}$．$\boldsymbol{X}=\begin{bmatrix}1 & -1 & 1\\ 1 & 1 & 0\\ 2 & 1 & 1\end{bmatrix}\begin{bmatrix}\frac{1}{3} & \frac{1}{6} & \frac{2}{3}\\ \frac{1}{3} & \frac{1}{6} & -\frac{1}{3}\\ -\frac{1}{3} & \frac{1}{3} & \frac{1}{3}\end{bmatrix}=\begin{bmatrix}-\frac{1}{3} & \frac{1}{3} & \frac{4}{3}\\ \frac{2}{3} & \frac{1}{3} & \frac{1}{3}\\ \frac{2}{3} & \frac{5}{6} & \frac{4}{3}\end{bmatrix}$.

③$\boldsymbol{A}^{-1}=\begin{bmatrix}\frac{11}{3} & -\frac{4}{3} & \frac{8}{3}\\ -\frac{4}{3} & \frac{2}{3} & -\frac{1}{3}\\ -\frac{2}{3} & \frac{1}{3} & -\frac{2}{3}\end{bmatrix}$．$\boldsymbol{X}=\begin{bmatrix}\frac{11}{3} & -\frac{4}{3} & \frac{8}{3}\\ -\frac{4}{3} & \frac{2}{3} & -\frac{1}{3}\\ -\frac{2}{3} & \frac{1}{3} & -\frac{2}{3}\end{bmatrix}\begin{bmatrix}3\\ 6\\ 12\end{bmatrix}=\begin{bmatrix}35\\ -4\\ -8\end{bmatrix}$.

(6)①$r(\overline{\boldsymbol{A}})=r(\boldsymbol{A})=3$，因此该方程组有唯一解：

$$\begin{cases}x_1=3\\ x_2=-2.\\ x_3=-4\end{cases}$$

②$r(\overline{\boldsymbol{A}})=r(\boldsymbol{A})=2<4$，因此该方程组有无穷多解.

所给方程组的全部解的表达式为

$$\begin{cases}x_1=-2c_1-4c_2-3\\ x_2=c_1+3c_2+4\\ x_3=c_1\\ x_4=c_2\end{cases}.$$

③$r(\overline{\boldsymbol{A}})=3$，$r(\boldsymbol{A})=2$，$r(\overline{\boldsymbol{A}})\neq r(\boldsymbol{A})$，因此该方程组无解.

④$r(\overline{\boldsymbol{A}})=r(\boldsymbol{A})=3<4$，因此该方程组有无穷多解.

所给方程组的全部解的表达式为

$$\begin{cases}x_1=-\frac{7}{5}c+\frac{26}{15}\\ x_2=\frac{4}{5}c+\frac{1}{5}\\ x_3=c\\ x_4=\frac{1}{3}\end{cases}.$$

⑤$r(\boldsymbol{A})=4$，因此该齐次线性方程组只有零解.

⑥$r(\overline{\boldsymbol{A}})=r(\boldsymbol{A})=3<4$，因此该方程组有无穷多解.

所给方程组的全部解的表达式为

$$\begin{cases} x_1 = -\frac{7}{5}c + \frac{3}{5} \\ x_2 = \frac{4}{5}c - \frac{1}{5} \\ x_3 = c \\ x_4 = 0 \end{cases}.$$

⑦$r(\mathbf{A}) = 2 < 4$，因此该齐次线性方程组有无穷多解.

所给方程组的全部解的表达式为

$$\begin{cases} x_1 = 2c_1 + \frac{3}{5}c_2 \\ x_2 = -2c_1 + \frac{4}{3}c_2 \\ x_3 = c_1 \\ x_4 = c_2 \end{cases}.$$

7. 当 $\lambda + 3 \neq 0$ 且 $1 - \mu \neq 0$，即 $\lambda \neq -3$ 且 $\mu \neq 1$ 时，$r(\overline{\mathbf{A}}) = r(\mathbf{A}) = 3 < 4$，因此该齐次线性方程组有无穷多解.

当 $\lambda + 3 = 0$ 且 $1 - \mu = 0$，即 $\lambda = -3$ 且 $\mu = 1$ 时，$r(\overline{\mathbf{A}}) = r(\mathbf{A}) = 2 < 4$，因此该齐次线性方程组有无穷多解.

8. x^4.

9. $x^n + (-1)^{n+1}y^n$.

第 8 章　概率论与统计初步

习题 8-1

1. 必然事件：(2)；随机事件：(4)，(5)；不可能事件：(1)，(3).

2. (1)$A \cap \overline{B} \cap \overline{C}$，(2)$A \cap B \cap \overline{C}$，(3)$\overline{A} \cap \overline{B} \cap \overline{C}$，(4)$A \cup B \cup C$，(5)$A \cap B \cap C$，(6)$\overline{A \cup B} \cup \overline{A \cup C} \cup \overline{B \cup C}$，(7)$\overline{A} \cup \overline{B} \cup \overline{C}$，(8)$(A \cap B) \cup (A \cap C) \cup (B \cap C)$.

3. (1)$\overline{A}B = \{5\}$，(2)$\overline{A} \cup B = \{1, 3, 4, 5, 6, 7, 8, 9, 10\}$，(3)$\overline{AB} = \{1, 2, 5, 6, 7, 8, 9, 10\}$，(4)$\overline{A\overline{BC}} = \{1, 5, 6, 7, 8, 9, 10\}$，(5)$\overline{A \cup B \cup C} = \{1, 9, 10\}$，(6)$\overline{A(B \cup C)} = \{1, 2, 5, 6, 7, 8, 9, 10\}$.

4. 古典概型的特征：①试验的所有基本事件的个数是有限的；
②每次试验中，各基本事件发生的可能性是相等的；
③每次试验中只能出现一个结果.

5. C.

6. C.

7. A.

8. $\frac{3}{10}$.

9. $\frac{5}{8}$.

10.(1)90%，(2)10%.

习题 8-2

1. $\frac{10}{11}$.

2.0.5.

3. $\frac{1}{11}$.

4.42.85.

5. $P(B|A)=\frac{1}{3}$，$P(AB)=\frac{7}{30}$.

6.(1)0.0175；(2)0.4.

7.0.3.

习题 8-3

1.0.328.

2.(1)0.504，(2)0.994.

3.0.874.

4.0.8.

5.(1)0.4096，(2)0.99968.

6.(1)0.5138，(2)0.2242.

习题 8-4

1.

ξ	0	1	2	3
$P(\xi)$	0.7	$\frac{7}{30}$	$\frac{7}{120}$	$\frac{1}{120}$

2.(1)系数$\frac{1}{\pi}$，(2)0.5.

3.

(1)

ξ	0	1	2
$P(\xi)$	$\frac{7}{15}$	$\frac{7}{15}$	$\frac{1}{15}$

(2)

ξ	0	1	2	3
$P(\xi)$	0.512	0.384	0.096	0.008

4.(1)0.5，(2)略，(3)$\frac{\sqrt{2}}{4}$.

习题 8-5

1.甲工人的技术好.

2.(1)2.7，(2)8.3，(3)1.01.

习题 8-6

1. 略.

2. 略.

3.(1)$P(\xi \geqslant 180)=0.8665$，(2)$P(\xi \geqslant 150)=0.9973$，符合要求.

4.0.235.

习题 8-7

甲的技术比较好.

复习题 8

1. (1)×，(2)√，(3)×.

2. (1)$N\left(\mu, \frac{\sigma^2}{n}\right)$，(2)$\chi^2(n-1)$，(3)$N(0, 1)$，(4)有效、一致

(5)样本的均值、样本方差.

3. (1)C，(2)D.

4. 不是，"事件 A，B，C 两两互斥"$\supset$"$ABC=\Phi$".

5. 略

6. (1)$\frac{7}{120}$，(2)$\frac{1}{8}$.

7. 0.6262.

8. (1)0.99937856，(2)6.

9.

X	0	1	2	3	4	5
$P(X)$	$\frac{1}{32}$	$\frac{5}{32}$	$\frac{5}{16}$	$\frac{5}{16}$	$\frac{5}{32}$	$\frac{1}{32}$

10. (1)$a=\frac{1}{2}$，(2)$p\left(0<x<\frac{\pi}{4}\right)=\frac{\sqrt{2}}{4}$.

11. 略.

12. 略.

13. $\bar{\xi}=3.6$，$S^2=2.27$.

参考文献

[1]同济大学数学系．高等数学[M]．北京：高等教育出版社，2014.
[2]盛祥耀．高等数学[M]．北京：高等教育出版社，2015.
[3]同济大学数学系．工程数学线性代数[M]．北京：高等教育出版社，2014.
[4]谢国瑞．概率论与数理统计[M]．北京：高等教育出版社，2004.